通识教育课教材

ZIRAN KEXUE GAILUN

自然科学概论

（第二版）

主　编：廖元锡　李晶晶
副主编：王红梅　赵志忠　杜道林

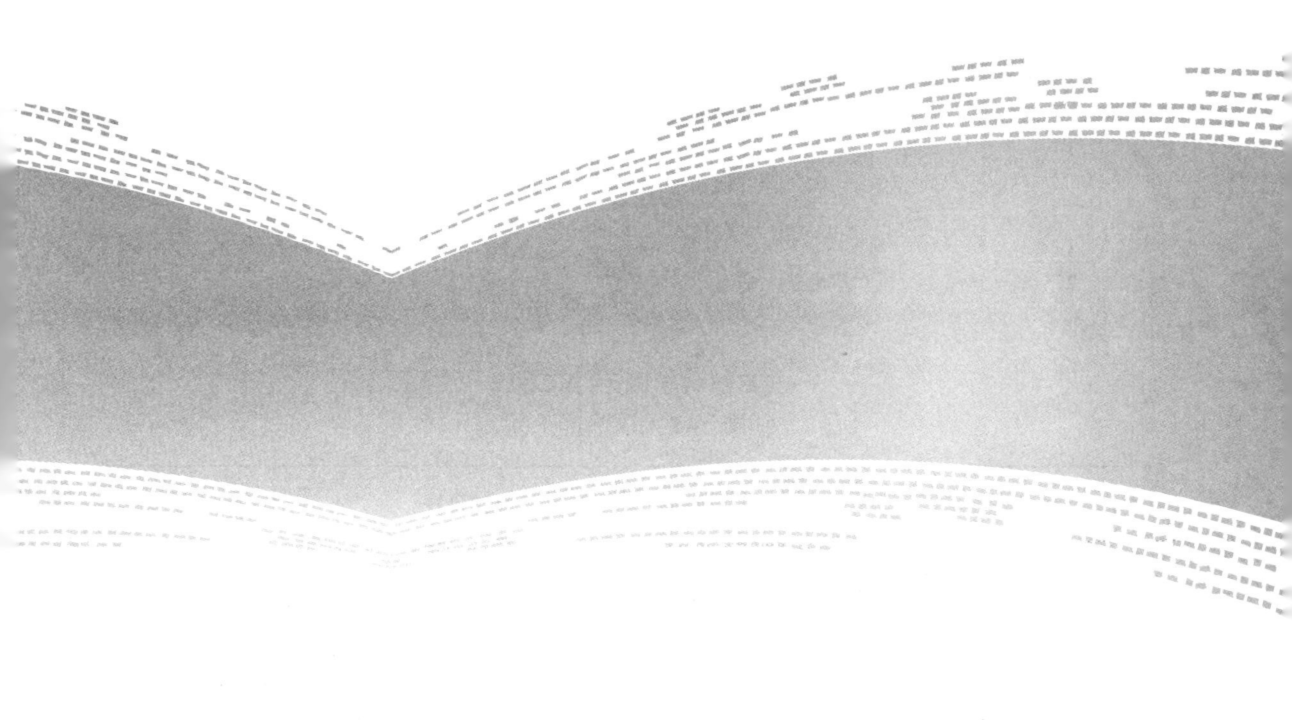

華中師範大学出版社

内 容 简 介

本书是根据现代社会发展和高等教育改革的需要，为文科类大学生进一步学习自然科学知识和培养科学素养而编写的教材。书中用简洁、通俗的语言，系统、完整地展现了天文学、物理学、化学、环境科学、生命科学等基础自然学科的基本理论、基本思想、基本方法、基本应用以及这些学科的前沿研究成果，最后还介绍了当代高技术等内容。

本书可作为高等院校通识课教材，也可作为中小学教师和科技工作者的参考资料。

新出图证(鄂)字 10 号

图书在版编目(CIP)数据

自然科学概论/廖元锡，李晶晶主编. —2 版. —武汉：华中师范大学出版社，2022.8
ISBN 978-7-5622-9344-6

Ⅰ.①自…　Ⅱ.①廖…　②李…　Ⅲ.①自然科学—高等学校—教材　Ⅳ.①N43

中国版本图书馆 CIP 数据核字(2021)第 089608 号

自然科学概论(第二版)
©廖元锡　李晶晶　主编

责任编辑：袁正科　**责任校对：**肖　阳　**封面设计：**胡　灿
编 辑 室：高教分社　**电　　话：**027-67867364
出版发行：华中师范大学出版社　**社　　址：**湖北省武汉市珞喻路 152 号
邮　　编：430079　**销售电话：**027-67861549(发行部)
网　　址：http://press.ccnu.edu.cn　**电子信箱：**press@mail.ccnu.edu.cn
印　　刷：武汉中科兴业印务有限公司　**督　　印：**刘　敏
开　　本：787 mm×1092 mm　1/16　**印　　张：**15.75　**字　　数：**360 千字
版　　次：2022 年 8 月第 2 版　**印　　次：**2022 年 8 月第 1 次印刷
印　　数：1—3000　**定　　价：**38.00

前　言

要想建设一流本科专业，落实立德树人根本任务，培养创新型、复合型、应用型人才，一流本科课程是核心要素。构建人文与科学交融、理论与实践结合、通识与专业并重的课程体系是现代高等教育的基本要求。

20 世纪 50 年代，“科学素养”作为一个词出现在了日常和学术交流中。1952 年科南特首次用到“科学素养”的概念；1958 年鲍尔·赫德在《科学素养：它对美国学校的意义》一文中，首次提出将提高科学素养作为科学教育的目标。20 世纪 60 年代，科学教育工作者对科学素养的概念又进行了广泛的探讨，提出了有关科学素养的许多新的定义和解释。

一般认为，派拉等人的工作代表了有关科学素养研究的最早努力。派拉和他的同事仔细而系统地挑选了从 1946 年到 1964 年间出版的 100 种报刊文章，并从这些文章中检索出各种与科学素养有关的主题的出现频率。他们认为，一个具有科学素养的人应了解这些主题知识：（1）科学和社会的相互关系；（2）科学家工作的伦理原则；（3）科学的本质；（4）科学和技术之间的差异；（5）基本的科学概念；（6）科学和人类的关系。其中，前三个方面的内容尤其重要。1974 年，美国俄亥俄州立大学的索尔特等人对科学素养的概念进行了又一次综合概括。根据调查研究和文献分析，他们提出科学素养应包括七个“维度”：（1）科学的本质；（2）科学中的概念；（3）科学过程；（4）科学的价值；（5）科学和社会；（6）对科学的兴趣；（7）与科学有关的技能。而现今关于科学素养的评价，采用的则是国际科学素养发展中心主任米勒在 1983 年提出的三维模式，即：（1）关于科学概念的理解；（2）关于科学过程和科学方法的认识；（3）关于科学、技术和社会相互关系的认识。

当前，人文学科进行科学教育的主要方式是课程设置，具体体现在三个层面：一是宏观层面，开设科学领域的综合课程；二是中观层面，交叉编排科学课程、人文课程和跨学科课程；三是微观层面，立足于课程教学，改进教学组织方式和教学方法，进行科学与人文的融合，充分发掘科学教育的人文价值和人文教育中的科学价值。

关于科学课程与人文课程以及跨学科课程的交叉编排，世界各国大致采用以下三种模式：（1）以日本筑波大学为代表的筑波模式。筑波模式以学群、学类为组织进行综合知识的教学。如基础科学学群，下设人文科学、社会科学和自然科学。筑波模式的教学通常由校内各院系合作完成，甚至还可以进行校际合作。（2）以美国麻省理工学院为代表的 MIT 模式。MIT 模式为了消除狭隘专业训练带来的弊端，要求学生必须跨学科选课学习。MIT 模式开设了丰富多彩的自然科学、人文、艺术和社会的必修课，本科生必须修满不少于八门这类必修课。作为一所理工科院校，MIT 模式的人文、社会和艺术课程特别关注科学技术与社会的关系问题。（3）以英国牛津大学为代表的牛津模式。

牛津模式将两种以上科目结合在一个课程中形成复合型课程，如：双科课程“工程科学和经济学”、“哲学和数学”，三科课程“冶金学、经济学和管理学”等。

本书内容共七章，包含绪论、天文学、物理学、化学、环境科学、生命科学、当代高技术等内容。各章内容的介绍顺序为：学科发展简史—基本理论和应用—前沿内容探索。第一章主要介绍了什么是自然科学以及自然科学的发展；第二章主要介绍了早期天文学、太阳系、星系和宇宙的基本理论；第三章主要介绍了物质（实物和场）及相互作用、运动定律、守恒定律、相对论；第四章主要介绍了化学中的基本原理和规律、主要理论体系、化学的分支学科及应用领域；第五章主要介绍了环境科学概况、地球面临的主要环境问题、人类活动对环境产生的影响以及可持续发展问题；第六章主要介绍了生命的结构和本质、起源和演化、学科前沿问题；第七章主要介绍了信息技术、生物工程、新材料技术、新能源技术、海洋技术、空间技术、先进制造技术。

本书是在第一版基础上修订而成。本次修订更新了部分陈旧内容，对各学科内容的最新发展进行了介绍，还在书中相应知识处放置了二维码，读者通过微信扫描二维码可以观看相关网站的科技视频，从而增加了学习的趣味性，增强了学习效果。本书配有教学 PPT，读者若有需求，可联系出版社获取。参加本书第一版编写工作的老师有：廖元锡、刘晓慈、毕和平、赵志忠、杜道林。参加本次修订改版工作的老师有：廖元锡、李晶晶、王红梅、龙翔宇、朱万琼、彭明生、王喆、张志青。

尽管我们在修订过程中做出了较大努力，但限于编者水平，书中肯定还存在诸多不妥和疏漏之处，敬请广大读者批评指正。

编　者

2022 年 5 月

目　　录

第一章　绪论……(1)
　第一节　什么是自然科学……(1)
　第二节　自然科学的发展……(8)
　本章思考题……(16)
第二章　宇宙世界——天文学……(17)
　第一节　早期天文学……(18)
　第二节　太阳系……(25)
　第三节　恒星……(35)
　第四节　星系和宇宙……(38)
　本章思考题……(43)
第三章　物质世界的统一性——物理学……(44)
　第一节　物质间的相互作用……(45)
　第二节　三大守恒定律……(50)
　第三节　物质……(57)
　第四节　场……(69)
　第五节　宏观系统的统计规律……(76)
　第六节　物理学中的相对性原理……(84)
　本章思考题……(91)
第四章　物质的科学——化学……(92)
　第一节　化学中的基本原理和遵循的规律……(93)
　第二节　化学的发展……(94)
　第三节　原子结构……(102)
　第四节　化学学科的主要理论体系……(105)
　第五节　化学学科的分支……(113)
　第六节　化学的一些重要应用领域……(117)
　第七节　化学学科的发展趋势……(129)
　本章思考题……(130)

第五章 人类赖以生存的环境——环境科学……（131）
第一节 环境和环境问题……（131）
第二节 环境科学及其学科构成……（134）
第三节 地球各圈层的主要环境问题……（138）
第四节 环境影响与环境评价……（146）
第五节 人口、资源、环境与可持续发展……（149）
本章思考题……（153）
第六章 地球上的生命——生命科学……（154）
第一节 生命的结构……（154）
第二节 生命的本质……（176）
第三节 生命的起源与演化……（189）
第四节 生命科学的热点及展望……（198）
本章思考题……（204）
第七章 当代高技术……（205）
第一节 信息技术……（206）
第二节 生物工程……（214）
第三节 新材料技术……（218）
第四节 新能源技术……（223）
第五节 海洋技术……（227）
第六节 空间技术……（232）
第七节 先进制造技术……（238）
本章思考题……（243）
参考文献……（244）

第一章　绪　论

第一节　什么是自然科学

一、科学

1. “科学”一词之起源

“科学”（science）一词，源于拉丁文的 scio，后来又演变为 scientia，最后成了今天的写法，其本意是“知识”“学问”。古希腊哲学家柏拉图在《理想国》中曾提到“科学”一词，亚里士多德在他的《形而上学》中也用到“科学”一词。

中国古代曾用“格致”一词指称科学研究。“格致”起初出于《大学》：“致知在格物，物格而后知至”，其后“格致”均指格物致知。“格物致知”是儒家的一个十分重要的哲学概念，是宋明理学的传统。明末出版的《星际格致》一书中，“星际”代表“自然”，“格致”意为“格物致知”。明末清初熊明遇的《格致草》、来华的欧洲耶稣会传教士译的《坤舆格致》等书中的“格致”一词实为西方的“科学”之意，鸦片战争以后、中日甲午战争以前出版的科学书籍多冠以“格致”或“格物”之名。

日本曾将解剖学称为医学的“一科一学”，其著名科学启蒙大师福泽谕吉把英语单词 science 译为“科学”。19 世纪末到 20 世纪初，“科学”一词从日本传入中国。1880 年梁启超在《变法通议》一文中首次用到“科学”一词，康有为在《日本书目志》中列举了《科学入门》《科学之原理》等书目，1898 年在《戊戌奏稿》一文里也用了“科学”一词，严复在翻译《天演论》等科学著作时，也用到“科学”二字。后来陈独秀编《新青年》，曾用“赛先生”代表“科学”一词，不久“科学”在中文里就代替“格致”被广泛地运用。

2. 科学之定义

我国 1979 年版《辞海》定义科学“是关于自然界、社会和思维的知识体系，它是适应人们生产斗争和阶级斗争的需要而产生和发展的，它是人们实践经验的结晶”。1999 年版《辞海》定义科学是“运用范畴、定理、定律等思维形式反映现实世界各种现象的本质规律的知识体系、社会意识形态之一。按研究对象的不同，科学可分为自然科学、社会科学和思维科学，以及总括和贯穿以上三个领域的哲学和数学。按与实践的不同联系，科学可分为理论科学、技术科学、应用科学等。科学来源于社会实践，服务于社会实践，它是一种在历史上起推动作用的革命力量。在现代，科学技术是第一生产力，科学的发展和作用受社会条件的制约。现代科学正沿着学科高度分化和高度结合的整体方向蓬勃发展”。法国《百科全书》认为“科学首先不同于常识，科学通过分类，以寻求事物之中的条理。此外，科学通过揭示支配事物的规律，以求说明事物”。苏联《大百科全书》对科学的界定是“科学是人类活动的一个范畴，它的职能是总结关于客观世界的知识，并使之系统化。‘科学’这个概念本身不仅包括获得新知识的活动，而且还包括这个活动的结果”。科学是人类对客观世界的认识过程（活动），是关于客观事物的结构、性质、运动及其变化规律的知识体系和思想方法体系，是人类智慧的结晶。科学一方面有着自身内在的逻辑进程；另一方面，科学知识的生长，逻辑体系的形成，又都是在人的思想动机下发生，在人的价值观念中发展的，科学并非与价值无涉。科学的价值体现在物化和文化两个彼此相连的层面上。科学的物化价值是以技术为桥梁，为人类创造物质财富。科学的文化价值除科学知识以外，它的可靠和有效的方法，坚持真理的精神，诚心专心、排除自我的治学之道等价值体系也是修身、齐家、治国、平天下的基础，是人类社会文明的宝贵财富。科学又是一种社会建制，是组织科学活动的社会建制，像科学院、研究所、大学、学会等。在这套社会建制里面有一些共同遵守的规范。总之，科学的含义有三个方面：① 科学的知识体系；② 科学的思想方法；③ 科学的社会建制。

二、科学的本质

二维码 1-1

微信扫码，看相关视频

关于科学的本质，人们对它的认识也是在不断深化的。总的来说，它经历了由科学的“知识本质观”到科学的“探究本质观”的转变。

传统的科学本质观受逻辑实证主义的影响，认为科学的本质是科学知识，最多再加上方法，科学知识是客观的、价值中立的，科学是不会出错的。科学知识是通过科学方法获得的，所谓科学方法主要是指科学发现的归纳模式，这一模式可分为四个阶段：收集有关研究对象的全部事实；对这些事实加以分析、比较和归类；从这些事实中抽象出普遍性原理（假说）；在事实中重新检验已经提出的假说。这是人们公认的科学方法，而且适用于任何学科领域的研究。基于这种认识，人们很自然地认为科学的本质主要体现于科学方法之中。

现代的科学本质观受建构主义的重大影响，正在发生深刻的变化。纳斯鲍姆认为当今科学哲学思潮的主流是建构主义，其中波普尔和库恩更是建构主义的早期代表人物。建构主义否定知识的客观性，主张科学的本质即科学探究。众所周知，在科学教学领域中长期占主导地位的是逻辑实证主义主张的客观主义知识观。这种知识观认为，“所谓知识，就它反映的内容而言，是客观事物的属性与联系的反映，是客观事物在人脑中的主观印象”。知识是“人类认识的结果，它是在实践的基础上产生又经过实践的检验的对客观实际的反映”。从上述几个权威性的定义来看，人们对科学知识的本质的确是从

“客观性”上定位的。这种认为科学知识是客观的、可靠的、稳定的观点，长期以来一直左右着科学教学的理论与实践。建构主义的观点与此相反，认为科学知识的获得是科学家根据现有的理论（原有知识）来建构科学知识，强调科学知识是暂时性的、主观的、建构性的，它会不断地被修正和推翻。“在建构主义看来，可以将科学知识看成由假说和模型所构成的系统，这些假说和模型是描述世界可能是怎样的，而不是描述世界是怎样的。这些假说和模型之所以有效并不是因为它们精确地描述了现实世界，而是以这些假说和模型为基础精确地预言了现实世界。”正如波普尔指出的，科学知识的本性就是“猜测”，其中“混杂着我们的错误、我们的偏见、我们的梦想、我们的希望”。建构主义对知识的客观性的彻底否定，第一次在这种僵化的知识观上打开一道缺口，从而促使人们对科学知识本质的认识发生了根本的变化。科学知识作为一种科学活动的产物是一种可变的东西，不能体现科学的真正本质。“科学的本质不在于已经认识的真理而在于探索真理”，“科学本质不是知识，而是产生知识的社会活动，是一种科学生产”。

建构主义注重科学的探究本质。科勒特和肖帕塔认为科学是探究自然界的“思考方式”：科学必须建立在真实的证据上，甚至根据证据可以推翻权威结论；科学知识是无法绝对客观的，只能尽量避免偏见与误差；科学知识的建立是一个提出假说，再加以验证，最后得出结论的过程；归纳法与演绎推理是科学研究的重要方法，但它们也有局限性；因果关系的推理只能视为一种可能，而非绝对的关系；类推（analogy）和溯因（carry back）也是科学解释自然界现象的两种常用的思维方式，但它们同样也有局限性；科学家必须时常进行自我反省，以及对现存的理论的合理性进行批判性思考。科学是一种“探究的方式”。科学家所采用的方法没有不变的程序，但是对问题解决必须采取有组织的方式，并拒绝接受毫无根据的资料。而且还要坚持这样一种观念：仅靠合适的研究方法未必能真正解决问题，因为并非所有的问题都能被解决。科学知识是暂时的、动态性的。科学家使用所谓的科学方法来建立科学的知识体系，但是这些科学知识必须经常面对质疑、验证，进而发现其错误的地方，再加以修改，甚至完全推翻，或证实其合理性从而接受它。因此，科学知识具有动态性本质（dynamic nature）与暂时性本质（tentative nature）。

三、自然科学的知识体系

自然科学的知识结构是指一门学科所包含的要素之间的有机结合方式。一般来说，一门学科的知识体系是由科学的事实、概念、原理、理论、定律、方法、学说、方法逻辑形式构筑起来的。

1. 科学事实

事实是科学结论的基础和根据，没有事实的系统化和概括，没有事实的逻辑认识，任何科学都不能存在。但事实本身并不是科学，事实只是在以系统的、概括的形式表现出来并且作为现实规律的根据和证明时，才能成为科学知识的组成部分，即科学事实。科学事实大体包括经验事实、观测资料和实验数据等。

2. 科学概念

科学概念是构成科学理论的细胞，是科学研究的成果和经验的结晶。它由具体概念和抽象概念组成，前者直接反映某种现象的状态和表面性质；后者则由理性思维所把握，反映客观事物的规律和本质。它们之间的联系和转化，使科学概念在内容和形式的结合上构成一个体系结构。

一个特殊的理论，有其特有的概念。新理论的建立，或提出前所未有的新概念，或加深、扩展、限制已有的概念，或论证了概念之间的新联系。概念内容的新陈代谢和充实修正，乃是科学进步的表现。从概念内容所反映的客观对象的性质和层次考虑，将概念分为实体概念、属性概念和关系概念三类。反映某种物质客体的概念称实体概念，如原子、细胞、磁场等。反映对象所具有的特质概念称属性概念，如惯性、温度、抗腐蚀性等。反映对象之间关系和自然过程内部机制的概念称为关系概念，如电磁感应、熵、光合作用等。

按概念的逻辑顺序，物理概念分为基本概念和导出概念，按物理概念的关系分为上位概念和下位概念，种概念（大类概念）和属概念（小类概念）。种概念和属概念分别与上位概念和下位概念对应。按概念的表述方法可以分为定性的物理概念和定量的物理概念；按概念描述物理属性的不同可以分为描述本质属性、某种特定属性和关系属性三种概念。惯性是描述物质的本质属性的定性的物理概念，力、重力、弹力和摩擦力等概念中，力是上位概念、种概念，重力、弹力和摩擦力是下位概念、属概念。

3. 科学原理、定律和学说

科学原理、定律和学说是科学知识结构中的主要组成部分，它们运用概念揭示事物的本质联系，都属于规律性的知识，但它们之间又有某种差别。

原理所反映的是特定条件下的自然事实。对原理的了解必须注意到它是在什么条件下发生的事实。与原理近似的是定理，定理的提法在数学上用得较多，在自然科学中，用定理来表达某些原理时，着重反映一定条件下的数学必然性，即要加上数学表达式。

定律是对客观规律的一种表达形式，着重强调自然过程的必然性，如能量守恒定律。与定律近似的是定则，通常以假定方式来表达自然过程的必然性。如判断磁场与对电流作用力方向的“左手定则”。科学定律的本身也是有结构的，它分为具体定律和抽象定律。前者是依靠仪器对客体进行观察并归纳所得资料的结果，如落体定律等；后者是运用抽象概念进行判断推理的结果，如万有引力定律等。它们之间相互联系，表明科学认识由一级本质到二级本质层次的推进过程。

学说是指对自然过程原因的解释，是为解释自然事物、自然属性、自然定律的原因而提出的见解。由于对因果关系的认识是复杂的，往往一时难以确凿证实，学说常表现为假说的形式。

4. 科学方法

科学方法是指研究事实与发现规律的方式。任何一种科学理论，在解释某些现实过程的性质时，总是与一定的研究方法相联系的。

方法是人们发现客观规律的一种手段，是获得规律性知识的必要条件，是创造性思维的集中表现。科学方法在应用中一般分为三个层次：① 各学科特有的特殊方法，如物理学中的光谱分析法、化学中的催化方法；② 各门学科通用的科学方法，如观察法、实验法、系统方法等；③ 哲学的方法，即建立在一般科学规律的基础之上，能够应用于知识的一切领域的方法。

按照一个完整的科学认识过程，科学方法一般分为感性方法、理性方法和综合方法。感性方法是人类认识自然的起点，是获得自然信息的方法，包括观察法和实验法；理性方法是对观察实验所获得的成果进行分析，以达到新的科学认识高度的思考步骤，包括假说方法、数学方法、逻辑方法和非逻辑方法等；综合方法适用于科学认识的各个阶段，属于科学方法的理论，包括系统论方法、信息论方法和控制论方法等。

5. 科学理论

科学理论是在大量经验知识积累的基础上，运用逻辑加工，建立科学的基本概念和基本关系，借助逻辑和数学方法而总结出来的科学认识的知识体系。

科学理论是客观过程和关系的反映，是由一系列概念、范畴、原理、定理、公式等组成的逻辑系统，科学理论的形成可用如图 1-1 表示。

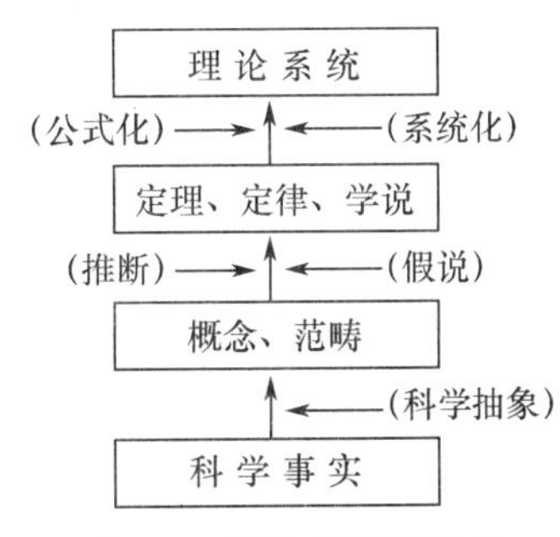

图 1-1　科学理论的形成

科学理论的基本特点和要求是：外部的证实和内在的完备。两个特点的相互作用和相互补充，意味着科学理论系统地反映了客观事物的本质。科学理论有两个重要的功能——解释功能和预见功能。前者是揭示存在事物的本质；后者是从科学理论逻辑地推导出关于未知事实的结论。解释功能和预见功能是不可分的，它们的共同作用显示出科学理论在整个科学知识体系中占据核心地位。

四、科学与社会

1. 科学对社会文化的促进作用

二维码 1-2
微信扫码，看相关视频

科学与文化有着不解之缘。一方面，科学是从一定历史阶段的特定类型文化母体中产生的；另一方面，科学真正意义上的发展是科学文化形态的发展，而绝不仅仅是科学知识层面或技术层面或器具层面的发展。早在 20 世纪 20 年代初，梁启超就已意识到国人对“科学”存在失之偏颇的理解。他指出：“那些绝对的重视科学的人且不必责备，就是相对的尊重科学的人，还十个有九个不了解科学的性质，他们只知道科学研究所产生的结果，而不知道科学本身的价值。……我们若不拿科学精神去研究，便做哪一门学问也做不成。”英国科学史家李约瑟博士曾提出疑问：中国的科学为什么会长期停留在经验阶段并且只有原始型的或中古型的理论？中国文明没有能够在亚洲产生出与欧洲文明相似的现代科学，其阻碍因素又是什么？从中西科学和文化背景进行比较我们不难得出结论：这种因素正是近代科学精神的缺失。所以我国的科学教育从起步之初就密切关注科学的文化价值层面。新文化运动以高举“赛先生”“德先生”著称于世，其最具实质性的意义就是唤醒国民科学意识，重构中华民族科学精神。今天，尽管我们生活在到处都是高科技产品的现代社会，但并不意味着我们就已经处在科学时代，我们就是现代人。每当我们为中华学子在国际奥赛上不断摘金夺银而兴高采烈时，又不得不面对科学的最高荣誉——自然科学方面的诺贝尔奖却很少与我国大陆科学家结缘的现实。当今社会经济发展的关键已不再是劳动力和资源，而是知识和科技创新。科技创新又与文化环境密切相关，在某一特定的历史阶段上的某种文化氛围中，科学非但得不到发展反而会陷入停滞甚至倒退。创造力的研究证明：个体的创造性不仅决定于自身的人格特征、认知风格、创造性思维能力、创造技法的掌握，还与社会文化环境密不可分。

2. 科学精神是推动科学和人类进步的精神力量

科学精神是在对科学真理的探索，对科学本质的认识深化的过程中孕育起来的推动科学进步的价值观和心理取向，是一种追求对世界和人生的深刻认识和理解的执着的探索精神。因此它不仅是推动科学而且是推动人类社会的精神力量。

科学精神表现为民主和平等、独立和创新。科学总是寻求发现和了解客观世界的新现象，研究和掌握新规律。科学主张每个研究者都有真理的拥有权，而不承认权威崇拜，科学的勃勃生机来源于质疑和批判、独立和探索，既宽容和鼓励标新立异，但又不盲从。进化论、基因论、相对论、量子论，无一不是冲破已有的定见，求异创新的结果。

科学精神就是潜心、专心与献身。表现为对知识全力追求，对名利淡然处之，对伪科学无情鞭挞，为真理而勇于献身。第谷为了研究行星的轨道，连续进行了长达 21 年的天文观测。居里夫妇在异常简陋的棚屋里，经过近四年繁重而艰苦的工作，从数以吨计的沥青铀矿渣中提炼出 0.12 g 氯化镭。陈景润身居斗室，整日与堆积如山的书籍和演算稿纸打交道，终于摘取了数学的王冠。英国天文学家布拉法莱在被任命为英国格林尼治天文台台长时，英国女王看到他的薪水很低，就让人通知布拉法莱，准备增加他的收入，对此布拉法莱说了一句意味深长的话："如果这个职位一旦可以带来大量收入，那么以后到这个职位来的将不再是天文学家。"16 世纪哥白尼的"天体运行论"，不仅否定了地心说，构造了太阳中心说，同时也给当时处于统治地位的神学写下了绝交书。布鲁诺、伽利略、塞尔维特一个个被打倒，但正是他们为科学献身的精神才导致了 18 世纪整个欧洲的启蒙运动。

科学精神就是务实和求真。表现为实事求是、严谨和周密，坚持实践是检验真理的唯一标准。近代自然科学的兴起是同对经院哲学的批判和新的研究方法（实验和逻辑的方法）的确立分不开的。弗朗西斯·培根认为：只有那种利用一定的设备、技术以确定的程序，有规则地进行实验，才是科学知识的可贵的源泉，才是科学真理的检验标准。所以科学是严格进行实验、严密进行推理、完全根之于客观事实的实学。例如自公元 2 世纪以来，血液在人体内流动的问题，已由当时罗马医生盖伦的心血潮流运动说统治了 1000 多年，直到 1628 年前，英国科学家哈维在前人研究的基础上精心解剖和观察，一次又一次地验证，终于得出"心脏的跳动、动脉的搏动和静脉瓣的结构保证了血液在体内循环运动、正常进行"的结论，并最终写出了具有转折意义的《心血循环运动论》。所以科学的求真求实，并不是固守真理，而是不断地发现以前真理的错误，不断更新真理。科学的求真还常常需要建立在科学原理和科学事实基础上的假说和想象，创造性想象是科学研究中的实在因素，它往往是科学进步的前奏曲。

3. 科学思想方法是人类自身和社会可持续发展的钥匙

科学不是简单地对自然规律的揭示，更重要的是找到了研究自然规律的方法。著名理论物理学家、诺贝尔奖获得者理查德·费曼说："科学是一种方法，它教导人们：一些事物是怎样被了解的，什么事情是已知的，现在了解到什么程度，如何对待疑问和不确定性，证据服从什么法则，如何去思考事物，如何去做判断，如何判断真伪和表面现象。”第一，科学方法的最高层次是科学思想和方法论原理，它是解决问题的宏观思路和哲学思想，如物理学中简单性原理、对称性原理、统一性原理、相对性原理、守恒性原理、对应性原理等。第二，科学是具体的研究方法，如观察实验的方法、理想化的方法、等效的方法、模型化的方法等。第三，科学是思维的方法，包括形象思维、抽象逻辑思维和直觉思维等。第四，科学是创造性思维技法，如想象的方法、转换的方法、类比的方法、发散和聚合的方法等。第五，科学是解决问题的一般策略：认清问题，分析问题的性质和特征，设想可能的解决问题的方法，通过推理判断选定解决问题的方法，检验结论的可靠性。

进入 20 世纪以后，科学方法的作用愈来愈显著，表现在科学方法作用的程度提高了、范围广阔了、科学方法自身的体系丰富了。例如自然科学研究，从古代的几乎是以直接的生产经验和对自然界的直观观察为基础，发展到 17 世纪，通过技术手段、各种仪器设备武装起来的科学实验的方法，这种方法不仅大大扩大了人的观察范围，提高了观察现象的精确度，而且也被其他学科广为应用。如今有教育实验、数学实验和社会实验等。再如解放思想，实事求是，坚持实践是检验真理的唯一标准，正是邓小平理论的精髓，它实质上已成为社会实践中最为广泛、最为常用的思想方法，已深入到人们的日常生活和行为之中。然而科学教育在有效地传授过去和将来用来探索及检验知识的方法上失败得最为明显，也与当今教育极力提倡的“学会学习”“学会生存”“学会持续发展”的理念大相径庭，所以科学教育应该通过科学知识的再发现过程，使学生学会学习之法、思考之法、创新技法和生存之道。

4. 科学道德观念是人类社会和谐发展的航标

随着科学技术的发展和科学的社会化进程的加快，以至在今天科学已如水银泻地一样，渗透到人类社会生活的各个方面。然而，我们在尽情享受科技带给我们便利的同时，也不得不承受由于科技的发展所带来的一系列社会问题。随着军事高科技化，战争越来越残酷，地球及人类自身的毁灭易如反掌。医疗保健科学的进步，使人口的老龄化加速了，在我国还可能造成人口性别比例严重失调。工业发展导致了自然资源过度采伐和毁坏，环境严重污染，大气质量下降，空气中二氧化碳和各种有害尘埃大量增加。水污染的结果使渔业资源遭到了破坏，也使人类面临水荒。滥施农药和野生环境的消失，使得许多的动植物失去了适宜的生存环境而濒临灭绝，造成生态平衡失调。科学发展带来的医学伦理道德问题，还将猛烈冲击人们的伦理观、价值观、生死观。克隆技术刚一诞生，旋即引起了人们的高度关注和担忧。计算机的普及使人类进入信息社会，也使高智能的“毒瘤”可以迅速蔓延，防不胜防。但归根结底，科学技术这把双刃剑还是挥舞在人类手中，需要通过科学教育使人类自身树立科学道德观念。而科学道德的核心是责任感，这种责任感驾驭科学成果的应用方向，以保证科学技术真正地造福于人类。科学道德的另一层面是同情心，使人能关注弱势和成长之中的族群，避免科技把现代人物化了，落入了商品拜物教的泥潭。

科学道德观念还表现在协作精神上。在牛顿、爱因斯坦时代，科技发明创造与新的发现往往是一两个人的研究成果，而现代科学研究绝非一两个人的事情，而是几十人、几百人甚至上千人的共同努力，是集体智慧的结晶。1995 年物理学重大成果之一——证明第 6 个顶夸克的存在，就是由两个实验室 800 多人共同完成的。现代社会有这样一个现象：组织里的每个成员都有 120 的智商，但组织的智商却只有 60；一些组织正处于繁荣阶段，却突然衰败了；一些组织表面上看井井有条，背后却危机重重。这样的组织正是缺少协作和团队精神，因而是缺少生命力的。

第二节　自然科学的发展

在长期的生产实践中，人们不断地积累着生产经验和劳动技能，又不断地用这些经验和技能改进劳动工具和其他劳动资料。人类在实践中积累的认识，在理论上的不断总结和概括，就是自然科学的发展过程。自然科学体系的形成是以自然界的客观存在为基础，随着人们科学实践的长期演进而形成的，它经过了一个从低级到高级，从简单到复杂，从零散到系统的发展过程。

一、科学的起源与发展

距今 6000 年到 4000 年，底格里斯河和幼发拉底河流域、尼罗河流域、黄河流域的文明逐渐形成，这些地区人类关于自然的知识逐渐深化，这一时期产生的知识，有突出的经验性特征，因此称为准科学，是古代科学产生的先导。经过准科学时代的数千年以后，古代自然科学逐渐形成，其标志是希腊科学的诞生，以后又经历了阿拉伯科学时代和中国科学时代。

1. 古代自然科学的发展

（1）古希腊科学的诞生

古希腊被认为是人类科学的发祥地，泰勒斯被尊为科学之父。古代希腊科学分两个时期，从公元前 600 年至公元前 300 年，称为希腊的古典时期。这个时期形成了以一个或几个学术带头人为领导的学术团体，如伊奥尼亚学派、毕达哥拉斯学派、原子论学派、柏拉图学派、亚里士多德学派等。从公元前 300 年到公元前 30 年，称为希腊化时期或亚历山大里亚时期，是指世界学术中心从雅典转移到亚历山大城，出现了阿基米德和欧几里得等著名的科学家。

古代希腊在数学、天文学、力学、生物学、医学、气体动力学、声学、气象学、电学和磁学等方面取得了一定成绩。数学方面的突出代表是毕达哥拉斯学派。毕达哥拉斯学派将抽象的理性方法用来研究几何学（科学史家称欧几里得的《几何原本》是古代科学的最高峰），并开始了数论研究，将自然数区分为奇数和偶数、素数和完全数、三角数和平方数，同时还发现了无理数。阿波罗尼乌斯提出了圆锥曲线理论，由此产生了《球面学》。天文学方面，欧多克斯用几何角度解释天文学，开辟了数学天文学的发展道路；希帕克发明了许多天文观测仪器，是西方第一个编制星表的人；托勒密编制了第一部古代天文学百科全书——《大综合论》，提出了地心说；毕达哥拉斯则是第一个主张大地是球形的人。力学方面，阿基米德发现了杠杆平衡条件和浮力定律。生物学方面，亚里士多德通过解剖和观察，记述了约500种动物（其中50种绘有解剖图），并对生物进行了初步分类。医学方面积累了初步的解剖学和生理学知识，对许多疾病进行描述并提出了适当的治疗方法。

（2）阿拉伯科学时代

阿拉伯科学是古代科学史的另一主流。在数学、天文学、化学和医学等领域有很大的发展。数学方面采用了阿拉伯数码，发展了三角学知识和代数知识。《花拉子密算术》和《阿尔热巴拉和阿尔穆卡巴拉》两本著作对后来的数学影响极大。天文学方面，阿尔·巴塔尼编制了天文年表，测定了黄道倾角值，并发现了太阳偏心率的变化。在化学方面，炼金术向实用化学方向发展，炼金术直接导致了近代化学实验方法的产生。天平开始使用，并利用蒸馏、结晶、升华、焙烧等方法炼金。在医学方面，被称为阿拉伯“医学之王”的阿维森纳，著有百科全书式的《医典》。

（3）中国古代科学时代

中国是四大文明古国之一，是文明古国中唯一没有出现严重文化断层的国家。在整个古代，中国的科学技术经过起源、发展和完善，达到了非常高的水平，形成了以实用经验知识为主的独立体系。主要成就在天文学、数学、农学和医学等方面。从战国到秦汉，许多门类都形成了具有自己特色的体系，经过汉唐千余年的发展，到宋元达到了高峰。在数学方面，是筹算、珠算以及相应计算工具的创造者，最早的数学著作《周髀算经》成书于公元前1世纪；汉代的《九章算术》是我国数学体系形成的标志。

天文学方面，中国是世界历史上天文观测记录最系统、最完整的国家：对太阳黑子、哈雷彗星的记载是世界最早的；绘制的星图、图表是世界上领先的；公元前1世纪出现了关于宇宙结构理论的盖天说，公元2世纪则有浑天说和宣夜说；汉代已形成了古代历法体系，创造了许多先进的天文仪器，如水运浑天仪、候风地动仪、黄道游仪、混天铜仪以及宋代苏颂建筑的水运仪象台和元代郭守敬创制的简仪等。在物理学方面，公元前4世纪成书的《墨经》中含有光学、力学、声学等物理知识；在世界上首先提出光的直进原理；北宋沈括的《梦溪笔谈》介绍了人工磁化方法制作指南针，并提出了地磁偏角的概念。

化学和化工方面主要表现在造纸技术、火箭技术、漆器和瓷器制作技术。医学方面创造了独特的中医理论和切脉诊断病情的方法。传说神农氏是中国医药的始祖（距今5000多年），现存医药文献近8000种，最重要的有公元前3世纪的《黄帝内经》（战国时期）、汉代张仲景的《伤寒杂病论》和《神农本草经》、唐代“药王”孙思邈的《千金方》、明代李时珍的《本草纲目》。此外，我国古代还有百科全书式的著名著作：一是北魏贾思勰的《齐民要术》；二是北宋沈括的《梦溪笔谈》，其内容涉及数学、天文、物理、化学、医学和工程技术等方面的知识；三是明代宋应星的《天工开物》，它包括了谷物栽培加工、纺织染色、制盐制糖、酿酒榨油、烧瓷造纸、冶金舟车、火药兵器等18个部门。说到中国古代的科学技术，自然不能不说古老的四大发明：指南针、造纸术、印刷术、火药。四大发明是中国古代科学技术繁荣的标志和中国人聪明智慧的体现，改变了近代人类文明史的进程。

2. 古代自然科学的特点

古代自然科学的发展，形成了几个明显的特征：

（1）形成了描述宏观物体低速运动规律的理论

古代自然科学在内容上形成了以地球为中心的宇宙观理论体系，这种理论对太阳系的认识是模糊不清的。尽管描述了宏观物体低速运动的规律，但对宏观物体的认识还只是初步的、表面的和笼统的。

（2）形成了自然科学的基本形态

古代自然科学的形态，主要包括三部分，即自然哲学、理论知识和实用科学。自然哲学是古代自然科学的一种重要知识形态，许多自然知识都包括在哲学之中。理论知识是对经验知识进行概括形成的知识体系，古代自然科学中开始成为理论知识的有力学、天文学和数学。实用科学是古代人在生产实践、医疗和日常生活中所积累的经验知识，基本上是对工艺技术实际效益的意识，但对制约这些效益的自然规律尚未深入理解。

（3）形成了研究自然界的方法

古代自然科学的研究方法主要有原始的观察法、实践法和演绎法，以整体的笼统考察为主，缺乏分析。对自然现象的理解，以直观信仰和主观猜测为主，没有严格的科学证明。

二、近代自然科学的产生及其特点

近代自然科学于16世纪产生于欧洲，前后持续了约350年，到19世纪结束。哥白尼（1543）发表的《天体运行论》是近代自然科学诞生的标志。

1. 近代自然科学的发展

近代自然科学经历了两个主要的历史阶段，即早期发展阶段与晚期发展阶段。从16世纪中期到18世纪中期为早期近代自然科学发展阶段，起点是哥白尼天文学革命兴起，终点是牛顿和林奈在自然观上相继向神创论的回归，主要科学标志是机械自然观的建立。从18世纪中期到19世纪末期为晚期近代科学发展阶段，起点是康德的天体演化学说的兴起，终点则是19世纪末物理学危机的发生，主要标志是辩证自然观的兴起。近代自然科学经过两个阶段的发展，形成了比较完整的基础科学体系。

在物理学方面，以牛顿为代表的经典力学体系在早期近代科学发展时期已经形成，并向天文学和其他基础学科领域渗透，形成了天体力学、流体力学等分支学科。同时，光学、热学、静电学、静磁学也初具规模。19世纪初，以托马斯·扬为代表的光的波动说的兴起拉开了物理学革命的序幕，其间，热力学和电磁学得到了充分的发展，不仅直接推动了近代早期物理学范式的变革和近代晚期物理学体系的形成，而且为第二次工业革命的兴起奠定了科学基础。

在化学方面，波义耳的元素定义、贝歇尔和施塔尔的燃素假说代表了早期化学发展的两个主要阶段。拉瓦锡的氧化说是化学进入近代化学发展时期的起点，特别是道尔顿化学原子论的建立，标志着近代化学进入了成熟发展时期。在这期间原子分子论的建立和元素周期率的发现，标志着近代基础化学的理论规范基本上形成。在无机化学领域，特别是在以三酸两碱为主体的无机化工领域，已形成了比较完整的体系。在有机化学领域，以有机提纯、有机分析、有机结构、有机合成为基本分支的有机化学体系也基本形成。

在生物学方面，林奈的生物分类学代表了早期生物学的主要成就，而生物进化论、细胞学说、微生物学和遗传学是19世纪生物学的四大杰出成就，标志着近代生物学科规范的形成。

在天文学方面，日心体系的确立与天体力学的奠基代表了早期近代天文学的主要成就，天体演化学、天体光谱学代表了晚期近代天文学发展的主要成就，特别是以太阳光谱和恒星光谱为基本分支的天体光谱学，成了20世纪初兴起的天体物理学的先导。地质学以1669年提出的地质学三定律为发端，以莫诺和伍德沃德为代表的第一次“水火之争”为动力，以地质考察为实验基础，在18世纪初具规模。从18世纪末开始，以维尔纳和赫顿为代表的第二次“水火之争”的兴起，使近代地质学进入一个新的发展阶段，此时已奠定了大地构造学说的基础。

2. 近代自然科学的特点

近代自然科学经历了16世纪的革命，取得了独立的地位。17世纪牛顿力学的建立，为近代科学奠定了基础。经过18世纪的消化吸收，到19世纪近代自然科学达到了全面发展和近乎完善的程度。其特点是：

（1）形成了比较完整的自然科学体系

近代自然科学由理论自然科学、实用自然科学和技术自然科学三部分组成。理论自然科学是指近代自然科学开始摆脱对事物单纯现象的描述，进入材料整理、理论概括阶段。理论综合是近代自然科学的显著标志，其中牛顿力学体系的建立，是人类知识的第一次理论大综合。19世纪自然科学理论综合的特点，在于形成“伟大整体的联系的科学”，一方面表现在不仅以物理、化学、生物、天文、地理、数学为基本分支的基础科学体系已经形成，而且这六大基本分支都有划时代的理论突破，本身形成了比较完整的科学体系；另一方面，还形成了贯穿若干自然科学领域的全局性原理和学说。近代实用自然科学是指近代自然科学演化为以科学实验为基础，以科学理论为指导，形成了系统的总结。技术自然科学是将基础知识向实践应用的中间环节，是研究通用性技术理论的科学。技术科学是在19世纪形成的，是在基础科学取得重大成就的基础上，由于生产的需要而迅速发展起来的。

（2）建立了揭示客观世界低速物体运动基本规律理论

这个时期，人们从认识宏观物体的形态、运动，发展到认识物体运动的能量；从研究物体的静态现象，转向研究物体运动的发生、发展过程。

（3）否定了直观信仰的认识原则

近代自然科学的认识论特征是对直观信仰的否定，人类的认识开始从事物的表面现象进入事物的本质，由笼统的综合进入精确的分析，从绝对不变和无联系性发展到普遍联系和发展性。

三、现代自然科学的产生及特点

从 19 世纪末 20 世纪初开始，自然科学的发展进入现代自然科学时期，其主要标志：人类对自然的认识，不仅在宏观低速领域更加全面深刻，而且深入微观、高速和宇观领域，在更深、更广的范围内揭露自然界的本来面目及其规律性。

19 世纪末，以牛顿为中心的经典物理学取得了辉煌的成就，使科学家错误地认为物理学已达到顶峰，认为整个物理世界都可以归结为绝对不可分的原子和绝对静止的以太这两种原始物质。正当人们陶醉于物理学大厦已经建立的时候，物理学界出现了以太漂移实验、光电效应实验、黑体辐射实验等为传统物理学不能解释的一系列新的实验事实。新的实验事实猛烈地冲击着经典物理学，经典物理学面临着危机，而这场危机导致了一场深刻的物理学革命。在这场革命中产生了相对论、量子论这样全新的科学理论，从而为现代自然科学的全面发展奠定了基础。

1. 现代自然科学的发展

现代物理学是现代自然科学革命的前导和主流，现代自然科学革命发端于 19 世纪末 20 世纪初的物理学三大发现：X 射线、放射性和电子。就研究领域而言，物理学从传统的宏观、低速领域跨入微观、高速领域，就基础理论而言，量子论、相对论和核物理的兴起，则从根本上改变了经典物理学的基础面貌。由于现代物理学自身理论与实验之间循环发展机制的作用，由于相关科学的相互渗透和影响，特别是第三次工业革命的影响，使现代物理学在核物理学、基本粒子物理学和凝聚态物理学方面取得了显著的成果。

20 世纪初的现代生物学革命是以 19 世纪末的近代生物学危机为前导的，当时社会达尔文主义、新达尔文主义和生物学神秘主义三股思潮曾给近代生物学以极大的冲击，从而导致了以现代遗传学兴起，以生物进化论变革和神经生物学为两翼的现代生物学革命序曲的开始。第二次世界大战后，以分子生物学兴起为核心的生物学革命是现代生物学发展的主旋律。分子生物学从分子水平阐明了生物遗传规律，深化了人们对生命活动的机制和生命本质问题的认识，目前分子生物学已渗透到生物学的各个领域，导致了遗传工程的兴起，从而展示了人工合成生命的光辉前景。分子生物学的发展，会进一步丰富和发展物理学、化学的研究内容，影响着医学和当代技术的发展方向，显示出它是当代自然科学新的带头学科。现代物理学革命对化学影响最深的领域是基础化学领域，特别是元素化学、物理化学和分析化学这些基础化学分支。基础化学的变革又推动无机化学、有机化学两个基本化学分支的变革和生物化学、高分子化学这两个新兴化学分支的兴起，到 20 世纪初期，化学实现了近代化学到现代化学的变革。由于物理学、生物学和化学的相互渗透，同时也由于材料科学技术、能源科学技术向化学的进一步渗透，现代化学在第二次世界大战后进入了一个新的发展时期，其中元素化学的主要成就集中反映在对超铀元素的探索和原子量基准的改革；结构化学的主要成就表现在现代化学键理论的形成；分析化学则实现了以仪器分析和电脑分析相结合为核心的第三次变革；无机化学在人工单晶、无机纤维、半导体材料和超导体材料方面取得了突出成就；有机合成化学主要表现在石油化工的飞速发展以及染料、农药、医药这三大传统有机合成的新发展；生物化学的发展体现在光合碳循环和光合磷酸化过程的发现、DNA 双螺旋结构的发现、遗传密码的破译、遗传中心法则的发现等；高分子化学方面主要表现在高分子化学合成的催化理论的发展，以及合成橡胶、合成塑料、合成纤维、耐高温高分子材料、精细高分子材料等领域的蓬勃发展。

现代物理学革命对天文学的影响表现在使天文学实现了从近代天文学到现代天文学的历史变革，其标志是促进了天体物理学的兴起。天体物理学的兴起，不仅使观测天文学和天体演化学发生了变革，而且推动了现代宇宙学的兴起。第二次世界大战结束后，由于空间技术革命对现代天文学的影响，使现代天文学进入新的发展阶段。射电天文学已发展为全波天文学并成为现代观测天文学的主体，光学天文望远镜的物镜口径已达到 8 m，开发出了太空天文望远镜。作为现代天体演化学主体的恒星演化学有了显著的发展，并产生了星际分子学这一新兴天体演化学的分支。宇宙结构模型的研究与宇宙演化理论融为一体，大爆炸宇宙论和稳恒态宇宙论成为当代宇宙学的两大学派。

第二次世界大战结束后地球科学也有了很大的发展，不仅在理论上有了重大的突破，而且已由现象描述走上理论综合的道路。新的分析地质学的建立使地质学摆脱了孤立的描述状态；板块构造学说的建立，开创了人类对地球史认识的新阶段；自然地理综合体概念的形成和综合研究方向的兴起，使地理学建立起比较严密的理论体系。20 世纪 60 年代以后，地理学以应用作为主要发展方向：一方面面向经济部门提供咨询资料，由此建立了应用地貌学、建筑气候学、工程水文学、旅游地理学等分支学科；另一方面是建设方向，产生了地理预报、环境科学等专门学科。由于现代技术的突飞猛进，新技术、新方法、新手段开始引入地理科学。20 世纪 50 年代的地理数学化引发了地理计量革命，并建立了计量地理学。20 世纪 60 年代以后电子计算机技术和遥感技术的引入，带来了地理科学研究手段的现代化，并建立了地理信息系统和地理遥感等分支学科。

2. 现代自然科学的特点

现代自然科学是近代自然科学的继续和发展，但与近代自然科学相比，有自己突出的特点：

(1) 科学理论有新的革命性突破

① 科学理论的思想性突破。爱因斯坦不但开辟了物理学的新纪元，而且为现代宇宙学奠定了理论基础。量子论思想的建立又向着未知的完全不能纳入经典物理学体系的微观世界跨进了一步。地球科学中的新全球构造观经历了大陆漂移—海底扩张—板块学说三个发展阶段，否定了大陆固定、海洋永存的传统观念，开创了人类对地球史认识的新阶段。DNA 双螺旋结构的分子模型，实现了人类对遗传物质基础认识史上的一次划时代的突破。

② 科学理论的层次性突破。描述和揭示宏观物体低速运动规律的理论进入微观世界，不断突破对微观世界更深层次的认识，并形成了科学理论。这样，人类对自然界的理论探讨，从基本粒子、原子、分子，到细胞、生物个体，到地壳、天体、星系，所有的各个层次都得到了比较深入的了解。

③ 科学理论的解释性突破。一是解释范围向更高程度的普遍性和更大范围的全局性发展。二是解释统一性的突破。相对论力学从时间、空间、运动、质量、能量的相互联系上揭示了自然的统一性，量子力学则从波粒二象性上揭示了这种统一性。三是解释原因的突破。现代自然科学，不仅深入微观领域，而且还以微观过程的机制解释宏观过程的因果性。

④ 科学理论的应用性突破。表现在微电子、生物工程和新材料三大前沿学科的出现，科学理论转化为技术的周期越来越短。1909 年卢瑟福的 α 粒子散射实验，1940 年核能的利用；1917 年爱因斯坦的受激发射理论，1960 年第一台激光器的诞生；1927 年布里赫等的晶体理论，1947 年贝尔实验室的巴丁、布拉顿和肖克莱发明了晶体管，1962 年发明了集成电路，20 世纪 70 年代后期出现了大规模集成电路。

（2）科学形态上形成了大量综合科学

现代自然科学一方面向微观深层和大宇宙的“纵向”发展；另一方面又向“横向”发展。这一发展的革命性标志是综合科学的形成：采用多学科的理论和方法对某一自然物体或现象进行综合研究，形成了环境科学、能源科学、海洋科学、生态科学、空间科学、地球科学、天体物理学等学科；综合各种科学和技术的理论和方法，研究客观世界中一些普遍关系，形成了信息论、控制论、系统论、协同论、耗散结构理论和突变论等；各门学科在发展过程中，出现“融合—嵌入”等关系，产生了生物物理学、地质力学、生物地球化学、天文物理学、科学学、潜科学学、技术经济学等众多的边缘交叉型的综合科学；科学技术和生产的发展，对技术提出了更高的要求，技术的综合性更强了，一种技术往往综合了十几个以上的学科知识。

综合科学的形成，使 20 世纪的自然科学形成高度分化又高度综合的趋势，形成严密而庞大的体系，使整个科学向整体化方向发展。

3. 现代自然科学的发展趋势

（1）在宏观层次上，科学系统的发展主要表现为加速地朝着整体化、高度数学化和科学技术一体化方向发展

在科学系统中，各门类科学、各层次学科不断地纵横分化，同时带来了更多的机会增强它们之间的交叉或非线性相互作用，加速了纵横综合，导致了纵横整体化的趋势。数学科学是一门典型的横断科学，因其高度的抽象性、应用的广泛性、严格的逻辑性和语言的简明性，从而向各门科学广泛地渗透，为组织和构造知识提供方法，从横断面上把条分缕析（单科深入）的分支学科联结为一个整体。在各门科学，特别是理论科学中，数学化程度日益增高，乃至在社会科学中也将广泛地采用数学语言、数学模型和数学方法，从而增强科学的抽象性、普遍性和统一性。科学与技术互相依赖，更多地发生融合，乃至朝着一体化的方向发展，即科学与技术组成一个有机系统。这种趋向表现为：科学系统与技术要素的交集将增大，相互作用面将扩大，科学技术化与技术科学化将不断地增强。未来技术，特别是高技术，就是科学化的技术，而未来科学的发展、新领域的开拓，都依赖于技术发展的最新进展；只有科学技术化，才能使科学能力产生巨大的飞跃。自然科学与社会科学等门类科学的概念、方法和观点将在更深层次上相互引用和渗透。在未来社会发展中所面临的许多重大问题，都迫切地需要更多的门类科学的

融合，才能有效地得到解决。在21世纪里，科学与社会将会发生强相互作用，科学将高度社会化，社会将高度科学化。创造性的科学活动将普遍地成为人类社会的主要活动，科学研究将由国家规模向国际规模发展，科学将以多种形式广泛地向社会的经济、政治、军事、教育等领域渗透，特别是向社会文化系统扩散，科学将演变成为主宰社会发展的支柱力量。在21世纪里，科学发展与人类社会持续发展，必须保持协调一致。

（2）在中观层次上，科学系统内部各门学科之间发生非线性相互作用，导致协同发展；同时在社会环境系统中，还要朝着偏向人类的目的性方向发展

科学系统内部各门学科的发展总是处于不平衡状态，从而各自的地位也在不断地发生变化。在21世纪里，信息科学、生命科学、物理学、空间科学、地球科学、材料科学、心理科学和认知科学及其交叉学科等，将会得到持续快速的发展。其中，数学科学是整个科学发展的基础和控制因素，物理学是自然科学的基础；生命科学因其研究客体的极端精巧和复杂性，以及社会多种需求（人类生存环境、食物、健康、污染、福利等）所产生的紧迫性，将成为新的科学革命的中心；研究复杂客体的心理学和认知科学将成为后来崛起的高峰，在生命科学之后的年代里可能成为新的科学革命的中心；信息科学将对改变未来社会结构、人类生产和生活方式产生巨大的作用。

（3）微观层次上，发现科学问题和解决科学问题是科学发展的动力

科学系统的发展就是不断地发现问题和解决问题的过程，同时也是科学概念、科学定律和科学理论不断形成和增长的过程。因此，有无科学问题，特别是有多少重大科学问题和难题，是判断科学发展趋势的重要标志。科学问题往往蕴藏在科学理论与科学实验之间、不同理论之间的冲突之中，科学问题的提出、确认和解决，是科学自主发展的内在动力。而未来社会的需求和面临的重点问题，也要转化为不同层次的科学问题，解决这些问题，就形成了科学发展的外部动力。

生命科学将在新的高度上揭示生命的本质，从而使整个生命世界的研究统一起来，将形成崭新的生命观。在未来的自然科学中，生命科学将成为龙头学科。很多科学家已把分子生物学、细胞生物学、神经生物学和生态学列为当前生命科学的四大基础学科。分子生物学、细胞生物学与遗传学的结合，将促进发育生物学的发展，发育生物学将成为21世纪生命科学的新主人，神经科学（或脑科学）将代表着生命科学发展的下一高峰，然后促进认知科学与行为科学的发展。生态学直接为人类生存环境服务，将对国民经济的持续协调发展起重要的作用。

物理学研究领域将朝着时空尺度的极端方向和多维复杂系统方向发展。物理学内部各分支学科的相互渗透、交叉更加强烈；物理学的基础研究与应用开发相互结合将更加密切，与应用技术结合紧密的分支学科将有更多的发展机会。以研究物质结构和运动在各个层次上的基本行为，提出基本概念、发现基本规律为目标的理论物理将始终处于学科发展的前沿。围绕自然界的许多客观现象，如全球气候问题、环境问题、海洋问题、自然灾害问题等将会不断提出新的物理学问题，物理学的基础地位将更加明显。

化学从分子间到复杂物质体系的研究将成为主要的发展方向。光合作用是化学科学21世纪研究的头等重要问题，而围绕该主题的分子反应动力学是化学的中心研究领域。从社会发展的需要来看，能源、材料、资源、环境等社会发展中的重大问题与化学关系

密切。

空间科学将利用空间飞行器在更广阔的空间和更遥远的行星上探索宇宙，以及在空间飞行所获得的微重力环境中研究物体运动，这将充满着动人的前景。创造更大的观测设备，特别是月基天文台的建立将成为全球天文界共同奋斗的目标。

地球科学正处于重大变革时期，其发展将形成行星地球的统一理论。科学家预测：21 世纪的地球科学将是“认识、预测、调节”地球的“科学巨人”。未来地球科学的发展将集中在五个领域：① 从地球物质循环和物质分配的框架入手，加深对地球整体性的认识，并从深层次调整“人地关系”；② 以全新的地球系统观来研究地球的本质面貌；③ 以非线性、复杂性方法研究地球；④ 采用多学科特别是跨学科的研究方式；⑤ 计算机技术、空间技术、分析测试技术、生物技术和材料技术等高技术在地球科学研究中的应用。

天文学循着观测—理论—观测的发展途径，不断把人类的视野伸展到新的宇宙深处，比如基于宇宙射线、微波背景辐射的监测研究，探索宇宙起源和宇宙物质成分、结构分布的时空演化过程，对宇宙生命的探索，证明地外生命的存在，类地行星的发现，寻找适宜人类居住的“第二地球”等。天文学还将尽力去发现暗物质、暗能量以及反物质、黑洞引力或其他的平行宇宙。随着科学技术的发展，天文学的前景越来越广阔，视野将面向深空和整个宇宙。

本章思考题

1. 怎样理解科学的本质？
2. 谈谈科学的人文价值。
3. 简述我国古代自然科学的成就。
4. 举例说明自然科学的知识体系。
5. 简述近代自然科学发展特点。

第二章　宇宙世界——天文学

从有记载的人类最早期历史开始，天体在人类生活中就占有很重要的地位。天体运行帮助古人安排种植，引导航海者进行远洋探险，指示人类记录时间。古人将星星在天空中无规律的排列按自己的想象组合起来，称之为星座。古人赋予天体以神秘而伟大的意义和动人的名称，许多古老的美丽神话与传说来自人类对天体和宇宙的想象。

天文学是科学和数学的母亲。最早的数学，产生于对天体位置和运行规律的计算的需求。对天体的客观、严格的研究，是最早的科学。众所周知，伽利略的比萨斜塔实验，证明了重力加速度对所有的物体都是一样的，但是可能很多人不知道，他同时也是观测天文学的开创者和日心学说的重要支持者。牛顿的经典物理学，产生于他对天体运行规律的研究。现代科学和技术的发展，一直与天文学发展密切相关。现代大型光学望远镜和其他无线电波段的望远镜、太空望远镜，是现代科学技术的重要部分。航天科学和技术，代表了现代科技的最高水平。我国在20世纪60年代把第一颗自己制造的卫星送上了太空。2003年，杨利伟成为中华人民共和国第一位进入太空的人。物理学的发展，也得益于天文学。作为天文学的一个分支，天体物理学是现代物理学的重要应用领域和生长点。家喻户晓的黑洞，就是一种天体模型，它来自爱因斯坦的广义相对论。在历届诺贝尔物理学奖中，多次授予从事天体物理和天文学研究的物理学家。

天文学知识可以帮助我们更深入地理解传统文化和历史。天文学是各国、各民族文化的一部分。不仅是神话和传说，在各种文学、历史文献中，都可以见到与天文学有关的内容。例如杜甫的名句“人生不相见，动如参与商”，王勃的“星分翼轸，地接衡庐”，等等。中国历朝的史官，在记载历史事件的同时，也一定要记载重大天象，为后人的研究留下了宝贵的资料。在“夏商周断代工程”研究中，根据“懿王元年，天再旦于郑”这一天象记载，配合其他文献，确定了周懿王登基的准确年代为公元前899年。

从一开始，天文学（astronomy）和占星学（astrology）就是一对姐妹，从上古到整个中世纪，她们肩并肩发展。西方古代的天文学家和占星学家，往往是二而一，一而二的。在古代，占星学或称占星术可能比天文学更重要，在某种程度上，占星学是天文学发展的动力。普通民众和统治者都希望从神秘的天体及其运行中解读出个人或国家的命运，并按照他们所破译的密码去预测未来。中国古代，没有占星学这个名称，但是有八卦五行、四柱、黄道等，其理论系统远比西方的占星学复杂。到了现代，作为科学的天文学已经确立了其无可争辩的权威。占星学在科学上已没有任何地位，但是仍然有很多人相信并祈求于占星学。近年来，西方的星座说流入我国，逐渐成为一种时尚，甚至成为一种文化现象。科学的天文学可以告诉人们，占星学的内核是什么。

第一节　早期天文学

一、古代中国的天文学

作为天文学，首先是对于宇宙，至少是对太阳系的总体结构的认识。中国古人凭着对天体观测的有限资料，对宇宙结构做出种种猜测。比较有影响的有三种。

1. 盖天说

《晋书·天文志》中说："其言天似盖笠，地法覆槃，天地各中高处下。北极之下为天地之中，其地最高，而滂沲四颓，三光隐映，以为昼夜。"意思是说天像盖着的斗笠，地像扣着的盘子。北极的天最高，北极处的地也最高。雨水向四方流向大海，日月星辰的光辉交替隐映，形成昼夜变化。又说，天地之间的距离八万里，天穹的中央是北极。天如磨盘转动而左行，日月在天上右行，同时随天左转。故日月实东行，而天牵之西落。为了解释太阳四季运行的规律，有一个"七衡六间图"（见图 2-1），以北极为中心，有七个同心圆，每一圆为一衡，衡与衡之间为一间。衡间相距一万九千八百三十三里三又一百步。每一衡为太阳在不同季节的运行轨道。冬至时，太阳沿最外一衡运行，出于东南而没于西南，日中时距地平线最低。夏至时，太阳沿最内一衡运行，出于东北而没于西北，日中时距地平线最高。

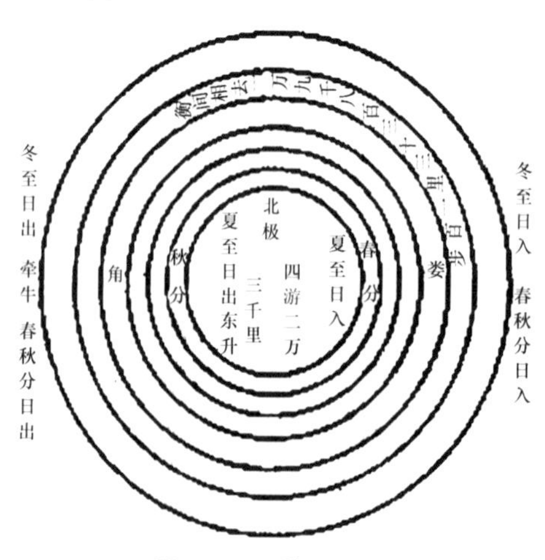

图 2-1　七衡六间图

七衡六间图在一定程度上解释了日、月、五星的视运动和太阳在一年四季位置的变化，不过比较粗糙。整个宇宙只是北半球的观察者所看到的天空。

2. 浑天说

浑天说认为地是球形的，其周围支撑物是一种气体或液体，整个宇宙类似鸡蛋结构的状态，天如壳地如黄。《太平御览》中说："天地混沌如鸡子，盘古生其中，万八千岁。天地开辟，阳清为天，阴浊为地，盘古在其中，一日九变。神于天，圣于地。天日高一丈，地日厚一丈，盘古日长一丈，如此万八千岁。天数极高，地数极深，盘古极长，后乃有三皇。数起于一，立于三，盛于七，处于九，故天去地九万里。”这就是盘古开天地的说法。浑天仪是反映浑天说的仪器。我国上古时代汉文化的宇宙观主要是盖天说，而不是浑天说。浑天说是由汉武帝时代的四川阆中人落下闳传入中央政府的，是来自氐羌民族的宇宙观。落下闳并作《太初历》（“太初”是汉武帝的年号）。《太初历》远较其他历法如《颛顼历》等 17 家历法精确。虽然浑天说不大可能是落下闳自己的发明，然而正是落下闳使浑天说成为官方的显学。浑天说提出后，并未能立即取代盖天说，而是两家各执一端，争论不休。但是，在宇宙结构的认识上，浑天说显然要比盖天说进步得多，浑天家借助当时最先进的观天仪——浑天仪可以精确地获取天体的位置，依据这些观测事实而制定的历法具有非常高的精度，能更好地解释许多天文现象。浑天说传入汉民族之后，被学者们广泛认为要优于传统的盖天说，张衡的《浑天仪注》是浑天说的重要代表作。他在《浑天仪注》中说：“浑天如鸡子，天体圆如弹丸，地如鸡子中黄，孤居于天内，天大而地小。天表里有水，天之包地，犹壳之裹黄。天地各乘气而立，载水而浮……天转为毂之运也。”浑天说认为地是球形，较盖天说合理。张衡之后，东晋孔挺，唐李淳风，元郭守敬，都制造过浑天仪（见图 2-2 所示）。现紫金山天文台保存的一具浑天仪，为明英宗正统二年到七年间制。

图 2-2　浑天仪

3. 宣夜说

宣夜说认为宇宙是无限的，没有一个硬壳式的天，空间到处有气体存在，日月星辰飘浮在气中，它们的运动也是受气制约的。这是我国古代的一种朴素的无限宇宙观。最早在《庄子·逍遥游》中就有宇宙无限的思想。《晋书·天文志》中有较系统的论述。“宣夜”之名，大概来源于古人提出其理论前对天象所进行的彻夜观占，但这只是一个猜测，至今尚无公认的说法。清代邹伯奇在其《学计一得》（见《邹征君遗书》）中有一段有趣的记述：丁未夏夜，测候中星至夜分不寐。昼而倦卧，客有过我者诘其故。予告之，客曰：“宣劳午夜，斯为谈天家之宣夜乎?”予恍然曰：“宣夜之说，今而得解矣!”

中国古代将全天星分为三垣二十八宿和其他星官。星官、星宿，即现在所称的星座。三垣指紫微垣、太微垣和天市垣。紫微垣为三垣中的中垣，以北极星为中心，又称中宫，大致相当于拱极星区。紫微星又称帝星，为北极二，是北极星所在的小熊座内的另一颗亮度与北极星相同的星。紫微垣是皇宫的意思。北京的紫禁城就是借喻紫微垣而命名的。紫微垣主要由 15 颗星组成，包含大熊、小熊、天龙、仙王和仙后等星座，共有 37 个星座。其中各星给以适当的官名，如上宰、少宰、上辅、少辅、上弼、少弼等。太微垣是上垣，在紫微垣的东北角。太微垣主要由 10 颗星组成，包含后发、狮子、室女等共 20 个星座，约占天空 63°的范围。太微是政府的意思。星多以官名命名，如左执法、右执法、东上将、西上将等。天市垣是三垣中的下垣，在紫微垣的东南角，天市即市场的意思。天市垣主要由 22 颗星组成，大致包含武仙、天鹰和蛇夫等星座，约占东南天区 57°的范围。星名都用各地方诸侯命名，如宋、燕、吴越、齐等。

二十八宿绕赤道和黄道区域的一周，也就是二十八个星座，二十八宿在区域上不是等分的。等分的区域称为十二次。二十八宿与十二次有确定的对应关系。十二次又对应二十四节气。古人又将天上的十二次对应地上的地理区划，称为分野。对应关系如表 2-1 所示。

表 2-1　二十八宿

十二次		二十八宿	列国分野	节气
1	星纪	斗、牛	吴越	大雪、冬至
2	玄枵	女、虚、危	齐	小寒、大寒
3	诹訾	室、壁	卫	立春、雨水
4	降娄	奎、娄	鲁	惊蛰、春分
5	大梁	胃、昴、毕	赵	清明、谷雨
6	实沈	觜、参	晋	立夏、小满
7	鹑首	井、鬼	秦	芒种、夏至
8	鹑火	柳、星、张	周	小暑、大暑
9	鹑尾	翼、轸	楚	立秋、处暑
10	寿星	角、亢	郑	白露、秋分
11	大火	氐、房、心	宋	寒露、霜降
12	析木	尾、箕	燕	立冬、小雪

二十八宿在天空中排列顺序如图 2-3。

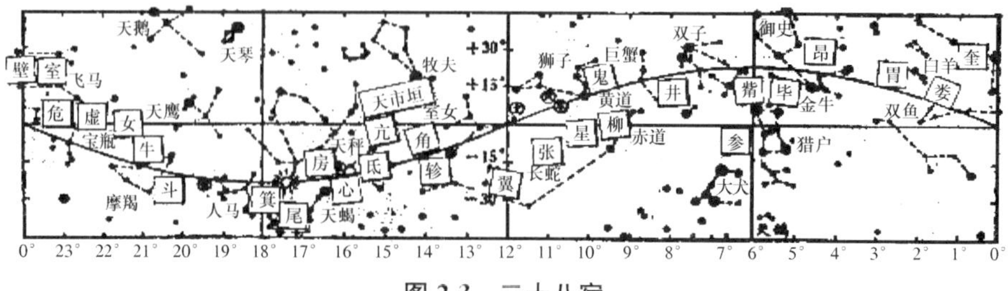

图 2-3　二十八宿

二十八宿按东西南北，分属于四象，每象各七宿。四象分别用四种颜色、四种动物来标记。四象与二十八宿的隶属关系如表 2-2 所示。

表 2-2　四象与二十八宿

四象	二十八宿
东方苍龙	角亢氐房心尾箕
北方玄武	斗牛女虚危室壁
西方白虎	奎娄胃昂毕觜参
南方朱雀	井鬼柳星张翼轸

十二次的创立起源于对木星的观察。木星的公转周期约为十二年，自西向东，每年经历一个次，十二年一周。古人用木星纪年，为岁星纪年法，因此木星又称岁星。《三国志》中说："夫得岁星者，道始兴。昔武王伐殷，岁在鹑火，有周之分野也。"意思是说，岁星在哪个次，该次对应的分野就兴旺。中国古人常常以天象的变化来解释地上发生的事件，特别是政治事件，因此，重大事件的历史文献往往留下丰富的天象记载，并由此可以推算出历史事件的精确年代。现代考古学，就是依据"武王伐殷，岁在鹑火"，确定了武王伐殷的年代。土星的公转周期约为二十九年，基本上每年坐镇一个星宿，故古人称土星为镇星。另外，称火星为"荧惑"，因为火星亮度变化大，轨道复杂，惑人。称金星为太白，因为金星光白而亮。金星在东方时称为启明，在西方时称为长庚。二十八宿是记录天象的坐标系，也是制定历法和推算季节的依据。如初昏时参宿在正南方为春季正月，初昏时心宿在正南方为夏季五月。二十八宿是在周朝或更早的时候确立的。1977 年，在湖北随州发现战国早期墓葬（前 433 年）——曾侯乙墓。该墓以出土一套青铜编钟而轰动于世。墓中的五只衣箱上画有完整的二十八宿图，以及左青龙、右白虎。这是二十八宿最早的文献记载。衣箱上精心绘制的星宿图，描绘公元前 433 年五月初三黄昏时的天象。这一刻肯定是曾侯乙人生中非常重要的时刻。在《史记·天官书》和《汉书·天文志》中，都详细地记载了二十八宿。中国古代称星座为星宿，也称星官。先秦记载星官有 38 个，恒星有 200 多颗。三国时，吴太史令陈卓编的星表有星官 283 个，恒星 1464 颗。中国古代称天空中新出现的星象为客星，主要指新星、超新星、彗星，以及极光、流星等天象。在古代占星术中，客星分为两大类：瑞星，古人认为它的出现预兆吉祥；妖星，主要是指彗星，看到彗尾时称为"扫帚星"，看不到彗尾时称为"孛星"。古人认为它的出现预兆凶祸，如兵、乱、水、旱、饥馑等。中国古代对客星的记载比较系统。自商代至 17 世纪末，我国史书共记载了新星、超新星 90 颗左右，其中大约 12 颗属于超新星，这么丰富而又系统的超新星纪事，在世界上是独一无二的。北宋至和元年（1054）记录的在天官星附近的超新星爆发，是最著名的一项。七百多年后，通过望远镜的观测发现在天官星附近形似螃蟹的星云，名之蟹状星云。通过天文学家们多年的严密推算，证实现在的蟹状星云正是北宋至和元年的超新星的遗址。

历法是天文学研究的重要内容之一。中国最早有古六历，即黄帝、颛顼、夏、殷、周和鲁六种历法。以 $365\frac{1}{4}$ 日为一回归年，故又称四分历。以 $29\frac{499}{940}$ 日为一朔望月，19 年中置七个闰月。《颛顼历》是秦统一中国后颁布的历法，资料比较完整。公元 104 年，汉武帝实施《太初历》。南北朝时期的天文学家祖冲之创制《大明历》，首次将岁差引进历法。直到清末，主要历法有100多种。1912年1月1日后，采用公历，同时继续实行传统的“阴阳历”。由于正月的定义与古夏历相同，故也称为“夏历”。中国的传统历法，包括现在的农历，都是“阴阳历”，兼有阴历和阳历的性质。按月相盈亏变化的周期来定月，又按寒暑节气的周期来调整年的长度，即以闰月的方法，使节气和历月保持相对固定的关系。阴阳历的主要缺点是闰年和平年的长度相差太大。二十四节气是我国独特创造。三千多年前的殷代已能定夏至、冬至。到战国秦汉时代二十四节气已全部产生。西汉《淮南子·天文训》有完整的二十四节气记载，与现在通行的完全相同。二十四节气实际上是标志太阳在黄道上的二十四个特定的位置，在公历上基本是固定的，只有一天的差别，分别称为春分、夏至，等等。其中最重要的是春分点，这一天，太阳从南半球经过天赤道到北半球。

二、古代西方的天文学

古埃及的农业依赖于尼罗河一年一度的泛滥。古埃及人观察到，天空中的一颗亮星——天狼星每隔365天就有一次与太阳一同升起。大约在这个时候，尼罗河开始涨水。在这个知识的基础上，大约在公元前4000年，古埃及人制定了365天为一年的历法，后人称之为天狼星年。金字塔表现出古代埃及人在天文观测上的能力。大金字塔北面的主要隧道正指向天龙座α星，这颗星在金字塔修建的年代（约前3400）正是当时的北极星。古代迦勒底人根据2000年间的观测，发现了日食的“沙罗周期”，即日食有18年的循环周期。约公元前五世纪，古希腊的爱奥尼亚学派将搜集到的迦勒底人和埃及人的知识与天象观测介绍到本国去。他们认为，月亮是因反射太阳的光而明亮，月食是因为月亮运行到地影里去。公元前6世纪到公元前4世纪，毕达哥拉斯学派首先认识到地球是球形的。他们的根据是，远去的船在地平线处桅杆隐没；人向南行，南天的星上升，北天的星下沉；投在月轮上的地球影子是圆形。他们说明了晨星和昏星是同一颗星。他们建立所谓“天球谐和论”，诸星球均遵循同心圆周轨道绕地球运动，诸圆的半径和八音的阶程成正比。公元前4世纪，在亚历山大帝国崩溃以后，因有开明的王子们的支持，由大将托勒密在地中海岸的亚历山大城建立了一个重要的文化中心。这座学府存在了一千多年，希腊文化得以在这里延续发扬。直到罗马帝国崩溃（4世纪末），古希腊文明才宣告结束。在这里，亚里山大学派对天文学作出了重要的贡献，确立了方位天文学。公元前3世纪，他们测量了冬至点和夏至点。一个半世纪以后，发现了二分点的岁差。亚里斯塔克测量了地—日、地—月相对距离。它的原理是利用上弦月时的地—月—日直角三角形，测量结果是实际值的18倍到20倍。这个结果很粗糙，但在原理上是很合理的。他还提出了日心系统理论，但在当时没有受到重视。公元前200年左右，埃拉托色尼确定了黄道和赤道斜交。他测量了地球的周长。他的方法是：夏至日，在塞恩（Syene，今埃及阿斯旺），太阳直射井底，也就是太阳过当地的天顶，同时在亚历山大城，他用仪器测得太阳的天顶距为1/50。他于是断定地球的周长等于塞恩和亚历山大之间距离的50倍。计算结果为25万希腊里，相当于39600千米。这个结果与现在公认的4万千米相差很少。公元前2世纪末的喜帕恰斯是古代最伟大的天文学家，他给方位天文学奠定了稳固的基础。他的主要工作有：详细测量了月球轨道的要素，包括周期、白道和黄道的交角、白道的偏心率、白道的拱点与交点的运动；由古代的观测，求得一年的长度为 $364\frac{1}{4}$ 日再减去 $\frac{1}{300}$ 日，这个数值与现在的误差只有 6 分钟；把几个世纪内观测的太阳和月亮的运动编成精密的数值表，用这些表来推算日食和月食；大约在公元前 130 年，有一颗新星出现，这促使他编了第一个记载恒星的星表，以便将来有奇异天体出现时，得以确定它的位置，这个星表记有 1025 颗恒星；发现了二分点的岁差，即黄道和赤道的交点的缓慢向西移动。由于岁差，北极星的位置也在缓慢地移动。公元前 2750 年，北极星在天龙座 α 星（中名“右枢”），现在，在小熊座 α 星（中名“勾陈一”或“北辰”），公元 4000 年，将在仙王座 γ 星（中名“少卫增八”）。他将自己的观测与 150 年前的观测比较，求得的岁差是每年 46.8″，与根据现在的值求得当时的岁差 48″相差甚少。为了解释观测，他不得不自己去创造理论。他创造了三角学和球面三角学。喜帕恰斯的继承者是托勒密，他的主要著作《大综合论》全靠阿拉伯译本流传下来。在这本著作里，记载、归纳了古希腊特别是亚历山大学派的主要天文学成就，并使宇宙地心理论最后系统化。后人将这一理论称为托勒密系统。托勒密系统，或称地心系统，认为地球是宇宙的中心，其他星球，依次为月、水、金、日、火、木、土，从内到外，在以地球为圆心的同心圆上做等速圆周运动，这些圆轨道被称为均轮。为了解释天体轨道运动的不均匀性，不得不加上一些辅助的轮子，称为本轮。本轮的圆心在均轮上做匀速圆周运动，天体在本轮上做匀速圆周运动，如图 2-4。

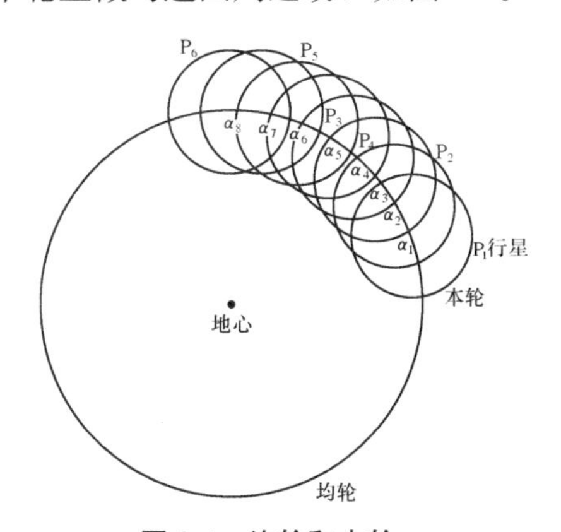

图 2-4　均轮和本轮

为了使理论与观测更加一致，本轮上又加本轮，最后，系统变得复杂不堪。直到哥白尼的日心理论出现以后，这一理论才逐渐被抛弃。托勒密之后，希腊文化完全坠入黑暗。公元 640 年，亚里山大城被阿拉伯人攻破，城内图书馆中的无价宝藏，包括七十余万卷手稿，全都被付之一炬。

为了记录日月行星的运行，西方古人定义了黄道星座。在地球上的人看来，太阳沿天球上的一个大圆一年运行一周，这个大圆被称为黄道（Ecliptic）。月亮和行星则在黄道两侧各 9°的带形区域内运动。这条带被称为黄道带。黄道星座的命名最早是在公元前 5600 年的古埃及，当时定义了四个星座，分别对应春分点（双子座 Gemini）、夏至点（室女座 Virgo）、秋分点（人马座 Sagittarius）和冬至点（双鱼座 Pisces）。现在的黄道十二星座，是公元前 2000 年古代巴比伦人定义的。巴比伦星座经腓尼基人传入希腊。希腊人将他们的神话传说中的名字赋予这些星座，一直流传到现在，它们分别是白羊、金牛、双子、巨蟹、狮子、室女、天秤、天蝎、人马、摩羯、宝瓶和双鱼。巴比伦时代的春分点在白羊座，也就是说，太阳从南半球向北半球穿过赤道的那一天，它的位置在白羊座。依次往下，夏至点在巨蟹座，秋分点在天秤座，冬至点在摩羯座。对应黄道十二星座，有黄道十二宫，它将黄道等分为十二段，每一段用该段的星座命名，从春分点开始，第一宫为白羊宫。由于岁差，春分点在黄道上每年西移 50.2″，现在，春分点已经移到双鱼座，但十二宫的名称保持不变，因而现在宫与星座已不吻合。在占星术中，仍然沿用古比伦时代太阳与星座的对应关系。可以在夜间星空中认识黄道十二星座，如图 2-5 和图 2-6。

在整个中世纪 1000 多年的时间里，西方天文学没有显著的进步。

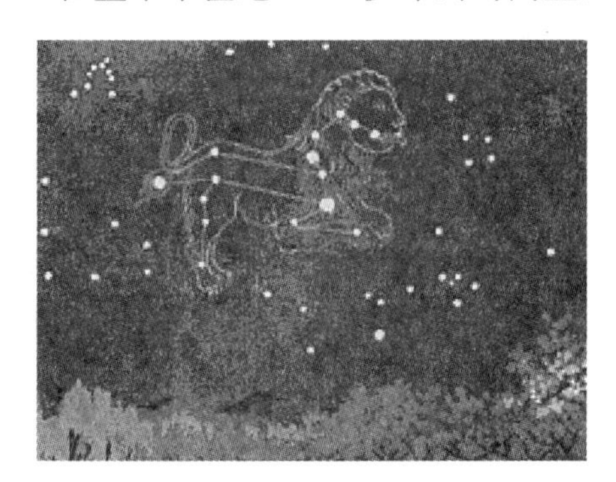

图 2-5　西方古人根据想象命名星座

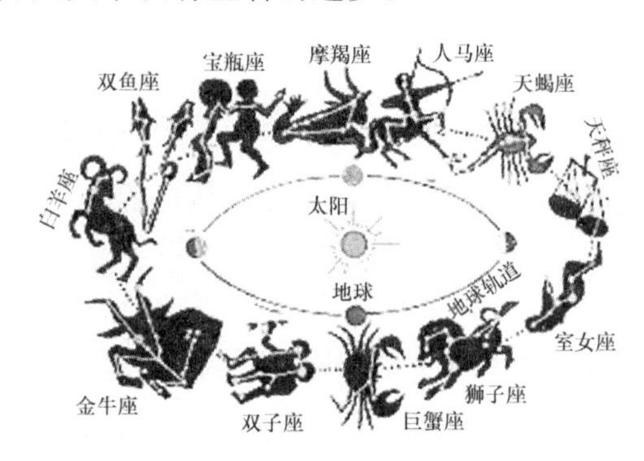

图 2-6　黄道十二星座

三、现代天文学的开端

公元 15 世纪，波兰的僧侣哥白尼创立了宇宙日心说，后人称之为哥白尼系统，1543 年发表在他的著作《天体运行论》中。他将托勒密系统中的太阳和地球的位置对调，以太阳为宇宙的中心，而月球是地球的卫星。天体的东升西落，被简单地解释为地球的自转。今天我们知道，太阳只是太阳系的中心。不过哥白尼系统与现代天文学所认识的太阳系的结构已经很接近。哥白尼系统在解释水星和金星总是离太阳不远，以及行星的逆行这两种现象上，明显优于托勒密系统。不过，为了解释天体轨道运动的不均匀性，哥白尼仍然采用了均轮、本轮系统。他当时也没有方法证明太阳是太阳系的中心。哥白尼系统的最后确立，有赖于其后 150 年间一系列的天才科学家的努力。

第谷，这位奥皇鲁道夫二世的御前天文学家，为近代天文学的建立作出了出色的贡献。他以前所未有的精度，坚持了 30 年的行星和恒星测量。他将这些极有价值的资料传给了他的学生和继承人开普勒。对于哥白尼学说，第谷思考，如果地球绕太阳运动，则一定会有恒星周年视差。所谓周年视差，就是在不同的季节观测同一颗恒星，其在天球上的位置会有所改变。这一点对于离地球较近的恒星效应较显著。为此，第谷选了几颗他认为是较近的恒星，做了耐心的观测。但由于当时的观测精度不够，他没有得出正面的结果。直到 1838 年，周年视差才被测出。

第谷造就了开普勒，而开普勒发现了行星运动三大定律。开普勒三定律标志了现代天文学的开端。开普勒利用第谷浩如烟海的观测数据，做了 25 年的计算，发现的开普勒三定律是：① 行星在椭圆轨道上运动，太阳是椭圆的一个焦点；② 行星与太阳的连线在相同时间内扫过相同的面积；③ 轨道半长轴的立方正比于周期的平方。开普勒三定律以优美而简单的方式描述了太阳系内行星的运动，撇开了哥白尼系统中的均轮和本轮的说法。

二维码 2-1
微信扫码，看相关视频

伽利略的天文观测，有力地支持了哥白尼学说。伽利略是第一个用望远镜做天文观测的人。他制作了一台 30 倍的望远镜，用它来观测天空。他的重大发现有：月亮上有山和谷；银河由恒星组成；木星有 4 颗卫星；金星有相的变化。其中，木星有卫星，可以作为反驳地球是宇宙唯一中心的论据，不过最重要的还是金星的相，即金星像月亮一样，有圆缺变化。金星的相在地心理论中是完全无法解释的，而在日心理论中却是再自然不过的结论。因为支持哥白尼学说，伽利略受到教廷的传讯，并被强迫不得以任何方式宣传或维护哥白尼学说。他生命的最后十年在软禁中度过。

牛顿说过：“我之所以看得远，是因为我站在巨人的臂膀上。”牛顿所说的巨人，开普勒至少是其中之一。在开普勒三定律的基础上，牛顿发现了万有引力定律，最终确立了天体运动的动力学理论，众多的天体运动现象都得到了完美的解释。牛顿的工作结束了在宇宙探索上长期的迷惘和徘徊。1846 年，英国的亚当斯和法国的勒威耶根据牛顿理论预言了海王星的发现，牛顿的经典力学理论从此得到完全的确立。

二维码 2-2
微信扫码，看相关视频

第二节　太　阳　系

一、地球与月球

地球在绕太阳的椭圆轨道上运行，轨道上离太阳最近的点称为近日点，离太阳最远的点称为远日点。在公转的同时，地球绕通过南北极的轴自转。地球赤道平面与公转平面之间的夹角为 $23°27'$，且存在周期性变化。从北极的上空往下看，地球公转和自转的方向都是逆时针的。在地球上看到的天体的运动被称为天体的视运动。为了描述天体的视运动，天文学家定义了天球。天球是一个想象的球，天球的中心就是地球的中心，所有的天体都在这个想象的球面上。将地球自转轴向南北延长到天球上，所得到的两点，称为北天极和南天极。北天极和南天极处的恒星，被称为北极星和南极星。将地球的赤道面延伸到天球上，就得到天赤道，如图 2-7。由于地球自转，我们看见所有的天体，除北极星和南极星外，都在东升西落，一天一周，称为天体的周日视运动。由于地球绕太阳公转，从地球上看，太阳在恒星间的位置在缓慢地移动，一年一周，称为太阳的周年视运动。太阳周年视运动在天球上的轨迹称为黄道。黄道与天赤道的夹角，等于地球赤道平面与公转平面的夹角。春分时，太阳在赤道的正上方，也就是在天赤道上，同时又在黄道上。所以，这一点是天赤道与黄道的交点，被定义为春分点。夏至时，太阳运行到天赤道以北 23.5°的位置，这一点被定义为夏至点。同样，可以定义秋分点和冬至点。太阳某次经过春分点到下一次经过春分点的时间间隔，称为一个回归年。回归年与四季变化的周期相一致。

地球是一个椭球，赤道部分隆起。太阳和月球对这部分的引力产生一个扭矩，使得地球自转轴在太空中划圆，就像地上的陀螺一样，称为进动。地轴进动的周期是 2 万6000年。地轴进动使春分点缓慢地向西移动，同时北天极的位置也在缓慢地移动，也就是担任北极星角色的恒星在不断地改换，如图 2-8。

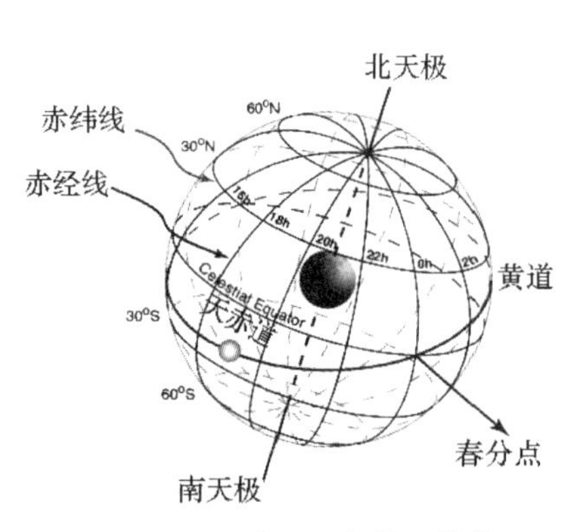

图 2-7　天球、天赤道和黄道

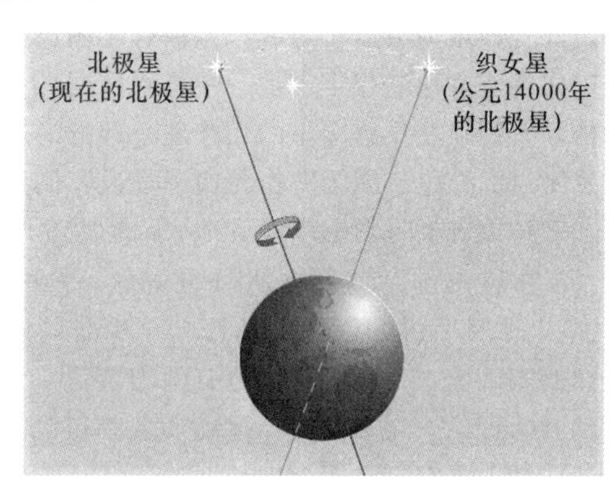

图 2-8　地球自转轴的进动

月球在绕地球的椭圆轨道上运动。轨道上离地球最近的点称为近地点，离地球最远的点称为远地点。月球公转视运动在天球上的轨迹称为白道。月球轨道（白道）对地球轨道（黄道）的平均倾角为 5°09′。月球绕地球转动的周期是恒星月 27.32166 日，朔望月 29.53059 日。恒星月指月球对于一颗恒星来说的自转周期。如果月球上某一点，本来面向着太阳，在经过一段时间后，这一点又回到了原先的位置上，这一周期就称为恒星月。朔望月是指出现的周期或望出现的周期，是一种会合周期。朔指月亮在地球和太阳之间，月球上被照亮的部分正对着太阳的时候，为农历初一。这一天我们看不到月亮。望指月亮和太阳分别在地球的两边，月球上被照亮的部分正对着地球的时候，为农历十五或十六。这一天我们看见满月。当月球在太阳东边 90°时，在日落之后可以看到半个向西的月亮，称为上弦月，这时为农历初七或初八。与上弦相差半个月。当月球在太阳西边 90°时，在下半夜可以看到向东的半个月亮，称为下弦月，这时为农历二十二或二十三。月亮圆缺称为月相。朔望月的长度为 29.5 日。农历上规定大月 30 天，小月29 天。农历的月在阳历上是不固定的。12 个朔望月的长度为 354 天或 355 天，为一个阴历年。为了与回归年一致，在 19 个阴历年中加 7 个闰月。闰年 13 个月。这样，19 个农历年与 19 个回归年几乎相等。二十四节气也是农历的组成部分。二十四节气是阳历的成分。朔望月与二十四节气结合起来，使农历为一种阴阳历。

相比之下，伊斯兰教的回历是一种阴历，它只保持历月与朔望月一致，但没有闰年。因此，阴历的新年不总是在冬天。公历是一种阳历。阳历的年与回归年保持一致，而月的划分是人为的，与月亮的圆缺没有关系。公历每四年设一个闰年，年数能被 4 整除的年份为闰年。闰年在 2 月份多一天。这样是为了符合 $365\frac{1}{4}$日。上述历法称为儒略历，是公元前 46 年罗马执政官儒略·恺撒（Julius Caesar）颁布的（由希腊天文学家索西琴尼帮助制定）。但回归年的长度较准确的值是 365.2422 日。四年一闰，使每四百年比回归年多出 3.12 天。儒略历实行到 16 世纪，已经积累了 10 天的差别，春分由 3 月21 日提早到了 3 月 11 日。公元 1582 年，罗马教皇格里高利颁布改历，将当年的 10 月 5 日改为 10 月 15 日，每逢百年，只有能被 400 整除的年才是闰年。每四百年 97 闰。格里历的年差回归年相差 0.0003 日。现在实行的公历就是格里历。

月球的引力使得地球在面对月球的一边和背对月球的一边都向上隆起。一般地说，强大的引力有将被作用的物体拉长的趋势。地球两面的隆起与地—月连线保持一致。如果月球不动，而地球自转，则在地球上某确定的地点可以每隔 12 小时发生一次涨潮，一次落潮。不过月球在作公转，其方向与地球自转的方向相同。因此，两次涨潮的时间间隔比 12 小时略长一点，为 12 小时 25 分。太阳的引力对地球也有潮汐作用，不过比月球的作用小一些。当朔或望时，太阳和月球的潮汐力互相加强，这时的潮为大潮；当上弦或下弦时，二者相消，这时的潮为小潮。在开阔的海上，涨潮的高度只有 1 米左右。如果在海边有喇叭形的河口，潮水沿河口涌进，可高达 10 米以上，例如我国杭州湾的钱塘潮。第二次世界大战期间，盟军诺曼底登陆的首日，为 1944 年 6 月 6 日，正值农历十六，为大潮。选择这一天，是便于登陆艇靠岸。朔的时候，月球在地球和太阳之间，但是由于白道与黄道之间有 5°的夹角，并非每次朔发生的时候日、月、地都在一条直线上。如果朔时三者在一条直线上，就会发生日食（eclipse）。月球在太阳光中的影子是一个锥形。月影锥可分为本影、半影和伪本影三部分。如果月影锥的顶点能延伸到地球表面，则地球表面与影锥相交的区域就是本影区，在这部分区域内可以看到日全食。在本影周围的半影区，可以看到日偏食。全食区域的半径最多不会超过 206 千米，而偏食区域可以有数千千米。月影在地球表面移动的速度是月球公转速度和地表在地球自转运动中的速度二者的叠加，结果是月影以大约 1600 千米/小时的速度向东移动。日全食延续最长时间为 7 分 30 秒。每当我国能看到日全食时，总是西部先看到，东部后看到。月球到地球的距离是变化的。如果月影锥的顶点不能到达地球表面，则只有伪本影区与地球表面相交，这时只能看到环食和偏食，如图 2-9。在望的时候，如果地、月、日在一条直线上，月球运动到地球的影锥内，就会发生月食。月食有全食和偏食两种，没有环食。与日食不同，月食发生时，处于黑暗中的半个地球上都能同时看到，如图 2-10。

二维码 2-3
微信扫码，看相关视频

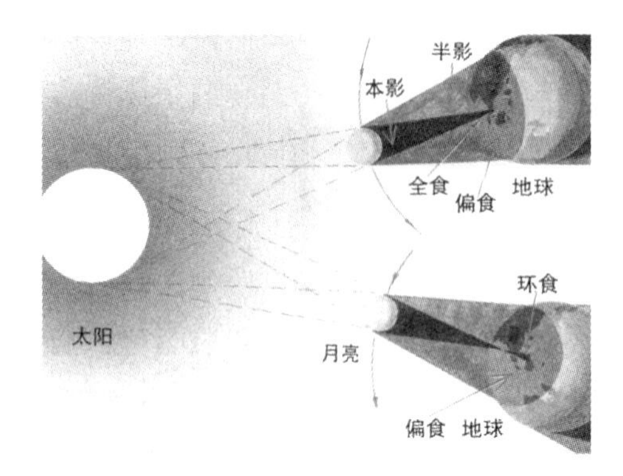

图 2-9 日食的形成

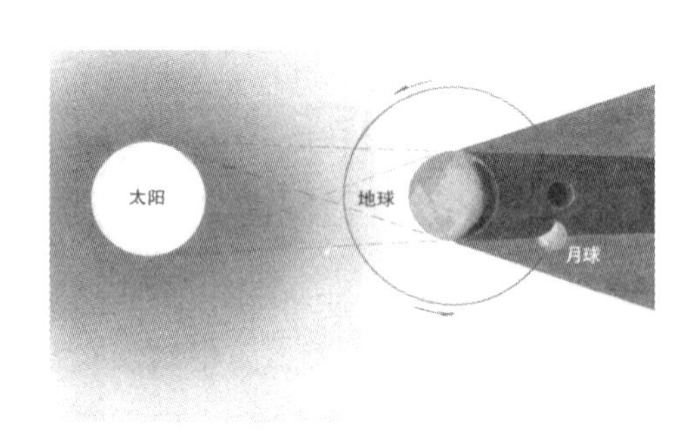

图 2-10 月食的形成

二、太阳系概况

太阳是恒星（star）。行星（planet）和一些其他的天体围绕太阳运动，构成太阳系。太阳的半径约为 69.6 万千米（约为地球的 109 倍），体积约为地球的 130 万倍，质量约为地球的 33 万倍（等于所有行星质量总和的 745 倍），平均密度是水的 1.4 倍。太阳是一个炽热的气体球，表面温度约 6000℃，愈往内温度愈高，中心温度约达 1500 万℃。中心区内的氢核聚变反应，使太阳产生光和热。太阳的辐射使地球上的生命得以生存。地球离太阳的平均距离为 1.5 亿千米，这个距离被定义为一个天文单位（1AU）。自从 1930 年冥王星被发现以来，冥王星在太阳系九大行星中一直争议不断。2006 年 8 月，国际天文联合会第 26 届大会通过第 5 号决议，修改了行星的定义。至此，冥王星被踢出“九大行星”行列，降级为“矮行星”。因而，依据离太阳的距离从近到远的顺序，太阳系八大行星依次为水星、金星、地球、火星、木星、土星、天王星、海王星。其中，最远的两颗行星，肉眼不可见，它们分别于 1781 年和 1846 年被发现。水星离太阳的距离为 0.58 亿千米（0.39AU）。土星离太阳的距离为 14 亿千米（9.33AU）。在火星和木星之间，有一个小行星带，由约 50 万颗小行星组成，离太阳的平均距离为 2.8AU。在这个距离上，1800 年第一次发现小行星。此后，直到 20 世纪 90 年代，众多的小行星被发现。天文学家猜测，这些众多的小行星是由一个行星破碎而成的。

所有行星的轨道都是比较接近于圆的椭圆。它们的轨道面与黄道面的夹角都比较小，从地球上看，它们基本上都在黄道带内运行。

比海王星更远的行星是冥王星，其轨道与地球轨道平面的夹角很大，而且形状很扁，体积也很小，直径只有 2300 千米，比月球还小。其后，又陆续发现多个大小接近冥王星的小天体。

八大行星从距离上可分为地内行星和地外行星。地内行星是水星和金星，它们的轨道半径小于地球的轨道半径。从地球上来看，它们离太阳的距离不大。水星离太阳的最大角距离在 18°到 28°之间。它总是紧随太阳的左右，很难看见。金星（太白星）离太阳的最大角距离约为 48°，看见它比较容易。它有时在日落后的西方，称为昏星（长庚星），这时它在太阳的东边；有时在日出前的东方，称为晨星（启明星），这时它在太阳的西边。金星在夜空中既亮又白，比其他星星都亮。地内行星可以正好运行在太阳的视圆面内，这个现象被称为金星凌日。地外行星为火星及其以外的行星，它们的轨道半径比地球的大。从地球上看，它们可以在离太阳较近的天空中，人们可能在日出前或日落后看到，就像看金星一样。它们也可以在与太阳相差180°的天空中，这样，就可以在夜间的大部分时间里看到它们。如果地外行星正好与太阳相差180°，则它日落时升起，日出时下落，这个现象被称为冲日。

二维码 2-5

微信扫码，看相关视频

从地质结构上，八大行星可以分为类地行星和类木行星。类地行星为水星、金星、地球和火星，它们都有固体的表面，密度约为水的4～5倍，主要由硅酸盐组成，金属元素含量比较高，如图2-11、图2-12。

图2-11　水星

图2-12　火星

类木行星为木星、土星、天王星、海王星，它们的共同特点是密度与水的密度差别不大，主要由氢、氦组成，没有固体表面，是无固体表面的流体行星，如图2-13、图2-14、图2-15。

图2-13　木星及其四个卫星

图2-14　土星与卡西尼号

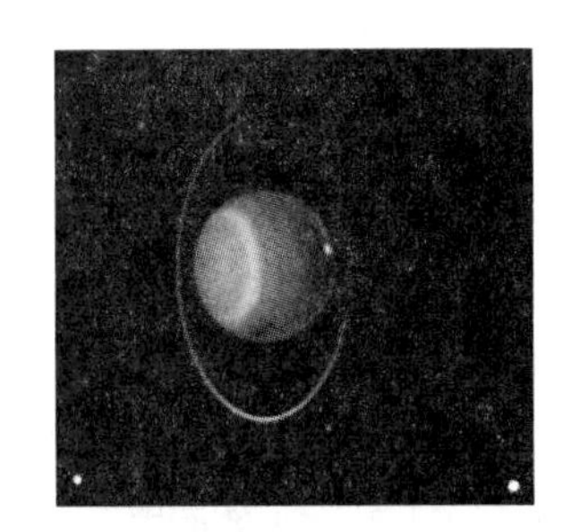

图2-15　天王星的光环

除了行星，太阳系还有第二家族，它们是彗星（comet）和流星（meteoroid），如图2-16、图2-17、图2-18。彗星的椭圆轨道一般都很扁。当它们离太阳最近时，可以在地球轨道范围之内，这时我们可以看见它；离太阳最远时，可以在冥王星轨道范围之外，有的甚至飞出太阳系，不再回来。所以，在彗星运行的一个周期内，只有一小段时间可以从地球上用肉眼观察到它。彗星的运行周期最短的为 3.3 年，最长的有上百万年。彗星的核是混有尘埃的结冰的气体，主要成分有水（H_2O）、氰［$(CN)_2$］、二氧化碳（CO_2）、甲烷（CH_4）和氨（NH_3），可以形容彗星是“脏雪球”。彗核表面蒸发的气体形成彗发。彗核至多只有几百千米，而彗发可以有几万千米。当彗星逐渐接近太阳时，彗发逐渐增大，并在太阳轴距的压力下形成彗尾。彗尾的方向总是背对太阳。能够看到彗尾的机会不是很多。彗星在每一次接近太阳的过程中都会损失质量，一次一次的回归，使它越来越小，最后消失。与牛顿同时代的天文学家哈雷研究出，1532 年、1607 年和 1682 年的亮彗星几乎是在同一条轨道上。于是他相信，它们是同一个天体，每 76 年回归一次。他预言这个天体将在 1758 年回归。这个预言在他死后被证实了，这颗彗星也因此被称为哈雷彗星。在哈雷彗星 1986 年回归时，一支国际飞船联队对它作了近距离探测。苏联的飞船穿过了它的尘埃云，欧洲的飞船在离彗核仅 605 千米的距离上飞过。

二维码 2-6
微信扫码，看相关视频

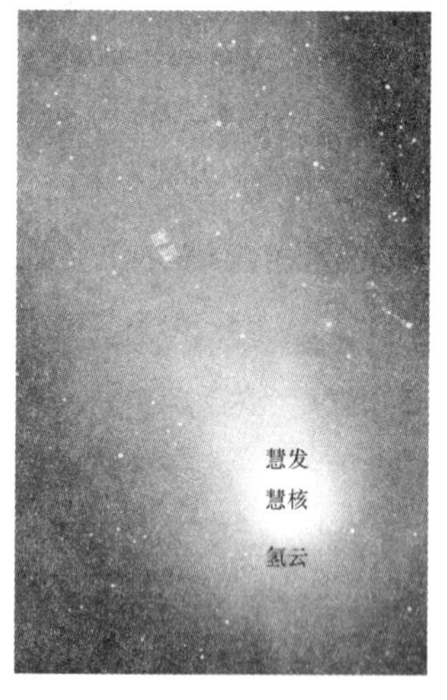

图 2-16　彗星的结构

图 2-17　海尔-波普彗星（1997）

图 2-18　Tago-Sato-Kosaka 彗星（1969）

一道短暂的亮光划过夜空，就是我们看到的流星。流星通常比较暗淡，但也有少数非常亮，能在地上照出影子。流星最大的有几吨，小的只有几十克，甚至小如尘埃。它们在太空中沿绕太阳的椭圆轨道飞行时，称为流星体（meteoroid），进入大气层后，称为流星（meteor）。每年 11 月中旬，流星显著增加，形成流星雨。流星雨看上去像是从狮子座的某点辐射出来。实际上，这一群流星是以平行的轨道运行，并在轨道上形成一道道长链，称为流星群。每当地球穿过流星群时，就能观察到流星雨。流星雨以辐射点所在的位置命名，如狮子座流星雨（图 2-19、图 2-20）、仙女座流星雨等。一般情况下，流星雨不会落到地面。但是如果流星体较大，在落地之前没有与大气层摩擦燃烧殆尽时，就可能落到地面。经研究发现，流星群的轨道与彗星的轨道很相似。彗星在一次次接近太阳的过程中逐渐蒸发破碎，剩下大量细小的颗粒，弥漫在轨道上，就形成了流星群。由于行星的扰动，流星群的轨道与原来彗星的轨道会不相同。

图 2-19　狮子座流星雨（1883 年美国画家的作品）

图 2-20　狮子座流星雨

单个的流星与流星雨的起源不相同。大个的流星在大气层中可能不会燃烧完，落到地面，就是陨石（meteorite）。陨石按成分可以大致分为铁陨石（图 2-21）、石铁陨石（图 2-22）和石陨石（图 2-23）。陨石中有几十种化学成分，并且有复杂的晶体结构。用放射性元素法测量陨石的年龄，其中最老的有 45 亿年。这个年龄与地球的年龄相当。这些资料表明，它们来自行星或小行星碰撞或其他原因产生的碎片。质量大的陨石撞击地面会产生陨石坑。全世界各国发现的大型陨石坑有 70 多个，它们的直径从几十米到几千米。我国著名的陨石坑有陕西省富平县的雨金泊和福建省宁化县的星湖坊。

图 2-21　铁陨石

图 2-22　石铁陨石

图 2-23　石陨石

三、宇航探索

地球上能够存在生命，是多种因素的合成。第一，地球在太阳周围处于一个合适的距离。第二，地球有恰当的质量。第三，地球赤道平面与地球公转平面有 23°27′的夹角。第四，地球表面有磁场。第五，地球表面有适当厚度、适当化学成分的大气。地球在太阳的照耀下，处于合适的距离，使地球表面的温度适于生命的存在，同时也使太阳对地球的引力与地球自身的引力强度相对适中，从而地球表面上有合适的大气层。如果地球离太阳太近，则地球表面温度太高，同时大气分子逃逸太多，大气层会很薄。合适的大气层对于生命的存在是非常重要的。地球大气层含有 75%的氮，23%的氧，1.3%

的氢，0.05%的二氧化碳。大气层对于可见光是透明的，而对于紫外光基本是不透明的，对于X射线则完全不透明，它们被臭氧和氧分子吸收。地面的热辐射（红外辐射）则被二氧化碳和水蒸气吸收。这样，白天，阳光可以到达地面，使地面温度升高，而在夜间热量散发缓慢，不会变得太冷。如果大气臭氧层被破坏，则紫外线和X射线到达地面太多，会对生命造成伤害。如果大气层中的二氧化碳增多，则地面热辐射逃逸太慢，地表温度变高，引起环境和生态变化。地轴与地球公转平面有66°33′的夹角，使得地球上有较温和的四季变化，因而有春华秋实。如果地轴与地球公转平面垂直，则太阳永远在赤道上空，地球上没有四季变化，任何一个地区都保持一个基本不变的日平均气温，只有少部分区域有适合生命的温度。地球表面的磁场对运动带电粒子有阻挡作用。太空中充满了高能带电粒子，称为宇宙射线。这些高能粒子进入地球磁场，就被地球磁场缠住而在其中做螺旋运动，不至于到达地面。

从现阶段来看，太阳系内能够孕育生命的星球只有地球。月球质量太小，留不住大气。水星质量较小，离太阳太近，也没有大气，且表面温度太高。金星的质量为地球质量的0.81倍，表面有非常稠密的二氧化碳大气，使得金星表面温度保持在480℃以上。火星的质量只有地球质量的0.11倍，其大气层比地球上的薄得多，主要成分也是二氧化碳，大气压强只有地球表面大气压的1%。火星表面昼夜温差达110℃。木星和土星的卫星也有固体表面，但是它们离太阳更远，温度更低。

寻找地球以外的生命，一直是人类执着的追求。在类地行星中，火星的情况与地球最接近。火星自转轴与公转平面的夹角为24°，因此有与地球相似的四季变化。火星自转周期为24.5小时，与地球上的一天很接近。火星公转周期为687日，相当于地球上的23个月。火星上有极冠，与地球南极上的冰冠相似。1877年，意大利天文学家斯基帕雷发现火星上有模糊的线状地貌，当时，这被认为是高等生命开掘的运河。从那时起直到现在，火星人和外星人一直是人类探索的目标和浪漫的题材。目前，红色的火星显然是不适合生命存在的。但是，若干亿年前，情况也许不是这样。1965年，“水手”4号（图2-24）飞越火星上空，拍下21张照片。1976年，美国“海盗”号飞船在火星上软着陆，收集了土壤标本并做了实验。当时没有找到任何生命的痕迹。从现代望远镜上观察，火星上的“运河”只不过是狭长的山谷。光谱分析显示，火星上的极冠主要不是冰冻的水，而是二氧化碳，即干冰。夏季，极冠几乎会全部融化。1997年，“探路者”号在火星上着陆，并释放出小车“索杰纳”，在火星上行走了约一个足球场的范围，看到的是一片荒凉。寻找火星人一度变得没有希望了。但是科学家们没有放弃努力。2001年，“奥德赛”号飞临火星，拍到火星清晰的照片，发现火星南极及周围至南纬60°区域有大量的冰状的水土混合物。2003年8月27日，火星大冲。这是6万6千年来火星与地球距离最近的一次，是探索火星的绝好机会。2003年

图2-24 “水手”4号

12 月，欧洲发射的“火星快车”到达火星附近，放出着陆器“猎兔犬”2 号，但放出去不久便失去了联系，再也找不到了。不过“火星快车”本身还是在绕火星飞行，拍到火星地貌，显示有水和冰川侵蚀的痕迹，这意味着火星上过去曾经有大量的水。2004 年 1 月，美国发射的“双胞胎”火星车“勇气”号（图 2-25）和“机遇”号探测器相继登陆火星。二者在火星上行走的距离超过了 2000 米，拍摄了大量的立体图和彩色全景图。如图 2-26 所示，火星上有层状结构的岩石，与地球上的水成岩类似。“机遇”号也拍到有水流痕迹的岩石。迄今为止，可以说已经找到了火星上曾经存在大量水的证据，可以说找到了产生生命的必要条件，但是还没有找到生命存在的直接证据。

2018 年 11 月 26 日，美国“洞察”号探测器（图 2-27）飞行近 7 个月之后在火星北半球成功着陆。作为第八个成功登陆火星的探测器，“洞察”号承载开启火星内部探索的使命。“洞察”号将会利用接下来两年的时间，收集并返回丰富的数据来解密火星是如何形成的，提高人们对火星核心大小、地幔和地壳厚度的认识，并确定火星内部温度。

二维码 2-7

微信扫码，看相关视频

图 2-25　“双胞胎”火星车“勇气”号和“机遇”号探测器

图 2-26　“勇气”号和“机遇”号探测器在火星上发现有水的痕迹的岩石

图 2-27　“洞察”号探测器登陆火星效果图

除了对火星，人类还对太阳系内的其他行星发射了探索飞船。1972 年发射的“先锋”10 号，首次穿越小行星带，首次接近木星，首次飞出冥王星轨道的范围，它的前进方向朝向“金牛座 α 星”。2003 年 1 月 23 日，它发回了最后一次信号，它的能量已经耗尽。这是太空飞行的一个里程碑。1973 年 11 月到 1975 年 3 月，“水手”10 号三次与水星相遇而过，拍了一万多张照片，覆盖了水星 57%的面积。1989 年 10 月，“伽利略”号飞船出发，经历 6 年，于 1995 年到达木星，对木星作了长达 14 年的观测。2003 年 9 月，在它生命的最后一刻，美国宇航局（NASA）发出指令使其改轨，掉入木星大气，做一次冲击实验。46 分钟后，信号到达地球，NASA 为它举行了“葬礼”。

美国于 1997 年发射的“卡西尼”号飞船，经历 7 年的飞行，于 2004 年 7 月到达土星边缘。“卡西尼”号用无线电信号与地球通信，信号以光速传回地球，要用 80 分钟。“卡西尼”号已经发回土星光环的照片。从照片上可以清晰地看到，光环内侧混杂着大量岩石块和灰尘，外侧主要是冰。2004 年 12 月，“卡西尼”号发送登陆器“惠更斯”号到土星最大的卫星——土卫六“泰坦”。“泰坦”是太阳系中唯一拥有自己的大气和云层的卫星，体积比水星还大，大气主要由氮组成，与 30 亿年～40 亿年前的地球相似。

2018 年 10 月 20 日，欧洲阿里安-5 火箭终于发射了由欧洲和日本联合研制的“贝皮·科伦布”水星探测器。“贝皮·科伦布”预计将经过 7 年飞行，在 2025 年底到达水星，并展开为期一年的水星探测活动，主要任务是对水星进行全面观测，寻找水星上的撞击坑（图 2-28），研究水星的起源和内部物质构成，探测水星的稀薄大气和水星磁场，验证爱因斯坦的广义相对论，最终完成对这颗行星到目前为止最广泛和最详尽的研究，并希望获得重大发现。

二维码 2-8

微信扫码，看相关视频

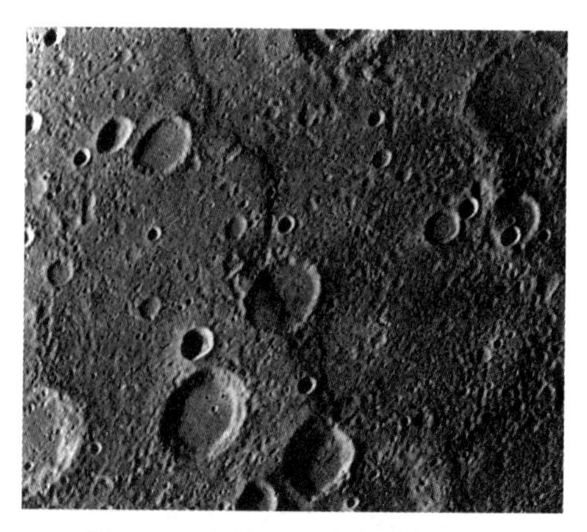

图 2-28　坑洼不平的水星表面

第三节　恒　星

一、恒星

“恒星”这一名称，来自和行星对比，在天球上的位置基本上保持不变的星称为恒星。实际上，恒星的位置并不是绝对不变的，因为地球绕太阳公转，较近的恒星会表现出周年视差。地球在相隔 6 个月的两个位置上观察同一颗恒星，地球的这两个位置 E_1、E_2，以及被观察的恒星 S，形成一个三角形。恒星越远，三角形顶角 E_1—S—E_2 就越小。该顶角的一半被定义为恒星视差角，如图 2-29。一般认为地球轨道半径是已知的，用周年视差三角形可以测量较远的恒星的距离，称为三角测量法。如果恒星视差角是 1″，就定义该恒星的距离是一个“秒差距”（parsec，pc）。1pc＝206256AU＝3.26 光年。离太阳系最近的恒星是半人马座 α 星，又称为比邻星，距离 1.32pc，合 4.22 光年。如果视差角是 0″.02，则该恒星的距离为 50 个秒差距，等于 160 光年，这是三角测量法所能测到的最远的距离。更远的恒星，就要用其他的方法测量。另外，因为太阳的运动，恒星的位置还会有长期的改变，恒星本身还有真正的运动。这两种运动合起来，称为恒星的自行。

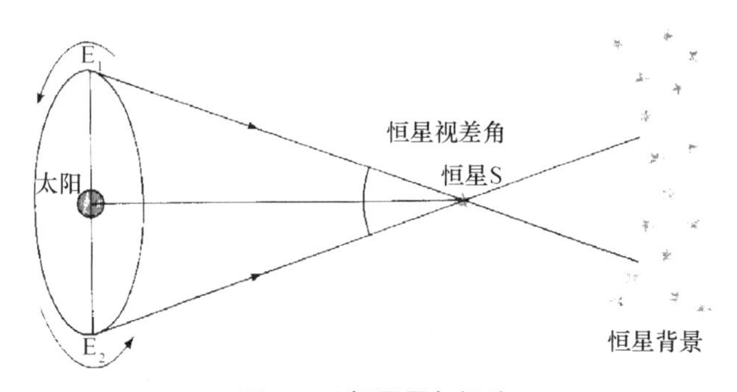

图 2-29　恒星周年视差

太阳是一颗普通的恒星，但是它的光辉使所有其他星星都显得暗淡无光，这是因为其他的恒星离地球都太远。恒星的辐射以球面波向外传播，其亮度与距离的平方成反比。为了区分恒星的亮度，天文学家定义了星等。公元前 2 世纪，古希腊天文学家喜帕恰斯将最亮的星定为 1 等，最暗的星定为 6 等。后来人们发现，最亮的星和最暗的星亮度相差大约 100 倍。经过研究发现，人眼对亮度的反应是呈对数关系的。大约在 1850 年，天文学家对恒星亮度的定义作了调整，成为现代星等的定义。该定义规定，星等相差 5 等，亮度准确相差 100 倍，在这个定义下，两相邻星等，其亮度比为 2.512。以 E_1/E_2 代表亮度之比，m 代表星等，Δm 代表星等差，表 2-3 给出从0 等星到 6 等星

表 2-3　星等与相对亮度

Δm	E_1/E_2
0.0	1.00
1.0	2.50
2.0	6.25
3.0	16.00
4.0	40.00
5.0	100.00
6.0	250.00

的大致相对亮度。比 0^m 星还要亮的星，其星等为负。恒星中最亮的天狼星的星等为 $-1^m.46$。金星比所有恒星都亮，它最亮时的星等为 $-4^m.4$。满月时的月亮的星等为 $-12^m.7$。现代望远镜可看到 18^m 星。观察到的星等又称为视星等。恒星的视星等与恒星本身的光度有关，还与观测距离有关。所谓光度，是指恒星表面每秒钟辐射的总能量。在相同的距离上，光度越大的恒星，观测到的亮度就越强。相同光度的恒星，观测距离越近，亮度就越强。为了表征恒星的光度，人们定义了绝对星等，为将恒星置于 10pc 处所得到的视星等。太阳的视星等为 $-26^m.72$，而其绝对星等为 $4^m.83$。光度很大的星称为巨星，光度再大的星为超巨星，光度小的星为矮星。恒星的光度与其大小有密切的关系。按照黑体辐射定律，恒星的光度与其大小和温度的关系可表示为 $L=4\pi R^2 T^4$，其中，L 为恒星的光度，R 为恒星的半径，T 为恒星的绝对温度。经过计算可知，猎户座 α 星（参宿四）的半径为太阳半径的 900 倍，而其视星等为 $0^m.41$。绝对温度 T 与恒星的颜色有密切的关系。

将恒星标在天球坐标系上，并划分为星座，构成星图。对照一年四季的星图，可认识主要的恒星。认识主要的恒星和星座，可帮助我们判断方位，确定所在地点的地理经度和纬度，是野外生存的必备知识。

将恒星按颜色分类，称为恒星的光谱型。光谱型的定义及相关特点大致如下：

O 型，蓝色，表面温度约为 50000K。

B 型，蓝白色，表面温度约为 16000K。

A 型，白色，表面温度约为 9000K。

F 型，黄白色，表面温度约为 7000K。

G 型，黄色，表面温度约为 5500K。

K 型，橙红色，表面温度约为 4500K。

M 型，红色，表面温度约为 3000K。

除了单个恒星之外，还有一种常见的双星系统。双星系统由两颗相互绕转的恒星组成。根据观测性质，可分为以下几种：目视双星，指在望远镜中能分辨为两颗恒星，双星绕它们共同的质心转动，有其轨道周期，从 1.7 年到数年甚至数百年不等。对于周期超过 100 年的双星，需要几代天文学家的持续观测。分光双星，在望远镜中看不出是两颗星，但通过光谱分析，可以确定是双星。其方法简单地说就是观测到恒星辐射的波长呈周期性变化。如果观测的视线方向在双星的轨道平面内，就可以看到它们周期性地相互遮掩，这样的系统称为交食双星。根据双星的轨道参数，可由开普勒定律算出其质量。这是计算恒星质量的主要方法。

如果有三颗星聚集在一起，绕它们共同的质心转动，则称为三星系统。成千上万的星聚集在一起，就成为星团。比星团更大的恒星集合是星系。

二维码 2-9

微信扫码，看相关视频

二、恒星的演化

有了绝对星等和光谱型的定义，就可以对恒星做更详细的研究。作一个图，将光谱型作为横坐标，绝对星等作为纵坐标，把观测到的恒星按其绝对星等和光谱型在图中描点。这种图称为赫罗图（H-R 图），由美国天文学家罗素和丹麦天文学家赫茨普龙得出，并发现光谱型和绝对星等之间有很强的相关性，如图 2-30。绝大多数恒星都在一条狭长的带形区域内，这个区域称为主序（main sequence）。太阳处在主序内。另外，在主序的上方，有一个系列，光谱从 G 型到 M 型的星，为巨星（giant）和超巨星。在主序的下方，还有一个系列，光谱从 B 型到 G 型，称为白矮星（white dwarf）。H-R 图是一种统计图。主序星、巨星和矮星，分别是恒星在演化过程中的不同阶段。从 H-R 图上看到主序星占的比例最大，说明恒星处于主序星的时间最长。太阳就是处于主序星阶段，它以目前的光度稳定地照耀地球已经有 45 亿年，估计还可以再照耀 45 亿年。之后，太阳将进入老年，变为一颗红巨星，体积膨胀，将会超出地球的轨道范围。

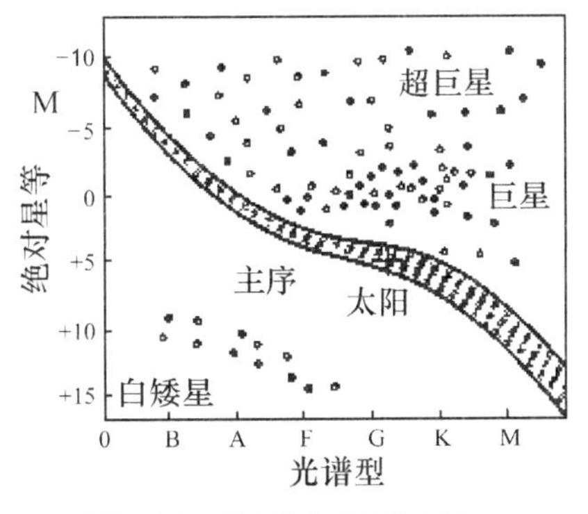

图 2-30　赫罗图（H-R 图）

在人类存在的时期内，恒星好像是永恒不变的。通过天体物理学研究，天文学家发现，恒星也有形成、稳定、衰老和死亡的过程，称为恒星的演化。万有引力的奇妙之处，在于它总是使物质趋向于非均匀。星际气体在万有引力的作用下收缩、成团，密度逐渐增大，形成早期恒星，这个过程称为引力塌缩。在此过程中，引力能转化为热能。早期恒星温度较低，光度较小。随着引力塌缩继续进行，早期恒星的温度进一步升高。当温度达到氢聚变的点火温度（约 700 万℃）时，氢热核聚变就开始了。当恒星的辐射能变为主要由氢聚变提供时，就进入了主序阶段。就像太阳一样，主序星的能源是由 4 个氢核聚变为 1 个氦核的过程提供的。反应后的氦核的质量小于反应前 4 个氢核的质量，所转化的能量按照爱因斯坦的质能关系 $E=mc^2$，是非常巨大的。太阳质量的绝大部分是氢，以聚变形式可以提供数十亿年的辐射能。主序阶段占恒星全部寿命的 80%。当中心核区域的氢燃烧殆尽时，其温度降低，产生塌缩，塌缩又使其温度再一次升高。在中心塌缩的同时，外层区域膨胀，这颗星就进入了巨星阶段。当中心区域的温度升高到氦聚变反应足以进行时，氦聚变就开始为巨星提供能源。这个过程逐级进行，重元素依次产生，直到铁为止。比铁更重的元素，是在其他不同的过程中产生的。在宇宙早期，其中的物质主要是四分之三的氢和四分之一的氦。地球上富含重金属，说明太阳是第二代恒星，也就是从第一代恒星破碎之后的尘埃云中产生的。将恒星按产生的代划分，第二代的恒星属于星族Ⅰ，第一代的恒星属于星族Ⅱ。如果恒星的质量小于 1.5 个太阳质量，在巨星阶段之后，它会继续塌缩，变为白矮星。白矮星的大小只与地球相当。如果恒星的质量再大，不超过 8 个太阳质量，它最后将演化为中子星。中子星比白矮星的密度更大。质量为 2 个太阳质量的中子星，直径只有 30 千米。1932 年，查德威克发现中子。1933 年，贝地和兹威克提出中子星假说，在恒星晚期的超新星爆发中可形成中子星。1965 年到 1967 年，汉威什在蟹状星云（crab nebula）发现脉冲射电源，后被解释为高速旋转的中子星。1054 年，古代中国的天文学家记录了一颗“客星”，即超新星爆发。爆发中向外膨胀的星云，为现在的蟹状星云。其后，大量的中子星被发现。

如果最后收缩的质量大于 2 个太阳质量，就不能稳定在中子星阶段，而会继续塌缩，成为黑洞。黑洞是广义相对论预言的一种天体，其表面的引力强到连光都无法逃逸，因此无法直接观测到它。鉴别黑洞的方法之一是寻找某个天体，它表现出是双星系统的一个成员。也就是说，有一颗伴星与它一起绕转，但这颗伴星不可见。最著名的黑洞候选者是天鹅座X-1。距离太阳 8000 光年的天鹅座中有一颗超巨星，它的伴星不能直接被观察到。不过巨星的物质被其黑洞伴星吸引过去，在黑洞周围形成旋转的盘状结构，称为吸积盘。吸积盘内因内摩擦而有很高的温度，发出 X 射线，成为 X 射线源。

2016 年 2 月 11 日，LIGO 科学合作组织和 Virgo 合作团队宣布他们已经利用高级 LIGO 探测器首次探测到了来自双黑洞合并的引力波信号。2017 年 8 月 17 日，激光干涉引力波天文台（LIGO）和室女座引力波天文台（Virgo）首次发现双黑洞并合引力波事件。引力波的观测意义不仅在于对广义相对论的直接验证，更在于它能够提供一个观测宇宙的新途径，就像观测天文学从可见光天文学扩展到全波段天文学那样极大地扩展了人类的视野。这项发现是首度发现黑洞的二元系统，是首度观察到的黑洞融合。LIGO 直接探测到的第一例引力波事件（据说）来自两个恒星质量黑洞的并合。两个黑洞并合前，会在彼此的绕转中搅动周围的时空，向四周散发出涟漪般的引力波，这些引力波带走了一部分双黑洞系统的引力势能，让两个黑洞越绕越近、越近越快。两个黑洞最终并合之后，融合成的大黑洞会经过几下“摇摆”融成完美的球形。

第四节　星系和宇宙

一、银河系

银河系看起来是一条白色的带，在夏夜的星空中很引人注目，如图 2-31。在银河附近区域，星星很密，而在与银河成 90°的方向，如北天极区域，星星较稀。伽利略是第一个用望远镜观察银河的人，他发现银河是由大量的星组成的。300 年来，经过天文学家不断地探索，现在已经知道，银河是一个星系，其主体为扁平的盘状结构，中央厚，边缘薄，称为银盘。中心核区域包含银河系中最明亮

图 2-31　银河系示意图

的恒星。银盘的直径有 100000 光年，含有 2×10^{11} 即 2000 亿颗恒星。太阳是银河系中的一员。太阳到银心的距离为 28000 光年，太阳所在处银盘的厚度为 3000 光年。太阳绕银心公转一周约需 2 亿年。太阳在银盘上下振动，每公转一周振动约 2.7 次。该周期与地球上物种灭绝的周期大致吻合。银盘是转动的，盘内有旋臂。旋臂是一种密度波，臂内的恒星密度大，它的成员不是固定的，恒星可以进出旋臂。银盘的上、下两侧有晕，晕外有冕。银冕的范围约为从银心起半径 200000 光年的球状。晕和冕内的恒星密度较盘内低得多。银河系中有两种星团，银河星团（或称疏散星团）和球状星团。银河星团分布在银道面内，绕银心做近圆轨道运动，其中恒星密度较低，恒星年龄较轻，约在几百万年到几十亿年（太阳的年龄）。球状星团多分布在银晕和银冕内，其内恒星密度较大，比太阳附近的恒星密度大 50 倍，恒星年龄较老，平均约为 100 亿年。

根据开普勒定律可以估算银河系的质量。根据最新的测算，太阳绕银心公转的速度为 250 千米/每秒，轨道半径为 28000 光年，由此可算出，太阳轨道内包含 1.2×10^{11} 个太阳质量。开普勒第三定律告诉我们，轨道半径越大，速度越小。但是精细的观测得出，在离银心 55000 光年处，公转速度为 300 千米/每秒，即轨道半径大，速度反而大。这就说明，在太阳轨道以外的区域，有大量的物质。但是我们为什么收不到来自这些附加物质的光？用类似的方法测算，银河系总质量可达 6×10^{11} 个太阳质量。如果有某种天体或某种物质，在任何电磁波段上都观察不到，就被称为暗物质（dark matter）。有的天文学家认为，银河系中有许多像木星一样的星，称为褐矮星，它们不发光，所以看不见。关于暗物质，还有多种假说。有证据表明，银河系中心有一个超大质量的黑洞。1974 年观测到，有恒星被观测到以高达光速一半的速度绕银河系中心转动，这表明在银心很小的区域内有 2.5×10^{6} 个太阳质量，只有黑洞能满足这个条件。除恒星外，银河系中还有大量的星际物质，它们阻挡、吸收和散射来自恒星的光。星际物质占银河系总质量的 10%，其主要成分是氢。2004 年，美国天文学家发现一个最古老的黑洞，它形成于 127 亿年前，其质量为银河系质量的总和，体积为 1000 个太阳系。

二、河外星系

比银河系更上一层的结构，是本星系群。本星系群包括 40 多个星系，银河系是其中的一员。另外，比较著名的星系还有大、小麦哲伦星云，三角座旋涡星系（M31），玉夫座星系和狮子座星系等。银河系只是宇宙中数以亿计的星系中的一个。银河系以外的星系通称为河外星系。本星系群中的其他星系也是河外星系。距离最近的河外星系是大、小麦哲伦星云，其距离分别为 16 万光年和 19 万光年。已知最远的河外星系距离为 110 亿光年。

从 19 世纪下半叶到 20 世纪上半叶，随着大型望远镜和照相技术的发展，天文学家发现了大量的星云状天体。这些星云大部分有对称的结构，有的有明亮的核，从核伸出旋臂，它们被称为旋涡状星云。有的呈椭圆形，被称为椭圆星云。在旋涡状星云中，最引人注目的是仙女座大星云，其长轴方向有 5°的范围，相当于月亮的 10 倍；其明亮的中心核可用肉眼看到。这些星云起初被认为是银河系内的气体云。1920 年，美国的威尔逊山天文台的大型望远镜将仙女座大星云的外区解析为恒星，这样，人们就确定了它是一个星团，而不是气体云。1924 年，美国天文学家哈勃在其中找到了一种特殊的星，叫作经典造父变星（cepheid variable star）。这种星的周期和其绝对星等有固定的相关关系，称为周光关系。也就是说，测量造父变星的周期，就可以知道它的绝对星等。再对比其视星等，就可知其距离。这样，哈勃第一次确定了仙女座大星云离太阳系的距离为 220 万光年。在银河系之外，进一步详细的观测显示出，仙女座大星云是一个星系，与银河系有着同样的旋臂结构，可以说是银河系的孪生兄弟。用同样的方法，哈勃又测量了许多星云，确定它们都是银河系以外的星系，统称为河外星系。河外星系按其形状可分为三种，旋涡星系、椭圆星系和不规则星系。在所有的星系中，旋涡星系占 70%，椭圆星系占 15%，不规则星系占 15%。旋涡星系是三种星系中最明亮的，在遥远的距离上最容易被观察到。银河系是旋涡星系。仙女座星系是旋涡星系的代表。椭圆星系比较暗淡，没有引人注目的结构，其中多为球状星团。不规则星系没有明显的对称形状，光度较低。大、小麦哲伦星云则是不规则星系。

1944 年，美国天文学家赛弗特在威尔逊山天文台发现了几个旋涡星系，它们有非常明亮的中心核，有很强的宽发射线（气体在高温低压下的辐射），这说明有炽热的气体以极高的速度膨胀，其中心区有剧烈的活动。已经报告有 100 多个这样的星系，它们被称为赛弗特星系（seyfert galaxies）。

这个新的领域经哈勃努力探索，在 1925 年至 1935 年的短短十年间便达到了威尔逊山天文台大望远镜所能拍摄的河外星系的极限。此后，哈勃又创造了新的方法，以确定更远的距离。哈勃将已测定其距离的河外星系中的蓝巨星与银河系中的蓝巨星比较，得知蓝巨星有确定的平均绝对星等。于是，在更远的星系中搜寻蓝巨星，就可定出该星系的距离。在更远的星系中，不能分辨出单个恒星，则用球状星团的平均绝对星等作为测距标准，再远的，就用旋涡星系的平均绝对星等作为测距标准，如此递推。用这种方法，哈勃探查到了河外宇宙 5 亿光年的距离。

大约在 1912 年，天文学家开始获取河外星系的光谱的谱线，并由谱线移动获得其视向速度。其中的原理称为多普勒效应。当波源朝向观察者运动时，接收到的波长短于发出的波长，或者说接收的频率高于发出的频率。当波源背向观察者运动时，接收到的波长长于发出的波长，或者说接收的频率低于发出的频率。在可见光范围内，红光波长较长，蓝光波长较短。于是，当接收的波长变长时，就称之为红移；当接收的波长变短时，就称之为蓝移。红移量定义为 $z=\Delta\lambda/\lambda$，其中，λ 是发出的波长，$\Delta\lambda$ 是接收的波长较发出的波长的增加量。红移，$\Delta\lambda$ 为正；蓝移，$\Delta\lambda$ 为负。如果红移量 $z<0.001$，则视向速度与红移量的关系为 $v=z\times c$，其中 c 为光速。如果红移量比较大，甚至大于 1，则采用相对论公式 $v=c\ (z^2+2z)\ /\ (z^2+2z+2)$。

恒星和星际气体的辐射中，有一些特征谱线。将接收到的这些谱线与地球实验室中的同种谱线比较，就可以确定有没有移动。由于星系内部的运动，接收到的恒星或星际气体辐射的波长有的变长，有的变短，对应的视向速度应该在每秒几十米到每秒几百米的范围。但是，除了本星系群之外，对第一批旋涡星系测得的都是红移，视向速度高达每秒几千米，这说明星系都在以极高的速度退却。这一奇怪的现象十几年得不到解释，直到哈勃有办法确定星系的距离之后，人们才从中发现了一个惊人的规律。哈勃发现，距离越远的星系，其退行速度越大。1930 年，威尔逊山天文台对远至 2.4 亿光年的星云的观测，进一步证实了这一规律。这一距离几乎到了威尔逊山天文台 2.5 米望远镜所能观察的极限。这台望远镜为美国著名天文学家、威尔逊山天文台台长海尔所建造。为了进一步研究河外星系，他于 1928 年开始筹备建造更大的 5 米望远镜。经过 20 年，即海尔去世后 10 年，这台 5 米望远镜安装在帕洛马山，称为海尔望远镜。由哈勃发现的河外星系的红移—距离关系，得到进一步的证实，并成为了一条定律，称为哈勃定律。哈勃定律可用数学式表达为 $v=Hd$，其中，v 为星系的退行速度，d 为该星系的距离，H 为哈勃常数。H 的值为 50～100 千米/（秒 · 百万秒差距）。该表达式的意思是说，距离太阳系 100 万秒差距的星系，正以每秒约 50 千米的速度背离太阳系而去。越远的星系，离去的速度越大，如图 2-32。不过这一规律并不说明太阳系是宇宙的中心。所有的星系都在相互远离，在宇宙中的任何一个地方观察，都会看到所有的星系在背离它而去。这是一个膨胀宇宙的图像。哈勃发现的星系红移被称为宇宙学红移，这种红移是由于星系间距离的持续增大而引起的。对于极遥远的星系，前面所介绍的测距方法都不可行，宇宙学红移就成为测量距离的一种有效方法。也就是，测出星系的红移量，根据多普勒效应的公式，求出其退行速度，然后再根据哈勃定律求出其距离。

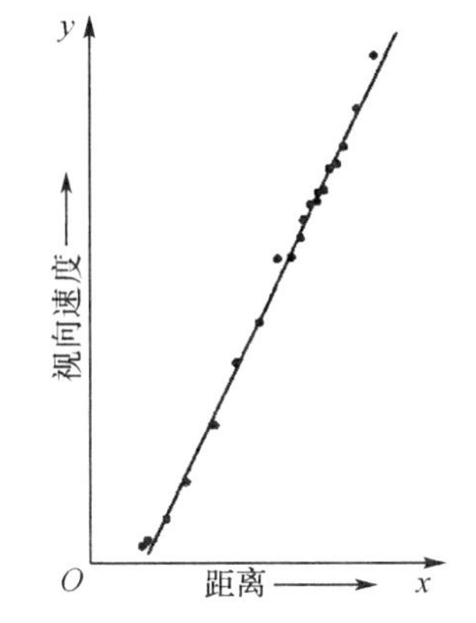

图 2-32　星系退行速度与距离的关系

1963 年，天文学家用最新的高分辨率的射电望远镜观察到一种极强的“点”射电源，看上去不像星系，其中的一些在光学波段上被认同为类似于恒星，为极强的蓝色。它们的辐射光谱中有一些发射线，在通常恒星的元素谱线中找不到对应。这一问题被解释为是通常的谱线被红移了一个量。被发现的第一个类星体的红移量 $z=0.16$，可求出其视向速度 $v=0.14c$（其中 c 为光速），这是极高的速度。这类前所未见的天体被称为类星体（quasar）。起初，人们认为类星体都是强射电源，但后来发现，有许多类星体不是强射电辐射，还发现有的红移量很大的类星体不是强蓝色。值得注意的是，所有的类星体的谱线都向波长长的方向移动，即红移，且红移量都很大，没有蓝移的。天文学家普遍认为，这种红移是宇宙学红移，也就是说类星体的距离都非常遥远。它们在观测上亮度都非常低，但按其距离折算，却是光度极高的天体——可以相当于 200 个星系能量的总和，而其尺度不超过 1 光年，即普通星系的几十万分之一。最远的类星体 PC12247+3406 红移量达到 4.9，算出其距离为 135 亿年。根据其视星等折算，它是宇宙中辐射最强的天体。现在一般认为，类星体是一种活动星系核，类似于赛弗特星系，其中心有一个超大质量的黑洞，物质在被吸积的过程中释放出大量能量。另外有的天文学家认为，类星体不是真的遥远，它们是银河系中喷出的高速气体，向外运动，因此在地球上看来有一个退行的速度。如果是这样，别的类似于银河系的星系也会有喷出的气

体，有可能是对着地球而来的。但是类星体只有红移的，没有蓝移的。也有的天文学家认为类星体的红移中至少有一部分是引力场产生的。根据广义相对论，光线在逃离引力场的过程中，因克服引力而能量降低，波长变长。总而言之，类星体的本质还是一个正在研究的问题。

研究极遥远的天体，实际上是研究宇宙的历史。我们现在观察到100亿光年远的天体，其辐射是100亿年前发出的。也就是说，我们观察的是宇宙早期的天体。

三、宇宙论

根据哈勃定律，对于所有的河外星系，用其距离除以其退行速度，得到的是一个相同的时间，就等于用100万秒差距除以50千米每秒，约为190亿年。这一结果意味着，让时间倒退到190亿年前，所有的星系都在一个点上。1948年，美籍苏联天文学家伽莫夫提出大爆炸宇宙模型，认为在极早的过去，宇宙是一个体积极小，密度极高，温度极高的火球，其中只有能量，没有物质。随着宇宙的膨胀，温度降低，从能量中凝结出基本粒子，然后产生氢和氦。这一过程，可以比喻为当温度降低时水蒸气凝结成水珠。氢和氦形成了早期的恒星和星系。这一理论解释了宇宙学红移、宇宙中主要物质是四分之三的氢和四分之一的氦这两个重要的事实。此外，还提出了一个预言，早期宇宙在冷却过程中，有一部分电磁波残留下来，到现在，温度大约为绝对温度5K。这一预言，成了判断大爆炸宇宙模型的重要依据。我们知道，科学不仅要能解释过去，还要能预言未来。只有成功地预言未来，这一理论才能被科学界所接受。在将近20年的时间里，大爆炸残留电磁波的问题得不到观测验证，这一理论逐渐被人们淡忘了。正在这个时候，美国贝尔电话实验室的两位年轻工程师彭齐亚斯和威尔逊在调试一台大型微波天线时，发现了一种弥漫在空间中的电磁波噪声。他们花了一年的时间，确定了这种噪声在任何方向上，在所有的季节，都是一样的，并测定了其波长，该波长对应的温度为绝对温度3K。他们的这一发现，被天体物理学家确认为正是他们寻找已久的宇宙大爆炸遗迹，并被正式命名为3K微波背景辐射。至此，大爆炸宇宙模型被科学界承认，称为大爆炸宇宙论。当然，大爆炸宇宙论并非最终的理论，在随后的二三十年里，它被进一步修正。

我们这个膨胀的宇宙，未来发展的趋势是什么？简单地说，可以有三种可能：第一种可能，永不停止地膨胀，星系间的距离越来越远，在遥远的将来，天空中除了银河系之外，我们再也看不到其他的星系。这种宇宙被称为是开放的。第二种可能，膨胀到一定时候又重新收缩，星系间的密度又会越来越大，这个宇宙最终又变成一个炽热的火球，一切生命都将终止。这种宇宙被称为是闭合的。第三种可能，也会永远膨胀下去，但最终膨胀速度趋向于零。这种宇宙被称为是平直的。区别这三种前景的关键是宇宙质量的平均密度。也就是说，宇宙的物质所产生的引力是否足以阻止其自身的膨胀。处于分界线的密度称为临界密度。如果宇宙物质的平均密度小于临界值，则宇宙将永远膨胀下去，是开放的；如果宇宙大于临界值，则宇宙将会重新收缩，是闭合的；如果等于临界值，则宇宙是平直的。对宇宙物质质量的平均密度的计算依赖于对星系质量的测定。目前，用各种波长测得的“可见”物质的密度远低于临界密度。有各种证据表明，宇宙中存在着大量的暗物质。寻找暗物质，是一项远没有终结的工作。

本章思考题

1. 试比较中西方古代天文学理论和观测的优劣。
2. 现代天文学的确立经历了哪些重大进展?
3. 试论述天文学的发展与人类文明的进步之间的关系。
4. 二十八宿与黄道十二宫分别是什么，有何异同?
5. 什么是天球? 天球上主要的点和线分别是什么，各代表什么意义?
6. 什么是朔望月，其与月相的关系如何?
7. 什么是阴历、阳历和阴阳历，各有哪种代表性的历法?
8. 什么是潮汐，有哪些主要特点?
9. 宇航探索的意义是什么?
10. 什么是星等、视星等和绝对星等? 试对照星图在夜间观星，感受代表性天体的星等。
11. 恒星演化的主要阶段有哪些? 恒星演化的结局有哪几种?
12. 宇宙早期的主要元素是什么? 地球上的重元素从何而来?
13. 星系分为哪几类，各有何特点? 银河系属于哪类星系?
14. 测量星系的距离有些什么方法? 分别在什么距离上有效?
15. 什么是大爆炸宇宙论? 该理论能解释哪些观测事实?

第三章　物质世界的统一性——物理学

物理学是关于物质和能量的科学。在科学发展的早期，物理学称为“自然哲学”。牛顿在他的《自然哲学的数学原理》中，发表了力学运动的三大定律。物理学研究分子、原子、原子核以及大尺度系统如气体、流体和固体的性质。物理学的很多内容抽象于日常生产、生活。在我们的日常生活中，在气候、环境、居住、衣食、交通、通信等各个方面，无时无刻不存在物理学。在生产活动中，如机械、电子、采矿、种植、医疗、建设、音乐、体育、气象、航天等各行各业，都有物理学原理的应用。在物理学教科书中，我们不一定常见到上面这些与生产、生活密切相关的名词，相反是一些抽象的概念，如能量、动量、张力、压强、热传导、场、波、粒子等。物理学原理是从生产、生活及自然现象抽象出来，得出物质运动的普遍规律，反过来应用于生产、生活实践，使生产力得以发展，使技术得以进步。当然，物理学中还有一部分理论来自物理学家的抽象思维。他们从公理化、对称性、简约性、普遍性等原理出发，以逻辑与数学推理为手段，建立物理学的庞大而复杂的体系，得出一些不为当时世人所理解的结论。但是他们的工作并不是随心所欲的思维游戏，也不同于纯理性的哲学思辨。物理学的结论，一定要得到实验或观测的验证。物理学家的推理，有许多已被证实为伟大的科学预言。

大多数现代自然科学都与物理学有着密切的关系。物理学中的对原子的认识基于化学中的实验发现，而原子理论又反过来指导无机化学的发展。无机化学的主要理论，体现在门捷列夫元素周期表中，而其最终解释，来自物理学中的量子理论；化合价理论也在原子物理中得到最终的解释。物理化学用统计物理学原理研究化学反应率；量子化学用物理学原理解释化学反应。在生物学中，可以用物理学中的流体理论研究血液的压强和流动，用电磁理论研究肌肉和神经的反应，用力学研究动物的运动。实验物理学的发展，为生物学研究提供了强有力的实验技术，如光学显微镜和电子显微镜，放射性元素跟踪技术等。生物中的细胞结构，最终也可以还原为原子。分子或高分子形态的物质形态，都可以还原为其最小单元——原子，乃至基本粒子。微观粒子的性质和运动规律，只有在物理学中才能得到最终的解释。这种观点被称为还原论。可以说，任何自然科学，最终都还原为物理学。当然，还原论并不总是有效的。微观粒子的个体行为，和由它们组成的宏观物质，在性质上会有根本的不同。此外，在地理学中，科学家们用流体力学模型研究地壳的运动，用波动理论研究地震波，并从而得出地球的内部不是固体的结论。科学家还用流体力学方程组研究大气的运动。数学的生命力，很大程度上来自物理学。为了精确描述非均匀运动，牛顿和莱布尼茨发明了微积分。矢量，作为一种抽象的数学量，来自物理中的力、加速度等既有大小又有方向的量。偏微分方程，又称数学物理方程，全都来自物理问题。非欧氏几何，只有在空间弯曲的概念出现在物理学中以后，才显得有实际意义。

在现代科技的发展中，物理学起着非常重要的作用。半导体材料的发展，超大规模集成电路的出现，是现代大型计算机的前提。20 世纪 50 年代发现的激光，现在已被广泛地用于测量和军事领域。已经走进大众生活的移动通信，则是电磁波理论的应用成果。另外如磁悬浮列车、宇宙飞船、GPS 全球定位系统、核能的利用、新材料的研制等，都凝聚着物理学的研究成果。

第一节　物质间的相互作用

一、物质世界的尺度——宏观、微观、宇观

物理学最早的研究对象，是人类能够直接感知的世界。伽利略，被称为科学之父和物理学之父，他开创了对自然现象作定量而不是定性的研究，他用实验来检验物理规律。牛顿在开普勒三定律的基础上发现了万有引力定律，揭示了天体运动的内在规律。他总结的牛顿三大定律，成为整个经典力学，或称为牛顿力学的公理化基础。经过达朗贝尔、欧拉、拉格朗日和拉普拉斯等人的发展，对机械运动、天体运动以及流体运动的研究成为一门完美的力学学科。惠更斯提出了光的波动理论。马吕斯、托马斯·扬和菲涅耳等人确定了光是一种横波。1747 年，富兰克林提出正、负两种电荷的概念。1780 年，库仑确立了类似于万有引力定律的静电相互作用的平方反比律。麦克斯韦完善并发展了电磁理论，建立了以麦克斯韦方程组为基础的电动力学，预言了电磁波的存在，论证了光是一种电磁波。布莱克和克劳福德提出热量的概念，认为物体吸收或放出热量，其温度就会升高或降低。伦福德用精确的实验证明了摩擦产生热量。1843 年，焦耳发现了功和热量的等价性。之后，开尔文和克劳修斯等人完成了热力学。到 19 世纪下半叶，力学、热学、电磁学、光学都建立了近乎完美的理论体系，这些领域的研究对象，大到太阳系、星系，小到一颗花粉，甚至细菌，都是可以用肉眼，或借助于仪器，如望远镜或显微镜直接观察的。从尺度上讲，星系的尺度是 10^{20} 米，头发丝的直径是 10^{-5} 米，细菌的大小为 10^{-6} 米。这样一个几乎无所不包的世界，被称为宏观世界。这个宏观世界的所有无生命物质的运动规律，都已几乎完全被了解和总结了。19 世纪的人，甚至科学家都很难想象，在这个宏观范围之外，还有什么客体。当时有物理学家声称，20 世纪的物理学，仅仅是应用。

但是没过多久，随着仪器的进步，新的现象一个一个地被发现，这些现象用已有的宏观理论无法解释。1858 年，普吕克尔在放电管中发现阴极射线。经过许多物理学家的研究，最后汤姆逊于 1897 年确定阴极射线中的粒子是一种带负电荷的微粒，确定了其电荷与质量的比值，并命名为电子（electron）。1895 年，伦琴发现一种看不见的射线，可以使照相底片感光，他将这种射线命名为 X 射线。1859 年，基尔霍夫开创了光谱分析。此后，物理学家对一类特殊的辐射——黑体辐射进行了详细的研究。黑体是一种反射率为零的理想物体，它的辐射代表了热辐射的基本性质。他们用电磁波理论分析黑体辐射的能量谱，只在低频和高频部分与实验曲线符合，而得不出在整个频段上相符的结果。从这些新的问题出发，物理学家开始了对尺度小于一个原子的世界的探索。这个世界被称为微观世界。现在我们已经知道，原子的大小为 10^{-10} 米的量级，原子由原子核和核外电子组成，原子核的大小为 10^{-16} 米～10^{-14} 米量级。这些尺度都不是用仪器直接“看”到的，而是间接得到的。原子的大小可以通过 X 射线衍射的方法求出。测量 X 射线衍射条纹的宽度，推算出产生衍射的原子晶格的大小。而原子核的大小，是通过用 α 粒子（氦原子核）轰击原子，观察散射粒子的方向而推算出的。对微观世界的所有观察都是间接的。物理学中的微观世界的图景，是在间接观察结果的基础上，通过理论分析而构造的。迄今为止，这个图景是合理的、正确的。物理学家发现，微观世界遵从与宏观世界完全不同的规律，其中的一个最主要的特点是量子性，即不连续性。微观世界的运动规律由量子理论描述。量子理论的确立，经历了约 40 年，整整一代物理学精英的持续工作。其后，新的发现和新的理论继续出现，至今还没有完结。

二维码 3-1

微信扫码，看相关视频

在另一个极端上，是对整个宇宙的探索。随着望远镜的发展，人类的视野不断扩大。从太阳系到银河系，到河外星系，并穷追到宇宙的起源。爱因斯坦创立的广义相对论，为研究大尺度空间的物理规律提供了理论工具。宇宙作为一个整体，也是不可直接观察的。能够被观察的，只能是一个局部。大尺度空间乃至整个宇宙，被称为宇观世界。宇观的尺度，在 10^{22} 米以上。到目前为止，科学认定宇宙为无穷大，可观测宇宙的大小大约为 930 亿光年。

二、四种相互作用力

力的概念，抽象于物体间的相互作用。古希腊亚里士多德认为，力是维持物体运动的必要条件。在粗浅的常识水平上看，这一观点也不无道理。人要运动，两脚就得用力；车要运动，就得用马来拉。但是伽利略发现，物体若不受力，就会维持原有的运动状态，这种特性被称为惯性。人或车的匀速运动需要力，力的作用是用来克服摩擦力。在日常现象中，人们把力分为推力、拉力、支撑力、重力等。这些都是表观上的力，而非本质上的力。

二维码 3-2

微信扫码，看相关视频

推力、拉力、支撑力等接触力，都是由于物体形变所产生的弹性力。固体形变所产生的弹性力，来自固体中分子和原子间的引力和斥力。气体形变所产生的力，如汽车汽缸的推力，来自气体膨胀所产生的压力。重力是地球和被吸引物体间的万有引力的一个分力。在微观世界里，还有另外几种力是不为我们所察觉的。

在某种意义上说，物理学是一种还原论。就是把表观的各种复杂的现象还原为最底层的、最基本的因素。在物理学中，自然界所有的力只有四种：电磁力、万有引力、强作用力和弱作用力。其中，电磁力和万有引力构成了宏观世界中所有形式的力，而强作用力和弱作用力只在微观世界的现象中起作用。

1. 电磁力

宏观世界中所有的物体，都由带正电和负电的两大类粒子间的电磁相互作用力所凝聚而成。电磁力（electro-magnetic force），或称为电磁相互作用力，是带电粒子间的相互作用力。原子核中的质子带正电荷，核外电子带负电荷，二者之间相互吸引，形成稳定的原子。原子与原子，由于核外电子数的不同，由共价键或离子键形成分子。金属结构由金属键形成，金属键由自由电子及排列成晶格状的金属离子之间的静电吸引力组合而成。晶体结构也是由化学键形成的。偶极分子间相互靠近时，有弱的静电引力，称为范德瓦尔斯力。细小颗粒凝聚成团，物体表面吸附灰尘，DNA 的双螺旋结构，都是由于范德瓦尔斯力。分子间距离太近时，原子核中的正电荷又会产生排斥力，所以物体不能被无限压缩。

电磁力中最简单的是静电力。静电力的大小与相互作用的两个物体的带电量的乘积成正比，与二者之间的距离的平方成反比。力的方向沿二者的连线。同号电荷间为斥力，异号电荷间为引力。这一规律被称为库仑定律，用公式表示为：

$$F=k\frac{q_1q_2}{r^2},$$

其中，比例常数 $k=9\times10^9$；q_1、q_2 为电荷量，单位是库仑；r 为距离，单位是米；力 F 的单位是牛顿。带电粒子，如电子的定向移动，就形成了电流。运动的带电粒子或电流产生磁场。运动的带电粒子在磁场中受到磁力作用，磁力的方向与粒子的运动方向垂直。同样，电流在磁场中也受到磁力作用，其方向与电流的方向垂直。也可以说，两个运动的带电粒子间有磁力相互作用。磁力的大小也随距离的平方而衰减。在早期，人们把电力和磁力认为是两种力，直至 19 世纪中期，才由麦克斯韦统一为一种电磁力。电磁力是长程力，可以作用到很远的距离，只不过强度随距离变远而衰减。电磁力的强度很大，但却是可以被屏蔽的。正负电荷的电磁力相互抵消。虽然自然界的物体都是由带电粒子构成的，但我们却没有时时处处感受到电磁力。

2. 万有引力

牛顿发现，任何两个具有质量的物体之间都存在一种引力，称为万有引力（universal gravitation）。万有引力的大小与相互作用的两个物体的质量的乘积成正比，与二者之间的距离的平方成反比。这一规律与库仑定律相类似。事实上，库仑定律是在万有引力定律的启发下发现的。万有引力定律的数学表达式为：

$$F=G\frac{m_1m_2}{r^2},$$

其中，比例常数 $G=6.67\times10^{-11}$；m_1、m_2 为质量，单位是千克；r 为距离，单位是米；力 F 的单位是牛顿。比起电磁力来，万有引力是非常小的。两个体重各为 100 千克的人，相距 1 米，他们之间的万有引力只有 6.67×10^{-7} 牛顿，用最精密的仪器也测量不出来，更不用说感觉了。在微观世界里，一个质子的质量是 1.67×10^{-27} 千克，在一个原子核中的两个质子相距约 10^{-15} 米，则它们之间的万有引力只有 1.86×10^{-34} 牛顿。质子的带电量是 1.6×10^{-19} 库仑，可算出两个质子之间的静电斥力为 230 牛顿，是万有引力的 10^{36} 倍！所以，在微观世界里，万有引力是可以忽略不计的。但是，在质量非常巨大的场合，万有引力就成为最重要的力了。和电磁力一样，万有引力是长程力，但和电磁力根本不同的是，万有引力是不可屏蔽的。因为我们这个宇宙中没有负质量。质量的聚集，使引力的强度无限制地增大。在地球或月球这样大的质量体附近，引力的效果就非常显著了。宇宙飞船要脱离地球的引力而飞向太空，必须消耗大量的燃料。万有引力使行星绕太阳公转，成为一个太阳系。开普勒三定律描述了行星公转的规律，而开普勒定律的本原是万有引力定律。也就是说，由万有引力定律可以推导出开普勒三定律。太阳的质量有 1.99×10^{30} 千克。巨大的引力收缩作用使太阳内部的温度达到百万度，使氢聚变反应得以开始，成为一颗自身发光的恒星。从物质成分来看，木星和太阳是相近的。木星的质量为 10^{27} 千克，是地球质量的 11 倍，但只有太阳质量的千分之一，它自身的引力不足以达到氢聚变反应开始的温度。万有引力使弥漫在太空中的物质凝聚成团，形成星云、恒星和星系（图 3-1，图 3-2）。

万有引力是宇宙物质不均匀的起源，是天体结构的主宰。一个天体对另一个天体的引力可以引起潮汐，比如月球引起地球上的潮汐（图 3-3）。这种效果称为引潮力。

由于距离的差别，月球对地球朝向月球一面的引力大于对地球中心的引力，而对背向月球的一面的引力小于对地球中心的引力，这样，就使得地球的两面分别向朝向月球和背向月球的方向凸起。当一个相对较小的天体接近另一个巨大的天体，比如彗星接近木星时，会被大天体的引潮力拉至破裂。

图 3-1　稀薄的气体或尘埃构成的星云

图 3-2　无数的恒星系、尘埃（如星云等）组成了庞大的星系（别称宇宙岛）

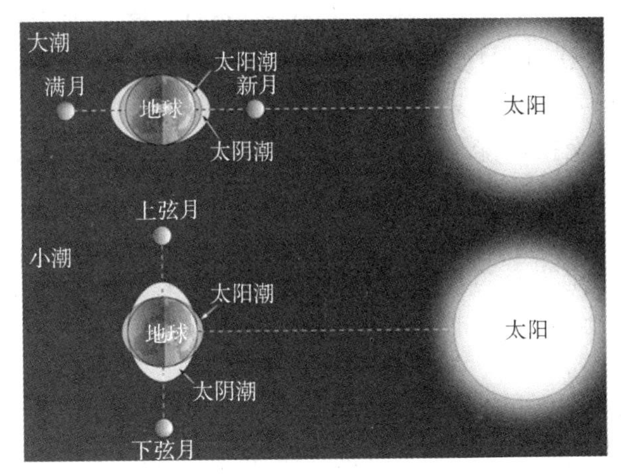

图 3-3　潮汐原理

3. 强作用力

从上面关于质子间的静电斥力的例子可以看到，原子核内的质子，相互之间有很强的静电斥力。但是原子核的结构又是非常牢固的，因此，原子核内的质子、中子之间必定有一种比静电力要强得多的力，使它们形成稳定的原子核。质子和中子统称为核子。核子与核子之间有一种很强的吸引力，称为强核力（strong nuclear force），也称为强作用力。核子间通过核力的相互作用称为强相互作用。核力的作用范围小于 10^{-15} 米，随距离的七次方而衰减，是一种短程力，其强度是电磁力的 137 倍。核力的强度对于质子和中子没有区别，也就是说核力与粒子的电荷量无关。核力的强度不是由直接测量得到的，而是由核力的结合能推算出来的。核力的结合能是核能的来源，在第二节中有进一步讨论。核力是一种交换力。什么是交换力呢？化学键通过交换电子而获得结合力，这就是一种交换力。强相互作用通过交换 π 介子而获得结合力。介子理论是在 1935 年由日本物理学家汤川秀树提出的。按照现代理论，核子是由夸克通过强核力结合而成的。夸克与夸克通过交换胶子而获得结合力。

4. 弱作用力

弱作用力也是一种核力，称为弱核力（weak nuclear force）。从“力”的角度来说，弱核力更抽象，它表现在粒子的衰变过程中。β 衰变是其中之一。在 β^+ 衰变中，弱核力使质子变为中子，同时放出一个正电子和一个中微子。在 β^- 衰变中，弱核力使中子变为质子，同时放出一个电子和一个反中微子。如果核子是原子核的一部分，则自发 β 衰变使一种原子核衰变为与它相邻的质量相同，原子序数相差 1 的另一种核，即同质异位素。这种现象称为原子核的放射性衰变。例如，碳 14 衰变为氮 14：

$$^{14}_{6}\mathrm{C} \rightarrow {}^{14}_{7}\mathrm{N} + \mathrm{e}^- + \bar{\nu},$$

其中，e^- 代表电子，$\bar{\nu}$ 代表反中微子，为 β^- 衰变。又如碳 11 衰变为硼 11：

$$^{11}_{6}\mathrm{C} \rightarrow {}^{11}_{5}\mathrm{B} + \mathrm{e}^+ + \nu,$$

其中，e^+ 代表正电子，ν 代表中微子，为 β^+ 衰变。与强核力相比较，弱核力只有强核力的 10^{12} 分之一。弱核力是短程力。

在 20 世纪 60 年代，由格拉肖、温伯格和萨拉姆提出弱电统一理论，将弱核力和电磁力统一为弱电相互作用（electroweak interaction）。这一理论被得到实验证实后，他们于 1979 年获得了诺贝尔物理学奖。该理论认为，弱核力和电磁力一样，都通过交换虚粒子而产生相互作用，只不过虚粒子的种类不相同。电磁相互作用交换虚光子，也就是通常意义上的电磁场。弱相互作用交换 W 粒子和 Z 粒子。W 粒子产生于 β 弱衰变过程中。在中子衰变为质子的过程中，组成中子的一个底夸克转变为一个顶夸克，同时放出一个虚 W 粒子，这个 W 粒子再衰变为一个电子和一个反中微子，如图 3-4 所示。

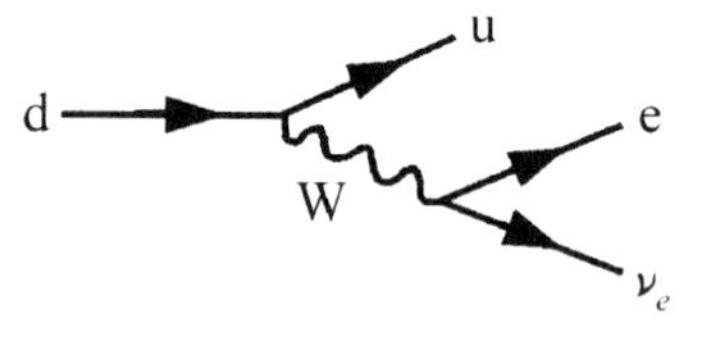

图 3-4　弱衰变过程

Z 粒子产生于另一类衰变过程，在后来的高能加速器中的碰撞中才被发现。虚光子是质量为零的粒子，因此作用距离非常远。而 W 粒子和 Z 粒子是质量很大的粒子，因此衰变过程很慢，而且作用距离很短。

在弱电统一理论之后，又产生了大统一理论，将强相互作用和弱电相互作用统一到一个理论框架下。这样，四种基本相互作用只剩下引力相互作用不能被统一。按照爱因斯坦的广义相对论，引力实质上不是力，而是空间弯曲的一种表现。不过，还是有人试图将引力也统一到另外三种力中去，而引进了一种中间交换子，称为引力微子。不过，这一理论尚未得到实验验证。

二维码 3-3
微信扫码，看相关视频

第二节　三大守恒定律

经典力学的基础是牛顿三大定律。由牛顿三大定律可以推导出三大守恒定律，即能量守恒、动量守恒和角动量守恒。现代物理发展到相对论和量子论阶段后，牛顿三大定律不再成立，但三大守恒定律仍然成立。因此，三大守恒定律是更广泛意义上的整个物理学的基础。

一、对称性和守恒定律

对称性（symmetry）是几何学中的概念。一个物体在某种操作下外观不发生变化，就说这个物体具有某种对称性。使物体外观不发生变化的操作就称为对称性操作。对称性操作主要有三种：反射、转动和平移。反射是将物体沿一条线翻转，变成它的镜像。转动是将物体沿一根轴转动。比如一个等边三角形，沿它的三个对称轴中的某一个翻转，其形状不变，所以具有反射对称性。也可以绕它的中心转动 120°或 240°，其形状不变，所以具有转动对称性。球形具有最高的反射和转动对称性。平移对称性是将物体朝某个方向整体移动，其形状不变。对称性推广到数学上，就是数学式在某种变换下形式不变。如式 $a^2c+3ab+b^2c$，交换 a、b 的位置，其形式不变。在笛卡儿直角坐标系中，两点间的距离在坐标变换下保持不变。

物理学中的对称性，是指物理规律在某种变换下保持不变的性质。这是一个借助于“群论”这一数学工具而建立的高度抽象的概念。这一概念虽然抽象，不过可以把看起来完全属于不同领域的概念统一到一个理论框架下，以建立物理学的整体性与和谐性。在物理学中，对称性又常称为不变性。例如，在牛顿力学中，在不同惯性系中测量同一个物体的运动，其加速度是一样的。牛顿力学中的惯性系变换称为伽利略变换。于是可以说，加速度是伽利略变换下的不变量。在爱因斯坦的狭义相对论中，在不同惯性参考系观察光的传播速度是相同的。而狭义相对论中的惯性参考系变换称为洛伦兹变换，于是可以说，光速是洛伦兹变换下的不变量。

物理学中有三个最基本的不变性，与三个守恒定律相联系：空间平移不变性、时间平移不变性和空间转动不变性。按照“规范理论”，空间平移不变性导致动量守恒，时间平移不变性导致能量守恒，空间转动不变性导致角动量守恒。还有几种守恒量，体现在微观世界中，也都可以由相应的不变性导出。对这些不变性的严格表述，要用到比较高深的数学。不过可以用比较通俗但不严格的描述来做一定程度的解释。空间平移不变性，就是空间中没有特殊的位置，更吹毛求疵一点，应该说，在没有作用力的空间中，没有特定的位置。这样，一个运动的物体，你在任何地点来看都应该是一样的。于是就应该有动量守恒。时间平移不变性，就是时间没有特定的起点。这样，一个与外界没有相互作用的系统，你在任何时刻来看，有一个量总是保持不变的，这就是能量守恒。空间转动不变性，就是空间中没有特定的方向。这样，一个转动的物体（自转或公转），你从任何方向来看，有一个量是一样的。于是就有角动量守恒。

二、能量守恒

可以说，物理学是研究物质和能量的科学。任何物体的相互作用都会发生能量交换。能量的形式有多种，如机械能、热能、电能、核能和化学能等。不同形式的能量可以相互转化，转化前后的总量保持不变，叫作能量守恒（energy conservation）。

二维码 3-4

微信扫码，看相关视频

物理学中对能量守恒的认识从机械能开始。物体因为运动而具有的能量，称为动能。物体从高处下落，其运动速度会越来越快，也就是动能越来越大。而且动能的增加与下落的高度之间有确定的关系。如果落地反弹前后速度不变，物体落到地面再反弹起来，可以到达原来开始下落的高度，此时物体的速度变为零，如此重复。于是可以认为，物体处于某个高度时具有一定量的某种能量，这种能量与动能可以相互转化，且物体的总的能量保持不变。这种由高度决定的能量叫作势能。动能与势能的总和称为机械能。机械能守恒的例子在日常生活和体育运动中是常见的。一个人从一楼的窗台跳到地面，不会有什么问题，但是没有任何人敢从五楼的窗户往地上跳，因为落地时的速度太大了。游乐场中的过山车，从最高处滑下时，其速度可以达到惊心动魄的程度。高山滑雪，都是沿山坡自由往下滑，而向山上自由滑是不可能的。助跑跳高可以比原地起跳跳得更高，就是运动员将助跑的动能转化成了势能。

使静止的物体运动起来，或将物体搬往高处，要消耗能量。消耗能量使物体的机械能增加的过程称为做功。做功消耗的往往是其他形式的能量。汽车开动，消耗的是汽油中的化学能。吊车将重物吊起，消耗的是电能。在现代社会，每天都有大量的能量被消耗掉，用来产生机械能，如汽车、飞机、火车的运行和机器的运转。消耗大量的机械能的最终目的并不是为了使机器越转越快。交通工具从出发地到了目的地，它的机械能又变为零。机器运转一天，最后又停下来，这些机械能又转化为了其他形式的能量。

机械能的消耗，最通常的形式是转变为热能。摩擦过程消耗机械能，同时使物体的温度升高，其内的热量增加。这些热量最后散发到环境中，化为乌有。这种过程往往不是人们所期望的，因此人们发明了很多方法来减少摩擦。物体因温度升高所具有的热能，又称为内能，因为这种能量的本质是物体内部分子或原子无规则运动的能量。一颗炮弹以高速飞行，其内所有的分子都以相同的速度运动，这时炮弹所具有的是机械能。如果不考虑空气摩擦，炮弹的温度不会升高。当炮弹撞到目标时，突然停止，所有分子的整体运动一下子转变为无规则运动，温度就剧烈升高，产生爆炸。然而，机械能转化为热能的过程又是宇宙中最伟大的力量。现在人们都已知道，太阳的光辉来自热核反应，而热核反应的开始需要几百万度的高温。如此高的温度是怎么产生的？就是来自引力能。太阳系形成于弥散的星际物质。万有引力使星际物质成团，形成有形状的星云，再继续收缩，形成早期恒星盘，最后，盘的中心部分收缩为恒星，而盘的外缘断裂为行星。正是在这一漫长的过程中，引力能转化为星云中物质的动能，物质相互碰撞，使整体运动转化为无规则运动，于是机械能转化为热能，星体的温度升高。已经形成的早期恒星，还要继续收缩。如果它的质量足够大，收缩力足够强，就可以使恒星达到核聚变反应所需的温度。如果它的质量不够大，就不能开始核聚变反应，也就不能发光。不仅太阳系，宇宙间所有的星系，无数的恒星，其初始能量都来自引力能。

在物理过程中，机械能和内能的总量保持不变，这就是热力学中的能量守恒定律。机械能转化为内能的过程的逆过程，是内能转化为机械能，这就是热机的物理过程。最早的热机是蒸汽机，利用高热水蒸气的膨胀力推动汽缸的活塞。后来发明了内燃机，汽油或柴油在汽缸内燃烧，推动活塞，效率比蒸汽机高很多。在西方工业化运动的早期，有许多人试图发明永动机，就是不需要对它提供能量而可以一直运转的机械。能量守恒定律的发现，宣告了永动机发明的不可能。广义的能量守恒定律表明，所有各种形式的能量，在转化过程中总量保持不变。不仅实物粒子具有能量，场也具有能量。在实物粒子与场相互作用时，总能量也保持守恒。迄今为止，人们所知道的能量的形式主要有机械能、热能、化学能、生物能、电能、辐射能和核能。热机和摩擦过程，是机械能和热能的相互转化。物质燃烧放出热量，是化学能转化为热能。在蓄电池中，用电过程是化学能转化为电能。反之，充电过程是电能转化为化学能。发电的过程，包括了从化学能到热能，再到机械能，最后到电能的转化。各种用电器，将电能转化为其他形式的能量。电灯将电能转化为光能，也就是辐射能。太阳辐射中的能量，是地球上几乎所有各种能量的来源。植物通过光合作用将辐射能转化为生物能而蓄存起来。植物和动物经地质变动被深埋地下，经历数亿年，才形成了人类今天广泛使用的煤、石油、天然气等所谓的化石燃料。化石燃料中蓄藏的是化学能。化石燃料是有限的，不可再生的。随着工业的发展，人类对石油的消费量与日俱增。据石油专家们的粗略估计：人类自 1973 年至 1997 年间向地球索取了大约 5000 亿桶～8000 亿桶石油，占当时探明储量的 85%，自那以后，新发现的油田几乎使储量翻了一番。法国专家贾内西尼认为，“就目前已知的石油储量，这个数值约为 1 万亿桶，够人类消费 36 年～40 年（按目前的石油消费速度计算）”。除了这 1 万亿桶以外，有待发现的石油大约也有 1 万亿桶。这就是说，地下总共还有 2 万亿桶石油可供开采利用，可供人类消费近 80 年。根据最新的预测，从 2000 年算起，二三十年后，世界石油产量就要开始下降。新技术可使煤和天然气替代石油，但二者的蓄藏量也仅够人类再用约 200 年。要解决能源危机，只能寄希望于核能（图 3-5）。

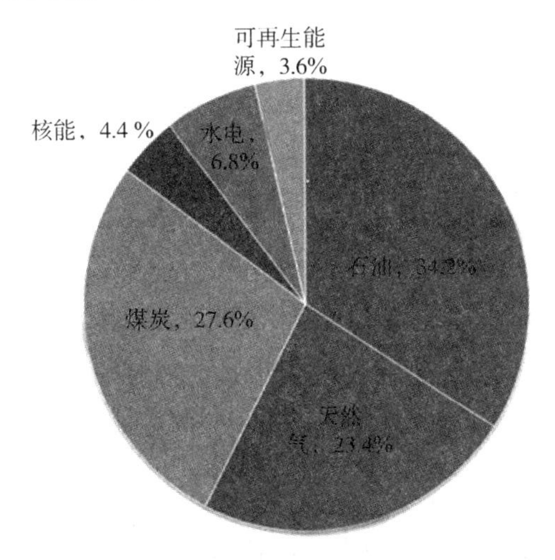

图 3-5　2017 年世界一次能源消费占比

1905 年，爱因斯坦发表狭义相对论，其中有一个改变世界的结论——质能守恒定律。就是说，质量与能量的总和守恒，而不是分别的质量守恒和能量守恒。质量与能量可以相互转化。质量与能量的等效关系由公式表达为 $E=mc^2$，其中，E 代表能量，m 代表质量，c 代表光速，$c=2.998\times10^8$ 米/秒。两个粒子高速对碰而结合为一个粒子，如果碰后的总动能变小，则生成的粒子的质量一定大于碰前两个粒子质量之和。如果某系统经历一个过程而质量减少，所减少的质量就转化为巨大的能量。1938 年，德国物理学家哈恩发现核裂变反应（fission）。1939 年，英国物理学家佛里奇从理论上解释了核裂变反应和核能释放。得知德国已经开始进行有关原子弹的研究，由爱因斯坦领头，几位科学家联名向当时的美国总统罗斯福写信。这样，美国也开始了原子弹研究。此后的大约 5 年的时间里，美、德两国在原子弹研制上展开竞赛。德国由海森堡领导，美国由奥本海默领导，二人都是世界一流的物理学家。最后美国率先造出了原子弹，其中，费米对实现核链式反应起到了关键的作用，而德国的研究走入了歧途。这一结果，对第二次世界大战的结局产生了非常重要的影响。

典型的核裂变反应如图 3-6 所示。铀 235 在一个中子的撞击下变成不稳定的铀 236，然后裂变为两个质量相等的原子核和三个中子。反应后的总质量比反应前的总质量小约千分之一。就是这千分之一的质量差别，导致巨大的能量产生。1 千克的铀裂变释放出的能量，相当于燃烧 2700 吨标准煤释放出的能量。自然界的铀不以单质的形式存在，而存在于沥青铀矿

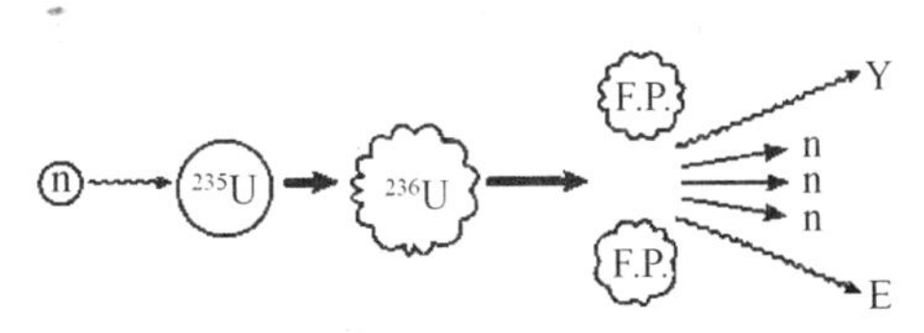

图 3-6　核裂变反应

和钒酸钾铀矿中。铀中99%为铀238，1%为铀235。其中铀235可以直接进行裂变反应，铀238经慢中子打击，转变为钚239，然后可以进行裂变反应。核裂变能是一种不安全的能源。核反应堆的废料必须深埋地下数百米，才不会对环境产生污染。核反应物质的泄漏会对人体产生极大的伤害。1979年美国的三里岛核电站发生泄漏事故，1986年苏联乌克兰的切尔诺贝利核电站发生泄漏事故，2011年3月11日，日本福岛大地震引发核电站放射性物质外泄，对环境造成了巨大的破坏，这些事故使人们对核电站有谈虎色变之感。有的国家如法国和日本，已经开始计划裁减核电站。

另一种核反应是核聚变反应，又称为热核反应。地球上的实验室中可进行的聚变反应为一个氘核和一个氚核（氢的同位素）聚变为一个氦核，同时放出一个中子；以及一个氘核与一个氦3核反应生成一个氦4核与一个质子，如图3-7所示。反应式分别为

$$^{2}_{1}\mathrm{H}+^{3}_{1}\mathrm{H}\rightarrow^{4}_{2}\mathrm{He}+^{1}_{0}\mathrm{n}+17.6\mathrm{MeV}$$

和

$$^{2}_{1}\mathrm{H}+^{3}_{2}\mathrm{He}\rightarrow^{1}_{1}\mathrm{H}+^{4}_{2}\mathrm{He}+14.7\mathrm{MeV},$$

反应后的总质量小于反应前的总质量，从而放出大量能量。1千克氢生成氦释放出的能量，相当于燃烧25000吨标准煤释放出的能量。由于质子间的库仑斥力，需要有几百万度的高温，才能使参加反应的粒子有足够的动能，在碰撞时能接近到核力作用的范围。制造氢弹是比较容易的，只要用一个小型原子弹作为引爆器，使氢达到反应温度就可以了。但要进行受控热核反应，得到可利用的核能，就困难多了。如何将温度高达几百万度的氢约束在一个有限的空间范围内，进行受控反应，这个难题至今仍然困扰着核物理学家们。只有大规模受控核聚变反应得以实现，人类才有取之不尽的清洁能源。

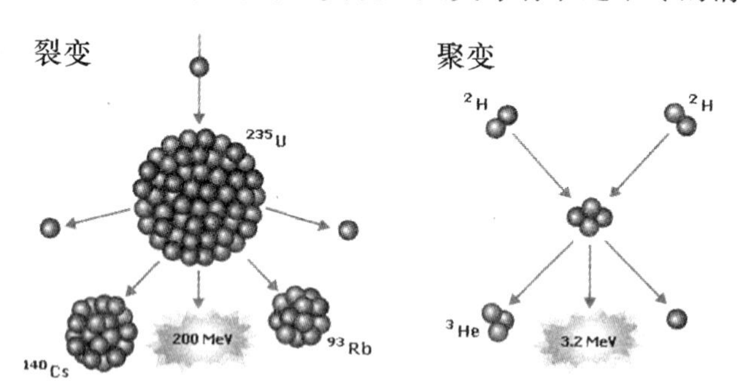

图3-7 裂变反应和聚变反应

能量守恒定律告诉我们，能量不可能创造，也不可能消灭，但绝不意味着能量用之不尽。能量处在不同状态，其可用度是不同的。1千克煤，含有33×10^{6}焦耳的能量，这些能量是可用的，称为可用能。当这1千克煤被燃烧完以后，其中约40%的能量转化为我们需要的机械转动能或被加工的产品所吸收的能量，大部分能量都被排放到大气中，完整的煤变成了煤渣和粉尘。虽然总能量守恒，但被排放的废热和垃圾中的能量是不可用的，称为不可用能。回收技术不能改变不可用能的本质，因为回收过程要再次消耗能量。可用能变为不可用能，就是污染的产生。现在，全球气温变暖已经是一个严重的问题。如果能让全球的气温降低1度，所得到的能量将是非常巨大的。但这种梦想不可能实现。曾经有人设想一种船，吸取海水的热量为船提供动力，这种船可以永远开动下去。这类的机械称为第二类永动机，也是不可能实现的。

三、动量守恒

运动的物体具有动能，同时也具有动量。动量和动能是不同的概念。物体的动量等于其质量与速度的乘积，即 $p=mv$。力的作用可以使物体的动量发生改变。动量的大小不仅与物体的运动速度有关，而且与物体的质量有关。质量是物体的运动惯性的度量。物体的质量越大，要改变其运动状态就越困难，因而运动时其动量也越大。枪弹的杀伤力，在于其高速度。手抛的石头也能砸伤人，在于其质量大。两个足球运动员相撞，质量大的比较占便宜。动量守恒（momentum conservation）定律是，如果一个系统不受外力，或所受合外力为零，则其总动量保持不变。两个物体碰撞，如果不受外力，即使机械能损失了，动量也不会改变。火箭和喷气式飞机的推力，来自动量守恒。高速喷出的气体具有很大的向后的动量，于是火箭得到向前的动量。

在机械运动中，牛顿第三定律说的是在相互作用中，作用力和反作用力大小相等，方向相反。牛顿第三定律和动量守恒定律可以相互证明，也就是说，将二者中的任何一个作为基础的定律都是可以的。但是在通过场的相互作用中，牛顿第三定律不再成立。两个运动的带电粒子，相互作用力是电场力和磁场力的合力。二者之间的电磁作用力和反作用力，一般来说，大小不相等，方向也不相反。因为电磁场也具有动量，所以两个带电粒子的动量之和不守恒。电磁场具有动量的一个代表性的例子是光压，就是说，太阳光对被照射的物体具有压力，这种压力，准确地说叫压强，来自电磁波的动量被接收面吸收或反射，就产生压强。这种压强很小，对地球上的物体几乎没有影响。但是在太空中，由于没有摩擦，光压就显现出来了。人造卫星的太阳能板受到太阳辐射所产生的光压，会使卫星逐渐地偏离轨道。

在现代物理中，动量守恒定律已经取代牛顿第三定律而成为基本的定律。在微观世界中，粒子间的相互作用力不再具有测量意义，而动量是可以测量的。粒子间的相互作用，都是通过场来进行的。场的动量，即光子的动量必须考虑在内。历史上中微子的发现，就是基于动量守恒。一个中子通过 β 衰变变成一个质子和一个电子。研究发现，反应后的质子和电子的动量之和不等于反应前的中子的动量，同时反应前后的能量也不相等。1931 年，泡利假设有一种尚未被测到的粒子，带走了动量和能量。1934 年，费米建立了 β 衰变理论，并把这种粒子命名为中微子（neutrino）。中微子质量几乎为零，电中性，与其他粒子几乎没有相互作用，所以很难测到。直到 1959 年，才在实验中测到中微子。

当物体运动速度接近光速时，物体动量的表达式为 $p=m_0v/\sqrt{1-(v/c)^2}$，称为相对论动量。其中，m_0 为物体的静止质量，v 为物体的运动速度，c 为光速。运动质量为 $m=m_0/\sqrt{1-(v/c)^2}$。当物体的速度增加时，其质量也增加，要再对物体加速就更困难。当速度无限接近于光速时，其质量将变为无穷大，就不能再对其加速了。在接近光速的运动中，只有相对论动量满足动量守恒定律，而经典动量不满足。在微观世界里，粒子运动速度接近光速是常见的。因此，微观物理学已将狭义相对论纳入其基本框架。

四、角动量守恒

一个物体绕某根轴的运动称为转动。如果转动轴通过质心，则物体整体上没有移动，如电机的转动、车轮的空转。如果转动轴不通过物体的质心，则物体整体上有移动，如链球在出手之前绕运动员身体的转动、衣物在洗衣机甩干桶内的运动。地球的运动，有绕地轴的自转和绕太阳的公转。转动必定有某种向心力的约束，如果这种约束力消失，转动就会变为平动。在链球运动中，运动员出手时，链球的转动变为平动，向前飞行。转动的砂轮如果破裂，碎片飞出来具有杀伤力。如同质量是物体运动惯性的度量，物体转动的惯性用转动惯量来度量。相同质量的物体，转动半径越大，转动惯量越大，要使其开始转动或要停止其转动就越困难，这就是体操运动为什么趋向于选身材矮小的运动员的原因，如图 3-8 所示。同样尺度的物体，质量越大，转动惯量越大。机器上的飞轮要做得厚重，从而保持机器的平稳转动。物体转动的快慢用角速度来度量。角速度定义为在单位时间内转过的角度。物体转动的角速度越大，要使它停下来也越困难。基于上面的两个因素，物体的角动量定义为 $L=I\omega$，其中，L 代表角动量，I 代表转动惯量，ω 代表角速度。使物体的角动量发生改变的外界作用称为力矩。力矩和力的概念是不同的。如果外力通过转轴，则力矩为零。如果物体不受外力矩，则其角动量保持不变，称为角动量守恒定律（angular momentum conservation）。跳水运动员在空中做翻腾动作时，团身可以使转动加快。因为团身时转动惯量变小，而角动量不变，因此角速度变大。在落水前展体，可使转动变慢。花样滑冰运动员在展开双臂转动数圈后再收拢双臂，如图 3-9 所示，转动就明显变快，也是同样的道理。当一个物体绕离它很远的轴转动时，角动量可以表示为 $L=mvr\sin\theta$，其中，v 是物体的运动速度，r 是物体到转轴的距离，θ 是速度方向与半径方向间的夹角。地球的公转是一个例子。地球在一个椭圆轨道上绕太阳公转，太阳在椭圆的一个焦点上，因此地球到太阳的距离是变化的，距离小时公转速度大，距离大时速度小，这也是因为地球公转的角动量守恒。

二维码 3-5
微信扫码，看相关视频

图 3-8　小个子运动员转动惯量较小

图 3-9　收拢双臂减小转动惯量

图 3-10　直升机两个螺旋桨

直升机为什么要有两个螺旋桨？（如图 3-10）如果只有一个螺旋桨，螺旋桨转动具有角动量，机身就必定要向相反方向转动，因为飞机的总角动量为零。在机尾装一个竖直方向的小螺旋桨，就是用来抵抗机身的转动。或者采用两个大螺旋桨，转动方向相反，总角动量为零。

角动量的概念可以从物体推广到系统。太阳系是一个系统，在万有引力的作用下做整体上的转动，其角动量从何而来？这就是牛顿的第一推动力问题。太阳系由早期星云收缩而来。而星云是由星际物质和气体收缩形成的。星际物质的运动是无规则的，收缩成团时，就具有初始的角动量。可以用一个简单的例子来说明这一过程：两个滑冰者相互接近，只要不是正好相碰，当距离最小时相互拉住，就会转动起来。星云继续收缩，由于角动量守恒，在体积变小的过程中，转动加快。在垂直于转动轴的方向，物质受到转动的惯性离心作用，而沿着转动轴的方向，不受离心作用，因此，沿着轴的方向收缩较快。结果星云收缩为盘状，为早期恒星盘。由于物质分布不均匀，密度大的区域会吸取密度小的区域的物质，于是盘发生断裂，在向中心收缩的同时，断裂开的各部分各自收缩，最后形成中心的太阳和若干个行星。太阳自转的角动量和行星公转及自转的角动量都来自星云的角动量。太阳是银河系中的一颗恒星，绕银河系中心公转。银河系也是盘状，有角动量。宇宙间的星系大部分是盘状。星系的形成和太阳系的形成，在角动量守恒的机制上是相同的。

第三节　物　质

物质（matter）是任何有质量并占据空间的东西。气体、液体、固体、生命体，是我们熟悉的物质。更广义的物质是任何科学上可观测的客体。电磁场是一种广义的物质，因为它可观测，它有能量和动量。这里，我们把狭义的物质称为“物质”，以区别于“场”。从成分来看，物质可分为单质、化合物、聚合物、合金等。从温度、压强、体积、原子排列等物理性质来看，物质以气体、液体、固体、晶体、非晶体，以及超流、超导等状态存在，这些不同的状态称为“相”。无论多复杂的物质，都是由少数几种基本粒子组成。每一种粒子都有它的反粒子，由反粒子组成的物质称为反物质。而场（field）的属性与狭义的物质截然不同。场不具有质量，不占据空间。场与场可相互叠加，称为场的叠加原理。场与物质可发生相互作用。

一、物质的相

物质可以不同的“相”（phase）存在。比如水，在 0℃以下是冰，为固相；在 0℃以上、100℃以下是水，为液相；在 100℃以上为蒸汽，为气相。相是物质的热力学性质。以不同的相存在的同一物质，其物理性质有显著的不同。“相”往往又被称为“态”，比如说气态、液态等。另外有一种热力学中的“态”（state），或状态，其含义完全不同。同样是水蒸气，如果其温度或压强发生了变化，就说它的状态发生了变化。

相，是物质的一类相对均匀的状态的集合，这里的均匀指化学成分和物理性质均匀。气相密度小，容易压缩，分子可以自由运动，可以充满所能到达的空间。液相密度大，不易压缩，可以自由流动，没有固定的形状，有明显的界面。固相密度大，不易压缩，有固定的形状，对形变有抵抗力。还有一些不常见的相，都各有其共同的性质。处于气相的物质，通常就称之为气体（gas）；处于液相的物质，就称之为液体（liquid）；处于固相的物质，就称之为固体（solid）。

物质的相发生变化，称为相变（phase transition）。常见的相变有熔解和凝固，蒸发和凝结。凝固是熔解的逆过程，凝结是蒸发的逆过程。某种物质发生熔解的温度，称为该物质的熔点；发生沸腾的温度，称为沸点。在不同的压强下，同一种物质的熔点和沸点不相同，也就是说，熔点和沸点随压强而变。另外还有一种相变是升华，即从固相直接变为气相，比如冰直接变为水蒸气，硫黄直接变为硫黄蒸气。升华的逆过程是凝华。物质的相变可以用相图（phase diagram）来表示。图 3-11 和图 3-12 中横坐标代表温度（temperature），纵坐标代表压强（pressure）。图中下方的区域，压强比较小，物质处于气相。上方右边的区域，温度和压强都比较高，物质处于液相。上方左边的区域，压强高，而温度稍低，物质处于固相。气相与液相之间的分界线，称为汽化曲线。液相与固相之间的分界线，称为熔解曲线。气相与固相之间的分界线，称为升华曲线。三条线交汇的点，称为三相点（triple point）。汽化曲线上的一个点，对应一对确定的温度和压强。比如在温度为 100℃，压强为 1atm（大气压）的条件下，水会沸腾，而且水和蒸汽可以共存，二者的压强相等。这种情况下的蒸汽称为饱和蒸汽，其压强称为饱和蒸汽压。保持温度和压强不变，向容器里供热，则水减少，蒸汽增加。向外放热，则水增加，蒸汽减少。压强不变，温度超过 100℃，水就全部变成蒸汽，低于 100℃，蒸汽就全部变成水。从图中可以看出，气化曲线向上倾斜。所以如果压强大于 1atm，则沸点高于 100℃。如果压强低于 1atm，则在低于 100℃的某个温度上水会沸腾。高压锅内的压强大于 1atm，锅内水的沸点高于 100℃；而在海拔高于 6000 米的高原上，水的沸点低于 80℃，用普通的锅煮不熟食物，就是这个原理。温度为 30℃时，水的饱和蒸汽压为 42.42mbar（毫巴，1atm = 1013mbar）。也就是说，如果大气压强为 42.42mbar，则水在 30℃就会沸腾。在正常的大气压下，30℃的空气中，如果水蒸气的压强达到 42.42mbar，则水蒸气就达到饱和，水的蒸发和液化速率达到平衡状态。天气预报中常说的水蒸气的饱和度，就是空气中水蒸气的压强与当时温度下的饱和蒸汽压的比。水蒸气饱和度越高，空气就越潮湿。三相点是气、液、固三相共存的温度和压强。水的三相点是温度为 0.01℃（绝对温度 273.16K），压强为 4.581mmHg（或称毫米汞柱，1atm=760mmHg），这个点常用来作为温度的准确定标点。在水的三相图中，熔解曲线向左倾斜。从固相区中靠近熔解曲线的某个点（状态）增加压强，而保持温度不变，则该点会向上移动穿过熔解曲线进入液相区。这就是说，增大压强可以使冰熔解。而对于二氧化碳则相反，增大压强使液相变为固相。

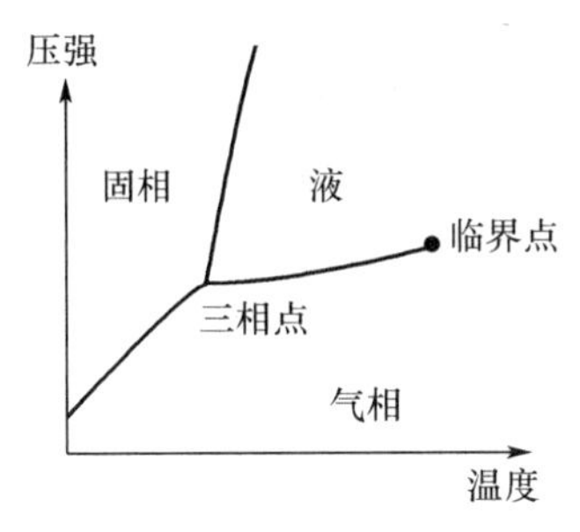

图 3-11　二氧化碳的三相图

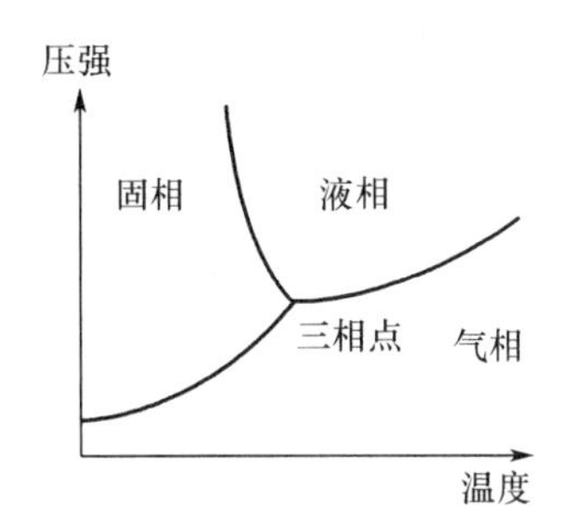

图 3-12　水的三相图

由于不同物质的熔点和沸点不同，不同的物质在常温常压下处于不同的相，不妨称之为常态。常压基本上可以认为是 1atm。在这个压强下，水（water）的熔点为 0℃，沸点为 100℃。因此水的常态为液态。二氧化碳（carbon dioxide）的沸点为绝对温度 194.68K（−78.47℃），因此二氧化碳的常态是气态。沸点不是非常低的气体，在常温下可以通过加压的方式使其液化。如石油气、天然气、二氧化碳、氧气等。气体液化后便于运输。氮（nitrogen）的沸点是 77.36K，氦（helium）的沸点是 20.26K。氦是地球上最难液化的物质。硫（sulphur）的熔点是 392.2K（119.05℃）。所以硫的常态是固态，但很容易熔化。铅（lead）的熔点是 601K（327.85℃），所以铅的常态也是固态。铅在金属中是比较容易熔化的，在一般家用的炉上就可以做到。金（gold）的熔点是 1336K（1063℃），俗话说，真金不怕火炼。钨（tungsten）的熔点是 3653K（3380℃），所以钨丝可以用来做灯丝。

还有其他一些日常生活中不常见的相和相变。固体中很多是晶体结构，如水晶、金刚石（钻石）、糖、味精等，都是晶体结构。同样一种物质的不同的晶体结构，也是不同的相。如石墨和金刚石，就是碳的不同的相。人造金刚石，就是石墨加压形成的。另外，在绝对温度 2.19K 时，普通液氦转变为超流液氦；普通金属转变为超导金属；铁磁体（磁铁）的温度超过某个临界温度变为顺磁体（弱磁）也都是相变。

二、宏观物质的物理性质

同一物质处于不同的相，其物理性质有显著的不同。气体中的分子间的距离很大，容易被压缩，可以自由流动。气体内的压强、温度和气体的体积三者之间满足一个状态方程。当密度不是非常大时，任何气体都满足理想气体的状态方程 $pV=mRT/M$，其中 p 是压强，V 是体积，T 是绝对温度，m 是质量，M 是摩尔质量。当温度升高时，如果气体的体积不变，则压强增大。如果高压锅的阀门被堵住，锅内的压强过度增大，就有可能发生爆炸。如果温度升高而压强不变，则体积增大。在大气中，热空气膨胀，密度减小而上升，同时冷空气下降，从而产生对流。热气球上升，也是同样的原理。给汽车轮胎打气，轮胎的容积不变，温度也近似不变，而胎内的气体质量增加，所以压强增大。

液体内分子间的距离很小，因此不容易被压缩，体积随温度的变化很小。液体可以流动。气体和液体在流动的性质上有很多共同之处，都称为流体（fluid）。气体是可压缩流体，液体是不可压缩流体。流体流动时各部分的流速如果不一样，内部就存在摩擦，摩擦使流动快的部分变慢，流动慢的部分变快。物体在流体中运动，会受到流体的摩擦。比如汽车在空气中行驶，受到空气的摩擦阻力。船在水中航行，受到水的摩擦阻力。物体运动速度越大，所受的阻力越大。流体对物体的阻力还与物体的形状有关。受阻力最小的形状是流线体。流体中的压强与流速有关。流速大的地方压强小。物体上下的流速差可以产生升力（lift），如机翼有一个向上的倾斜角，使得机翼上方的空气流速大，下方的空气流速小，于是下方的空气压强比上方的大，机翼上下的压强差就是升力，如图 3-13 所示。飞行的铁饼也同样受到升力。

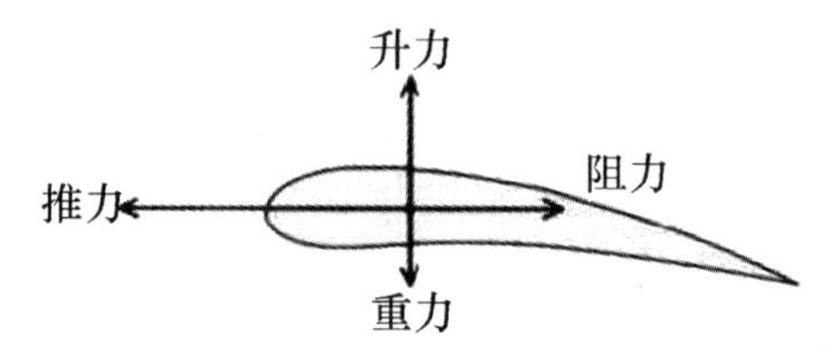

图 3-13　作用在机翼上的升力

旋转的球在飞行中会拐弯，也是由于空气的压强差。如上旋球向下俯冲，侧旋球向侧面拐弯，即足球中的香蕉球。流体的压强还与流体的深度有关，越深的地方压强越大。海拔高的地方大气压强低，深水中的压强大，都是同样的原理。流体中的物体受到浮力，是因为不同深度的压强差。人体在进化过程中习惯了 1atm 的环境。人体内部的液体压强与外部的大气压强平衡。如果潜到深水处，水的压强太大，必须穿抗压服，否则人体承受不了。人到空气稀薄的高空或太空中，必须穿增压服。

固体中分子间的距离很小，有固定的形状。要使固体的体积变小，一般是很困难的。固体对于形变的抵抗，分为两种。形变之后自动恢复的，称为弹性体，不能自动恢复的，称为塑性体。橡皮、竹子、钢，都是较好的弹性体，可以用来做弹簧、弓等。现代的合成材料，可以有很好的弹性，用来制造体育器材。纯铜、湿的泥土、热的玻璃和沥青是塑性体。还有一种刚性体，基本上不能形变，如果要迫使其形变，就会断裂。如冷的玻璃、陶瓷等。按微观结构的不同，固体可分为晶体和非晶体两大类。金刚石、水晶、冰、金属、云母、粗盐等是晶体。天然晶体的外形都是由若干平面围成的凸多面体，其表面平滑亮泽。微观上，晶体中的微粒（分子、原子或离子）呈有规律的、周期性的排列，形成空间点阵。点阵的最小单元称为元胞（unit cell）。按元胞的形状和排列的情况，可将晶体点阵分为十四种类型。最常见的有体心立方点阵（铬、铁）、面心立方点阵（铝、铜、食盐、金刚石）和六方点阵（锌、镁），如图 3-14 所示。晶体都有确定的熔点。将晶体加热到达其熔点时，晶体内的点阵结构开始瓦解。已经瓦解地成为液体，尚未瓦解的还是固体，于是出现固相与液相共存。在二相共存的阶段，晶体的温度不升高。等到全部熔解之后，温度才会升高。冰熔解成水，铁熔解成铁水，就是这种过程。非晶体没有确定的熔点，在加热过程中逐渐变软，最后变成液体，如玻璃和沥青的熔解，如图 3-15 所示。液晶，是处于液相和固相之间的一种相，它既具有液相的流动性，又具有晶体相的有序性。

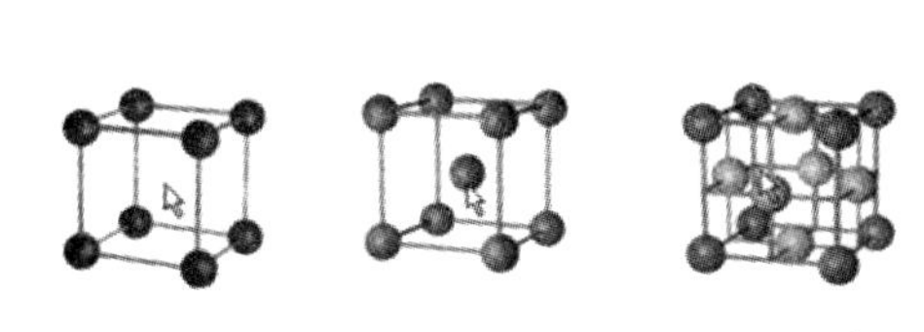

图 3-14　三种典型晶体结构

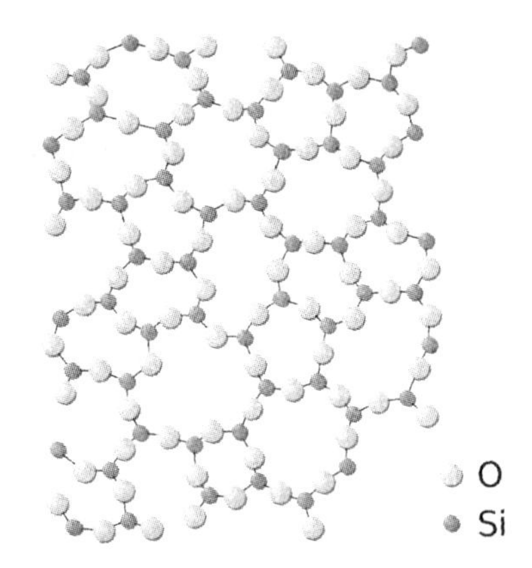

图 3-15　非晶体（玻璃态二氧化硅）的结构图

按导电和导热的性质，物质可分别导体（conductors）、绝缘体（insulators）和半导体（semiconductors）。一般来说，良导电体，也是良导热体。液体导电是通过液体中的正负离子向电极的运动来实现的。所以溶液、电解液一般都是良导体。金属导电是通过其中的自由电子的运动来完成的。金属中的原子核不能自由移动，而原子最外层的电子却是自由的，称为自由电子。自由电子在原子晶格的空隙中自由移动，完成导电或导热。导体的电阻来自运动电子与晶格的碰撞。自由电子很少的固体是绝缘体，如橡胶、云母、玻璃等。有机体一般不是良导体。但是电流大了，使有机体分解为离子，从而导电，这时有机体就被破坏了。比如人体触电时，当电压超过人体安全电压（36V）时，就会致伤或致死。

半导体是介于导体和绝缘体之间的一种材料。在绝对温度 0K 时，它的所有电子都在化合价约束内，是不导电的。在常温下，有部分电子脱离约束，成为自由电子，可以导电。化合价内缺少的电子空位，称为空穴。空穴在导电性上表现得像正电子。纯的半导体，其内的电子和空穴的数量是相等的。通过掺杂，可以改变电子或空穴的数量。含有多余电子的半导体称为 n 型半导体，含有多余空穴的半导体称为 p 型半导体（图 3-16）。

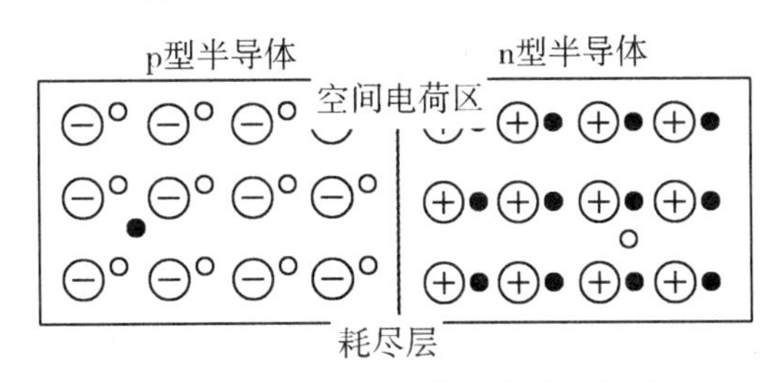

图 3-16　p 型、n 型半导体电子结构

硅（silicon）有四个价电子，每个硅原子与其相邻的四个硅原子形成共价键，构成晶格。砷（arsenic）、磷（phosphorus）、锑（antimony）等有五个价电子。在硅中掺入少量的砷，砷原子在硅的晶格中有四个电子参与化合价，多出一个电子。这样就形成 n 型半导体。硼（boron）有三个价电子。在硅中掺入硼，硼原子与周围的硅原子结合，在化合价上缺少一个电子，也就是出现一个空穴。这样就形成 p 型半导体。含有硼杂质的蓝宝石，是天然的 p 型半导体。锗也是很好的半导体，为四价元素，可用来制作 n 型或 p 型半导体。半导体被广泛用于制作电子器件。在一块半导体的两个相邻区域上分别作 n 型和 p 型掺杂，就形成一个 p-n 结。如果在 p 型端加上正电压，p 型区的空穴顺电场方向流向 p-n 结，n 型区的电子逆电场方向流向p-n 结，这样，p-n 结就导电。如果电压反向，p 型区的空穴和 n 型区的电子都背离 p-n 结流动，p-n 结就不导电。p-n 结是二极管的基础，它只允许单向电流通过。同样，在一块半导体上做成三个 p 型或 n 型区域，为 p-n-p 型或 n-p-n 型，就是三极管的基础。

超导体是电阻为零的材料。在用超导体做的线圈中激发电流后撤去电源，电流会一直流动下去，几乎不会衰减。超导现象都是在低温下发生。从常导体转变为超导体，有一个转变温度，或称临界温度。1911 年，昂尼斯以液氦为冷却剂，发现固态汞在 4.15K 时电阻变为零。传统超导体是某些单质金属和合金，如汞，临界温度 4.15K；铅，临界温度 7.19K；铌，临界温度 9.26K；铌钛合金，临界温度 11K。传统超导体的机理可以用量子理论解释。粗略地说，就是金属中的自由电子组合成对，称为库柏对。库柏对的运动不受晶格的阻碍。现在研究和应用得更多的是非传统超导体。非传统超导体不是金属，而是铜酸盐钙钛矿陶瓷和一些稀有金属氧化物。研究非传统超导体的目标是要获得尽可能高的临界温度，从而更具有实用价值。如果临界温度高于 77K（－196℃，氮的液化温度），就可以用液氮做冷却剂。液氮的成本比液氦的成本低得多，有商业应用价值。临界温度高于 77K 的超导体称为高温超导体。目前超导最高临界温度为 133K（－140℃）。非传统超导体的导电机制目前尚不十分清楚。现在用得最多的高温超导材料是铜酸钇钡（YBCO，$YBa_2Cu_3O_7$），其临界温度为 94K，已经达到商业应用的水平。超导材料的应用前景非常广阔，如超灵敏磁场测量仪、数字电路、微波滤波器、磁共振成像、粒子加速器、电力传输、变压器、磁悬浮和电力储存等。用传统的铜导线传输电力，为了减小传输中的电能损耗，必须采用高压。尽管如此，每年消耗在电网导线上的电能约占总能量的 7%。用超导导线作电网传输线，可以不需要高压，且可节省大量的电能。用超导材料做的变压器不会发热。磁共振成像仪和粒子加速器中需要强磁场，用超导材料做电磁铁，可大大缩小其体积。

同样的元素，原子排列结构不同，就有完全不同的宏观特性。改变某种物质原子的排列，就可得到完全不同的材料。改变煤，可得到钻石；改变沙子，可得到半导体芯片；改变泥土、水和空气，可得到玻璃。随着科技的发展，人类不断地创造出自然界本来没有的材料。继塑料、半导体、超导体、液晶等之后，20 世纪末出现了一种全新的材料——纳米材料（nanomaterial）。这一名称最早出现在 20 世纪 70 年代，而纳米技术（nanotechnology）从 20 世纪 90 年代开始得到迅猛发展，成为世界新科技的热点。纳米材料的相称为纳米相（nanophase）。纳米（nm）是一种长度单位，1 纳米＝10^{-9}米＝10^{-3}微米。纳米相由大小为 0.1 纳米～100 纳米的超细晶粒组成，晶粒间存在界面。纳米相不像晶体相那样长程有序，但也不像非晶体那样完全无序。由于纳米晶粒非常小，界面粒子占晶粒中总粒子数的比例很大，因此，纳米材料中有密集的界面，界面交界处的原子与晶体内部的原子的排列有显著的不同，量子特性有很大不同。普通材料的颗粒约为 20 微米大小，纳米材料的颗粒比其要小 1000 倍。材料颗粒越小，其强度越大。纳米材料在许多性能上大大地优于传统材料。在力学性能上，纳米材料有很高的抗弯强度、抗拉强度和硬度，有很高的耐磨性和弹性。纳米相铜强度比普通铜高 5 倍。纳米材料可以同时具有高强度和低脆性。纳米相陶瓷摔不碎，甚至可弯曲。在磁性上，纳米材料可以有很高的磁饱和与矫顽力，可做成超强磁铁。此外还可以有其他许多奇妙的特性。纳米材料从根本上改变了材料的结构，可望得到诸如高强度金属和合金、塑性陶瓷、金属间化合物以及性能特异的原子规模复合材料等新一代材料，为克服材料科学研究领域中长期未能解决的问题开拓了新的途径。纳米技术的关键在于有效地控制原子的排列方式，要用到电子显微镜、X 射线衍射等技术。纳米技术不仅用于制造纳米材料，还可在纳米电子、纳米计算机、生物工程、光电子等领域开拓广泛的应用前景。纳米技术必将成为 21 世纪最具活力的科研前沿和最兴旺的新兴产业（图 3-17）。

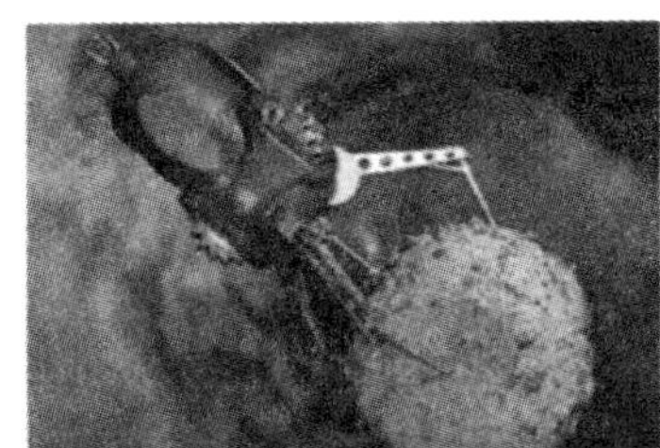

纳米机器人

纳米储存器

纳米印刷

图 3-17　纳米材料的应用

三、物质的原子理论

物质的原子理论最早由古希腊的哲学家德莫克利特、琉西帕斯和伊壁鸠鲁学派提出。原子论认为，物质可以分割为最小的基本单元，这个基本单元称为原子。18 世纪，波斯科维奇用牛顿力学建立了最早的原子结构理论。随后，道尔顿将原子理论用于化学。道尔顿和阿伏伽德罗的工作使科学家开始区分原子和分子。事实上，道尔顿的原子结构是不稳定的，核外电子最后必定会全部落到原子核上。1913 年，玻尔的原子理论解决了这个问题。原子是保持元素的物理性质不变的最小单元。

二维码 3-6

微信扫码，看相关视频

原子（atoms）由原子核（nucleus）和核外电子（electrons）组成，如图 3-18 所示。原子核由带正电的质子（protons）和电中性的中子（neutrons）组成。质子的带电量与电子的带电量大小相等，极性相反。质子带正电，电子带负电。电子的电量为 1.602×10^{-19} 库仑，这个电量被称为基本电荷量。自然界所有的带电量都是这个基本电荷量的整数倍，称为电荷量子化。还没有发现以这个量的分数倍出现的带电体。核外电子数与核内质子数相等，使得整个原子为电中性。如果核外电子被移走了一个或几个，就形成正离子。质子和中子的质量相近，约为 1.67×10^{-27} 千克。电子的质量为 9.11×10^{-31} 千克，只有质子质量的 1/1830，因此，原子的质量主要由核内的质子和中子的数目来决定。元素的区

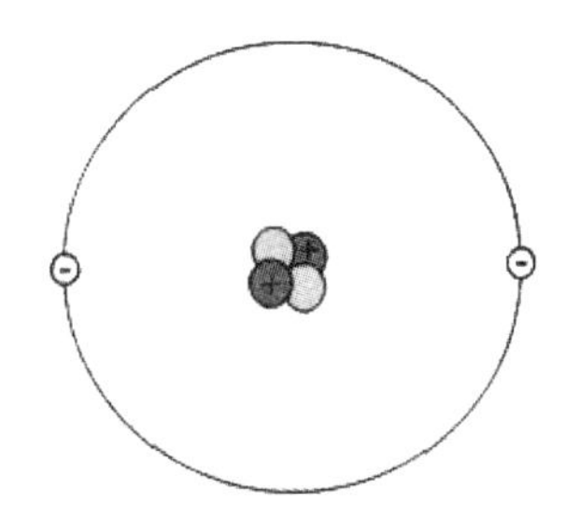

图 3-18　原子核与核外电子

分主要是依据核内的质子数的不同。化学反应不改变原子核，也就是化学反应不能改变元素。中世纪的炼金术企图从廉价的元素中通过化学反应得到昂贵的金，被证明是徒劳的。如果质子数相同，中子数不同，就称为同位素。氢（hydrogen），其核内只有一个质子，核外有一个电子，用符号记为^1_1H，其中下标“1”代表原子序数，上标“1”代表原子质量数。氘（deuterium），其核内有一个质子和一个中子，记为^2_1H，代表原子序数为1，原子质量为2。氚（tritium），其核内有一个质子和两个中子，记为^3_1H。氘和氚都是氢的同位素，是产生核聚变反应的原料。碳，其核内有6个质子和6个中子，质量数为12，记为$^{12}_6C$。有一种碳的同位素，其核内有6个质子和7个中子，质量数为13，记为$^{13}_6C$。碳13同位素具有放射性，被广泛用于医学上。用于核弹和核反应堆的铀（uranium）235，原子序数为92，其核内质子数为92，中子数为143，记为$^{235}_{92}U$。铀235在自然界的铀中占0.72%，另一种铀238占99.275%。在原子弹研制的早期，分离提纯铀235是技术的关键。

原子的大小由核外电子的轨道半径决定。原子的半径约为10^{-10}米，而原子核的半径约为10^{-14}米。原子内部大部分是空的。半经典的玻尔理论将核外电子的运动描绘成像太阳系中的行星运动一样做轨道运动，不过轨道半径是量子化的，也就是说，轨道半径只能是一系列不连续的或者说分立的值。这一系列分立的轨道对应分立的能级。电子只能在这些分立的能级上稳定存在。电子在不同能级间的转移称为跃迁。在电子获得能量时，就从低能级跃迁到高能级。相反，当电子从高能级跃迁到低能级时，就放出能量——光子，也就是电磁辐射。放出的光子的能量等于电子跃迁的两个能级之间的能量差。玻尔理论创建于1913年，简单直观，至今仍然被广泛应用。按照量子力学（quantum mechanics）原理，电子不可能在确定的轨道上运动，而只能说，电子处在某个能级的概率是多少，称为概率波。量子力学对原子的描述结论更精确，信息更多。由于电子轨道的量子化，特定元素的原子发出的辐射有特定的波长，称为特征谱线。由特征谱线可鉴定辐射体中的元素成分。

随着科学的发展，人类知道，原子还不是构成物质的最小单元。原子还可以再分为原子核和核外电子。原子核可以再分为质子和中子。而质子和中子由夸克组成。不过至今尚未分离出单独的夸克。夸克能否再分的问题，现在还不是奢谈的时候。电子被认为是不可再分的最基本的粒子。使物质的结构向下一层次分离，需要提供能量。400K的温度，就可以使构成生命的大分子分解。1000K的高温，就可以使任何分子分解为原子。10^5K的高温，就可以使原子电离，也就是使电子脱离原子核。在这一温度下，电子的能量为5eV～10eV（电子伏特）。当温度超过10^8K，或者说，粒子能量达到10^4eV时，任何原子的核外电子都会被剥光。恒星内部燃烧的温度，就是这个量级。当粒子的能量达到10^8eV，或温度超过10^{12}K时，原子核就被分解为质子和中子。目前世界上最强有力的高能加速器，可以使质子能量达到10^{12}eV的量级。要分离质子或中子，必须再提高加速器的能量，因耗资巨大，目前各国都不愿投入。向物质的微观结构每深入一层，所需能量就提高几个数量级。中国古人说，“一尺之棰，日取其半，万世不竭”。事实上，只要取50次，就达到了$1/2^{50}=10^{-15}$米，已经接近质子或中子的大小了。哲学上的“无限可分”，是一种观念。而物理上的可分性，每一步都必须得到实验的证实。没有被实验证实的学说，不能被认为是科学。

四、微观世界的量子原理

微观世界是量子化世界。量子化（quantization）的一个含义，就是物理量取分立的值。量子化的概念，可以用酒店的房号来做一个直观比喻。比如你可以下榻在某酒店第5层第10号房间，但你不可能住在第5.4层第9.8号房间，这个房间是不存在的。原子中电子的能量，只能是某个最低能量的整数倍，也就是说，电子的能量不能连续变化。这种按整数倍变化的能量称为能级，标记能量大小的整数称为能量量子数。对一个封闭的金属盒加热，使其炽热发光。在盒子的壁上开一个小孔，观察里面漏出的光。这样观察到的辐射称为黑体辐射。黑体辐射的能量不是连续变化的，而是某个最小能量单元的整数倍。这个最小能量单元称为光量子。电子轨道的角动量的方向在外磁场中的取向也是量子化的，只能取几个以整数标记的特定方向。这几个整数称为角动量量子数。粒子所处的某个状态，用几个量子数来标记。原子核外的电子的状态，用能量量子数和角动量量子数来表征。量子化保证了微观粒子的全同性。两个同类粒子，只要它们的量子态相同，就是全同的，不可区分的。世界上任何氢原子，只要其电子没有被激发，都是完全相同的，不可区分的。任何两个没有被激发的碳12原子，也都是全同的。在宏观世界中，我们却不能想象有另一个太阳系，和我们这个太阳系完全相同，其中也有一个完全相同的地球。在地球上，找不到两座完全相同的山，甚至找不到两个完全相同的足球。微观世界的量子性保证了化学反应和生命繁殖的可重复性。两个氢原子和一个氧原子生成一个水分子，这个比例永远不会改变。生命体繁殖的后代与其父代有完全相同的特征，是因为量子原理保证了DNA螺旋结构的不变性。

量子原理的另一条是测不准原理。该原理于1927年由德国著名物理学家海森堡提出。在宏观运动中，一个网球、一辆汽车，我们都可以同时准确地测量其位置和动量，通过连续地测量，我们就可以描绘出其运动轨道。但是在微观世界中，一个运动的电子，我们不可能同时准确地测量出它的坐标（位置）和动量。这就导致了用轨道运动描述微观粒子的不可能性。或者说，微观粒子不存在轨道运动。玻尔将原子中的核外电子的运动描述成轨道运动，只是一种形象，不符合量子原理。为什么存在测不准原理？在微观世界里，用于测量的媒介和被测量的对象属于同一量级。或者说主体与客体之间的相互作用不可忽略。比如用光来观察电子，就必须至少有一个光子碰到电子弹回来，我们才能看到这个电子。这样，我们就知道了这个电子的位置。我们还必须再观察一次，才能计算出电子的速度。但是在第一次观察中，电子被光子碰撞，已经偏离了原来的运动方向。于是，通过两次观察求出的电子的动量（或速度），就与第一次观察的值不完全相同。用比较数学化的方式，可将测不准原理表达为 $\Delta x \Delta p \geqslant h$，其中 Δx 代表坐标测量的误差，Δp 代表动量测量的误差，$h=6.63\times10^{-34}$ 焦耳·秒，称为普朗克常数。这一表达式的意义是，坐标测量的误差与动量测量的误差之积不小于普朗克常数。由于普朗克常

二维码 3-7
微信扫码，看相关视频

数非常小，这个限制对于宏观测量完全没有影响。但是在微观世界中，却是非常重要的。另外还有其他一些成对的变量（共轭变量）也满足类似的关系。如时间和能量、角度和角动量。测不准关系与测量技术无关，也就是说，无论技术进步到何种水平，都不可能逾越测不准关系的限制。

测不准关系导致量子力学对微观运动的描述与经典力学对宏观运动的描述的根本区别。量子力学用薛定谔方程描述微观粒子的运动，薛定谔方程的解称为波函数。波函数描述的不是粒子运动的轨道，而是在粒子运动中的某时刻，对其可观测量进行测量，获得某个观测值的概率。特殊地，如果某个波函数对应的是某个可观测量的一个确定的值，则说该波函数是这个可观测量的本征态。在量子力学中，稳定的原子核外电子处于能量的本征态，但却不是轨道，而是电子云，即使是氢原子，核外只有一个电子，也是云状分布。这种云是电子的分布概率。一般来说，一个量子系统并不正好处于某个本征态。当我们对它的某个可观测量进行测量时，它的波函数就立即变成了该可观测量的一个本征函数。也就是测量的干预使波函数发生改变。波函数对微观粒子的预言是确定性的，但测量带来不确定性。有人说，波函数的概率解释，是无知介入物理学的结果。在这些无知的背后，应该有若干不可观测的变量，使概率性变为确定性。这种理论称为隐参量理论。爱因斯坦曾经强烈反对波函数的概率解释，他说，“上帝不和宇宙投骰子(god does not play dice with the universe)”。

量子效应使微观粒子具有波粒二象性。在不同的现象中，微观粒子有时表现出粒子性，有时表现出波动性，两种性质不可同时具备。粒子和粒子碰撞，满足动量守恒和能量守恒，表现出粒子性。但微观粒子又有干涉现象，属于波动性。用电子轰击金属箔，电子穿过箔时受到晶格的衍射，穿过之后在屏上形成的干涉环纹与 X 射线（电磁波）的干涉图样几乎一样。从纹的宽度可以算出电子的波长。微观粒子的干涉是如何形成的？我们可以用一个简化的模型来分析。使电子流穿过两条狭缝（杨氏双缝）（图 3-19），如果电子流非常稀薄，使得每次只有一个电子通过，我们不能想象一个电子可以同时穿过两条缝（像波那样），而只能是一次穿过两条狭缝的任何一条。如果只通过了 10 个，或 100 个电子，电子在屏上的分布表现不出任何规律。但当通过的电子数达到宏观量级(10^{20})，干涉条纹就出现了。这一结果又一次被解释为电子的概率分布满足波动性质。不管怎么解释，我们的确观察到了波动现象。实物粒子的波动性称为物质波，由德布罗意于 1924 年提出。物质波的波长 $\lambda=h/p$，其中 h 是普朗克常数，p 是粒子的动量。粒子的动量越大，波长越短。一个电子以 10^{7} 米/秒的速度运动，它的德布罗意波长为 10^{-10}米，相当于 X 射线的波长。质子的质量是电子质量的约 1830 倍，它的波长就是电子波长的约 1/1830。德布罗意理论被微观粒子干涉实验证明是完全正确的。物质波的性质可以导出经典理论中无法理解的结论，并为实验所证实。其中著名的是量子隧道效应（图 3-20）。设在电子运动前方有一势垒。对于势垒，我们不妨把它理解为一堵墙，墙的高度代表势垒的最高能量。如果电子的能量大于势垒的高度，电子就可以通过势垒，就像一只狗可以跳过一堵矮墙。如果电子的能量小于势垒的高度，就像一只狗面临一堵高墙，在经典世界中，这只狗肯定过不去。但是在量子世界中，只要势垒的厚度不比电子的德布罗意波长大很多，电子就有穿过去的概率。如果有大量的电子向着势垒运动，在势垒的另一边就能找到一定数量的电子。由这一原理现已创造出一种分辨率最高的显微镜，称为电子扫描隧道显微镜（图 3-21、图 3-22）。

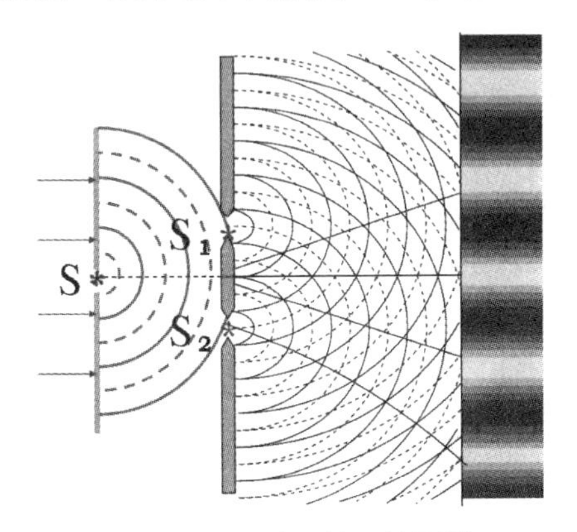

图 3-19　杨氏双缝干涉图样

图 3-20　量子隧道效应

图 3-21　扫描隧道显微镜

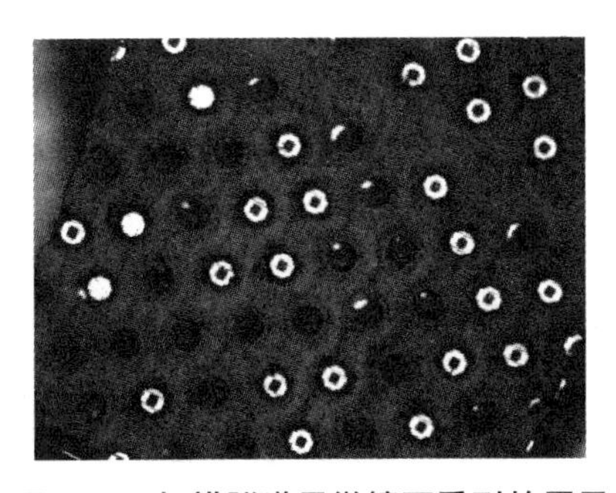

图 3-22　扫描隧道显微镜下看到的原子

与物质波相对称，电磁波可以表现出粒子性。光电效应（photoelectric effect）是电磁波照射在金属表面使金属中的电子逸出的现象。光电效应的规律用电磁波理论完全不能解释。1905 年，爱因斯坦提出光子理论，光子像粒子一样与电子碰撞，满足动量和能量守恒，圆满地解释了光电效应（图 3-23）。光子的能量与波长的关系为 $E=hf=hc/\lambda$，其中 f 为电磁波的频率，c 为光速，λ 为波长。光子的运动速度为 c，其能量与动量的关系不同于经典力学中的关系。根据狭义相对论，光子的动量为 $p=E/c=h/\lambda$。电磁波的波长越短，光子的能量就越大，相应的动量也就越大。电磁场、强作用力和弱作用力场都有场粒子。场粒子与实物粒子碰撞，完全表现出粒子性。

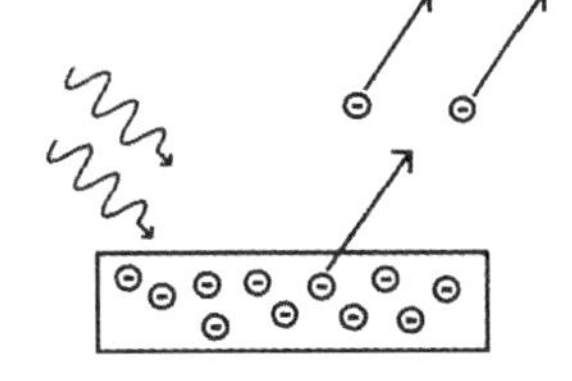

图 3-23　光电效应原理图

在量子理论下建立模型，要遵循对应原理：量子理论所预言的结论，当量子数很大时，应该回到经典物理的结论。我们还是用原子的核外电子的运动来解释。原子的半径为 10^{-10} 米，要知道电子的位置，我们至少要用波长为 10^{-11} 米的光子与电子碰撞。这个波长的光子，其能量为 10^{4}eV，足以把电子打出原子，要再对这个电子作用进行第二次测量已经不可能了。当能级量子数非

二维码 3-8
微信扫码，看相关视频

常大，也就是电子离原子核距离很大时，可以用波长比较长的光来探测电子，而不至于显著地影响电子的运动，这时，就可以对电子的运动作轨道描述了。量子力学中的方程，都是在对应原理的指导下建立的。把牛顿力学或相对论力学中的方程进行改造，就得到量子力学中的方程。不过，量子理论有其自身的规律，一旦建立之后，所得出的具体结论就未必都有经典的对应物。

微观粒子有一个独特的量——自旋。不妨把自旋理解为球的自转。不过实际上自旋是没有经典图像的，它绝不意味粒子的质量绕自身轴的转动。自旋是量子化的，它体现在有外磁场的时候，自旋在外场中的取向只能是几个分立的值。电子的自旋角动量只能取 $s=\pm\hbar/2$ 两个值，$\hbar=h/2\pi$。它在外场中的取值是 $-\hbar/2$ 和 $(-1/2+1)\hbar=\hbar/2$ 两个值，代表顺外场和逆外场两个方向。称电子为自旋为 1/2 的粒子。质子、中子、夸克也是自旋为 1/2 的粒子。另一类，如光子的自旋为 1，π 介子的自旋为 0。自旋为 1 的粒子在外场中可取 3 个值，$-\hbar$、$(-1+1)\hbar=0$ 和 $(0+1)\hbar=\hbar$。由自旋的不同，将微观粒子分为两类：自旋为半整数，即 1/2、3/2 等的粒子称为费米子；自旋为整数，即 0、1、2 等的粒子称为玻色子。奇数个费米子组成的粒子也是费米子，偶数个费米子组成的粒子是玻色子。费米子与玻色子有一个根本的区别，同一个量子态上不能有两个或两个以上的费米子，称为泡利不相容原理，相反，同一个量子态上的玻色子的个数无限制。占据空间的物质都是由费米子构成的，而场粒子都是玻色子，因此场粒子不占据空间。金属中的自由电子在金属内可以自由移动，被称为自由电子气。电子气的能级是量子化的。按照统计物理学理论中温度的概念，温度代表分子运动的剧烈程度。当温度为绝对零度时，所有分子的运动速度都应该为零。另一方面，按照泡利不相容原理，一个能级上只能容纳 2 个电子，二者的自旋分别取两个不同的方向，使得两个电子的量子态不同（如果电子除了能级和自旋之外，还有其他的量子数，则一个能级上容纳的电子数不止 2 个，但也只是少数几个）。在绝对零度时，电子将从最低能级（电子动能为零）开始，逐级向上填满每一个能级，直到某个能级为止。这个能级之上，没有电子。电子填充到的最高能级，称为费米能级。这就意味着即使在绝对零度，电子的平均动能也不为零，从而电子气的压强不为零。这种压强，称为电子简并压。氦原子核由两个质子和两个中子组成，自旋为 2，是玻色子。玻色子在一个量子态上的粒子数没有限制。在绝对零度时，氦原子会全部落到最低的零能级上，动能都为零，这种现象称为玻色—爱因斯坦凝聚。

电子简并压理论成功地解释了天文学中的白矮星的稳定性。白矮星是恒星演化晚期形成的一种致密天体。白矮星的主要成分是氦，其密度是太阳密度的 10^7 倍，其质量与太阳的质量相当，辐射强度很小，但温度很高。我们已经知道，对于大如天体的质量，引力塌缩的力量是非常强大的。如果没有一种足够强大的抵抗机制，天体就会无止境地塌缩下去。太阳能够稳定，是因为强大的辐射压强抵抗了引力收缩。白矮星的辐射非常弱，单靠辐射压是不足以抵抗引力塌缩的。由于白矮星内部的温度很高，其内的氦原子全部电离，形成电子气。计算表明，白矮星内部的电子简并压足以抵抗引力塌缩，使白矮星稳定在一定大小。著名天体物理学家钱德拉塞卡计算出了白矮星的质量上限为 1.44 倍太阳质量。如果白矮星的质量超过这个上限，电子简并压就不足以抵抗引力，它将继续塌缩。所有的核外电子都将被压缩到原子核里去，使质子变为中子，这时候，它就成为一颗中子星。中子也是费米子。由于中子的质量比电子质量大得多，中子简并压比电子简并压大得多，可以抵抗引力塌缩，达到新的平衡，这就是中子星。

第四节　场

一、场和超距作用

与占据空间的物质相对应的另一种客观实体是场。场不占据空间，场与场在空间可以相互叠加。宏观世界中两种最主要的场是引力场和电磁场，二者分别由万有引力和电磁力产生。按照力的观点，万有引力和电磁力的性质是非常类似的。二者的数学表达式几乎一样，都是与距离的平方成反比，与产生力的“荷”和受力的“荷”之积成正比，如果我们可以把质量称为“引力荷”的话，这两种力的作用，都可以不通过施力者和受力者的接触而发生。牛顿称这种力的作用为超距作用（action at a distance）。超距作用的观点，就是认为力的作用相距一段空间而直接发生，中间没有任何媒介，力的传递不需要时间。现代的观点认为，引力相互作用和电磁相互作用都是通过场（field）来进行的。“荷”产生一种特有的场，受力者是因为与场接触才受到力的作用。对于两个静止的相互作用者，超距作用的观点和场作用的观点表现不出任何区别，仅仅是观点不同。但是如果施力者的作用发生变化，对受力者的作用效果是立即发生变化，还是需要一段时间，就成了判断两种观点正误的判据。作用力的改变，可以是“荷”量的改变，也可以是施力者运动状态的改变。在万有引力的范畴内，要直接检验这一点是很难有机会的。我们不可能设想太阳的质量突然间发生改变，从而测量地球的运动状态是否立即发生改变。太阳的运动状态是在改变，但是太缓慢了，以至于无法区分。可行的检验首先是在电磁作用的领域，不过这种检验要在一个实验室里完成仍然是不可能的，因为电磁作用的传播速度太快了。直到 1888 年，赫兹在实验中发现电磁波，这个问题才有了结论。早在 1830 年前后，法拉第就引进了流线来描述电磁作用。流线是用来研究流体流动的一种数学模型。法拉第想象电磁力像流体一样从带电体向空间延伸，这就是场的雏形。麦克斯韦发展了法拉第的思想，于 1864—1873 年间完成了电磁场理论的体系，并预言电磁场可以在空间中以波的形式传播，其传播速度等于光速。电磁波理论及其相关思想被实验验证，清楚地说明了电磁相互作用的传播需要时间。当施力电荷的状态发生改变时，它就引发电磁波，该电磁波以光速传播到受力电荷处，受力电荷才感受到力的变化。爱因斯坦的狭义相对论证明，任何相互作用都只能以有限的、不大于光速的速度传递。

万有引力作为一种场，在太阳系范围内，其表现几乎都是静态的。直到爱因斯坦建立了广义相对论并预言引力波以光速传播，引力场的有限传播速度才得以在理论上被说清楚。

和实物物质一样，场具有能量和动量。但是场没有质量，或者说，场的静质量为零。场满足叠加原理，同类的场在空间中可以叠加。“荷”在其周围的空间产生场，场的结构依“荷”在空间的分布和运动状态以及空间范围的约束不同而不同。

二、电磁场与电磁波

带电物质的周围空间充满着电场。物质的带电性根源于质子的正电性和电子的负电性。可以形象地说，质子发出电场，电子吸收电场。质子是电场的“源”，电子是电场的“洞”。我们说，电场是有源场。带电粒子间通过电场发生相互作用。在电场中，正电荷与负电荷受力的方向相反。把电场中每一点处正电荷受力的方向光滑地连起来，就是电力线（图 3-24）。

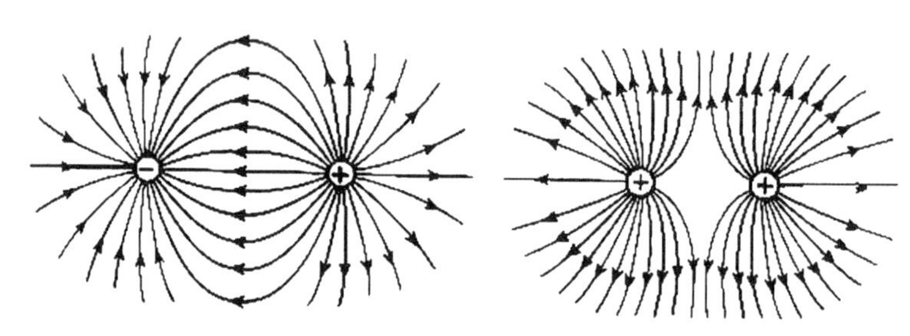

图 3-24　等量异种或同种电荷周围的电场分布

当带电粒子运动时，就产生磁场。磁场在某点的方向可以由小磁针来指示。把这些方向光滑地连起来，就是磁感应线的方向。之所以不称为磁力线，是因为它们指示的不是力的方向。磁感应线的方向是环绕电力线的环。也就是说，磁场是一种旋涡，是没有“源”的。带电粒子运动速度越大，磁场的旋涡就越强。电磁场和流体在某些方面是类似的。把流体中每一点处的流速光滑地连起来，形成一簇曲线，称为流线。电磁场线和流线有类似之处，这就是法拉第研究电场的思想。磁场对运动的带电粒子有作用力，力的方向、磁场的方向和粒子运动速度的方向三者两两垂直，就像直角坐标系的三根轴那样。这种力称为洛伦兹力。电流产生磁场，以及磁场对电流的作用力，本质上也是带电粒子间的磁作用力。永磁体的磁性，是因为磁体中的所有分子中的电子运动的电流按整齐的方向排列而产生的效果。也就是说，磁场是由电荷的运动而产生的。电场和磁场本质上是个统一体，因而称为电磁场（electromagnetic field）。带电粒子在电磁场中同时受到电场力和磁场力作用，其运动形态可以很复杂。如果带电粒子做加速运动，磁场的旋涡强度就发生变化。变化的磁场在其周围产生旋涡状的电场，电场的强度与磁场随时间的变化率成正比。这种电场称为感生电场。如果带电粒子运动的加速度是变化的，则感生电场也是随时间变化的。随时间变化的电场可以像电流一样产生磁场。如此交替产生，就形成了电磁波（electromagnetic wave）。这种交替产生的最后一环，即变化的电场产生什么，是麦克斯韦的杰出贡献。他把随时间变化的电场放在与电流同等的地位，电磁场理论就完整了。电磁场理论的基石，被麦克斯韦总结为一套方程组，后人称之为麦克斯韦方程组。麦克斯韦方程组导致了电磁波被发现。现代的人类须臾离不开电磁场。电的发明导致了第二次工业革命，电磁力取代蒸汽动力成为工业的主要动力，通信和信息技术以电磁场为基础而发展。现代的地球上，充满了人造电磁场。人类生活在地球上，得益于地球磁场的保护。地球是一个巨大的磁体，在它的周围有强大的磁场。太阳和其他天体发出的宇宙射线，是高能粒子流，对生命体有巨大的杀伤力。宇宙射线到达地球的磁场范围时，绝大部分都被地球磁场捕获，而不能到达地面。作为动力和能源的电磁场，是静态场，或变化频率很低的场——似稳场。交流电和与之相联的电器如发电机、电动机、电炉等中的场都是似稳场。应用中的静态电磁场一般都被局限在某个范围内。似稳场基本上不产生辐射。当场的变化频率高到一定程度，就产生电磁波辐射。

电磁波的三要素是频率 f、波长 λ 和波速 v，三者的关系是 $v=\lambda f$。频率是场每秒振动的次数，单位为赫兹（Hz），用以纪念电磁波的发现者海因里希·鲁道夫·赫兹。波长是每振动一次波传播的距离，单位就是长度的单位，一般用米（m），在光学范围内习惯用埃（Å，$1Å=10^{-10}$m）。在真空中，波速 $v=c=2.998\times10^{8}$ 米/秒，即真空中的光速。在透明介质如玻璃和水中，波速小于真空中的光速。在真空或某种确定的介质中，波速是一定的，频率 f 和波长 λ 成反比关系。电磁波按频率或波长分类，频率最高或波长最短的是 γ 射线（γ-rays），其次是 X 射线（X-rays），最低频率或最大波长的是无线电波（radio wave）。不同波长的电磁波，对应不同能量的光子，波长越短，光子能量越大。因为光子的能量相对于宏观能量来说很小，所以通常用电子伏特（eV）作为单位。$1eV=1.6\times10^{-19}$J（焦耳），是一个电子经过 1 伏特的电场加速后得到的能量。下面，对各个波段的电磁波做一个简单的介绍（图 3-25）。

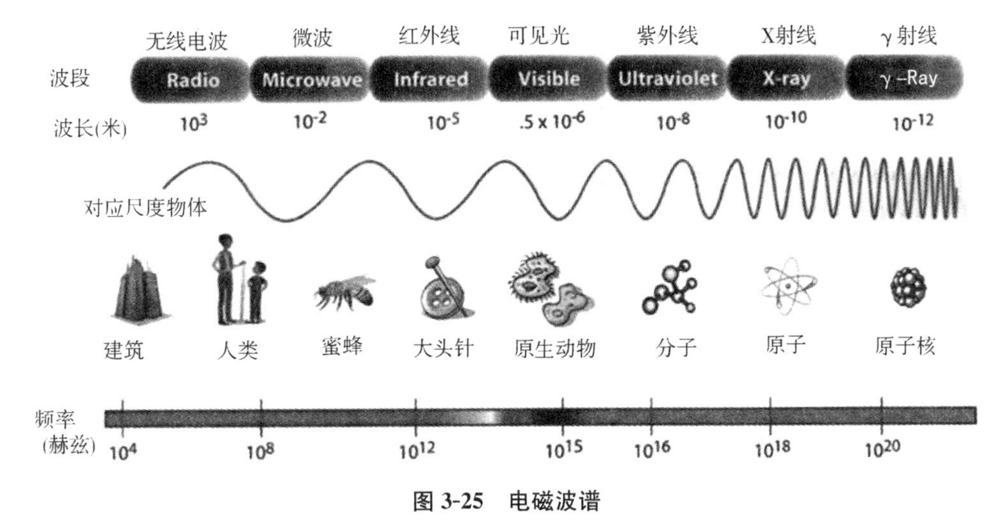

图 3-25 电磁波谱

无线电波：用于通信，由天线发出的电磁波。频率低于 500kHz，波长大于 600m 的电磁波为长波，用于短距离通信。频率在 500kHz 到 1600kHz 间的为中波（MW），用于地区范围内的通信。短波（SW）频率从 3MHz 到 30MHz，波长从 50m 到 10m，用于长距离乃至全球通信。电磁波波长越短，传播中损耗越小。长波、中波和短波都是调幅波，就是用波的振幅的变化来携带信息。甚高频波（VHF）频率从 30MHz 到 300MHz，波长从 10m 到 1m，用于调频无线广播、航海和航空通信。极高频波（UHF）频率从 300MHz 到 1GHz，广泛用于电视信号的传播。

微波：在分类上，有的将微波划归为无线电波，有的将其单独分类，以区别于无线电波。微波的频率从 1GHz 到 300GHz，波长从 30cm 到 1mm。微波的厘米到毫米级的波长使得它适于通过波导传输，传输中能量损耗极小。微波可以被液体中的偶极分子吸收，这一原理被用来做微波炉加热食物。产生微波的装置称为镅射（maser），可以产生高准直的微波束。微波广泛用于卫星通信，因为微波可以顺利地通过大气层，基本上不被吸收。雷达用微波探测运动目标。微波还用于无线局域网通信，还可以用于远距离传输能量。

红外辐射：频率从 300GHz 到 10THz，波长从 1mm 到 10μm 的电磁辐射称为远红外辐射或红外线。远红外辐射和微波之间没有截然的界限。远红外辐射容易被气体中的旋转分子、液体中的运动分子和固体中的声子吸收。除了少数波段外，远红外辐射不能穿透大气。这些少数可穿透大气的波段，称为大气窗口。天文学利用大气窗口作天文观测。频率从 30THz 到 120THz，波长从 10μm 到 2.5μm 的辐射为中红外辐射。热物体的辐射，或称热辐射在这个波段上很强。夜视仪就是接收人、动物或机器发出的远红外辐射，从而在夜间识别目标。非接触性体温计接收人体发出的远红外辐射，并根据辐射的波长来判断人体的温度。判断的依据是黑体辐射原理。电烤箱用红外光加热食物。频率从 120THz 到 400THz，波长从 2500nm 到 750nm 的辐射为近红外辐射。近红外辐射的性质与红光的性质相近，只是不为人眼所感受。

可见光：可见光从波长最长的红光（740nm）到最短的紫光（400nm），在电磁波谱中只占极小的一段。太阳在这个波段上辐射它的大部分能量。我们见到的太阳光是白光，实际上是所有颜色的光按一定比例的混合，其中最强的是黄光（560nm），对应太阳表面的温度为 6000K。人和动物的眼睛对太阳辐射的可见光波段敏感，可能不只是一个巧合。可见光波段的另一种辐射是原子中的核外电子在能级间跃迁时发出的辐射。地球大气层对可见光和近红外光是透明的，而对于中、远红外是不透明的，这主要是因为二氧化碳和水分子的吸收作用。可见光照射到地面，使地面温度升高，地面变热就会发出红外辐射，而红外辐射不能轻易地穿透大气层使热量散发，这样，大气层就起到了对地球保温的作用，这种作用称为温室效应。之所以称为温室效应，是因为用来做温室的玻璃或透明塑料薄膜也是可透过可见光而不透过红外线。如果大气中的二氧化碳含量过大，就会过分地阻碍地面热量的散发，导致地球温度升高。

紫外光：波长比紫光短的光称为紫外光，或紫外线。地球上的紫外线主要来自太阳辐射。紫外线可以破坏分子键。这一性质的作用是多方面的。紫外线可以用来杀菌，也可以使某些惰性分子分解为原子，从而可以与其他分子发生化学反应。皮肤中的脱氧胆固醇在紫外线的照射下可转变为维生素 D，增加人体对钙和磷的吸收。所以适当地晒太阳可以预防佝偻病。紫外线也可以破坏 DNA 结构，轻度的引起细胞坏死，严重的引起细胞无控制再生。因此过分晒太阳会引起脱皮甚至引发皮肤癌。极度的紫外线可以杀死所有的生命细胞。紫外线使大气中的氧气分子分解为氧原子，然后又与氧气分子化合为臭氧（ozone，O_3），臭氧又可以被紫外线分解为氧气。这种动态平衡起到吸收紫外线的作用。臭氧比氧气的比重小，浮在大气层的上部，形成臭氧层。臭氧层吸收 99%的紫外线，是地球生命的保护伞。氟利昂，即氟氯烷在紫外线照射下会分解出氯原子，氯原子夺去臭氧分子中的一个原子，形成氧化氯和氧气。氧化氯又与游离氧再次反应放出氯原子。如此恶性循环，使臭氧层遭受严重破坏。

X 射线：比紫外线波长更短的电磁辐射，波长范围从 1nm（10Å）到 0.01nm（0.1Å），是 X 射线。波长长于 1Å 的 X 射线为软 X 射线，波长短于 1Å 的 X 射线为硬 X 射线。X 射线可以从阴极射线管中产生。从阴极发出，经电场加速的高能电子打击到固体靶时，电子与靶中的原子核碰撞，转化为低能电子，同时产生 X 射线。X 射线的能量等于电子碰撞前后的能量差。X 射线最早是在阴极射线管中被发现的，经过 20 多年多位物理学家的研究积累，1895 年，德国物理学家伦琴第一次正式发表关于这种阴极射线辐射的论文，并把这种前所未知的射线称为 X 射线。原子序数大于 20 的原子，其内层电子脱离原子核所需能量，就是 X 射线能量的量级。因此，X 射线可以将原子中的内层电子打出，产生缺位，然后外层电子跃迁到内层空位上，又发出 X 射线。X 射线可无阻碍地穿过人体软组织，但通过硬组织时会留下阴影，因此广泛用于医学探测，用来检测肺、骨骼和结石等，如图 3-26 所示。X 射线的高能量有比紫外线更强的破坏分子结构的作用，因此它对生命细胞是危险的。大剂量照射 X 射线会导致组织坏死或致癌。X 射线的波长与晶体点阵的尺度相当，因此被广泛用于研究晶体结构。X 射线通过晶格时，会产生衍射。宇宙中的天体，当温度高达 10^8K 时，就会发出 X 射线。白矮星、中子星、星系核和黑洞等天体都会发出 X 射线。用 X 射线观测天体，已经成为天文学中的一个分支，称为 X 射线天文学。X 射线不能穿透大气层到达地面，因此，观测天体的 X 射线，必须在大气层的上部或之外。X 射线天文观测最早用火箭和气球，现代的方法是将观测仪器装在卫星上。

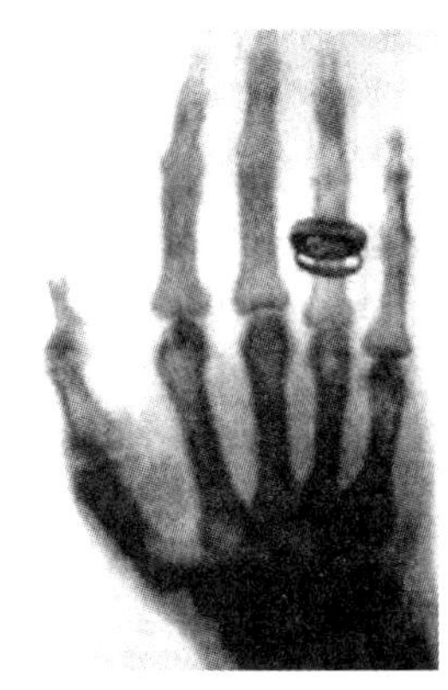

图 3-26　X 射线透视图

γ 射线：一般来说，γ 射线比 X 射线波长更短。但 γ 射线与 X 射线的特征区别不是波长，而是产生的机制不同。X 射线产生于高能电子过程，而 γ 射线产生于核过程。可能电子的能量比核过程的能量更高，因此 X 射线与 γ 射线的谱有重叠的区域。核裂变、聚变和放射性同位素衰变过程，都产生 γ 射线。γ 射线比 X 射线对人的杀伤力更大。γ 射线也可用于医疗。碳 13 同位素经常被用作跟踪剂，它被吸收并在人体内运行过程中发出微量的γ 射线，被仪器接收，医生据此可分析出所需的信息。γ 射线的短波长使它可集中于很小的区域，加上它的高能量，故可用于体内的肿瘤切除，称为伽马刀。γ 射线和 X 射线都可用于食品杀菌，被照射过的食品可长期保存。

紫外线、X 射线和 γ 射线都属于电离辐射，它们都可以引起原子和分子电离，因而可破坏生命组织。电离辐射对人有一定的危险性。

三、引力场

在爱因斯坦之前，引力理论是牛顿理论，牛顿引力场是静态的场。有质量的物体在引力场中受到力的作用，而引力场本身是不随时间变化的。当然这是一种近似。太阳系内的天体的运动速度都太小，太阳系的尺度也太小，不足以产生有限传播速度的效应。描述静态引力场的量主要是势。引力是保守力，因此引力场是有势场。在引力场中的不同位置，物体具有不同的势能。如果一个物体在引力场中沿一闭合路径运动回到原处，引力对它做的功为零。引力势能都是负值。要使一个物体脱离一个天体的引力范围，就是要使物体的总机械能（动能+引力势能）大于或等于零，因此该物体要有足够大的动能。质量为 m，速度为 v 的物体的动能是 $mv^2/2$，它在距离质量为 M 的天体 r 处的引力势能为 $-GMm/r$。要使它的总机械能为零，则

$$\frac{1}{2}mv^2-\frac{GMm}{r}=0,$$

由此可求出 $v=\sqrt{2GM/r}$，这一速度称为逃逸速度，或第二宇宙速度。地球表面的逃逸速度为 11.2 千米/秒，或 4 万千米/小时。如果令 $v=c$（光速），则可得出 $r_g=2GM/c^2$，r_g 称为施瓦西半径。当天体的半径等于或小于 r_g 时，连光都不能从它表面逃逸，也就是它既不能发出光，也不能反射光，从外部不可能看见它，这种天体称为黑洞。可见的正常天体的半径都远大于施瓦西半径。太阳的半径是 70 万千米，如果太阳成为黑洞，它的半径将只有 3 千米。真正的黑洞理论，要在广义相对论中才能得出。

在绝大多数场合，在不太强的引力场中，牛顿引力理论都是成功的。历史上牛顿引力理论最辉煌的篇章是 1846 年英国的亚当斯和法国的勒威耶根据牛顿引力理论计算了当时未知的行星的位置，柏林天文台的盖尔（Galle）根据他们的计算找到了一颗新的行星——海王星。不过牛顿引力理论也有几个不令人满意之处。第一，牛顿引力是超距作用力，超距作用不需要时间，甚至牛顿本人也对超距作用不满意。在爱因斯坦的狭义相对论中，任何相互作用都是以有限的速度传播的，而传播速度的上限是光速。第二，牛顿理论不能完美地解释水星轨道的进动。水星轨道的进动是水星轨道整体上绕太阳转动，转动角度为每百年 43″。牛顿引力理论计算的结果只有每百年 42″，有 1″的盈余得不到解释。第三，牛顿理论可以得出光线在引力场中弯曲的结论，但计算值只有观测值的一半。第四，在牛顿引力理论中，引力质量与惯性质量相等这一观测事实得不到理论解释。

爱因斯坦在 1915 年发表了他的新的引力理论——广义相对论。在广义相对论中，引力被解释为时空弯曲。所谓时空（spacetime），就是时间和空间二者不可分离，构成一个数学上的完整的四维空间。在没有质量的空间中，时空是平直的。在平直时空中，欧几里得几何成立。在有质量的空间中，引力使时空弯曲。在弯曲时空中，自由粒子沿短程线运动。弯曲时空中的短程线是曲线，而平直时空中的短程线是直线。在弱引力场和不大的尺度内（如太阳系），广义相对论的结论与牛顿引力理论的结论是完全相同的。在强引力场中和大尺度范围（星系、宇宙），只有广义相对论的结论才与观测相符。广义相对论的经典实验验证有引力红移、太阳对光线的偏折和水星轨道（如图 3-27）的进动。引力红移是指光在脱离强引力场的过程中频率变低，波长变长。这可以解释为光在克服引力能的过程中能量减少。波长的相对变化可用公式表示为 $\frac{\Delta\lambda}{\lambda}=\frac{G}{c^2}\cdot\frac{M}{R}$。从地球上测来自太阳的光，波长的相对变化为 $\frac{\Delta\lambda}{\lambda}=1.23\times10^{-6}$。这一效应在 1962 年首次被观测到，其后，这一效应在更强的引力源如白矮星和中子

二维码 3-10
微信扫码，看相关视频

星上也被观测到。1916 年，爱因斯坦从广义相对论预言光线通过太阳边缘时会发生弯曲，偏角 $\alpha=1.75''$。1919 年，由英国的爱丁顿组织的两支测量队，分别在比利时和几内亚，于 5 月 29 日日全食时观测日掩星（被太阳挡住的某恒星），结果证实了爱因斯坦的预言，如图3-28。从此，爱因斯坦名声大振。广义相对论的现代实验验证有双星的引力辐射、中子星和黑洞（图 3-29）的存在、引力透镜效应和宇宙临界质量等。美国的泰勒及其助手胡尔斯对一颗脉冲双星持续观察了 18 年，得出它们的转动周期的减少率的精确值，与广义相对论的预言完全一致。他们的工作成果获得了 1993 年的诺贝尔物理学奖。按照广义相对论，双星在绕它们的共同质心转动的过程中，会以引力波的形式辐射引力能，引力波的传播速度与光速相同。除了双星，产生引力波的候选者还有超新星爆发、致密星碰撞。不过迄今为止，尚未直接探测到引力波，因为它的强度太弱了。如果 10 亿光年远处有两个质量各为 10 个太阳质量的黑洞发生碰撞，到达地球的引力波使海平面涨落的幅度只有一个原子核直径的 10 倍！从 20 世纪 70 年代开始，美国等几个发达国家开始建造引力波探测器。到 80 年代，全球共有 10 多个国家，包括中国，着手并协同探测引力波。1999 年 11 月，美国建造了两座耗资 3.65 亿美元的激光干涉引力波观测台（laser interferometer gravitational-wave observatory，LIGO），企图测到来自遥远太空的引力波。LIGO 有两条各 4 千米长的真空管道，折成直角 L 形，激光在两条管道内往返产生干涉。如果有引力波来临，就可以从干涉条纹的移动上测出。意大利、英国和德国也将建造类似于 LIGO 的干涉仪，以构成全球监测网。历时 30 多年，各国已耗费大量资金，经过多年不懈努力，LIGO 科学团队（加州理工学院与麻省理工学院同意合作设计与建造的激光干涉引力波天文台）与 VIRGO 团队（法国和意大利合作建造的处女座干涉仪）终于在 2015 年9 月14 日探测到两个黑洞并合所产生的引力波。之后，在 2015 年 12 月 26 日、2017 年 1 月 4 日、2017 年 8 月 14 日分别三次探测到两个黑洞并合所产生的引力波，又在 2017 年8 月17 日探测到两个中子星并合所产生的引力波，这些事件标志着多信息天文学的新纪元已经来临。但人们研究的热情并未消退，反而在加大投资的力度。这不仅是为了确认引力波的存在，而且希望从引力波中得到新的信息。

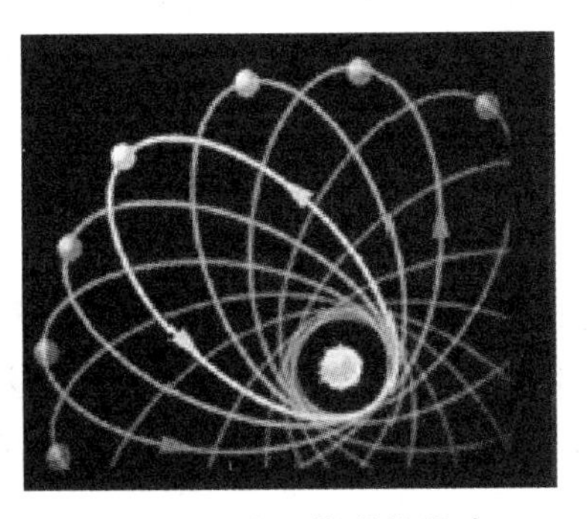

图 3-27　水星轨道的进动

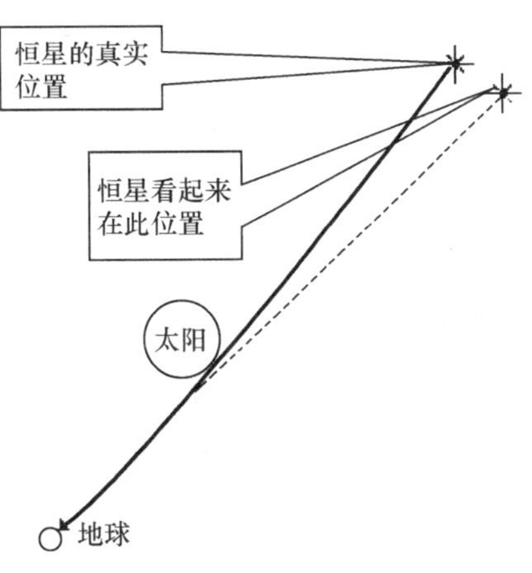

图 3-28　引力场使光线弯曲

图 3-29　黑洞

广义相对论对宇宙的结构和演化做出了分析。对于宇宙的未来，有一个临界质量作为判据。如果宇宙的总质量低于临界质量，则宇宙将会永远膨胀下去；如果高于临界质量，则宇宙膨胀到一定阶段会重新收缩。对引力场的研究还远未结束，广义相对论是不是引力场的终极理论，也还没有定论。

第五节　宏观系统的统计规律

科学发展到20世纪中期，人类就已经清楚地知道，宏观物体由大量分子组成，在1摩尔的物质中，有6.022×10^{23}个分子。分子都在运动。如果物体做整体运动，其中的所有分子都有一个共同的速度。这样的运动可以归结为机械运动。当物体整体运动的机械能以某种方式被损耗掉时，机械能被转化为物体内部分子无规则运动，即热运动的能量。这种能量不表现为物体的整体运动，而表现为物体的温度升高。研究这种运动，力学定律显得无能为力。我们不妨假定每一个分子都服从牛顿定律。按照牛顿力学，只要粒子受力或相互作用的规律已知，给定每个粒子在初始时刻的位置和速度，就可以精确求解出其以后任何时刻的运动状态。但是求解由10^{23}个方程组成的联立方程组，是根本不可能的。另一方面，除了理想气体外，一般都不能假定组成物质的分子满足牛顿力学。物理学家研究之后发现，对于大量分子的无规运动，根本没有必要去研究每一个分子的具体运动，而只要研究这些分子的集体表现所遵循的规律。比如股票交易，股票价格的涨落是由所有参加炒股的股民的买卖行为所共同决定的。但是没有任何一个股评家会去分析每一个股民的买卖行为，他只要根据股票的变化趋势和各方面的影响因素进行分析就行了。大量个体的同类行为所形成的集体表现所遵循的规律，称为统计规律。统计规律和个体行为的规律是完全不同的。

一、热力学定律

研究物质的热运动有两种方法：一种是不考虑物质的微观结构，以实验为基础，以能量守恒定律为最基本的规律，研究系统的宏观量，即可测量量的变化规律。这种方法称为热力学方法。另一种方法是从微观粒子的相互作用的特性出发，用统计的方法找出物质的宏观性质，称为统计物理学方法。

热力学的基本定律之一是热力学第一定律：系统内能的增加等于从外界吸收的热量

加上外界对系统做的功。所谓系统是依研究目标而界定的一个宏观范围。要研究气体的性质，可以把容器内的气体作为系统，而器壁及其外就是外界。要研究大气层，则把大气层作为系统，而地表和外太空就是外界。系统的内能是指系统内分子无规则运动的能量的总和，但整体的机械运动的能量不是内能。内能通常也称为热能。系统的内能与分子无规运动的剧烈程度有关，也与总分子数，或系统的质量有关。单单衡量分子无规运动的剧烈程度的量是温度。温度较高的物体，其分子无规运动较剧烈。系统与外界之间，或系统与系统之间，分子无规运动较剧烈的团体，会通过碰撞将动能传递给分子无规运动较不剧烈的团体，也就是温度较高的物体会将热量传递给温度较低的物体。传热是能量交换的一种方式。做功是通过机械的或电磁的作用使系统的宏观状态发生改变。对系统做功的过程所消耗的能量，转化为系统的内能。反之，系统也可以对外做功，消耗自身的内能。做功也是能量交换的一种形式。热力学第一定律，就是在热运动范畴内的能量守恒定律。热力学理论的产生与完善，来自对热机研究的需要。蒸汽机的发明，开创了一个伟大的工业革命时代。物理学家把热机的工作原理抽象化，理论化为一些热力学过程和热力学循环，进行研究。主要目的是想提高热机的工作效率。著名的卡诺定理给出了热机效率的上限。蒸汽机或内燃机，汽缸内的高温气体膨胀，推动活塞，将热能转化为机械能，气体的温度降低。气体膨胀至终点，从汽缸排出，这时气体的温度仍然高于环境温度。高温气体所含有的内能，或者来自外部锅炉的燃烧，或者来自汽缸内可燃气体的燃烧。不管是哪种方式，我们都说热机从高温热源吸收了热量。排放气体带走热量，我们说热机向低温热源放出了热量。高温热源的温度为膨胀前气体的温度，低温热源的温度为排放气体的温度。卡诺定理及其相关结论告诉我们，热机放热量与吸热量的比值，不低于以绝对温度标记的低温温度与高温温度的比值。作为一个例子，我们不妨设蒸汽机的高温蒸汽的温度为摄氏 200℃，也就是绝对温度 473K；排放蒸汽的温度为摄氏 40℃，也就是绝对温度 313K。二者的比值为 0.66。这就是说，从高温热源吸收的热量，至少有 66％最后被排放掉，至多有 34％变为有用功。实际蒸汽机的效率要低于这个值，内燃机的效率略高于这个值。要提高热机效率，除了技术和工艺的进步，最关键的是增大高温温度与低温温度之间的差值。但是无论怎么改进，排放热量不可能为零，因为低温热源的温度最低也低不过环境温度，即地表大气的温度。对这一关键问题的研究，引出了热力学第二定律。

热力学第二定律的表述为：要使热量完全变为有用的机械功而不引起其他变化是不可能的。与其他物理学定律不同，热力学第二定律是一个否定性陈述，表明了某种过程的不可能性。作为物理学中的一个普遍规律，这种表述有点费解。事实上，对任何一个与热运动有关的不可能发生的过程的表述，都可以作为热力学第二定律的等价表述。例如，热量从低温物体自动传向高温物体而不引起其他变化，是不可能的。该定律最早被卡诺意识到，在 1850 年前后由克劳修斯和开尔文确立。第二定律是卡诺定理的延伸，它不仅断言了热机效率不可能达到百分之百，而且明确了与热现象有关的过程的方向性。摩擦使运动的物体停下来的过程说明机械能可以完全变成热能，而反方向的热能完全变成机械能而不引起其他变化是不可能的。热量可以自动从高温物体传向低温物体，而自动从低温物体传向高温物体却是不可能的。气体可以自动地扩散到一个较大的空间范围，而自动收缩到较小的空间范围却是不可能的。第二定律的“不可能”，定义了一类普遍存在的过程，称为不可逆过程。机械能全部转变为热能的过程、热量从高温物体传递到低温物体的过程、气体扩散过程等，都是不可逆过程，这些过程的反方向是不能自动进行的，或者说，不可能自动发生。不可逆过程的终点，使系统达到一种状态，称为平衡态。系统处于平衡态时，如果没有外界作用，系统的宏观状态将不再发生变化。非孤立系统中可以发生逆向的不可逆过程，但是必须付出代价。空调可以把室内的热量抽到室外去，使室内的温度降低，代价是消耗大量的电能。

有一个与第二定律密切相关的系统宏观量，叫作熵（entropy）。内能也是系统宏观量。能量是守恒的，而熵不是守恒的。所谓宏观量，是表征宏观系统整体状态的量，如体积、压强、温度、内能和熵。宏观量区别于微观量——描述系统内微观粒子运动的量。温度不同的两部分物质组成一个系统，两部分各自有其熵，两部分的熵相加，为系统的总熵。经过传热，系统最后达到一个相同的温度，称为热平衡。热平衡后系统的熵比起传热前增大了。吸热使系统的熵增加，放热使熵减小。但是在不同的温度下的吸、放热，熵的改变是不同的。熵的改变量可粗略地表示为 $\Delta S=Q/T$，其中 Q 为吸热量，T 为绝对温度。在上面的例子中，高温部分放出的热量等于低温部分吸收的热量，但是高温部分放热所减小的熵比低温部分吸热所增加的熵要少，因此系统的总熵增加了。一杯水，如果开始状态为一部分是凉的，一部分是热的，经过一段时间后，杯中的水一定会变得凉热相同，或者说有相同的温度。如果杯子是绝对保温的，则水的温度不再变化。我们说水达到平衡态。达到平衡态，熵达到极大值，不再增加。对于一个孤立系统，能够自发进行的过程都是不可逆过程。不可逆过程都使系统的熵增加。孤立系统（isolated system）的熵永不减小，叫作熵增加原理。如果没有外界的作用，系统的熵不可能减少。

对于开放系统（open system），如果系统的熵减少，付出的代价就是使外界发生变化。系统和外界二者的熵的和，变化后比起变化前一定是增加的。空调使室内降温，熵减少，热量排到室外，使环境的熵增加，同时空调机消耗的电能也转化成了环境的熵，结果室内和环境二者的总熵增加了。

二、统计规律

波尔兹曼等人创立的统计物理学，揭示了热力学第二定律的本质，才使其呈现出本质规律的面貌。统计物理学对热力学第二定律的诠释是，自然界一切能够自发进行的热现象，都是系统从比较有序到比较无序的过程。而反方向是不能自发进行的，要使其发生，必须付出代价。比方说，一班学生在操场上做队列训练，所有的学生都有相同的运动状态，是比较有序的状态。宣布解散后，大家随意走动，这就是比较无序的状态。只要没有指挥和约束，队伍就会散乱。机械运动中，系统内所有的分子都有一个相同的运动速度，是比较有序的状态。机械能被损耗变为热能后，分子的统一运动变成了无规则运动，是比较无序的状态。机械能可以自发地、完全地变为热能，而热能变为机械能，不能自发发生。要使其发生，所付出的代价就是必须有一部分能量被浪费掉。同样，一杯水，如果左边的较热，右边的较冷，也就是运动较快的分子集中在左边，而运动较慢的分子集中在右边，是一种比较有序的状态。整杯水的温度相同，就是左右两边的分子运动的平均速度相同，是比较无序的状态。热量会自发地从较热的水传递到较冷的水，最后达到相同的温度。相反的过程决不会自动发生。一杯热水放在房间里会自动变凉。但是我们不能指望房间的温度降低同时杯子里的水自动变热。不可逆过程，就是系统从比较有序的状态变化到比较无序的状态的过程。

在第二定律的背后，是概率论原理。比较有序的状态，是发生概率较低的状态，比较无序的状态，是发生概率较高的状态。杯中的水分子在做无规则运动，运动较快的分子都不约而同地跑到左边去，同时运动较慢的分子都跑到右边去的概率有多大？是一个天文数字的倒数。就像有人戏言，一个猴子在钢琴上乱跳，跳出贝多芬第五交响曲的概率有多大？概率极小的事件，实际上就是不可能发生的。为了理解上面的概率问题，让我们看一个最简单的例子。设容器内有 4 个分子，可以自由运动。问 4 个分子都在左边的概率是多少？左右两边各有 2 个分子的概率是多少？每一个分子都可以在左右两边中任处一边，因此每个分子有 2 种占位方式，4 个分子共有 $2^4=16$ 种占位方式。4 个分子都在左边的占位方式只有 1 种。4 个分子中任选 2 个占左边，另 2 个到右边，有 $4\times3/2=6$ 种方式。于是我们说，4 个分子都在左边的概率为 $1/(2^4)=6.3\%$，左右两边各有 2 个分子的概率为 $6/16=37.5\%$。若分子数为 6.022×10^{23}，所有分子都在左边的概率是多少？

发生概率比较小的状态，或者说比较有序的状态，对应的熵比较小，发生概率比较大的状态，或者说比较无序的状态，对应的熵比较大。这就是熵的统计意义。传热过程、两种气体混合的过程、一滴墨水在清水中扩散的过程，都是使系统从比较有序的状态变化到比较无序的状态，是熵增加的过程。冰是晶体状态，是比较有序的，而水是可以自由流动的，是比较无序的状态。所以冰吸热熔解为水的过程是熵增加的过程。将铁矿石炼成纯铁的过程，纯铁比起铁矿石内部组织更加有序，熵减少了，但是燃烧煤的过程使环境变得更加无序，熵增加。

人类使用能量，制造机器，建造楼宇，得到一个有序化的，即低熵的世界，其代价是环境的熵增加。一块未燃烧的煤，含有一定的化学能，以固体的密度占据一块空间。它被燃烧后，所释放的能量一部分被有效地利用，必然还有一部分散发到大气中，未燃尽的灰渣被堆放在某处。反应前后能量是守恒的，物质总量也是守恒的，但是熵增加了，因为反应后的能量和物质扩散到了一个很大的空间。未燃烧的煤为低熵物质，燃烧后的废热和灰渣为高熵物质。未燃烧的汽油是低熵物质，燃烧后的废气和废热是高熵物质。从能量的角度来看，熵增加的过程，就是有用能变成无用能的过程。人类的任何使用能源的过程都使环境的熵增加。采用任何节能和废物利用的技术，都不能改变熵增加的趋势，不过可以减缓熵增加的速度。大气变暖，森林覆盖面积减少，土地荒漠化，这些都是熵增加的过程。地球从无生命世界进化到有生命世界，并产生生物多样性，这是一个有序化过程。有序化过程需要从外部吸收负熵。地球负熵的来源是太阳辐射。定向辐射的电磁波是有序的，是低熵的，我们说它含有负熵。太阳辐射的负熵使植物可以进行光合作用，使大气产生温差。光合作用使植物生长，有序程度增加。大气温差产生季风、降雨等现象，使环境变得有序。地球上的有序化过程产生有用能，有用能的增加就是熵的减少。能源，也就是有用能的源泉。煤、石油、天然气等化石能源，来自植物的光合作用。风能、水能来自大气温差。太阳每天供给地球的负熵是有限的，而人类今天消耗的负熵，是地球数亿年的积累。如果人类不懂得珍惜，地球总熵的增加将是不可逆转的。

三、时间之矢

热力学第二定律告诉我们，大量的宏观过程都是不可逆的，即存在一个单方向的时间——时间之矢。时间的单向性意味着已经发生的事情不可能收回，任何事情都不可能重新来过一遍。俗语说，“一个人不可能两次涉过同一条河”。中国古话说，“覆水难收”，意思是已经做过的事无法后悔。就其字面上的意思，“覆水”是一个熵增加的过程，泼到地上的水，不可能再回到碗里。可见熵增加与时间的不可逆性有内在的联系。木块在桌面上滑行，摩擦力使它停下来，机械能转化为热能。我们不可能指望木块吸收桌面的热量而由静止开始运动。生命现象也同样是不可逆的。我们把孵化鸡蛋，小鸡破壳而出的过程拍成电影，倒过来放，一定会使人发笑。这种过程是绝对不可能发生的。时间的单向性，意味着过去和未来不等价，我们不可能回到过去。时间的单向性还暗示不仅是热力学过程，凡是依时间发展的万事万物，都是不可逆的。

牛顿运动定律，甚至相对论力学与量子力学中的薛定谔方程都是确定性的和时间对称的。所谓时间对称，就是将运动方程中的 t 换为 $-t$，方程仍然成立，只是运动方向反过来了，即运动是可逆的。所谓确定性，就是运动是可以精确预测的，不存在偶然性和机遇。确定性和概率是相互排斥的。在力学中，只要机械能没有损失，任何运动都是可逆的。落体运动和竖直上抛是互逆的。弹性碰撞是可逆的，只要把碰撞后的物体的速度都反向（如碰壁后弹回），就可以使碰撞反方向进行。引力场中天体的运动是可逆的，飞船到达火星后，还可以沿原路返回。电磁波的传播是可逆的。带电粒子的加速运动产生电磁波，电磁波可以使带电粒子做加速运动。现代通信技术将图像和声音转化为电磁波发射出去，接收机可以将电磁波还原为图像和声音。原子中的电子吸收光子可以跃迁到高能级，高能级的电子跃迁到低能级会放出一个光子。化学反应服从量子力学，在一定条件下都是可逆的。我们把上述的可逆过程拍成电影，然后倒过来放，所看到的逆过程都是真实的，可能发生的。

对于单个粒子的运动，只要知道其初始时刻的位置和速度，就可以精确地预测其未来任何时刻的运动状态，也可以推演出过去任何时刻的运动状态。一个容器中的气体，如果开始时刻集中在容器中的半个空间，由于粒子的运动相互碰撞，气体会很快充满整个容器，达到均匀分布。如果在某个时刻所有粒子的运动速度全部反过来，我们就可以希望粒子全部回到半个空间中。但是实际上我们永远不可能看见气体自动缩回到半个容器中去。每一个个体的运动都是可逆的，而整体上的变化却是不可逆的。将整体的事物还原为其最小单元来进行研究，是西方科学的还原论。还原论对现代科学的起步起到了非常积极的作用。但是在不可逆过程的研究上，还原论显得无能为力。

这里，令人思考的问题是：组成宏观物体的微观粒子都服从可逆的力学、量子力学和化学原理，为什么宏观物体经历的过程不可逆？这种本质性的转变来自统计规律。

有一种观点认为，用统计方法研究宏观系统是一种无奈的选择，是因为我们无法精确计算大量微观粒子的运动。他们说，统计物理是无知入侵科学的结果，是粗粒化。世界的变化是确定性的，而不是概率性的。如果有一天我们有办法计算每一个微观粒子的运动，我们就可以得到确定性的宏观规律。他们否认客观世界的随机性。但是这种观点无法解释宏观过程的方向性。布朗运动是随机运动的一个典型例子。一粒花粉浮在液体中，由于液体分子对它的随机碰撞而运动。花粉的运动规律不可能用轨道来描述，而只能用概率来描述。

对宏观现象的统计性解释，并不意味着概率非常小的事件“总有一天会发生”。如果我们的寿命和地球一样长，我们是不是“总有一天”会看见房间里的空气变凉，同时锅里的饭自动熟了？永远不会！概率本身可以导致不可逆。让我们来看两个例子。

有一群醉汉从酒店里出来，假设他们每走一步，向左和向右的概率是相等的。如果仅仅经过少数几步，其中的一个人可能又走回到酒店门口。但是只要这群人的人数足够多，走的时间足够长，最后他们会分布在整条街上。要他们再重新集合到酒店门口已经不可能了。

面包师变换。假设有两块面团，一块是小麦的，一块是玉米的。把这两块面团叠在一起，压成长形，再切成两段，再叠在一起。如此重复。如果才经过少数几次，可以以相反的步骤再把两种面粉分开。如果经过了数百次，两种面粉就会均匀地混合起来，再要把它们分开，就不可能了。

再看一个物理上的例子。处在某个温度下的平衡态的气体，其中的分子运动速率满足麦克斯韦分布。假设两个容器分别有不同温度的气体，温度高的气体运动平均速度大，温度低的气体运动平均速度小。把二者混合在一起，刚开始，分子速率分布是分别在两个温度下的麦克斯韦分布。分子间相互碰撞，经过充分长的时间后，就变成了平衡温度下的统一的麦克斯韦分布。相对这个分布会有微小的涨落，也就是偏离。但是涨落非常小，不可能出现刚混合时的非平衡分布。

对于由大量个体组成的系统，个体行为的统计规律就导致了过程的不可逆性。不可逆过程的方向就是熵增加的方向。也就是说，时间的方向就是熵增加的方向。自从有人类以来，人类的活动使地球的熵增加。地球的负熵源——太阳在氢燃烧发出辐射的过程中，自身的熵在增加。如果把宇宙当作一个孤立系统，那么宇宙的熵是不是一直在增加？如果一直增加最后达到平衡态，宇宙的末日就是一片死寂。这就是“热寂说”，是克劳修斯于 1865 年提出的。这是一个陈旧但并未过时的问题。

对于“宇宙热寂说”，不能想当然地说是荒谬的，也不能简单地用唯物辩证法来批判。哲学和科学不属于同一个范畴，不能互相代替。首先，宇宙是不是一个孤立系统？按照现代科学的观点，宇宙是有界无边的，宇宙本身是一个黑洞，任何物质和能量都不能逃离。如果宇宙之外无物质，则宇宙就是一个孤立系统。引力可以使物质非均匀化，即有序化。但任何有序化都是有代价的。天体一代一代地重组，最后燃料会耗尽。有一种观点认为，宇宙的熵的确在增加。在热寂说提出的年代，科学界还不知道宇宙膨胀。对于一个静态宇宙，热寂说是有道理的。但是对于膨胀的宇宙，就永远不会达到平衡态。另一点，宇宙在产生的时刻，应该是熵极小的状态。这个状态，被解释为由真空涨落而来。如果宇宙膨胀到尽头又重新收缩，熵会不会重新减少？如果这样，时间就会倒退，宇宙反方向演化再次回到大爆炸的起点。这个问题还在科学界的研讨之中。

四、混沌与自组织

从上面的讨论看来，似乎热力学第二定律是一个让世界趋向平衡态的理论。孤立系统会自动趋于平衡态。而处于平衡态的系统只会有小的涨落。平衡态是一种单调的、死气沉沉的状态。而我们眼前的世界是多样性的，特别是生物的多样性，远不是平衡态理论所能解释得了的。一个生命体，如果使它与外界隔绝，不吸收也不放出，则它会趋向于平衡，也就是趋向死亡。非平衡态理论在 20 世纪后期得到长足的发展。这个理论告诉我们，在热力学第二定律的大前提下，系统可以长期稳定地处于非平衡态，并且有丰富的特性。

让我们看一个最简单的非平衡态的例子。一个盛有气体的长形容器，一端保持 100℃，另一端保持 0℃。保持外界条件不变，容器内的气体将达到一个稳定的状态，保持一个从高到低的温度分布，并且持续地有热量从高温传向低温。在这个状态下，气体的熵比起平衡态的熵要低。这个低熵状态的保持，依赖于外界输入的负熵。仍然用到前面的表示 $\Delta S=Q/T$，我们看到，从高温端吸入的熵少于从低温端放出的熵，因此气体得到的总熵为负。这种从外界得到的熵称为熵流。同时，气体内传热使熵增加，这种内部过程增加的熵称为熵产。系统的熵的改变量，是熵流和熵产的代数和。负熵流足够大，就可以使系统的熵减少。上例说明，开放系统通过与外界交换熵，可以保持一个低熵的状态。

开放系统的非平衡态，分为近平衡状态和远离平衡状态。离平衡态越远，系统的结构就会越复杂。一个典型的例子是贝纳德元胞（bénard cells）。两块平板水平放置，中间充满液体，平板间的距离比起板的长或宽小得多。当两块板的温度相同时，液体处于平衡态。慢慢增加下板的温度，液体内产生温差，发生热传导，温度、压强和密度都从下到上逐渐变化。继续增加下板的温度，液体中发生对流，就是热的液体往上，冷的液体往下。温度再继续增加，就出现戏剧性的变化，产生对流元胞（convection cells），即环状的流动。这些环顺时针、逆时针交替变化。也就是说，无规则的流动变得宏观有序，如图 3-30。小的扰动不能改变这些元胞，也就是扰动过后它们会回到原来的形状。但是很大的扰动可以改变它们。这就是说，这些元胞有记忆。另外，如果重复做这个实验，元胞的顺时针旋转和逆时针旋转的位置会不相同。

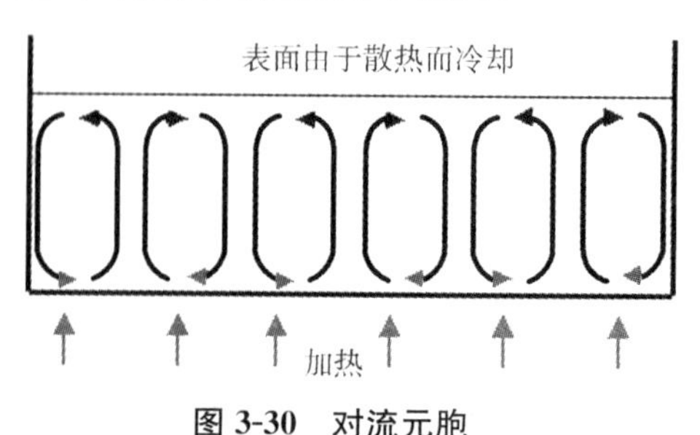

图 3-30　对流元胞

贝纳德元胞是一类远离平衡态的系统中的一个例子。这类远离平衡态的系统称为耗散系统，或称耗散结构（dissipative structure），由比利时物理学家和化学家普里高津（Ilya Prigogine）命名。耗散结构是开放系统，通过与外界交换能量、物质和熵，处于远离平衡态的状态，有自组织和混沌现象。

自组织（self-organization）是系统内自发出现有组织的结构，从均匀走向不均匀，并且出现有规律的重复，从无序到有序。这种现象称为自发对称性破缺。自组织的形成，是由于系统内的微观粒子发生关联。关联的相互作用可以是物理的、化学的、生物的乃至社会的。物理中的自组织现象有自发磁化（天然磁铁）、晶体生长、液晶、激光等。自组织系统不一定是耗散系统，但是耗散系统一定有自组织现象。激光是一种耗散系统。在物体受热发光的情形中，原子发出的光的波长是各不相同的，满足统计分布规律，称为普朗克分布。而在激光器中，原子间发生关联，从而达到统一的步调，输出完全相同的波长的光。在平衡态下，原子的辐射是各不相干的和不关联的。在远离平衡的状态下，原子相互“看见”，达到步调一致。在非平衡态下，关联容易被放大，并产生足以影响整个系统的效果。

系统离平衡态越远，结构就越复杂。在逐步远离平衡态的过程中，会出现分叉点（bifurcation）。在分叉点处，系统的发展趋势不止一个，每个趋势都可以出现稳定状态，而究竟出现哪个状态，受微小涨落的影响。这种特点与平衡态完全不同，平衡态下的涨落只能对系统产生微小的影响，而分叉点附近的涨落，会对系统演化产生根本性的影响。这种现象称为混沌（chaos），如图 3-31 所示。

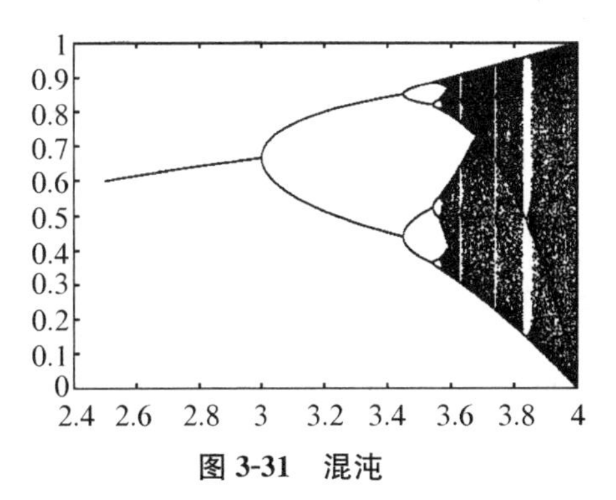

图 3-31 混沌

在混沌现象中，系统的发展是非确定性的。非确定性，就是对未来发展的不可预测性和过程的不可重复性。牛顿力学是确定性的，只要知道运动的初始条件，即初始时刻的位置和速度，任何时刻的运动状态都唯一确定。如果初始条件有微小的改变，运动状态也只可能有微小的改变。比如发射炮弹，稍微调整炮管的角度，弹着点就略有改变。我们做物理实验，可以重复无数次，所得到的结果一定是相近的。而非确定性系统，初始条件的微小改变，会导致发展路线的巨大改变。而初始条件的重复不可能完全准确地相同，因而过程不能重复。这种非确定性来自分叉点。初始条件的微小区别，导致在系统在分叉点处走上完全不同的道路。经过几次分叉，结局就是天壤之别。混沌现象最早发现于计算机的天气预报系统中。1961 年，爱德华·洛伦兹在一个偶然的机会发现了混沌现象。他把上次保存的计算过程数据从中间某一步重算一遍。为了省事，他把所有的 5 位数据舍入到 3 位输入进计算机。让他吃惊的是，得出的结果与上次完全不同。他意识到初始条件的微小差异可以导致结果的巨大差异。科学家们在数值计算领域发现了大量的混沌问题，进行理论研究，并推广到其他的科学领域。在自然科学和社会科学领域，都存在大量的混沌现象。“蝴蝶效应”是气象混沌的例子。蝴蝶翅膀的扇动对大气的流动产生微小的影响，可能影响气象变化的进程。形象的说法是，一只蝴蝶在巴西扇动翅膀，可能引起一个月之后在得克萨斯的飓风。

混沌还是多样性的源泉。生命的进化是一种混沌现象。基因变异就是分叉。如果在一个分叉点可能产生两个稳定的物种，经过 4 个分叉就可能产生 16 个物种。多样性和非确定性是不可分的。如果在另一个地球上也经历了与我们相同的宏观条件下的进化，我们有理由相信，那里的物种可以与地球上的完全不相同。同样的理由使我们相信，如果历史可以重来一遍，结果与今天的状态会完全不同。所谓“历史的必然”，实际上是牛顿的机械观在哲学上的反映，即机械史观。人类社会是一个混沌系统，原则上是不可预测的。一个偶然事件可以导致后面的发展完全不同，即所谓“改变历史”。如果另一个地球上也有人类，那里的社会结构和意识形态及其发展史，会与我们的地球上的完全不同。从确定性到非确定性，是科学上的又一场革命，它把死气沉沉的、一成不变的“物理”世界和生动活泼、气象万千的进化世界统一了起来。

第六节　物理学中的相对性原理

在物理学中，对任何运动的观察都必须明确参考系，也就是明确观察者。对于同一个客体，在不同的参考系中观察，所得到的运动形式是不相同的。在平稳行驶的车上，如果你向上抛一个球，这球会重新落到你的手上。你看见的球的运动是直上直下，即做竖直上抛运动，而另一个在地上的人看见球划出的是一条抛物线。这种看似简单的问题，牵涉到物理学中最基本的理论问题，即相对性原理。

一、伽利略相对性原理

现代物理学开创于伽利略。在与地心学说的论战中，伽利略建立了他的相对性原理。地心学说坚持说，因为我们在地球上感觉不到地球的任何运动，所以地球一定是静止的。而伽利略说，因为地球的运动基本上可以看作匀速的，因此我们感觉不到地球的运动。比如在一艘平移行驶的船里，人可以自由地走来走去，鱼缸的鱼可以正常地朝各个方向游动，苍蝇也可以像在地面上一样飞来飞去，绝对不会说所有的东西都贴到船的后壁上。这里必须明确的是，船做匀速运动时，船里的观察者才分辨不出船是否在运动，如果船加速前进，那么船上所有可移动的东西都会向后移动。因此，要说清楚相对性原理，首先要明确什么是惯性参考系。在一艘船上，如果一个物体不受力，或者所受的所有的力都相互抵消，这个物体就保持它原来的静止或匀速运动状态。这艘船就是一个惯性参考系。参考系可以是一艘船、一辆车，也可以是地球。与观察者相对静止的某个系统，观察者参照该系统去判断其他物体的运动，这个系统就称为参考系。惯性参考系是受合力为零的物体在其中保持静止或匀速运动的参考系。伽利略相对性原理表述为：

力学规律对于任何惯性系中的观察者都是一样的。或，任何惯性系对于力学规律都是等价的。

伽利略相对性原理告诉我们，在任何惯性系中做力学实验，结果都符合牛顿定律，即$F=ma$。用任何力学实验，都无法区分观察者所在的惯性系是否在运动。我们往往通过观察另一物体的运动来确定自身所在的系统是否在运动，但这依赖于我们事先知道被观察的另一物体的运动状态。我们已经知道遥远的恒星是不动的，观察恒星的东升西落，就可以确定地球在自转。但是古人不知道恒星是遥远的、不动的，他直接感受到的是地球静止，所以认为所有的恒星绕地球转动。乘过火车的人大多有过这样的体验：当你乘坐的火车停在站内，而且被夹在两列车中间时，你只能看到窗外的车，看不到站台。如果你看见旁边的车动了，你无法确定是自己的车开动了，还是旁边的车开动了，你只有把头伸出窗外看路基，才能确定。在不同的惯性系中观察同一客体，它的运动轨迹不相同，但它的尺度（两点间的距离）是相同的，运动过程延续的时间也是相同的。按照伽利略相对性原理，宇宙中任何相互做匀速运动的惯性系都应该是平等的。在数学上，伽利略相对性原理表现为伽利略变换。经典力学的方程满足伽利略变换下的不变性，即从一个惯性系到另一个惯性系，通过伽利略变换，经典力学的方程保持形式不变。

在经典力学中，与伽利略相对性原理并存的，还有一个牛顿的绝对时空。牛顿在他的《自然哲学的数学原理》中认为：绝对的、真正的、数学上的时间，是均匀的，与任何外部无关的。而相对的、表观的、常识上的时间，是对运动的延续的感知，如小时、天和年。绝对空间，就其本身的特性而言，是永远不变的，没有任何相对于外部的运动。相对空间，是对绝对空间的可移动的度量，是我们对物体的相对位置的感知，如地上的、空中的物体或太空中的天体相对于地球的位置。绝对空间和相对空间在外表和大小上是一样的，但在数学上却不是等价的。比如，地球在运动，空气中的某块空间对于我们是静止的、不变的，但相对于绝对空间，却从一处移到了另一处。绝对运动，是从绝对空间的一个绝对位置移到另一个绝对位置。相对运动是从一个相对位置移到另一个相对位置。

按照牛顿的绝对时空理论，惯性系之间不是平等的。相对于绝对空间静止的惯性系是绝对惯性系。惯性系之间的运动是相对运动，而相对于绝对空间的运动是绝对运动。既然用任何力学实验都无法确定自己所在的惯性系是否在运动，那么相对于绝对空间的运动如何测量？牛顿认为：绝对运动的改变必须要有力的作用，而相对运动的改变不一定有力的作用。区分绝对运动和相对运动的一个例子是圆周运动中背离转动轴的力。在一个桶中装上水，让桶开始转动。一开始时，桶转动，而水没有跟着桶转动，水面是平的。这时，水相对于桶有运动，这是相对运动，而相对于绝对空间是静止的，这是绝对静止。逐渐地，水跟着桶转动起来，水面由平面变为凹面，最后，水和桶的转速达到相同，水相对于桶静止，这是相对静止，而相对于绝对空间是转动的，这是绝对运动。水的相对运动和绝对运动，可以从水面的形状来区分。

在牛顿的理论中，受外力作用的加速运动是绝对运动，但是不受外力作用的匀速直线运动却无法区分相对与绝对。牛顿的绝对空间，没有观测上的意义，只是一种纯数学的理念。将伽利略相对性原理用于牛顿的绝对空间，可以说，用任何力学实验都无法区分一个惯性系是否相对于绝对空间运动。

二、狭义相对性原理

19 世纪末，电磁场和电磁波理论的发展使得绝对空间的问题再一次被提出。麦克斯韦从理论上预言了电磁场可以以波的形式传播，其在真空中的传播速度等于光速。随后，电磁波在实验上得到证实，并且光被认识到是一种电磁波。什么是电磁波的传播媒质？对这一问题产生了激烈的争论。在此之前，波的理论基于机械运动理论。波源的振动引起其周围的媒质的振动，媒质的弹性使得该振动在媒质中传递，从而形成波。波的传播速度与媒质的弹性有关，媒质的弹性越强，波速越高。按照这一理论，电磁波的传播也一定需要媒质。物理学家把这种尚待研究的媒质称为以太（ether）。根据机械运动的弹性理论，以太大致有以下几个特点：因为电磁波的波速极高，以太一定是弹性极高的；电磁波可以在真空、空气和各种透明介质中传播，因此以太应该是无处不在的；天体运动没有任何受摩擦的迹象，因此以太对机械运动没有阻碍。这些性质综合起来，使得以太成为一种非常奇怪的物质。问题的关键是如何测出以太的存在，或者说，如何测出相对于以太的运动。如果测出了这一运动，就找到了绝对惯性系——相对于以太静止的参考系。

如果真空中的光速是电磁波相对于以太的传播速度，那么在一个相对于以太运动的参考系中测得不同方向的光速应该不相同，就像在顺风和逆风中测得声波的速度不相同一样。根据这一构想，麦克尔逊和莫莱于 1887 年设计并进行了一个非常精巧的实验，以测量地球相对于以太的运动速度，后人称之为麦克尔逊-莫莱实验。

麦克尔逊-莫莱实验的原理大致如下（如图 3-32）：假设地球表面相对于以太以速度 v 运动。将一束单色光分成相互垂直的两路，经反射后汇合，发生干涉，使一路光平行于 v 的方向，另一路光则垂直于 v 的方向。如果光在以太中的传播速度为 c，则上述两路光的传播速度不相同，在传播路程上经历的时间不相同。将整个装置平稳地转动 90°，使上述平行和垂直的关系互换，则在观察屏上应看到干涉条纹移动。经过多次反射，使光路达到 10 米，应看到 0.4 个条纹移动。但在实验中看不到条纹移动。这一实验后来又于 1904 年、1930 年和 1972 年以一次比一次更高的精确度重复进行，结果都是“零”。

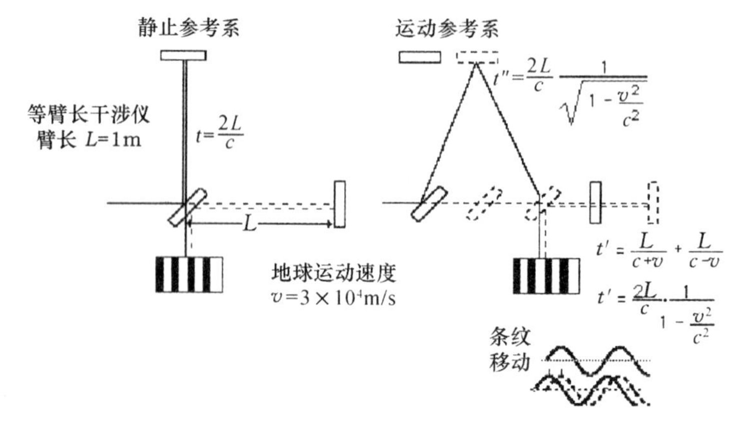

图 3-32　麦克尔逊-莫莱实验

麦克尔逊-莫莱实验的零结果宣告了寻找以太的失败。基于对电磁场理论的参考系问题的深入思考，爱因斯坦于1905年提出狭义相对论的两个基本原理，并创立了狭义相对论的完美体系。在其后的三四十年中，狭义相对论的结论在高能粒子运动的领域不断地被实验证实。将量子理论与狭义相对论相结合，费曼等人于1940年前后创立了量子电动力学，或称量子场论。

狭义相对论的两个基本原理是：

（1）相对性原理

> *一切物理规律在任何惯性系中都有相同的形式。或者说，任何惯性系对于一切物理规律都是等价的。*

狭义相对性原理是对伽利略相对性原理的推广，把力学原理的相对性推广到一切物理规律的相对性。狭义相对性原理否定了绝对空间的存在。任何惯性系观察的物理世界都是相同的，不存在绝对运动。用任何物理实验都无法区分观察者自身所在的惯性系是否在运动。用麦克尔逊-莫莱实验来确定地球相对于以太的运动，也就是要确定地球的绝对运动，是没有意义的。

（2）光速不变原理

> *真空中的光速对于任何惯性系中的观察者都是不变的值 c，且与光源的运动无关。*

在经典常识的观念中，逆着光的传播方向运动的观察者测到的光速应该大一些，而与光的传播同方向运动的观察者测到的光速应该小一些。麦克尔逊-莫莱实验的设计是基于这一经典常识，但却得不到预期的结果。但是在狭义相对论中，速度的叠加遵循不同的原则。真空中的光速为 3×10^5km。如果有两艘飞船，相对运动的速度达 1.5×10^5km，从这两艘飞船上测量同一束光的速度，结果都是 3×10^5km。

相对性原理加上光速的不变性和有限性，导致了狭义相对论的时空特性。狭义相对论中的许多定量结果，都包含一个 $\beta=\sqrt{1-v^2/c^2}$ 的因子，可称为相对论因子。相对论效应只有在 β 因子与1有显著的差别，也就是当物体的运动速度比较接近于光速时，才体现出来。狭义相对论是研究高速运动物体的最基本的理论。当物体的运动速度远低于光速时，狭义相对论的所有结论都与经典物理的结论相一致。惯性参考系之间时间和空间坐标的变换关系，体现为洛伦兹变换。由洛伦兹变换可得出主要的时空性质。

假如我们在地球上看到遥远的两颗恒星甲和乙上同时发生两个现象，比如光度突然增大。在另一个A星球上观察，可以是甲恒星先爆发，而在B星球上观察，可以是乙恒星先爆发。异地的同时性是相对的，称为同时的相对性。观察一个运动的钟，比起相对于观察者静止的钟走得慢，称为动钟延缓，延缓的比例为除以一个 β 因子。如果一艘飞船的飞行速度达到0.87倍光速，在地球上看来，飞船上时间进程就只有地球上的一半。如果这艘飞船在太空中旅行10年回来，上面的宇航员就比他在地球上的同龄人年轻5岁。测量一个运动物体沿运动方向上的长度，比起它静止时的长度要短，称为动尺缩短效应。缩短的比例为乘以一个 β 因子。在地面上测量一个以0.87倍光速飞行而过的飞船的长度，只有它停在地上时的长度的一半。时间的测量必须与地点和物体的运动相关，普适于任何惯性系、任何地点的统一的时间是不存在的。时间不能孤立于空间而存在，而是与空间结合为一个整体，称为四维时空。

图 3-33 中所示的是由二维空间和一维时间组成的三维时空。某事件 A 发生在空间坐标为零，时间为零，即坐标原点处。间隔 $ds^2=-(ct)^2+x^2+y^2$。$ds=0$ 的点组成一个锥面，称为光锥。光锥上的点代表一类事件，它们可与事件 A 通过光信号联系。光锥内的点，可与事件 A 通过低于光速的信号联系，光锥外的点，与事件 A 不可能有联系。原点上方的光锥区域，属于 $t>0$ 范围，代表将来，原点下方的光锥区域，属于 $t<0$ 范围，代表过去。在不同的惯性系上观察同一个对象，不仅空间坐标和运动轨迹不同，时间的长度也不相同。一个物体在四维时空中的径迹称为世界线。如果有两根世界线相交，就有事件发生。光速在狭义相对论中的特殊地位，还体现在光速是物体运动速度和信号传播速度的上限。狭义相对论否认超光速运动的存在。任何信号，都只能以一个有限的、不大于光速的速度传播。正因为如此，时间才失去了绝对的意义。按纯数学的推理，如果存在超光速运动，时间就可以逆转，可以回到过去。但回到过去意味着因果关系被破坏，即结果在原因之前发生。现代科幻小说中的“时间隧道”，就是基于对相对论的曲解。

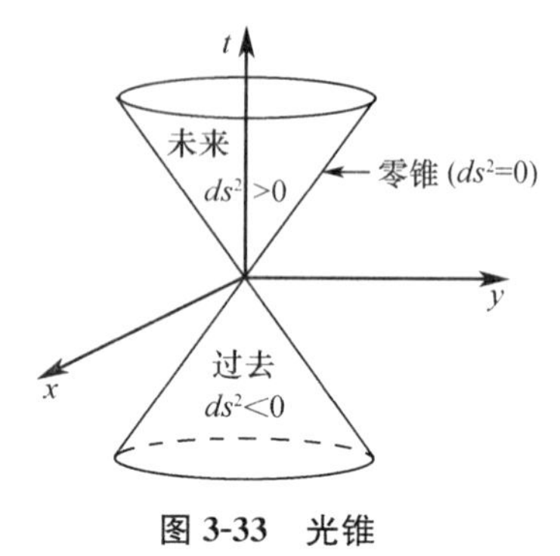

图 3-33　光锥

三、广义相对性原理

在狭义相对论发表之后，爱因斯坦用了 10 年的时间深入研究更深层次的问题，于 1915 年发表了广义相对论。从基本原理上说，广义相对论是狭义相对论的推广，不过两种理论适用的对象完全不同。广义相对论是引力理论，适用于大尺度范围、强引力场情况。从数学框架上说，狭义相对论描述的是平直时空，称为闵科夫斯基空间。而广义相对论描述的是弯曲时空，称为黎曼空间。时空弯曲的原因是质量的存在。

什么是惯性系？按照牛顿力学，在一个参考系中，如果不受力或所受合力为零的物体保持静止或匀速直线运动状态，则这个参考系是惯性系。但是怎样判断一个物体不受力或所受合力为零？我们会说，在惯性系中，如果这个物体保持静止或匀速直线运动状态，则该物体不受力或所受合力为零。由此可见，惯性系的定义问题和物体不受力的判断问题构成了逻辑循环。因此，不求救于绝对空间，惯性系是无法定义的。但绝对空间自身也无法定义。

与上述问题紧密相关的是惯性质量等于引力质量。阿基米德第一次从实验上证实了，不同质量的物体在重力场中具有相同的加速度。在这个问题中，包含了两种质量的概念。根据牛顿力学，力 $f=m_e a$，其中 m_e 代表惯性质量。而重力 $f=m_g g$，其中 m_g 代表引力质量。只有当 $m_e=m_g$ 时，才有 $a=g$，即在引力场中，所有的物体都有相同的加速度。从这一似乎是巧合的，或者是理所当然的结果中，爱因斯坦提出等效原理(equivalence principle)：

惯性力场与引力场局部不可区分。

等效原理可通过假想的升降机实验来说明。假设你在一台升降机里，不能看外面。让你做实验来确定升降机的状态。你可以用磅秤称出自己有正常的重力。如果你释放一枚硬币，它会落向地面。于是你就会确定地说，升降机静止在地面上。但是如果这台升降机是在远离任何引力的太空中，以 $9.8m/s^2$ 的加速度向上加速，你会观察到完全相同的现象，如图3-34所示。因此，静止于重力场中的系统与加速系统是无法区分的。

第二种情形，假设这台升降机静止于远离引力的太空中，你会感到自己失重。释放的硬币会飘浮在空中。但是如果这台升降机在地球上空自由下落（假设下落的距离足够长，让你能做完实验），你也会观察到同样的现象，如图 3-35 所示。这就是说，在自由下落的系统中感受不到重力，实验者会认为自己处于一个不受重力的惯性系中。

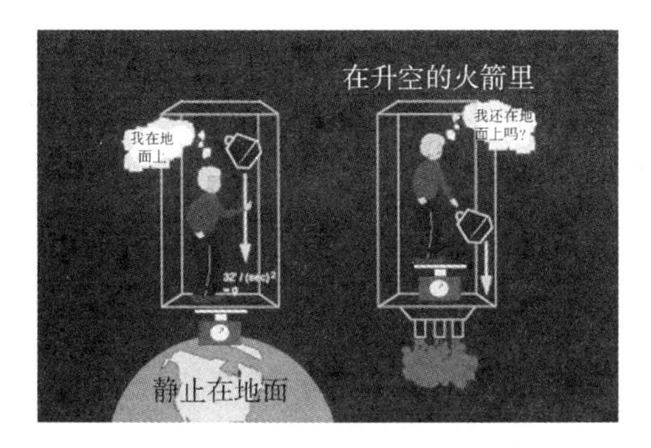

图 3-34　等效原理（一）

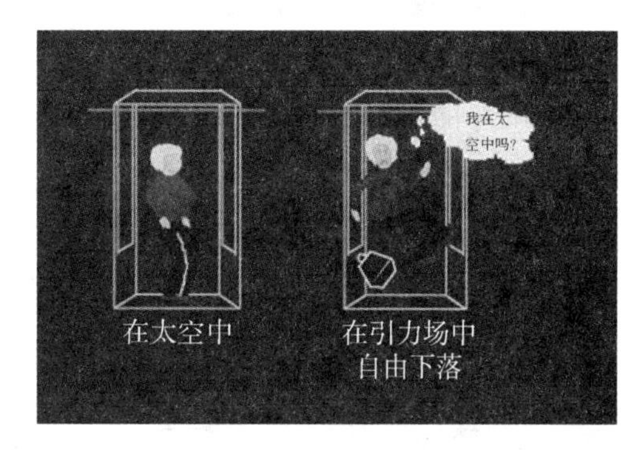

图 3-35　等效原理（二）

上述假想实验说明，惯性力场局部等效于引力场。在非惯性系中，可以引入惯性力场的概念。在惯性力场中，所有的物体都有相同的加速度，就像在引力场中一样。另一方面，在引力场中自由下落的系统，显然是非惯性系，但却等效于一个不受引力的惯性系。基于此，爱因斯坦将惯性系中的狭义相对论推广到非惯性系，建立了广义相对论。

上述这种等效，只是在局部范围内有效。在中心引力场（例如在地球周围）中，两个物体同步下落时，若下落的距离很大，则它们会逐渐互相靠拢（如图 3-36）。

爱因斯坦提出广义相对性原理：

> 对于一切物理规律，任何参考系，加速或不加速，处于引力场中或不处于引力场中，都是等价的。

广义相对性原理又称为强等效原理。

从等效原理出发，可以借助于对加速参考系中某些现象的研究，从而得出引力场中的时空性质，如光线弯曲、长度缩短、时钟延缓、引力红移等效应。作为了解，让我们看两个代表性的例子。

光线弯曲：在升降机中，从侧面的一壁上发射一束光线射向对面的壁。如果升降机静止或向上做匀速直线运动，则光线会射中对面壁上同高度的点。如果升降机向上做加速运动，则光线射中的点就会偏低。在升降机中的观察者看来，光线向下弯曲了，如图 3-37所示。根据等效原理，光线在引力场中会沿着引力的方向弯曲。

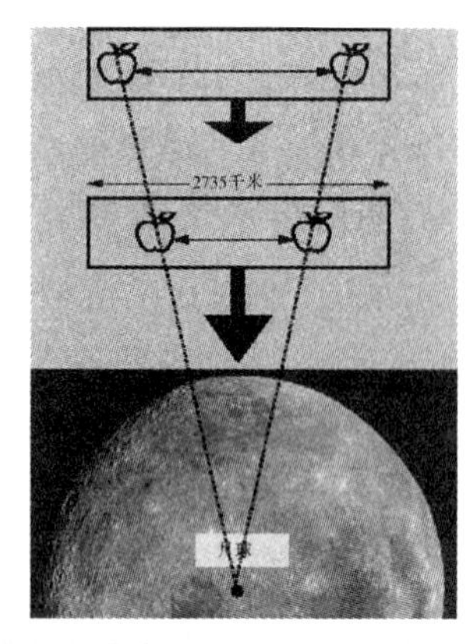

图 3-36　等效原理不成立的情形

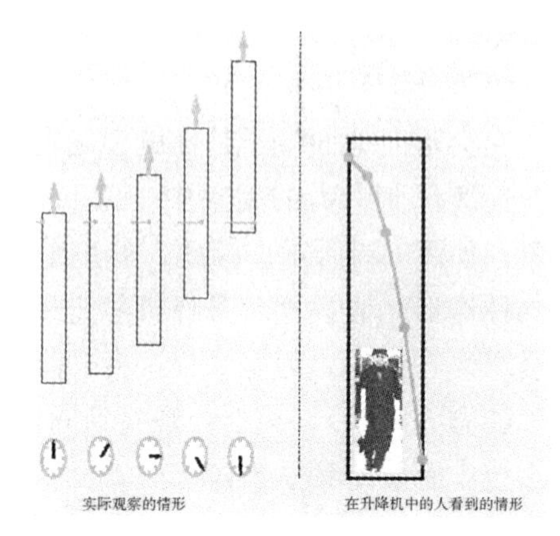

图 3-37　用等效原理解释光线弯曲

空间弯曲：转动的圆盘是一个非惯性系，盘上的物体都受到向外的惯性离心力。如果转动盘在下面有一个静止的盘，二者的圆心重合，则二者的周长也是重合的，如图3-38。在转动盘上用一把尺来量盘的周长。根据狭义相对论，这把尺沿运动方向放置，长度缩短了。于是量出来的周长大于 $2\pi r$（如图 3-39）。因而在转动的盘上，空间不是平直的，是一种类似于马鞍面的曲面。在转动盘上，惯性力的方向向外，而在引力场中，引力指向中心。因此，在引力场中，圆周长应小于 $2\pi r$。

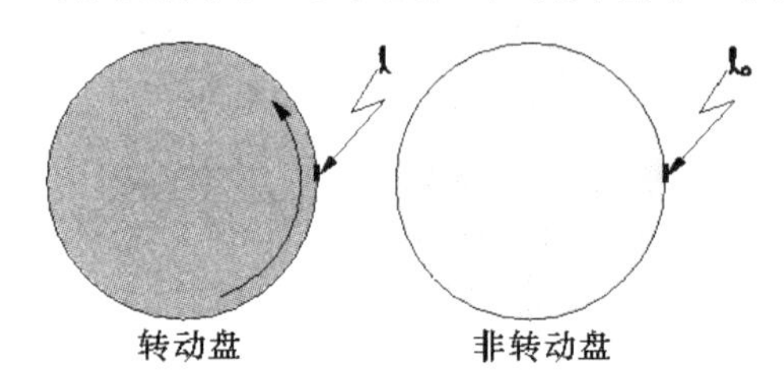

图 3-38　用等效原理解释空间弯曲

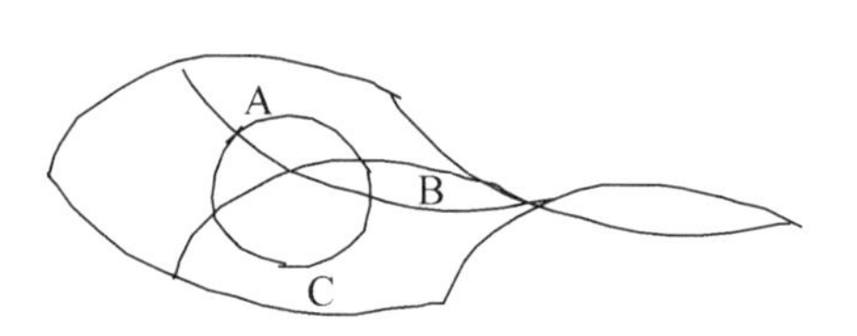

图 3-39　圆周长大于 $2\pi r$

引力场中的时空，其上的两点间的最短路径不是直线，而是曲线。就如地球上两点间的短程线是球面上的大圆。这个大圆画在地图上是一条曲线，如图 3-40、图 3-41、图 3-42。

图 3-40　地球上的短程线（一）

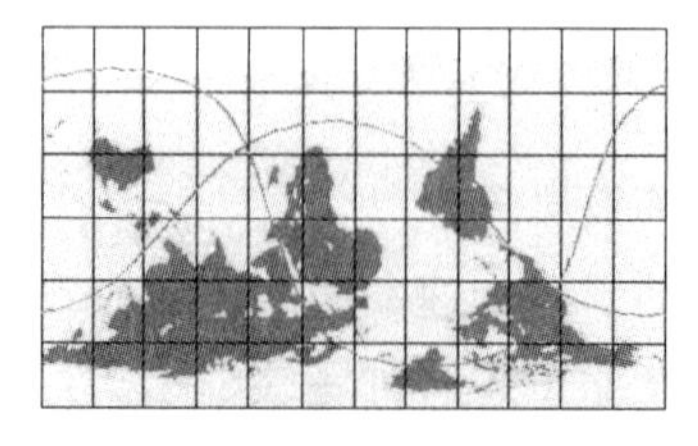

图 3-41　地球上的短程线

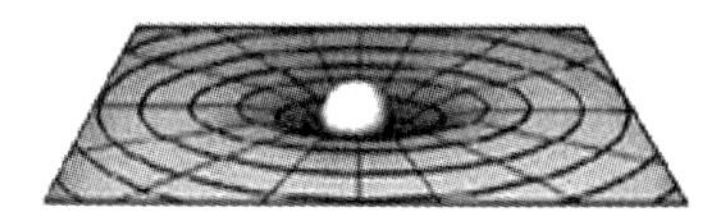

图 3-42　引力使时空弯曲

大质量附近时空的弯曲，可用二维图示给我们一个直观的图像，如图 3-42、图 3-43所示。实际上的四维弯曲时空在人们的头脑中无法想象。

由于引力使时空弯曲，在存在引力的空间中，没有统一的时间尺度和空间尺度，也不存在一个统一的平直时空作为弯曲时空的参照。在引力场中，可以建立局部惯性系，那就是在引力场中做短程线运动的系统，如地球卫星。我们所在的宇宙，是一个弯曲时空。不妨作一个文学性的想象，我们乘一艘飞船一直向前行驶，也许有一天，我们会回到原处。

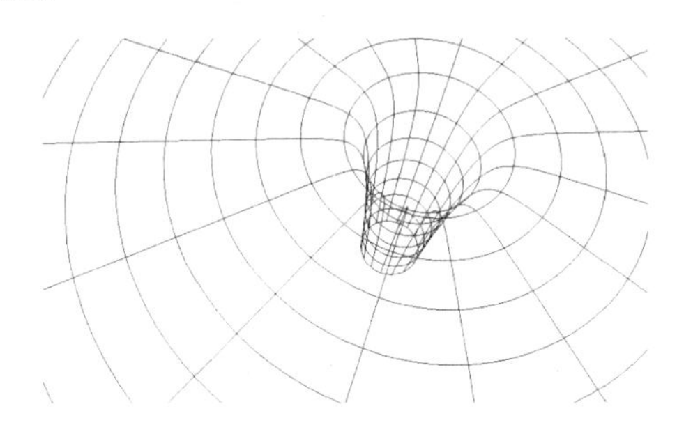

图 3-43　球对称黑洞周围的时空

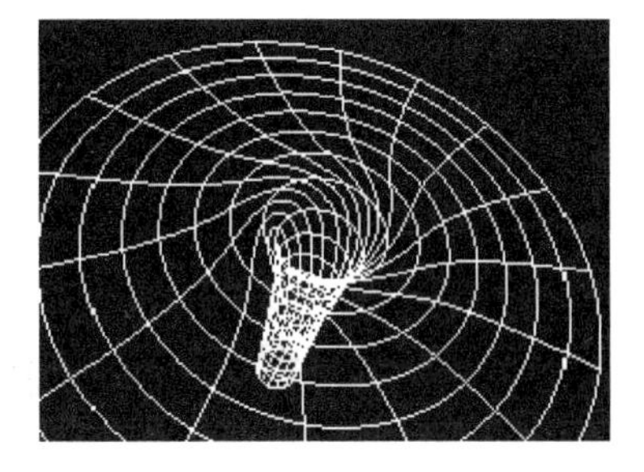

图 3-44　旋转黑洞周围的时空

本章思考题

1. 能不能说物理学是一切自然科学和技术的基础？谈谈你的看法。
2. 什么是宏观世界？宏观世界中起主导作用的是什么相互作用？
3. 分别举几个万有引力和电磁力作用的例子。
4. 微观世界中起作用的是什么相互作用？举例说明。
5. 为什么说三大守恒定律是物理学的基础？
6. 谈谈你对世界能源危机问题的思考，并对能源和环境问题作出自己的分析。
7. 举几个生活中动量守恒和角动量守恒的例子。
8. 什么是物质的相和相变？举几个不同类型的相变的例子。
9. 举例说明人类在生产实践中如何利用气体、液体和固体的不同性质。
10. 什么是超导现象和超导材料？
11. 量子理论的基本原理有哪几条？
12. 为什么说电磁相互作用是通过场而不是超距作用？
13. 电磁波有哪些主要波段，各有什么特点？
14. 爱因斯坦引力理论有哪些实验验证？
15. 热力学第二定律及其意义是什么？举几个体现热力学第二定律的现象的例子并作出分析。
16. 说说你对确定性和非确定性的理解和认识。
17. 什么是参考系？试举例说明。
18. 如何理解时间和空间的相对性？
19. 广义相对论和狭义相对论的基本原理分别是什么？广义相对论在什么方面推广了狭义相对论？

第四章　物质的科学——化学

化学主要是在分子、原子或离子等层次上研究物质的组成、结构、性能、相互变化以及变化过程中能量关系的科学，即包括分子、原子或离子等各种物质的不同层次与复杂程度的聚集态的合成和制备、反应和转化、分离和分析、结构和形态、化学物理性能和生物与生理活性及其规律和应用的科学。它的研究涉及存在于自然界中的形形色色的物质，大到太阳、星星、地球，小到分子、原子、离子等。我们的衣、食、住、行，国民经济的方方面面，社会发展的各种需要，都与化学息息相关，可以说我们就生活在化学世界中。

我们知道，化学变化是指相互接触的分子间发生原子的转移或电子的转移，生成新的分子并伴有能量的变化的过程，如铁的生锈、酸碱中和等。从微观上看化学变化的实质，反应前后原子的种类、个数没有变化，仅仅是原子（离子）与原子（离子）之间的结合方式发生了改变。或者说在原子核不变的情况下，由于分子或原子、离子等核外电子运动状态的改变而引起物质组成的改变。因此，化学的主要作用之一就是实现物质组成的转变，改变物质的性能，生产出各种各样的产品，满足人类日益增长的物质和精神需要。所以，“化学至今或许仍是所有实验科学中最实用的学科”。

化学通过对大分子的切割，变大分子为小分子以向人们提供产品。如从石油中提取汽油所进行的热裂解或催化裂解，就可实现分子的转变，不仅可以提高产率，而且使产品的质量大为提高。化学通过对物质分子进行聚合，变小分子为大分子，使物质性能发生质变，创造出自然界没有的新产品。如乙炔或乙烯等小分子有机化合物，可以聚合出高分子合成材料，如塑料、尼龙、合成橡胶等，它们具有许多天然材料所不及的优良性能，诸如高强度、轻重量、耐腐蚀、耐磨损和耐高温等。化学通过对分子中的元素组成或原子排列方式进行调节，可以生产出具有独特性能的新产品，如电子工业中的导体、半导体和绝缘体。

由于化学在推进国民经济发展中所具有的重大作用，使得世界各国都非常重视化学的研究和化工生产，使化学发展处于各行业中超前发展的地位，以确保其他生产部门所需的能源、材料等的供应。可以说，没有一流的化学工业，就没有一流的工业化国家。正如美国的化学家布里斯罗所说：“化学是一门中心的、实用的和创造性的科学。”

第一节　化学中的基本原理和遵循的规律

一、化学中的基本原理

目前发现和人工合成的化学元素有 118 种，按照它们的原子序数的递增而排列时，在化学和物理性质方面表现出周期性。如果以一定的规则把这些元素排列，则构成元素周期表。

化学物质是由分子或原子、离子等组成的，它们以一定的方式结合在一起。

原子或离子等结合的方式不同，强烈地影响着物质的物理和化学性质。例如，金刚石和石墨都是由碳原子组成的物质，就因为其碳原子联结方式的不同，从而它们在化学和物理性质方面表现出巨大的差异。

二、化学变化遵循的规律

化学变化也叫化学反应。参与化学反应的物质（反应物）或生成的物质（产物或生成物）的物理或化学性质千差万别，控制化学反应的外界条件（如温度、压力等）也可以是各种各样的，反应物或生成物的存在状态（如气态、液态、固态）也有不同，但所有的化学反应都遵循以下规律：

1. 化学反应遵守质量守恒和转化定律

由于化学反应的实质仅仅是原子或离子结合方式（化学键）的改变，所以化学反应前后，物质遵守质量守恒定律。

例如，氢气在氯气中燃烧生成氯化氢气体：

$$H_2\text{（气）}+Cl_2\text{（气）}=2HCl\text{（气）}。$$

可见，在化学反应过程中，原子核不发生变化，原子总数不会改变，仅仅是反应物中氢分子的 H—H 键和氯分子的 Cl—Cl 键断裂，而在产物中这些原子又重新组合成新的 H—Cl 键而生成氯化氢分子。因此，在化学反应前后，反应体系中物质的总质量不会发生改变，遵守质量守恒和转化定律。质量守恒和转化定律是书写化学反应方程式和进行化学计算时的依据。

由于化学中所涉及的原子、分子等微粒，质量大都在 10^{-20}kg 数量级，因此，不能采用通常的质量单位如千克（kg）或克（g）表示。在化学中采用大量微粒的集合体为基本量的方法来解决这个问题，“物质的量”就是化学中常用的一个物理量。国际单位制（SI）中规定物质的量的基本单位为摩尔，其符号为 mol，它的定义是：摩尔是一系统物质的量，该系统中所包含的微粒数目与 12g 碳（${}^{12}_{6}C$）的原子数目相等，则这个系统物质的量为 1 摩尔（1mol）。

根据实验测定，12g 碳（${}^{12}_{6}C$）中含有的原子数目是 6.022×10^{23} 个，这个数称为阿伏伽德罗常数（N_A）。

摩尔（mol）是物质的量的单位，即摩尔是一个数量单位，而不是质量单位。由于一定数量的物质必然具有一定的质量，如 1mol 碳原子的质量为 12g（克），1mol 水的质量为18.01g等，我们把 1mol 物质的质量称为摩尔质量，物质的量、物质的质量与摩尔质量之间的关系可用下式表示：

$$\frac{\text{物质的质量}}{\text{摩尔质量}}=\text{物质的量。}$$

摩尔这个单位的应用为化学计算带来了很大方便。在化学反应方程式中，反应物和生成物之间质量关系比较复杂，而从摩尔单位看则很简单。例如上述的氢气在氯气中燃烧生成氯化氢的气体反应，从化学反应方程式可以很容易看出，1mol 氢气与 1mol 氯气可以生成 2mol 氯化氢气体。如果用物质的质量表示，则是 2.01g 的氢气与 70.90g 的氯气反应，生成 72.91g 的氯化氢气体，这就要复杂得多。

2. 化学反应遵守能量守恒和转化定律

在化学反应过程中，拆散旧的化学键需要吸收能量，形成新化学键则放出能量。由于各种化学键的键能不同，所以当化学键改组时，必然伴随有能量变化。在化学反应中，如果放出的能量大于吸收的能量，则称此反应为放热反应，反之则称为吸热反应。如果我们在书写化学反应方程式时把化学反应时的能量变化也以一定的形式表示出来，就叫热化学方程式。如下列反应：

$$H_2\text{（g）}+\frac{1}{2}O_2\text{（g）}=H_2O\text{（l）}\qquad \Delta_r H^{\ominus}_{m,298}=-286\text{kJ}\cdot\text{mol}^{-1}\text{。}\qquad(1)$$

上式中（g）和（l）分别代表物质处于气态和液态。若是固态，则用（s）代表。（1）式表示在温度 298K 时，按上述物质的数量关系和存在状态进行反应时，生成 1mol 液态 H_2O 有 286 kJ 反应热放出。

在热化学反应方程式中，如果 ΔH 为负值，表示该化学反应体系放热，反之则表示该化学反应体系吸热。

反应热效应的数值与化学反应方程式的写法有关。如果反应式（1）改写成如下形式，则该反应的 ΔH 值为$-572\text{kJ}\cdot\text{mol}^{-1}$，即

$$2H_2\text{（g）}+O_2\text{（g）}=2H_2O\text{（l）}\qquad \Delta_r H^{\ominus}_{m,298}=-572\text{kJ}\cdot\text{mol}^{-1}\text{。}\qquad(2)$$

注意：反应热效应 ΔH（焓变）数值随反应温度的不同而改变。

第二节　化学的发展

一、化学发展史的分期

人类的化学活动可追溯到有历史记载以前的时期。为了对化学发展史进行系统、完整的研究，需要按照化学发展过程中的特点进行适当的分期。我们将化学的发展史分为四个时期：

（1）化学萌芽时期（上古的工艺化学时期）；

（2）化学技艺时期（中古的金丹术和医药化学时期）；

（3）近代化学孕育和发展时期（燃素化学和定量化学时期）；

（4）现代化学时期（科学相互渗透时期）。

第一个时期为化学萌芽时期，或称上古工艺化学期（公元 4 世纪之前）。在这一时期，人们主要是在生产和生活的实践经验的直接启发下，仅仅通过化学手段（主要是制陶、冶金、酿造和染色）加工一些生活和生产用品、工具等，化学知识还没有形成，这是化学的萌芽时期。

第二个时期为化学技艺时期，即炼丹术、炼金术和医药化学时期（公元 4 世纪至 17 世纪中叶）。在这一时期，炼丹术士和炼金术士们在皇宫、在教堂、在自己的家、在深山老林的烟熏火燎中，为求得所谓可保长生不老的仙丹，为求得带来荣华富贵的黄金，开始了最早的化学实验。记载和总结炼丹术、炼金术的书籍在中国、阿拉伯、埃及、希腊都有不少。这一时期积累了许多物质间的化学变化知识，为化学的进一步发展准备了丰富的素材。这是化学历史上令我们惊叹的篇章。后来，炼丹术、炼金术几经盛衰，使人们更多地看到了它们荒唐的一面。在欧洲，文艺复兴时期出版了一些有关化学的书籍，第一次有了“化学”这个名词。英语的“chemistry”一词来源于“alchemy”，即炼金术，而“chemist”一词至今还保留着两个相关的含义：化学家和药剂师。这些可以说是化学脱胎于炼金术和制药业的文化遗迹了。在这一时期，人们虽然可以用化学方法加工制造一些符合某种愿望的特殊物品，并开始归纳、总结其中的一些变化规律，但总的来说，化学还没有形成一门独立的学科，基本上还属于一种技艺。

第三个时期可分为前后二期。前期为近代化学的孕育期或称燃素化学时期（17 世纪后半叶至 18 世纪中叶），它是从 1661 年波义耳提出科学的元素说到 1777 年拉瓦锡提出科学的“燃烧的氧学说”之前。后期为近代化学的定量化学期或近代化学的发展期（18 世纪后半叶到 19 世纪末），它是从拉瓦锡用定量化学实验阐述了燃烧的氧学说开始的。近代化学后期建立了不少化学基本定律，提出了原子学说，发现了元素周期律，发展了有机结构理论等，这一切都为现代化学的发展奠定了坚实的基础。

第四个时期是现代化学时期（20 世纪以来），这一时期是随着物理学上的三大发现（电子、X 射线、放射性）开始的，其划分在科学界没有分歧。这一时期，化学与其他各种学科相互渗透、交叉，产生了许多新兴和边缘学科，是化学的大发展期。

应该指出，在古代，由于人类活动受当时自然条件和社会条件的限制，不同地区、不同民族、不同国家的社会发展表现出相当大的不平衡性和独立性，因此对第一时期和第二时期，不可能确定一个普遍适用的统一发展年代。

二、古代的化学知识

1. 火的利用

据考古学家调查，人类最初使用火（燃烧反应）距今已有一百多万年了。如在我国云南元谋县和非洲肯尼亚的切苏瓦尼亚，已先后发现了至少一百多万年以前人类用火的遗迹，这是远古人类有意识用火的结果。在远古，人类是通过火山爆发和森林大火等途径取得火种的。有了火，人类在严寒中得到温暖，在黑暗中有了光明，茹毛饮血的生活有了改善，有了可口的烧烤食物，促进了人体健康，减少了疾病的发生，对抗野兽也有了强有力的武器。可见火的利用对人类的进步具有极其巨大和深远的意义。但是在人类发展初期，人类还只是火的看管者而不是火的制造者。

后来，人类逐步学会了钻木取火，才真正成了火的驾驭者，发现摩擦生火，这是人类第一个自己制造出的化学能源。正如恩格斯所讲，这是“人类对自然界的第一个伟大胜利”，“……第一次使人支配了一种自然力”。

火逐渐成为人类改造自然的强大手段。有意识地利用火，使人类发展了早期的制陶、冶金、酿造等化学工艺。

2. 化学方法的最早应用——陶器的制造

人类在长期使用篝火的过程中，发现泥土在火的作用下会变得坚硬牢固，便逐渐发明了陶器。

陶器是怎样发明的？对此众人说法不一，因为并无文字记载。许多人猜测，可能是这样的：那个时候，生活所用容器是用枝条编制的，为了使其耐火和不漏水，往往会在这种容器外涂抹一层湿黏土（泥）。在使用过程中，不小心这种容器被火烧着了，木质部分烧掉了，但黏土不仅按所制形状保留了下来，而且变得更坚固，仍可使用。后来人们又发现成型的黏土不用木质骨架也可烧制，这样就发明了原始陶器。

陶器是人类利用火制造出的第一种自然界中不存在的新物质。

陶器的发明使人类有了贮水器，有了煮制食物的炊具，有了贮存粮食和液体食物的器皿，也可以进行人工灌溉农田，也为后来的酿造工艺的发生和发展创造了条件。

人类有了陶器，使人们不必总是去吃烧烤食物了，可以采用煮食的方法。这不仅丰富了食物的品种，使食物中的营养成分更易被人体所吸收，也进一步提高了人类的体质和智能。

各种陶器的发展在不同地区、不同民族之间有很大的差别。我国在陶器的发展上是最为完整的。以我国为例，陶器的发展如下：

原始陶器——红陶（有彩绘的称为彩陶，大约在 6500 年前）——黑陶（6000 年前）——白陶（4000 年～5000 年前）——釉陶（商代）——铅陶（西汉出现铅陶、唐代出现“唐三彩”）——瓷器。

3. 古代的金属冶炼

由于烧制陶器的技术已经相当成熟，既有了耐高温的陶瓷坩埚，又有了能达到1000℃以上的窑温，这就可能对天然的铜进行加热锻打和熔铸，并逐步过渡到利用矿石来冶炼铜和其他金属。

世界上各古老文明的发源地，在使用和冶炼金属的历史上，都是铜先于铁。

金属冶炼就是利用化学手段制造新物质，就是利用化学反应提纯或制造一些特殊的物质，它属于化学研究的范畴，但现在已把金属冶炼单独作为一门学科来进行研究。

4. 古代的酿造和染色

我们知道，能使糖类发酵成酒的酵母菌在自然界中是普遍存在的，所以自然界中的落果就可能受到酵母菌的作用而生成酒（若受到乳酸菌的作用则生成醋）。可以猜想，原始人也可能尝过这种酒果，对这种酒果的奇香异味感兴趣。不过，人类有意识地酿造酒，是在有了原始陶器后才能进行。

酿造、染色和金属冶炼一样，也是利用化学手段来制造我们所需要的物质。

三、近代化学的孕育和发展

1. 波义耳的元素论和微粒说

图 4-1　波义耳

波义耳（图 4-1）出生于爱尔兰贵族，自幼受到良好的教育。波义耳在化学和物理上都有卓越的建树，而且在生理学和医学上也有杰出贡献。

波义耳认为，不应该把化学看作一种制造贵金属或医药的经验技艺，而应该看作一门科学，而这门科学的建立和完善只能通过科学实验。他说，“没有实验，任何新的东西都不能深知”，“空谈无济于事，实验决定一切”。因此，他希望通过自己的实验和观察把化学这门学科建立起来。

波义耳的著作十分丰富，他在化学上的代表作是《怀疑派的化学家》（*The Sceptical Chemist*），在这部著作中，他采用与五位朋友对话的方式来阐述他自己的观点。

波义耳的真正见解是微粒说。他认为：物质的各种属性完全可以用微粒说来阐明，用不着元素说。他指出：自然界的原始物质是由一些细小致密、不可分割的粒子所组成，这些粒子结合成各种粒子团，粒子团再聚合成各种物体，而粒子团的大小、形状以及运动方式决定着物质的各种物理和化学性质，粒子团作为基本单位参加化学反应。

波义耳的微粒说为化学家指明了方向，化学就是研究这些在化学反应中不能再分的粒子的性质、结构以及利用这些粒子的不同，化合、分解来制备各种物质的一门科学。

2. 燃素学说

火（燃烧现象）一直受到人们的关注，如我国的“五行说”（金、木、水、火、土）中的火，古希腊“四元素说”（火、气、水、土）中的火，古印度的“四大说”（地、水、火、风）中的火等，甚至有人认为整个世界就是“一团永恒的活火”。那时把火作为元素来源于人们的直观印象和经验，如草木以及各种可燃物在燃烧时常有大量的火从中冒出来，如果这些物质中不含有火这种元素，不可想象它们会无中生有出这种东西——火；再如，草木等燃烧后，在火的作用下，会变成另一种物质——灰，金属在火的作用下也会发生变化，看来是火这种元素渗透到它们中去了。所以，人们特别重视和研究火，并把火作为一种元素就不奇怪了。

图 4-2　贝歇尔

德国化学家贝歇尔（图 4-2）和他的学生施塔尔被认为是燃素说的创始人。他们认为：一切可燃物中都含有一种气态物质——燃素（phlogiston），燃素在燃烧过程中可从可燃物中飞散出来与空气结合，从而发光发热，这就形成了火。可燃物（如草木）能燃烧是因为富含燃素的缘故，石头等不可燃烧是因为其中不含燃素的缘故。可燃物质在加热时燃素并不会自动分解出来，它必须借助空气的吸收作用，这就解释了燃烧一定需要空气的原因。

不光对燃烧反应，就是对当时已知的所有化学反应，甚至物质的物理、化学性质也可以从燃素说中得到“满意”的解释。

举煅烧锌为例，锌煅烧生成了白色的“锌灰”（ZnO），燃素说认为这是燃素从锌中逃逸出去的缘故。如果把不含燃素的锌灰与富含燃素的木炭一起煅烧，由于锌灰从木炭中吸收了燃素，所以锌又重新生出来了。如用现在的化学形式来表示，则为：

可燃物＝灰烬 ＋ 燃素

金属＝金属灰 ＋ 燃素

再如，金属锌溶解于酸中，燃素说认为，这是因为锌中含有的燃素被酸吸收了的缘故。

利用燃素说居然能够对许多化学反应作出统一的、“合理的”解释，因此很快得到了当时大部分化学家的肯定和支持。许多化学家便忙于寻找燃素这个不可捉摸的“幽灵”，寻找了一百多年，当然根本找不到。在燃素说时期，有一个最大的问题不能自圆其说，就是金属煅烧后加重这样一个事实。按燃素说：

金属－燃素＝金属灰

金属灰应该轻一些，如果燃素没有重量，金属灰起码应该与煅烧前的金属一样重才对。然而，实际上是金属灰比金属重，这就解释不通了。当然，也有人试图解释这一现象，奇谈怪论很多，玄之又玄，甚至于有人认为金属失去燃素，就像人失去灵魂一样，死体金属灰自然就比活的金属重。

以后的问题越来越多，简直是数不胜数，直到18世纪70年代，氧被发现以及拉瓦锡提出科学的“燃烧的氧学说”，流行了一百多年的燃素说才退出了历史的舞台。

另外应注意，在整个燃素说时期普遍存在的一个问题是：当时的化学家只考虑研究物质本身有什么变化，而从不考虑与所研究物质密切相关的周围环境对其有什么影响和变化。也就是说，他们只研究体系，从不考虑环境的影响。

3. 拉瓦锡与化学革命

拉瓦锡（图4-3），法国人，杰出的化学大师。拉瓦锡出身豪门，家中非常富有。他原来是学法律的，20岁的时候取得了法律学士学位，并且获得律师开业证书。拉瓦锡在一次听卢埃尔所讲的化学课后，对化学发生了强烈的兴趣。后来，拉瓦锡在他的老师、地质学家葛太德的建议下，师从巴黎有名的鲁伊勒教授学习和研究化学。1789年法国大革命爆发，由于拉瓦锡曾担任过包税官，于1794年5月8日被送上了断头台，年仅51岁。对此，当时科学界的很多人感到非常惋惜。

图4-3 拉瓦锡

二维码4-1

微信扫码，看相关视频

拉瓦锡的研究工作的特点是注重定量的研究，特别善于发挥天平在化学研究中的作用，善于用严格的、合乎逻辑的推理对实验结果作出正确的判断，找出最本质和规律的东西。因此，他在化学上建立了卓越的功勋，被称为杰出的化学大师。

当时的化学家对下列两个问题搞不清楚：一是物质在密封的容器中燃烧后，五分之一的空气消失到哪儿去了；二是像磷、铅、锡、锌等这些物质煅烧后，为什么产物重量会增加（想想燃素说的解释）。

拉瓦锡对这两个问题进行了深入的研究，他以磷为研究对象。方法很简单，步骤如下：

（1）称取一定量的磷，放入容器中密封；

（2）称量容器和磷的总重量；

（3）在密封条件下燃烧磷；

（4）燃烧结束后，不打开瓶塞而直接称量容器和其中产物的总重量，发现燃烧后与燃烧前两者的总重量是相同的，没有变化；

（5）慢慢打开瓶塞，发现有空气进入容器，再称量此时的容器和产物的总重量，发现这时总重量增加了；

（6）再称量燃烧后的产物的重量，发现产物增加的重量恰好就等于燃烧后进入容器中的空气的重量。

这就十分明显了，消失的五分之一的空气是被固定到燃烧后的产物中去了，燃烧后产物增加的重量显然来源于空气。困扰了人们上百年、燃素说根本无法解决的神秘问题就这样被毫不费力地解决了，而这种解决也根本用不着“燃素”这个“幽灵”。

氧气的发现者之一舍勒也做过密封条件下的磷的燃烧实验，但他没有进行称量，舍勒认为消失的五分之一的空气是燃素通过密封的玻璃容器跑掉了。

波义耳也做过同样的实验，但他的实验步骤不完整，因此他认为产物重量的增加是由于火微粒加到产物中的结果。

在燃素说时期，人们没有意识到空气也可以参与到化学反应中。

拉瓦锡充分利用天平，严格按照定量的原则，对其他许多物质进行了同样的实验，结论是相同的，燃烧产物重量的增加是由于空气加入产物中去的缘故。

1777 年 9 月 5 日，拉瓦锡向法国的科学院提交了他的划时代的论文《燃烧概论》（*Memoie Sur La Combustion en General*），建立了燃烧的氧学说，彻底否定了燃素说。在该论文中，他系统地阐述了燃烧的氧化学说，将燃素说倒立的化学正立过来（恩格斯说：他使倒立的全部化学正立过来了）。这本书后来被翻译成多国语言，逐渐扫清了燃素说的影响，彻底否定了燃素说，化学自此切断了与古代金丹术的联系，揭掉了神秘和臆测的面纱，代之以科学的实验和定量的研究。拉瓦锡的燃烧的氧学说得到了化学界的普遍承认，化学从此开始蓬勃发展起来，进入了定量化学（即近代化学）时期。所以我们说拉瓦锡是近代化学的奠基者。法国化学家贝特多罗评价拉瓦锡说：“他使化学发生了全面革命。”

4. 道尔顿的原子论

1766 年 9 月 6 日，约翰·道尔顿（图 4-4）出生在英国西北部一个贫穷、落后的农村。道尔顿从 21 岁起业余从事气象学的研究，坚持了 57 年之久，每天都记录他所住地区的气候变化。这种持之以恒的科学研究态度特别值得我们学习。他说：“我的座右铭是：午夜方眠，黎明即起。”

图 4-4　约翰·道尔顿

道尔顿对下列气体问题感到奇怪：① 复杂的气体混合物为什么会变成一个均匀的气相体系而不分层？② 为什么一个混合气体的总压力等于各组分气体的分压之和（分压定律）？

换言之，混合在一起的不同气体好像它们互相没有影响似的，这个现象的根本原因是什么？③ 法国科学家提出的“气体体积随温度升高而膨胀”的定律的根本原因是什么？为什么会有这种现象呢？④ 道尔顿的挚友亨利（亨利定律的提出者）曾说过，“每一种气体对于另一种气体来说，等于是一种真空”，为什么会这样？当然还有其他许多问题。

道尔顿试图对上述气体规律进行解释，提出过不同的假说，但都不令人满意且缺乏根据。最后，他解释说：气体的最终粒子是原子（气体微粒），“物体的最后原子乃是在气体状态时被热质围绕的质点或核心”。同种物质的原子，其形状、大小、质量都是相同的；不同物质的原子，其形状、大小、质量都是不同的。

道尔顿利用当时已掌握的一些分析数据作了一些假定，计算出了第一批原子量。1803 年10 月 21 日，在曼彻斯特的“文学和哲学学会”上，道尔顿第一次阐述了他关于原子论以及原子量计算的见解，并公布了他的第一张包含有 21 个数据的原子量表。虽然在现在看来，他的许多数值是错误的，但道尔顿的原子论不同于以往哲学臆测的原子论而具有现代科学定量实验的特征。在此论文中，他认为：由相同原子构成的物质即为元素（现称为单质），从而使化学元素有了空前清晰的明确的概念。因此，道尔顿是真正把化学元素说和化学原子论统一起来的第一人。

5. 分子学说

就在原子论发表之后的 1808 年，法国物理学家盖・吕萨克发现各种气体相互发生化学反应时，常以简单的体积比相结合，而且化合后的气体体积的改变（收缩或膨胀）与发生反应前的气体体积间也有简单关系。即所谓的“气体反应体积简比定律”。例如，2 体积氢气和 1 体积氧气恰好化合生成 2 体积水蒸气，1 体积氮气和 3 体积氢气恰好化合生成 2 体积氨气，等等。联系刚发表的道尔顿的原子学说中的“化学反应中各种原子以简单数目相化合”的结论，他认为，气体反应时体积按简单数目比化合与道尔顿的上述结论之间必然有内在的联系。经过一系列的推理，他得出如下结论：

（1）相同体积的不同气体所含有的原子数彼此应该有简单的整数比的关系；

（2）相同体积的不同气体其重量比（即密度比）与原子量之比也应该有简单的整数关系。

盖・吕萨克认为他的结论是对道尔顿原子学说的有力论证，但道尔顿却极力反对。道尔顿敏感地意识到这是对原子论的直接挑战。因为他知道盖・吕萨克定律的深刻含义与他的原子学说是相互冲突的。例如，1 体积氮气加上 1 体积氧气生成 1 体积氧化氮气，这结果相当于 1 个氮原子加上 1 个氧原子生成 1 个氧化氮原子，即每个氧原子和每个氮原子都分成了一半，出现了“半个原子”问题，这与原子在化学反应中不可再分是矛盾的。

盖・吕萨克定律有充分的实验根据，是不容怀疑的，然而道尔顿也说得很有道理，这两者的矛盾引起了意大利物理学家阿伏伽德罗的注意。

阿伏伽德罗（图 4-5）于 1811 年以他物理学家的思辨指出，只要将道尔顿的原子学说加以发展，引入一个新的概念，即在物体和原子之间再引入一个新的分割层次——分子，就可使这两者的矛盾就能得到很好的统一。例如，若假设上述生成的一氧化氮是个

图 4-5　阿伏伽德罗

含有一个氮原子和一个氧原子的分子，这样就不至于出现氧原子和氮原子一分为二的情况，他认为：氢气、氧气都是二原子组成的分子。

阿伏伽德罗的分子假说与当时盛行的贝采里乌斯的“电化二元论”也格格不入。因为人们不能接受——两个相同的原子，具有相同的电性质，同性相斥，怎么能结合在一起形成稳定的“分子”呢？40 多年过去了，直到 1856 年阿伏伽德罗去世，他的分子假说几乎无人问津。

阿伏伽德罗的同胞、热那亚大学化学教授康尼查罗认识到了原子论的危机，也了解到分子论的意义。他指出：“分子假说不仅可以用来测定分子量，而且可以用来测定原子量。”1860 年，他在卡尔斯鲁厄国际化学会议上再次介绍了阿伏伽德罗的分子论和自己在此基础上的原子量测定方法，使人们接受了阿伏伽德罗的分子假说和康尼查罗的论证。

我们现在知道：分子是物质中能够单独存在，并具有该物质一切化学特性的最小微粒。

6. 化学元素周期律

随着人们发现的元素越来越多，关于各种元素的物理和化学性质研究也同时积累了相当丰富的资料。整理这些资料，概括这些感性知识，从中摸索总结出规律，成为当时化学家面临的一个亟待解决的课题，越来越多的化学家致力于元素分类的研究。如德贝莱纳的“三元素组”、尚古都的“螺旋图”、纽兰兹的“八音律”、迈尔的“六元素表”等。

图 4-6　门捷列夫

俄国化学家门捷列夫（图 4-6）通过自己不懈的努力，于 1869 年2 月编成了他的第一张元素周期表。1869 年 3 月 18 日，俄国化学会举行学术报告会，门捷列夫因病未能出席，他委托他的同事、彼得堡大学化学教授门许特金代他宣读他的论文《元素性质和原子量的关系》。正如门捷列夫所指出的，周期律的全部规律性都表述在这些原理中，其中最主要的是元素的物理和化学性质随着原子量的递增而有着周期性的变化。

然而他的卓见没有立即被接受，他的老师、俄国化学家齐宁甚至训诫他是不务正业。门捷列夫没有放弃对新理论的研究，他不顾名家的指责和嘲笑，继续为周期律的揭示而奋斗。经过两年的努力，1871 年他又对他的周期表作了修订，这第二张表就是我们现在所看到的化学元素周期表的前身。在这张表中，门捷列夫大胆指出某些元素的原子量是不准确的，应重新测定，并在表中留了一些空位，断言尚有未发现的元素存在。在接下来的 15 年内，他的预言全获证实。

第三节 原子结构

我们知道，原子是由原子核和核外电子组成，原子核带正电荷，并位于原子中心，电子带负电荷，在原子核周围空间作高速运动。

在化学反应中，原子核不变，起变化的只是核外电子。要了解物质的性质和变化规律，就必须了解原子结构，特别是原子核外的电子运动规律。

电子是质量极轻、体积极小、带负电荷的微粒，又在原子这样大小的空间中高速运动，它必然与我们通常接触的宏观物体的运动形式不同而具有一系列特殊的运动规律。例如，电子既有粒子的特性，同时又有波的特性（波粒二象性）；原子核外的电子不能同时准确地测定其位置和运动速度（测不准原理）。因此，不能用经典力学的方法来处理电子这样的微观粒子，需要用量子力学的统计方法来研究。

微信扫码，看相关视频

一、波函数（原子轨道）和电子云的图像

1. 波函数（原子轨道）的图像

在量子力学中，把描述原子核外各电子运动状态的数学表达式称为波函数。为了对电子运动有个比较直观的形象，常把波函数称为原子轨道（atomic orbital）或轨函。注意，电子在原子核外的运动并不是像地球围绕太阳旋转那样有确定的轨道。

为了方便讨论起见，常常把波函数分为两部分：一部分只与径向有关，另一部分只与角度有关，再分别作图，可得波函数的径向分布图和原子轨道的角度分布图。氢原子的波函数的径向分布图和角度分布图分别如图 4-7 和图 4-8 所示。

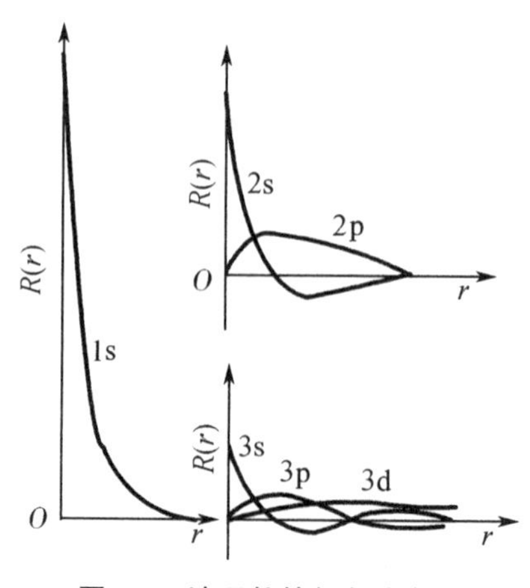

图 4-7 波函数的径向分布图

2. 电子云的图像

由于电子在核外空间所处的位置及其运动速度不能同时准确地确定，因此不能描绘出它的运动轨迹。在量子力学中采用统计的方法，即对一个电子多次的行为或许多电子

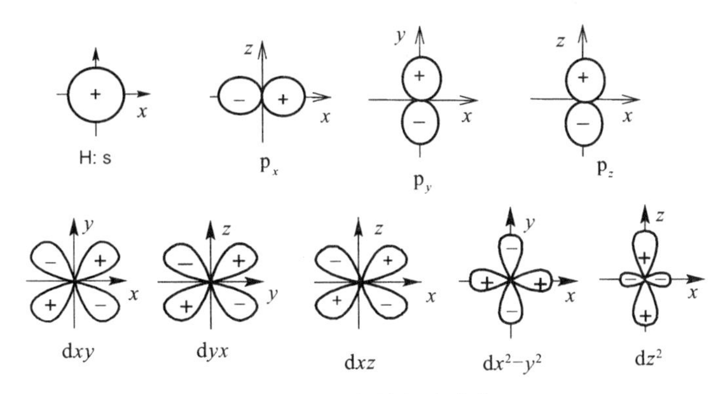

图 4-8 波函数的角度分布图

的一次行为进行总的研究，可以统计出电子在核外空间某单位体积中出现机会的多少，这个机会在数学上称为概率密度。例如氢原子核外有一个电子，这个电子在核外好像是毫无规则地运动，一会儿在这里出现，一会儿在那里出现，但是对其千百万次的运动状态进行统计，可知电子在核外空间的运动是有规律的，在一定的球形区域里经常出现，如一团带负电荷的云雾，笼罩在原子核的周围，人们称之为电子云。

电子云是电子在核外空间出现概率密度分布的一种形象描述。原子核位于中心，用小黑点的密疏表示核外电子概率密度大小。图 4-9 是氢原子的电子云图。

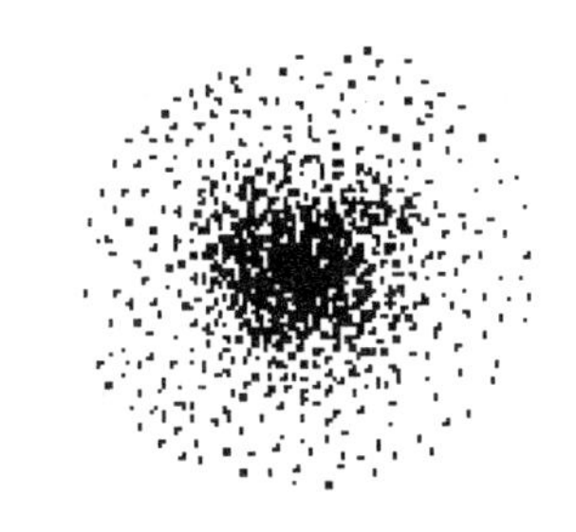

图 4-9 氢原子的 1s 电子云图

二、四个量子数

正如在物理学中用质量、速度等物理量描述物体的运动规律一样，原子核外的电子运动状态也可以用四个量子数来描述，分别介绍如下。

1. 主量子数 n

主量子数 n 表示原子的大小以及核外电子离核的远近和电子能量的高低。n 越大，电子离核越远；离核越远，其能量越高。因此，主量子数是决定电子能级高低的主要因素。常用电子层的符号为：当 $n=1$，2，3，4，5，6，7 时，电子层符号依次用 K、L、M、N、O、P、Q 表示，相应的称为 K 层、L 层、M 层等，或称为 K 主层、L 主层、M 主层等。

2. 角量子数 l

角量子数 l 表示原子轨道的形状并在多电子原子中和主量子数一起决定原子的能级。

当 $l=0$，1，2，3，…，$n-1$（取值受主量子 n 的限制）时，依次用符号 s，p，d，f，…表示，对应地称为 s 轨道、p 轨道等，或称为 s 亚层、p 亚层等。

在给定的 n 值下，量子力学证明 l 只能取小于 n 的正整数：

$$l=0，1，2，3，4，…，n-1。$$

3. 磁量子数 m

对于形状一定的轨道（相同的电子轨道），m 决定其空间取向。某种形状的原子轨道在空间可以有不同的伸展方向。在一个确定的 l 值下，m 共有 $2l+1$ 个取值，因此在空间有 $2l+1$ 个伸展方向。给定 l，磁量子数可以取值：

$$m=0，\pm1，\pm2，\cdots，\pm l，$$

如，$l=0$（s 轨道），取值 $2l+1=1$，只有一种空间取向；

$l=1$（p 轨道），取值 $2l+1=3$，有三种空间取向；

$l=2$（d 轨道），取值 $2l+1=5$，有五种空间取向。

主量子数 n、角量子数 l 和磁量子数 m 的关系如下：

主量子数　$n=1，2，3，4，\cdots$；

角量子数　$l=0，1，2，3，\cdots，n-1$；

磁量子数　$m=0，\pm1，\pm2，\cdots，\pm l$。

4. 自旋量子数 m_s

自旋量子数 m_s 表示电子“自旋”状态，它只有两个数值，分别记为：1/2；－1/2。这两种自旋状态分别标记为“↑”和“↓”。

注意：自旋量子数不是解量子方程的结果。

三、原子核外电子的排布

多电子原子中电子的排布必须遵循一定的规则，即所谓的“电子排布三原则”。

1. 泡利不相容原理

每个原子轨道只能容纳自旋方向相反的两个电子，称为泡利不相容原理。换一说法，即在同一原子中，不能存在 4 个量子数完全相同的电子。

如，s 轨道中最多填充 2 个电子；p 轨道中最多填充 6 个电子；d 轨道中最多填充 10 个电子；f 轨道中最多填充 14 个电子。

2. 最低能量原理

在不违背泡利不相容原理的前提下，电子由能量低的轨道向能量高的轨道排布（电子先填充能量低的轨道，后填充能量高的轨道）（图 4-10），称为最低能量原理。

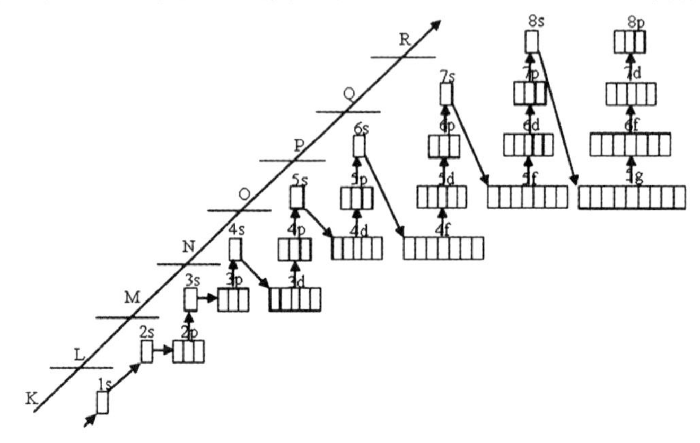

图 4-10　电子填充顺序图

3. 洪特规则

电子在能量简并的轨道中，要分占各轨道，且保持自旋方向相同。保持高对称性，以获得稳定，包括轨道全空、半充满、全充满三种分布，这样分布特点称为洪特规则。

电子填充轨道一般顺序为：1s→2s →2p →3s →3p →4s →3d →4p →5s →4d →5p →6s → 4f → 5d → 6p → …。

第四节　化学学科的主要理论体系

一、化学键理论

1. 离子键理论

二维码 4-3
微信扫码，看相关视频

离子键理论认为：(1) 离子的电荷分布是球对称的；(2) 离子之间的相互作用是静电作用，正、负离子之间是静电的吸引或排斥，达一定距离则吸引，太近则排斥（离子键本质）；(3) 由于静电作用没有方向性和饱和性，因此离子键的特征是没有方向性和饱和性，只要空间条件许可，就尽可能多地吸引相反电荷的离子。

二维码 4-4
微信扫码，看相关视频

由离子键形成的化合物称为离子化合物，离子化合物的通性是：

① 熔、沸点和硬度高；

② 水溶液和熔融状态能导电；

③ 固体为离子晶体；

④ 一块晶体即是一个大分子，如 NaCl（化学式，即氯化钠）晶体。

2. 价键理论

价键理论是 1927 年德国物理学家海特勒和菲列兹 · 伦敦用量子力学讨论氢分子形成时，在电子配对形成化学键理论的基础上，根据原子轨道最大重叠的观点，吸收鲍林和斯莱特等人的工作在20 世纪 20 年代到 30 年代初的发展而形成的。

(1) 价键理论要点

价键理论认为：① 两个原子接近时，只有自旋方向相反的单电子可以相互配对（两原子轨道重叠），使电子云密集于两核间，系统能量降低，形成稳定的共价键。② 自旋方向相反的单电子配对形成共价键后，就不能再和其他原子中的单电子配对。所以，每个原子所能形成共价键的数目取决于该原子中的单电子数目。这就是共价键的饱和性。③ 成键时，两原子轨道重叠愈多，两核间电子云愈密集，形成的共价键愈牢固，这称为原子轨道最大重叠原理。因此共价键具有方向性。

(2) 共价键的类型

根据原子轨道最大重叠原理，成键时轨道之间可有两种不同的重叠方式，从而形成两种类型的共价键——σ 键和 π 键。

σ 键：原子轨道以“头碰头”方式进行重叠，重叠部分沿键轴呈圆柱形对称分布而形成的共价键。

例如，在形成 HCl 分子时，H 原子的 1s 轨道与 Cl 原子的 $3p_x$ 轨道是沿着 x 轴方向靠近，以实现它们之间的最大限度重叠，形成稳定的共价键，如图 4-11 所示。

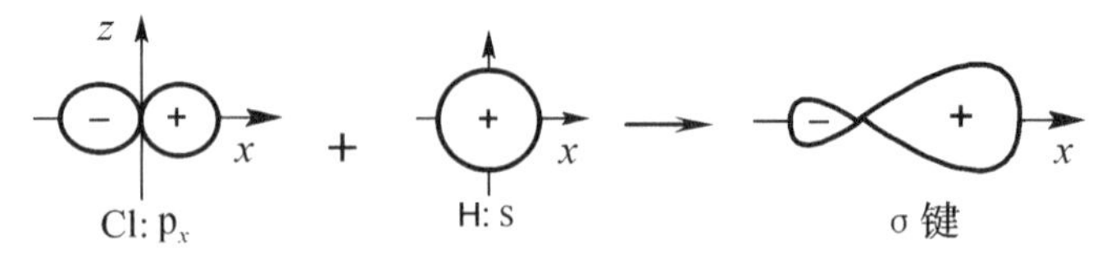

图 4-11　H 原子的 1s 轨道与 Cl 原子的 $3p_x$ 轨道形成 σ 键

π 键：原子轨道中两个互相平行的轨道以“肩并肩”方式进行重叠，轨道的重叠部分垂直于键轴并呈镜面反对称分布（原子轨道在镜面两边波的瓣符号相反）而形成的共价键，如 p_y 与 p_y 形成的共价键，如图 4-12 所示。

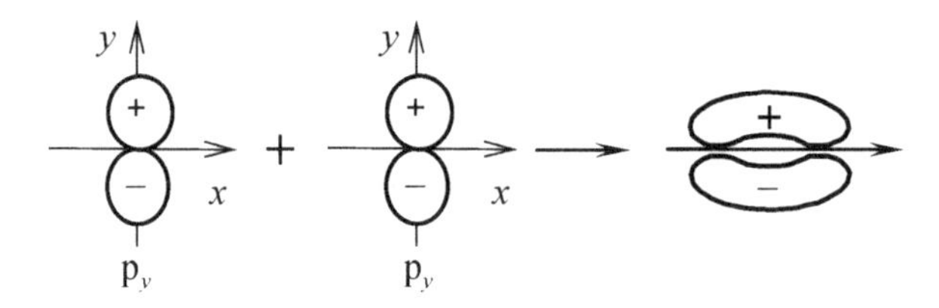

图 4-12　p_y 与 p_y 形成的共价键示意图

（3）正常共价键与配位共价键的区别

正常共价键：如果共价键是由成键两原子各提供 1 个电子配对成键的，称为正常共价键，如 H_2、O_2、HCl 等分子中的共价键。

配位共价键：如果共价键的形成是由成键两原子中的一个原子单独提供电子对进入另一个原子的空轨道共用而成键，这种共价键称为配位共价键（coordinate covalent bond），简称配位键（coordination bond）。配位键用“→”表示，箭头从提供电子对的原子指向接受电子对的原子。

3. 杂化轨道理论

用价键理论解释多原子分子的立体结构仍然存在问题，如它认为水分子 H_2O 的立体结构应该是直线 H—O—H，但实际上为“V”形。因此有必要对价键理论进行修正，杂化轨道理论被提出。

二维码 4-5
微信扫码，看相关视频

杂化轨道理论（hybrid orbital theory）是 1931 年由鲍林等人在价键理论的基础上提出的，它实质上仍属于现代价键理论，但它在成键能力、分子的空间构型等方面丰富和发展了现代价键理论。

杂化轨道理论认为：① 多原子分子的中心原子，如 H_2O 中氧原子，其能量相近的原子轨道之间可以混合，以形成成键能力更强的原子轨道，这个原子轨道混合的过程称为杂化，混合后形成的新的原子轨道称为杂化轨道（杂化的原因）；② 有几个原子轨道参与杂化，就形成几个杂化轨道（共价键饱和性）；③ 每个杂化轨道中可排列 2 个自旋相反的电子；④ 杂化轨道与原来的原子轨道在能量、形状、方向等方面都不同；⑤ 杂化轨道之间应满足最小斥力原则，杂化轨道的空间排布决定分子的几何构型（共价键的方向性）。

根据杂化轨道理论，参与杂化的原子轨道可以有若干类型。利用该理论可以较好地解释说明多原子分子的立体结构及其许多物理和化学性质。

4. 分子轨道理论

价键理论可以较好地解释共价键的本质及预测分子的空间构型，但不能说明 O_2 分子具有顺磁性、H_2^+ 的存在等事实。按价键理论，1 个氧原子有 2 个未成对的电子，可以和另一氧原子结合成键，分子中没有未成对的单电子，不呈现顺磁性；H_2^+ 中没有未成对的电子，因此它不可能存在。这是因为价键理论着眼于成键原子间最外层轨道中未成对的电子在形成化学键时的贡献，但没有考虑成键原子的内层电子在成键时的贡献。

二维码 4-6
微信扫码，看相关视频

分子轨道理论（molecular orbital theory，MO 法）是由马利肯和洪特于 20 世纪 30 年代初提出来的，是把原子的电子层结构的主要概念推广到分子体系而形成的一种分子结构理论。

分子轨道理论认为：① 在形成分子时，所有电子都有贡献，分子中的电子不再从属于某个原子，而是在整个分子空间范围内运动。② 分子轨道可以由分子中原子轨道波函数的线性组合（linear combination of atomic orbitals，LCAO）得到。有几个原子轨道就可组合成几个分子轨道，其中有一半分子轨道分别由正、负符号相同的两个原子轨道叠加而成，两核间电子的概率密度增大，其能量较原来的原子轨道能量低，有利于成键，称为成键分子轨道（bonding molecular orbital）。另一半分子轨道分别由正、负符号不同的两个原子轨道叠加而成，两核间电子的概率密度很小，其能量较原来的原子轨道能量高，不利于成键，称为反键分子轨道（antibonding molecular orbital）。③ 为了有效地组合成分子轨道，要求参与成键的各原子轨道必须符合分子轨道成键三原则，即对称性匹配原则、能量近似原则和轨道最大重叠原则。④ 电子在分子轨道上的排布要遵循电子排布三原则，即泡利不相容原理、最低能量原理、洪特规则。⑤ 在分子轨道理论中，用键级（bond order）表示键的牢固程度：

$$\text{键级} = (\text{成键轨道上的电子数} - \text{反键轨道上的电子数}) \div 2$$

键级也可以是分数。一般来说，键级越高，键越稳定；键级为零，则表明原子不可能结合成分子。

目前，分子轨道理论在现代价键理论中占有很重要的地位。该理论在应用于复杂的多原子分子时，计算求解复杂，可以利用对称性分析（群论）、能级相关图、分子轨道对称守恒原理、休克分子轨道法、多种组态相互作用分子轨道从头计算法等方法及与计算机技术相结合，使该理论的应用得到进一步的扩展。

二、化学键的类型和分子间作用力

化学键概念是化学基本理论的重要组成部分，是掌握化学知识的一把钥匙。化学键是指两个相邻原子之间的强相互作用力，其基本类型有三种：离子键、共价键和金属键。下面分别介绍这三种化学键以及分子间作用力和氢键。

二维码 4-7

微信扫码，看相关视频

1. 离子键

离子是得到或失去电子的原子或原子团。

离子键是指由正、负离子靠静电作用力（库仑力）而结合在一起的化学键。如 NaCl 中结合 Na^+ 与 Cl^- 的化学键。

由于静电作用力没有方向性和饱和性，因此离子键的特征是没有方向性和饱和性；只要空间条件许可，就尽可能多地吸引带相反电荷的离子。

在离子晶体中，离子键的强度与离子的电荷成正比，与离子的半径成反比。

2. 共价键

共价键是指原子中自旋相反的成单电子配对所形成的化学键。共价键的特征是有方向性和饱和性。

共价键分为非极性共价键和极性共价键。非极性共价键的特点是共用电子对不发生偏移，如相同非金属元素原子组成的 Cl_2、H_2、O_2 等分子中的化学键；极性共价键的特点是共用电子对偏向一方原子，如不同非金属元素原子组成的 HCl、H_2O、NH_3 等分子中的化学键。

共价键常用键角和键长两个参数进行描述。知道了分子中所有键的键长和键角数据就可以准确推断分子的空间形状。

一般来讲，共价化合物如 H_2O、HCl、NH_3、CH_4 等不论在气态、液态或固态都以独立的分子形式存在，所以在状态变化时，不涉及化学键的变化，只是分子间作用力发生变化。它们和离子化合物相比，熔点、沸点就低得多，在液态时也没有带电的微粒，所以不导电，这类物质属分子型共价化合物。也有分子型的共价单质，如碘（I_2）、磷（P_4）和硫（S_8）的单质都是多原子分子，原子间有共价键，它们的熔点、沸点也不高。

有些共价化合物是原子型的，如优质磨料金刚砂，它的化学式是碳化硅（SiC），其结构和金刚石相似，这类原子型共价化合物和分子型共价化合物不同，它们的熔点很高，硬度也很大。因为要使它发生状态变化，将涉及 Si 和 C 之间的共价键的断裂，这是很不容易的。

3. 金属键

金属键和离子键、共价键一样，也是化学键的一种。关于金属键的本质，有许多理论，在此只介绍自由电子模型。

该理论认为：金属中的价电子因受到原子核的束缚较弱，容易脱离核的束缚而成为相对自由的电子，并在整个金属晶体中运动，这些脱离核束缚的电子就称为自由电子。由于自由电子不停地运动，从而把金属中的原子或离子结合在一起，这就是金属键的本质。

金属键实际上是一种特殊的共价键，但它又与一般的共价键不同，不具有方向性和饱和性。因此，只要空间条件许可，金属原子总是采取密堆积的方式排布构成金属晶体。

4. 分子间作用力和氢键

许多分子可以结合成宏观物质，如液体、固体等，这说明分子之间肯定还存在着一种作用力。把分子聚集在一起的作用力称为分子间作用力或范德瓦尔斯力（van der waals force）。分子间作用力是一种比化学键弱得多的作用力，但它对物质的熔点、沸点、熔化热、汽化热、溶解度、黏度等有较大的影响。

（1）分子间作用力

① 色散力。色散力是指由于每个分子中的电子和原子核都处于不停的运动中，因经常发生电子云和原子核之间的瞬时相对位移，结果产生了瞬时偶极，从而产生的相互作用力。

当两个分子相距很近时，两个瞬时偶极总是采取异极相邻的状态，相互间自然会产生瞬时的吸引作用，使分子极化变形；邻近分子的极化反过来又使瞬时偶极的变化幅度增大，分子间的相互作用加强。

虽然吸引作用的时间短暂，但可以不断地重复发生，使分子间始终存在这种作用力——色散力。色散力存在于一切分子之间。色散力与分子的变形性有关，变形性越强越易被极化，色散力也越强。稀有气体分子间并不生成化学键，但当它们相互接近时，可以液化并放出能量，就是色散力存在的证明。

② 诱导力。根据分子中正、负电荷重心是否重合，可将分子分为极性分子和非极性分子。正、负电荷重心相重合的分子是非极性分子，不重合的是极性分子。

诱导力是指非极性分子在相邻极性分子的作用下，电子云与原子核发生相对位移，分子会产生诱导偶极。诱导偶极与极性分子的固有偶极之间的相互作用力就称为诱导力。如图 4-13 所示。

极性分子与极性分子相互接近时，彼此都使对方产生诱导偶极，使分子极性增大，因此诱导力也存在于极性分子之间。

诱导力与实施诱导的分子的极性及被诱导分子的变形性有关，极性和变形性越大，诱导力越强。

③ 取向力。取向力是指极性分子与极性分子之间由于偶极定向排列而产生的作用力，如图 4-14 所示。这种力只存在于极性分子之间，分子的极性越大，取向力越大。由于这种力使极性分子按一定方向排列，故称为取向力。取向力与分子的极性强弱有关，极性越强，取向力越大。温度也具有重要影响，温度越高，取向越困难，取向力越弱。

显然，极性分子相互接近时，除了取向力外，还存在有色散力、诱导力。在各种情况下，分子间力的三种成分所占比例要视相互作用的分子的极性和变形性而定，分子极性越强，取向力作用越突出。

上述三种力均与分子间的距离有关，随着分子间距离的增大（>10nm），分子间的作用力急剧减弱。

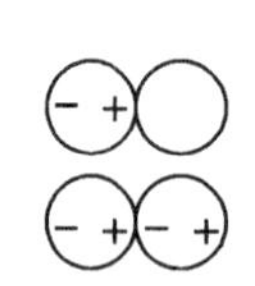

图 4-13 诱导力产生示意图

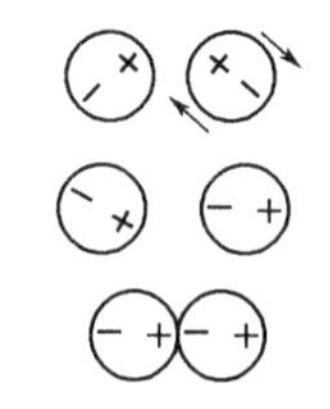

图 4-14 取向力产生示意图

（2）氢键

当氢与 F、O、N 等电负性极强的元素形成共价键时，键合电子被吸引偏向 F、O、N 原子而带部分负电荷，此时氢形成近似氢离子（H^+）的状态，它对邻近电负性较大的 F、O、N 原子上没有成键的孤对电子有吸引作用，从而结合在一起，这种作用力就称为氢键。由于氢键只有在一定的方向上才能形成，因此氢键具有方向性。

氢键的作用力稍大于分子间力，比化学键弱得多。氢键的形成对化合物的物理和化学性质也具有重要影响，如分子化合物中有氢键形成，则其熔点、沸点升高，且具有较大的熔化热及汽化热。溶质与溶剂间易形成氢键者，其溶解度增大，如乙醇与水均可形成氢键，乙醇易溶于水；再如水结冰，是由于在水分子中形成的氢键影响了水的物质结构，形成了四面体的中空网状结构，故冰的体积膨胀，密度变小，硬度变大。

氢键在生命物质的形成及生命过程中都扮演着重要角色，它既存在于肽链与肽链之间，也存在于同一螺旋肽链之中，是形成蛋白质折叠和盘绕二级结构的基础。

三、化学反应速率和化学平衡

研究化学问题，我们特别关注的有：① 在一定条件下某化学反应能否进行；② 化学反应进行的方向和限度；③ 在化学反应过程中能量是如何转化的；④ 化学反应的快慢问题，即化学反应速率。

1. 化学反应速率

我们通常所知的速率是指单位时间内的距离的变化，而化学反应速率是指单位时间内反应物浓度的减少或者生成物浓度的增加。

由于浓度的常用单位是 $moL \cdot L^{-1}$，气体的分压的常用单位是 Pa 或 kPa，所以反应速率的单位通常是 $mol \cdot L^{-1} \cdot s^{-1}$、$mol \cdot L^{-1} \cdot min^{-1}$、$mol \cdot L^{-1} \cdot h^{-1}$或 $Pa \cdot s^{-1}$、$kPa \cdot min^{-1}$等。

影响化学反应速率的因素有温度和催化剂，一般有这样一个近似规律：温度每升高 10℃，反应速率提高 2 倍～4 倍。

催化剂是指能改变反应速率而其本身的组成和质量在反应前后均保持不变的物质。催化剂的作用原理主要是改变了反应途径，使反应的活化能降低，从而加快了反应速率。

我们只介绍反应速率理论中的碰撞理论。碰撞理论认为：① 为了发生化学反应，反应物分子必须相互碰撞；② 反应物分子必须先吸收足够的能量生成活化分子（活化分子——比普通分子的平均能量高出一定值的分子）；③ 活化分子之间的碰撞才是有效碰撞；④ 有效碰撞要进一步转化成产物，碰撞方向必须适当。

该理论对反应速率的解释是：反应的活化能越高，活化分子所占的百分数越小，反应越慢；反应的活化能越低，活化分子所占的百分数越大，反应越快。

2. 化学平衡

在一定条件下，既可以正方向进行又能逆方向进行的反应称为可逆反应。

可逆反应方程式中常用双箭号“$\rightleftharpoons$”来代替等号。如在一定的温度下，在密闭容器中进行的下述反应就是一个可逆反应，表示为：

$$H_2\ (g)\ +I_2\ (g) \rightleftharpoons 2HI\ (g)。$$

实验证明，在一定温度下，不管该反应的反应物和产物的开始浓度有什么变化，经过一段时间后，总会达到正、逆反应速率相等，反应式中各物质的浓度都不再变化这样一个状态。

我们把“在一定条件下，可逆反应的正反应速率等于逆反应速率的状态”称为化学平衡。

化学平衡有下列特点：

① 化学平衡只在恒温、封闭体系条件下才能建立。

② 化学平衡是指体系中正、逆反应速度相等时的状态。

③ 平衡状态表示可逆反应所能进行的最大限度，此时可逆反应中各物质的浓度都不再随时间变化，此时的浓度就称为平衡浓度。

④ 化学平衡是指在一定条件下的平衡，条件（如浓度、温度、压力等）改变，原有平衡就会破坏，反应就会继续进行，直到在新的条件下达到新的平衡为止。

⑤ 化学平衡是动态平衡。宏观上看，好像反应不再进行，实际上，正、逆反应仍在进行，只不过正、逆反应速率相等、方向相反而已。

3. 化学平衡常数表达式及其意义

对任一可逆化学反应：

$$aA+bB \rightleftharpoons dD+eE,$$

实验证明：在一定温度下，可逆反应达平衡时，若反应式中各物质的平衡浓度分别记为[A]、[B]、[D]、[E]，则有下述关系式存在：

$$K=\frac{[D]^d\ [E]^e}{[A]^a\ [B]^b},$$

该式称为化学平衡常数表达式。它表明：在一定温度下，可逆反应达到平衡时，产物平衡浓度以方程式中的计量数为指数的幂的乘积与反应物平衡浓度以方程式中的计量数为指数的幂的乘积之比为一常数 K。该常数 K 即为化学平衡常数，简称平衡常数。

对液相反应，化学平衡常数表达式中的平衡浓度一般用物质的量浓度表示；对气相反应，也可以用相应的各气体的平衡分压表示。

书写化学平衡常数表达式应注意下列三点：

(1) 化学反应方程式写法不同，平衡常数的表达式不同，数值也不同。如：

① $H_2\ (g)\ +I_2\ (g) \rightleftharpoons 2HI\ (g)$，　　$K_1=\frac{[HI]^2}{[H_2]\ [I_2]}$。

② $\frac{1}{2}H_2$（g）$+\frac{1}{2}I_2$（g）$\rightleftharpoons$ HI（g），　　$K_2=\frac{[HI]}{[H_2]^{1/2}\ [I_2]^{1/2}}$。

③ 2HI（g）$\rightleftharpoons H_2$（g）$+I_2$（g），　　$K_3=\frac{[H_2]\ [I_2]}{[HI]^2}$。

显然，K_1、K_2、K_3 之间存在着一定的关系，可推导如下：

$$K_1=(K_2)^2=\frac{1}{K_3}。$$

（2）化学平衡常数表达式中各物质的浓度都必须是平衡浓度或平衡分压。

（3）如果有纯固体、纯液体参加反应（即复相反应），则它们的浓度不应写在平衡常数表达式中，通常把它们的浓度看成 1。如下列反应：

CO_2（g）$+$C（s）$\rightleftharpoons$ 2CO（g），　　$K_c=\frac{[CO]^2}{[CO_2]}$　或 $K_p=\frac{p_{CO}^2}{p_{CO_2}}$。

4. 化学平衡的移动

当外界条件改变时，可逆反应从一种平衡状态转变为另一种平衡状态的过程称为化学平衡移动。下面分别讨论浓度、压力和温度对化学平衡的影响。

（1）浓度对化学平衡的影响。

对任一可逆化学反应，在一定温度下，有下列平衡关系式：

$aA+bB\rightleftharpoons dD+eE$，　　$K=\frac{[D]^d\ [E]^e}{[A]^a\ [B]^b}$。

平衡关系式表示的是产物平衡浓度以化学方程式中的计量数为指数的幂的乘积与反应物平衡浓度以化学方程式中的计量数为指数的幂的乘积之比为一常数 K，两者的比值不变。因此：

① 在相同温度下，浓度的变化对化学平衡常数没有影响。

② 各物质的开始浓度对化学平衡常数没有影响。

③ 在其他条件不变的情况下，若增大反应物浓度或减小生成物浓度，化学平衡向正向（生成产物的方向）移动；反之，则向逆向（生成反应物的方向）移动。

④ 对已达到化学平衡的可逆反应，可以通过调整各物质的起始浓度的方法，或者在平衡体系中增大或减小某一物质浓度的方法，或将产物从平衡体系中分离出去，使化学平衡朝着我们需要的方向移动。

（2）压力对化学平衡的影响。

压力对液相和固相反应的影响不大，可忽略不计。对有气体参与或有气体生成的反应，反应式中各物质的分压对平衡的影响与浓度对平衡的影响一样，不做另外讨论。

（3）温度对化学平衡的影响。

我们知道，浓度和压力不会影响平衡常数，它们的改变仅仅使平衡状态时的平衡浓度发生改变，其比值即平衡常数不会变化。但温度的改变会使平衡常数发生变化。我们经常说“在一定温度下，某可逆反应……”，这意味着“对同一可逆反应，温度不同，平衡常数不同”。因此，温度对化学平衡的影响是影响化学平衡常数的数值。一般来讲，温度升高，平衡常数的数值增加。但应注意，温度和平衡常数之间的关系不是线性关系。

第五节　化学学科的分支

如果说化学作为一门独立的科学是从波义耳时代开始的，那么到了21世纪已有300多年历史。以前，人们常把化学分为无机化学、有机化学、分析化学和物理化学四大门类。现在，由于化学与其他学科的交叉渗透，化学研究所涉及的内容日益广泛、深入和复杂，这种高度分化又高度综合的研究特点，促使各种化学分支学科不断出现，例如高分子化学、核化学、现代结构化学、生物化学以及理论有机化学等。这些新的化学分支学科又相互渗透，彼此交织，看起来更加杂乱无序，以前所形成的化学分类体系已不能适应化学科学日新月异的发展需要。近几十年来，国内外学者不断地探索着新的化学分支学科的分类体系，进行了不同的分类尝试，然而至今仍各言其说，未获统一。

由于化学研究的对象、目的不同，化学学科分类也可能有着多种不同的标准。如果按照传统的分类方法，根据一级学科、二级学科和三级学科的层次进行分类，则可得到如图4-15所示的化学学科体系。

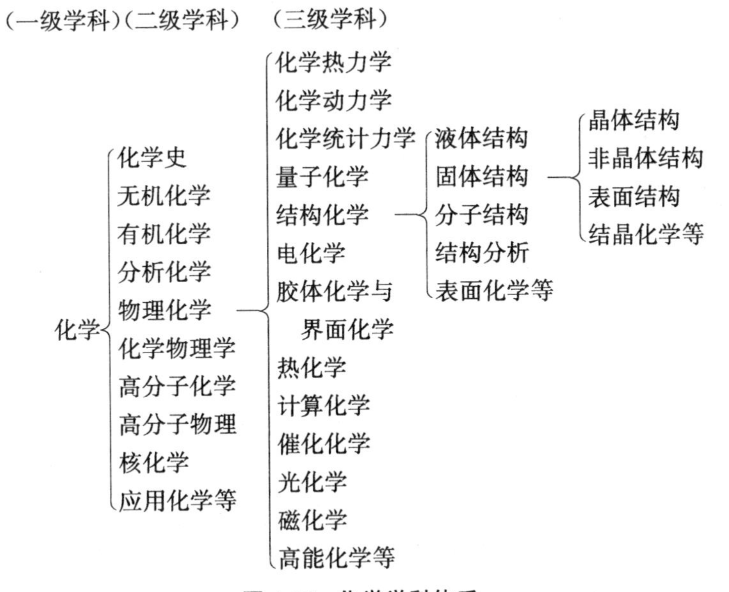

图4-15　化学学科体系

在上述分类中所列出的二级学科和三级学科，其中的每一学科都还可以再继续进行分类，例如无机化学还可以再分为元素化学、配位化学等。依此类推，可以得到犹如树枝般庞大的化学学科体系。所以，人们把这种分类方法称为树枝式分类法。

不同的国家对化学科学有不同的分类方法。如美国《化学文摘》把化学分为五大类：① 生物化学；② 有机化学；③ 大分子化学；④ 应用化学；⑤ 物理化学及分析化学。日本《科技文献速报》也将化学分为五大类：① 物理化学；② 分析化学；③ 无机化学；④ 有机化学；⑤ 高分子化学。

一些学者也尝试对化学科学进行分类。如美国化学家戴维·琼斯将现代整个化学科学分为五大领域：① 构成化学；② 反应化学；③ 物理化学；④ 理论化学；⑤ 应用化学。他解释说：构成化学主要是研究化学物质的组成、结构和性能，包含了传统结构化学和分析化学的研究内容；反应化学主要是研究原料在一定条件下进行反应而制取新物质；物理化学的任务则是寻求物质的物理性质同化学性质的关系，并揭示分子的接收能量的方式等；理论化学主要是阐释原子形成分子的机制，分子之所以具有某些结构、化学键、能级和反应性能的原因等；应用化学是利用上述四种学科的知识，使原料发生化学作用，制成人们需要的物质。

也有些学者把化学分成六大类：① 结构、性能与鉴定化学；② 合成化学；③ 化学动力学；④ 液态、固态与表面化学；⑤ 理论化学；⑥ 核化学。还有人主张分为八大类：① 结构、性能与鉴定化学；② 合成化学；③ 化学动力学；④ 液态、固态与表面化学；⑤ 理论化学；⑥ 核化学；⑦ 仪器化学；⑧ 热力学。

上述事实说明，国内外化学界都在努力寻求一个合理的分类方案，以便对化学科学体系能有一个更系统、更深入的认识。正确运用化学分类方法进行合理分类，既可以促进化学新学科的形成，使化学科学研究更加深入，又可以使化学更好地为人们的生产和生活服务。例如，化学中使用萃取方法虽然已有一百多年的历史，然而在 20 世纪 40 年代，由于发展原子能要用到高纯度的铀，人们迫切需要对这种复杂的化学萃取体系进行科学分类，以便进而对其进行分门别类的深入研究，因此就形成了一门新兴分支学科——萃取化学。

为了对化学科学有一个整体了解，下面简单介绍其中的几个分支学科。

一、无机化学

无机化学是除碳氢化合物及其衍生物外，对所有元素及其化合物的性质和它们的反应进行实验研究和理论解释的科学，是化学学科中发展最早的一个分支学科。

在当代无机化学的领域中，产生了诸如超分子化学、无机快速反应动力学、稀有元素化学、络合物化学、同位素化学、金属间化合物化学、无机分子设计和分子工程、有机金属化合物化学、无机固体化学等一批新兴分支学科。以无机固体化学为例，20 世纪 80 年代最辉煌的科技成就之一是超导材料的研究。超导材料主要是无机化合物，如有缺陷的化合物 $YBa_2Cu_3O_{7-x}$（$x \leqslant 0.1$）。研究制备出新的性能更好的超导材料，探讨组成、结构与性能之间的关系是无机固体化学家的任务之一。再如，信息技术的核心是集成电路芯片，它是采用无机固体化学方法制备的硅单晶片。

二、有机化学

有机化学是研究碳氢化合物及其衍生物的来源、制备、结构、性质、用途及其有关理论的化学分支学科。有机化合物都含有碳，并以碳氢化合物为母体，所以有机化学又称为“碳化合物的化学”或“碳氢化合物及其衍生物的化学”。

当今有机化学正处于富有活力的发展时期，其研究发展领域主要包括：① 有机化学在生命科学、材料科学和环境科学中的应用；② 有机化学中的分子识别和分子设计；③ 新型功能有机物质（例如新材料、药物、农药等）的发现、创造和利用；④ 选择性反应尤其是不对称合成；⑤ 有机分子簇集和自由基化学等。

有机化学的分支学科有天然有机物化学、高分子化学、元素有机化学、药物化学、有机固体化学、有机合成化学等。以有机合成化学为例，要提高人类生活水平、延长寿命、发展高新技术，就需要化学来提供大量的新材料、新药物。因此，我国著名的化学家徐光宪说："化学的核心是合成化学。"设想如果没有合成的各种抗生素和大量新药物，人类就不能有效地预防、控制和治疗疾病；如果没有合成纤维、合成塑料、合成橡胶等，人们的生产、生活就要受到很大影响。在过去的100年里，化学合成和分离了成千上万种新物质、新药物、新材料、新分子，可以说，没有哪一门其他科学能像化学这样，创造出如此众多的新物质。

三、分析化学

分析化学是研究获取物质化学组成和结构信息的方法学及相关理论与技术的科学。分析化学的主要任务是鉴定物质的化学组成（元素、离子、官能团或化合物）、测定物质的有关组分的含量、确定物质的结构（化学结构、晶体结构、空间分布）和存在形态（价态、配位态、结晶态）及其与物质性质之间的关系等。

根据分析任务，可以分为定性分析和定量分析两种。定性分析的任务是鉴定物质的成分，即检出化合物或混合物是由何种元素所组成；定量分析是测定各组成部分间的数量关系。

根据分析方法，可分为化学分析和仪器分析两大类。就试样用量的不同，分析化学可分为常量、半微量和微量分析。分析化学的发展促进了其他学科和技术科学的发展，并在国民经济各部门有着广泛的应用。

根据研究方法和对象不同，分析化学可分为化学分析、电化学分析、光谱分析、波谱分析、质谱分析、状态分析与物相分析、分析化学计量学等分支学科。

分析化学发展的趋势包括：① 进一步提高分析化学方法的灵敏度；② 研究解决复杂体系的分离、富集及提高方法的选择性；③ 生物大分子及生物活性物质的表征与测定；④ 非破坏性检测、遥测及过程分析；⑤ 分析检测新原理的提出及新型分析仪器的研究。

四、物理化学

物理化学又称理论化学，它是应用物理学原理和方法研究有关化学现象和化学过程的一门化学分支学科，主要从理论上探讨物质微观结构与其客观性质之间的关系、化学反应的方向和限度、化学反应的热效应、化学反应的速率和机理等。它是整个化学科学的理论基础。

当前物理化学研究最活跃的领域包括：① 分子动态物理化学（包括分子反应动力学、分子激发态光谱等）；② 结构化学与分子谱学；③ 催化科学和表面物理化学；④ 理论化学（包括量子化学、化学统计力学、分子力学、远离平衡态的非线性物理化学）等。

五、高分子化学

高分子化学是研究高分子化合物的合成、化学反应、物理化学性质、物理加工、应用等的一门综合性学科。高分子化学又可分为无机高分子化学、天然高分子化学、功能高分子（如液晶）化学、高分子合成化学、高分子物理化学等分支。

高分子化合物是指由一种或多种原子组成的重复单元（又称结构单元或链节等）所构成的化合物。高分子的相对分子质量一般在 10^4～10^7 范围，可分为天然高分子和合成高分子。天然高分子如丝、羊毛、棉、淀粉、蛋白质等，合成高分子如尼龙、聚酯、聚乙烯、聚丙烯等。高分子没有确定的相对分子质量，常以平均相对分子质量表示，但同一种高分子的重复单元却是相同的，如聚乙烯的重复单元为—CH_2—CH_2—。

高分子化学作为化学科学的一个分支学科，是在 20 世纪 30 年代才建立起来的，是一个较年轻的学科。然而，人类对天然高分子物质的利用却有着悠久的历史。

近年来，高分子化学学科的发展趋势包括：① 对具有电、光、磁特性和换能、分离、生体相容、生物活性、纳米材料、光电子器件、显示材料等各种新功能材料的合成研究；② 生物大分子（如蛋白质、多糖等）的深入研究；③ 高分子通用单体的共聚合研究；④ 可控产物结构的聚合反应及超分子体系的合成、组装方法研究；⑤ 聚合反应历程的计算机模拟研究；⑥ 高分子物理方面侧重聚合物结构的动态变化、结构与功能的关系研究；⑦ 高分子成型方面着重研究成型过程中的化学反应及聚合物结构的控制；⑧ 聚合物的降解、再生利用研究等。

六、海洋化学

海洋化学是利用化学原理研究海洋中物质（无机物和有机物）的分布、变化规律以及海洋化学资源的开发与利用的一门学科。内容包括海水化学（海水的组成与分析）、海洋生物学（海洋生物体的化学组成以及某些微量元素对生物生长的影响）、海底化学（海底沉积物的化学组成以及海水中元素与海底沉积物的平衡关系）等。

浩瀚的海洋是水的故乡，其中蕴藏着无穷无尽的宝藏。据计算，世界海洋的平均盐度在 35‰左右，其总含量约有 5 亿亿吨，体积有 200 万立方千米，含黄金 550 万吨、银 5500 万吨、钡 27 亿吨、铀 40 亿吨、钛 14 亿吨、锌 70 亿吨、钼 137 亿吨、铷 1600 万吨、锂 2470 亿吨、锶 11 万亿吨、钾 550 万亿吨、钙 560 万亿吨、镁 1767 万亿吨、溴 89 万亿吨、碘 820 亿吨、重水 224 万亿吨等。除了无机化学资源外，海洋中也蕴藏着极为丰富的有机化学资源。某些海洋有机化学成分拥有非常高的生理活性，如从海洋中提取的褐藻氨酸，就是一种可降低血压的活性物质。再如以海蚯蚓（沙蚕）中提取出一种毒素为先导化合物，合成了一种农药“卡塔普盐酸盐”，可以用于防治稻螟虫、大豆甲虫、棉铃虫等。这种农药喷洒在农作物上，经数周可自然降解，并无残留。所以，它是一种新型的无残毒农药，可防止污染环境。但是，从海洋中提取某些化学物质比较困难，即使提取出来，成本也较高。因此，有人把海洋开发技术称为“稀薄工艺”，这也充分说明开发海洋资源任务的艰巨性。鉴于这样一种特殊情况，开展综合利用将是开发海洋资源、向海洋索取财富的主要方向。

第六节　化学的一些重要应用领域

化学作为一门实用性很强的自然科学，自从诞生以来就同社会有着密切联系。社会的发展和需要不仅促成了化学科学的产生和形成，而且推动着化学科学的不断发展。本节简要介绍化学在一些领域中的重要应用。

一、化学与能源

能源指能够提供某种形式能量的资源，它既包括能提供能量的物质资源，如煤炭、石油等，也包括能提供能量的物质运动形式，如太阳能、风能等。

人类的一切社会和经济生活都离不开能源的利用，社会发展的水平是与能源利用的层次和水平分不开的。原始社会，人类主要靠自己的体力来从事各种生产劳动，其能源的实质是人所吃的食物的化学能转化为人体肌肉的力量（机械能）。煤的发现、开采和利用，促进了蒸汽机的应用和发展。随着电磁学理论的建立，电动机取代了蒸汽机。现在，电力是社会生产和生活的基本动力。随着社会进步和经济的飞速发展，能源的消耗正在以十分惊人的速度增加。

能源常分为一次能源和二次能源，其细分如图 4-16 所示。

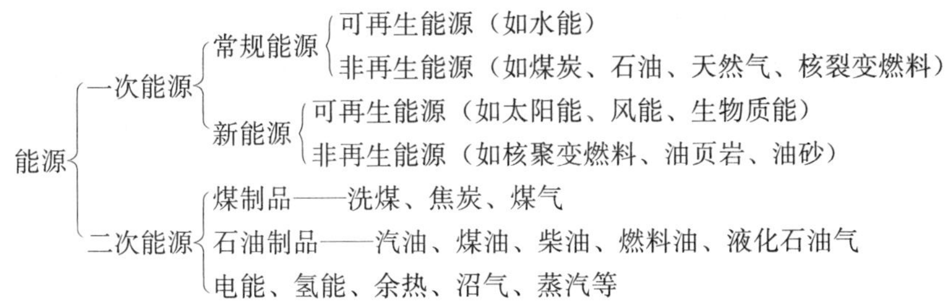

图 4-16　能源的分类

一次能源是指自然界现成的，可直接取得且不必改变其基本形态的能源，如煤炭、石油等；二次能源是指一次能源经加工或转换为另一种形态的能源产品，如电能、煤气、汽油等。

能量来自能源，能量是量度物质运动形式和量度物体做功的物理量，能源与能量既有区别又有联系。

我们知道，物质的不同运动形式有不同的能量，如势能、动能、化学能、热能、电（磁）能、核能等，它们遵守能量转化和守恒定律。在所有这些能量中，化学能仍是我们当前利用的主要能量形式。如火力发电，火箭、飞机、汽车使用燃料，日常生活中使用柴草、煤炭、液化石油气，甚至我们摄入食物，其实质都是化学能的利用。

化学能可直接转化为热能。煤、石油、天然气等主要利用热化学反应（燃烧反应）产生能量。如炭在标准状态时的燃烧反应：

$$C\,(s) + O_2\,(g) = CO_2\,(g), \qquad \Delta H^0 = -395.5\,kJ \cdot mol^{-1}。$$

电能是现代社会中最重要的二次能源，大量煤和石油制品作为一次能源被用于发电，火力发电其实质是“化学能→机械能→电能”的转变过程。

化学能也可直接转化为电能，如手机中的电池及各种蓄电池等。我们以 Cu-Zn 原电池为例说明化学能转化为电能的原理。

已知金属 Zn 可置换出 $CuSO_4$ 溶液中的 Cu^{2+}，其离子反应方程式为

$$Cu^{2+}+Zn=Cu+Zn^{2+}。$$

这是个氧化还原反应，在反应过程中有电子的得失。失去电子的过程称为氧化，得到电子的过程称为还原。既然上述反应中有电子的得失，就可设计一个装置使电子朝着一定的方向流动而形成电流。图 4-17 就是这种装置的示意图。

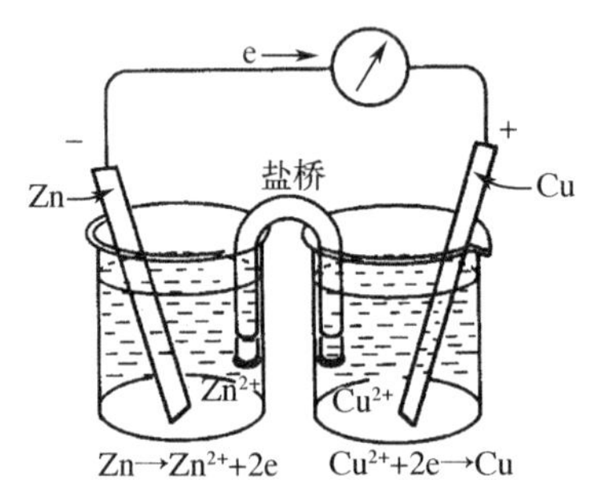

图 4-17　Cu-Zn 原电池装置示意图

该装置是在左边盛有硫酸锌的烧杯中插入锌片构成锌电极（$Zn\text{-}ZnSO_4$），右边盛有硫酸铜的烧杯中插入铜片构成铜电极（$Cu\text{-}CuSO_4$），两个电极之间用盐桥（一个装有 KCl 饱和溶液胶冻的 U 形管，用以构成电子流的通路）相连，锌片和铜片由导线和安培计（用来测量电流的大小和方向）连通，我们把这种将化学能直接转化为电能的装置称为化学电池，或称为化学电源、原电池。理论上，只要是氧化还原反应，都可利用设计成化学电池。

当然，化学能也可转化为其他形式的能量，如烟花、爆竹把化学能转化为光能、声能和热能，煤燃烧是把化学能转化为热能和光能，手电筒中的电池是把化学能转化为电能和热能，电解是电能向化学能的转化等。

能源在对人类文明发展作出巨大贡献的同时，也对环境造成一定的污染。特别是化石燃料（煤炭、石油、天然气等这些埋藏在地下的非再生燃料资源）的使用过程中产生的 SO_2、NO_x、CO_2、CO、各种重金属尘粒等，对环境造成了相当严重的污染，如造成大气污染中的酸雨、光化学烟雾、温室效应加剧等。再如核能利用过程中的核废料的处理、核辐射、核泄漏等问题。

如何解决能源利用过程中大量的化学问题，把污染严重的能源转化为清洁能源，是化学当前一项重大的研究目标。以煤为例，一是如何使煤转化为清洁能源，二是如何分离和提取其中所含的宝贵化工原料。已具有实用价值的是煤的气化、焦化和液化技术，现在所谓“一碳化学”就是其中的研究重点之一。一碳化学是指以含一个碳原子的化合物如 CH_4、CO_2、合成气（CO 和 H_2）、CH_3OH、HCHO 等为初始反应物，反应合成一系列重要的燃料和化工原料的化学，其核心是选择催化化学转化、小分子的活化和定向转化。因此一碳化学实际上就是一种新一代的煤化工和天然气化工，其作用是解决石油利益短缺的问题，利用煤来制备液体燃料。

太阳能是可再生能源和清洁能源，单位时间内太阳投射到地球上的能量是全世界能耗能量的一万倍，我们只要利用其中的0.1%，就能满足当前全世界的能源需要。目前太阳能电池已广泛应用于人造卫星、手表、计算器、微波中继站、无人灯塔、海上航标等诸多领域。根据太阳能电池所用材料的不同，可将其分为硅太阳能电池、多元化合物材料太阳能电池、功能高分子材料太阳能电池、纳米晶太阳能电池等。太阳能利用的核心是光—电转化过程中使用的光电材料和半导体，只有在充分了解结构与性能关系的基础上，才能合成出高效、稳定、廉价的太阳能光电转化材料，这些都是化学科学研究的内容。因此，在太阳能的开发利用中，没有化学科学的研究成果是不可能取得成功的。

二、化学与材料

二维码 4-8
微信扫码，看相关视频

从化学科学发展的萌芽时期直到现在，人们一直不断地试图利用化学方法来制备与合成化学物质，进一步利用它制造一些有用的器件，如陶器的制作，铜、钢铁的冶炼，橡胶、纤维、塑料以及现在的各种新型材料的合成等。材料科学的发展与化学科学的发展是息息相关的，从利用天然材料到创造和利用合成材料是人类文明发展的关键性进步之一。那么，什么是材料呢？

材料是指能为人类制造有用器件的化学物质。材料是人类社会生活和一切技术发展的物质基础，它与能源、信息并列为现代科学技术的三大支柱。人类社会文明发展史曾以材料作为标志来划分，从史前的石器时代，到陶器时代、铜器时代、铁器时代而逐步发展到今天具有高度物质文明的社会。

当代科学技术迅猛发展，对材料不断提出新的要求。以计算机技术的发展为例，经历了由电子管到半导体，到集成电路，再到大规模集成电路几个阶段。在每个阶段中，化学家创造了必需的材料，诸如早期的单晶硅、半导体材料、信号储存材料、显示材料、液晶以及各种电致发光材料、光导材料、光电磁记录材料、光导纤维材料等。21世纪电子信息技术将向更快、更小、功能更强的方向发展。目前世界各国正致力于量子计算机、生物计算机、分子电路、生物芯片等所谓“分子信息技术”的研究，这需要物理学家提供器件设计思路，化学家来设计、合成所需的物质和材料。化学不但能够大量制造各种自然界已有的物质，而且能够根据人类需要创造出自然界本不存在的物质，可以说化学是新材料的源泉。

由于研究角度的不同，材料常有不同的分类方式。从化学角度分类，有金属材料、无机非金属材料、有机高分子材料、杂化材料等。从物理角度分类，有超导材料、磁性材料、高温材料、导电材料、非线性光学材料等。从材料的功能或用途分类，有激光材料、磁光材料、智能材料、生物材料、耐火材料、信息材料、光纤材料、仿生材料等。如果按材料的存在状态分类，有晶体材料、非晶体材料、液晶材料、薄膜材料等。

材料的性能（performance）一般是指其对外部刺激（外力、热、光、电磁等物理刺激）或药物等化学刺激的抵抗，如材料的强度、耐热性、透明度及耐化学药品腐蚀等性质。

材料的功能（function）一般是指对某物质输入信号时，物质因发生质和量的变化或其中任何一种变化而产生的输出作用，如热电、压电、声光等性质。

化学不仅可以提供制造各种器件所需要的物质，更重要的是根据化学原理，可以在深层次上掌握材料的化学组成、结构与性能或者功能的关系，设计、合成人们所需要的新型材料。我们以金属材料为例说明材料的结构和性能之间的关系。

金属具有金属光泽，传热、导电性和延展性。这些性能都来源于金属的内部结构。如前所述，金属中自由电子把各金属正离子结合在一起（金属键），自由电子在整块金属中流动。金属具有光泽、不透明，是因为金属内部的自由电子可以吸收各种波长的可见光随即又发射出来。由于自由电子可以在整块金属中自由流动，所以金属具有良好的传热性和导电性。金属键没有方向性和饱和性，金属原子以高配位的密堆积方式排列，密置层可以滑动，因此金属具有优异的延展性。

我们知道，金属键的本质是静电作用力，因此它没有方向性和饱和性。在靠金属键形成金属晶体中，金属原子的最外层多由 s 轨道的电子构成，其电子云为球形，因此可以把金属原子看成是直径相同的圆球。那么，在空间几何因素允许的条件下，金属原子采取最紧密的堆积方式。X 射线衍射分析证明，大多数金属单质都具有较简单的“等径圆球密堆积”结构。设想金属中的原子都是直径相同的刚性圆球，把它们相互接触排列成一条直线（所有的球心准确地在一条直线上），形成了一个等径圆球密置列（如图 4-18 所示），则在一个平面上，许多互相平行的等径圆球密置列最紧密排列只能有一个方式，就是每个球与周围其他6 个球相接触，即每一个原子周围有 6 个相同的原子，呈六角形排列，形成了一个等径圆球密置层（如图 4-19 所示）。

图 4-18　等径圆球密置列

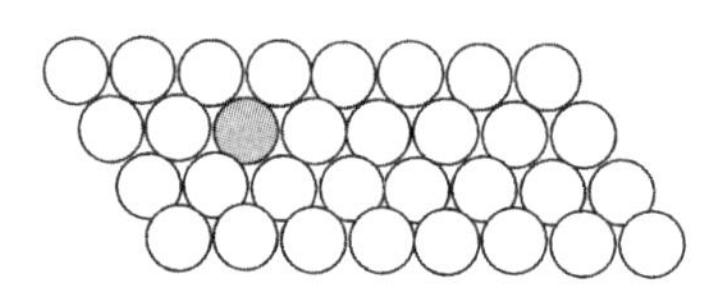

图 4-19　等径圆球密置层

金属晶体中金属原子的密堆积方式，可以看作等径圆球一层一层紧密地堆积在一起。金属晶体的三维堆积方式主要有三种：六方最密堆积、面心立方最密堆积和体心立方堆积。等径圆球的最密堆积只有两种排列方式：一种是六方最密堆积，另一种是面心立方最密堆积。

1. 六方最密堆积和面心立方最密堆积

取 A、B 两个等径圆球密置层，将 B 层放在 A 层上面，使 B 层的球的投影位置正落在 A 层中三个球所围成的空隙的中心上（凹陷处），并使两层紧密接触，这时，每一个球将与另一层的三个球相互接触。A 层和 B 层最密堆积只有这一种堆积方式。第三层原子的堆积可以分为两种情况：第一种情况，如果在密置双层 A、B 上的第三、五、七……个密置层的投影位置正好与 A 层重合，第四、六、八……个密置层的投影位置正好与 B 层重合，各层间都紧密接触，其堆积情况可用符号 ABABAB…表示。从这种堆积中可以抽出一个六方晶胞，所以称为六方最密堆积，有时也称为 A_3 型密堆积，如图 4-20（a）所示。具有 A_3 型密堆积结构的金属单质有铍、镁、钛、锆、锌、镉、锇等。第二种情况，我们把第三层记为 C，C 层位置既不同于 A，也不同于 B。C 层球的投影位置是在三个 A 球和三个 B 球所组成的所谓正八面体空隙中，如图 4-20（b）所示。然后按ABCABC……方式进行重复堆积，这种堆积就称为面心立方最密堆积，因为从中可以抽出一个面心立方晶胞。面心立方堆积也称为A_1型堆积。具有A_1型密堆积结构的金属单质有铝、铅、铜、银、金、铂、钯、镍、γ-Fe等。

2. 体心立方堆积

除六方最密堆积和面心立方最密堆积外，金属单质还有一种体心立方堆积方式，又称为A_2型堆积，A_2型堆积不是密置层的堆积，堆积密度比A_1、A_3型低，但仍是一种高配位密堆积结构。在A_2型堆积中，同层圆球是按正方形排列的，在立方体中心有一个球，立方体的每一顶角各有一个球，且每个圆球位于另8个圆球为顶角组成的立方体的中心，如图4-20（c）所示，故称为体心立方密堆积。钠、钾等常见的碱金属和钡、铬、钼、钨、α-Fe等金属单质都具有A_2型结构。

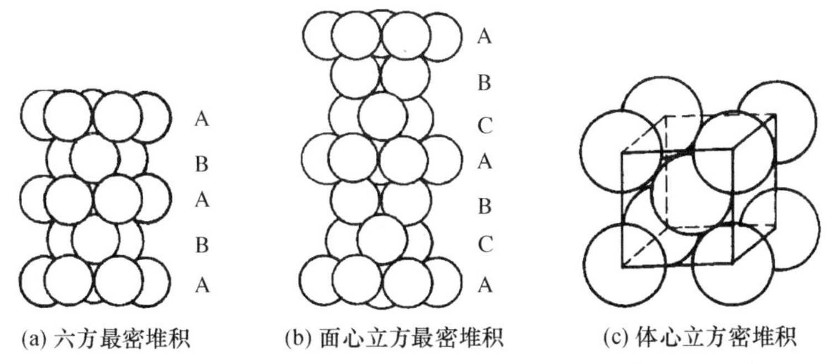

(a) 六方最密堆积 (b) 面心立方最密堆积 (c) 体心立方密堆积

图4-20 金属晶体主要的堆积方式示意图

金属材料分为黑色金属和有色金属两大类，除铁、锰、铬之外，其他的金属都称为有色金属。铁和碳的合金体系称为钢铁，它约占金属材料总量的90%，是世界上产量最大的金属材料。钢铁主要是按其中碳含量的不同而区分为生铁和钢，如果合金中的碳含量大于2.0%，称生铁或铸铁，小于0.02%的称纯铁，含碳介于0.25%～0.60%的称为中碳钢，大于0.60%的称为高碳钢。

炼钢的实质是控制铁中的含碳量，同时除去影响钢材性能的一些有害杂质，如S、P等。由于金属单质的晶体结构的原子排列之间有不同的空隙，因此，可以在其中填入一些半径较小的非金属原子如硼、碳、氮、氢等，而形成所谓的金属间隙结构，如奥氏体、铁素体、珠光体、渗碳体、马氏体。这些不同的金属结构具有不同的性能。

合金是两种或两种以上金属或非金属经过熔合（或烧结）过程后所形成的体系。含有两种金属元素的合金称为二元合金，含有两种以上金属元素的合金称为多元合金，如铝合金、铝锂合金、形状记忆合金等。

金属间化合物是指金属和金属之间、类金属和金属原子之间以共价键形式结合生成的化合物，其原子的排列遵循某种高度有序化的规律。金属间化合物是介于高温合金和陶瓷之间的一类新型高温结构材料，它们一般具有低密度、耐高温、比陶瓷材料韧性高的特点。因此，金属间化合物除可作为低密度、高强度、高模量和高温度材料以外，还可开发出永磁材料、储氢材料、超磁致伸缩材料、功能敏感材料等。金属间化合物材料的应用，极大地促进了当代高新技术的进步与发展，促进了结构与元器件的微小型化、轻量化、集成化与智能化，促进了新一代元器件的出现。目前已经知道的金属间二元（两种元素）化合物以及金属与稀土金属间的化合物超过2万多种，但得到开发应用的不到1%。

三、化学与健康和医药

从化学的发展史可以知道，化学与医药的关系源远流长。在化学萌芽时期，当时的人们就试图制造出延年益寿、防治疾病的长生不老药。现在，化学与医药的关系越来越密切，化学已经渗透到医药领域的许多方面。例如，没有很好的麻醉剂，现代的外科手术是不可能实现的。可以说，没有化学科学的发展和进步，医药科学不可能取得今天的巨大成就。

日月星辰，山川河流，植物、动物包括人类，都是由化学元素组成的。化学元素构成的生命分子是一切生命活动的物质基础。据科学测定，生物体内含有 80 多种元素，这些元素大致可分为三类：必需元素、非必需元素和有毒元素。

必需元素是指下列几种元素：

（1）生命过程中的某一环节（一个或一组反应）需要该元素的参与，即该元素存在于所有健康的组织中。

（2）生物体具有主动摄入并调节其在体内的分布和水平的元素。

（3）存在于体内的组成生物活性化合物的有关元素。

（4）缺乏该元素时会引起生化生理变化，当补充后即能恢复。

生物体主要是由 C、H、O、N 这四种元素所构成，它们在人体内约占体重的 96%。其中 C 是生命的核心元素，主要原因为：① 原子小，4 个外层电子能形成 4 个共价键，可与 C、H、O、N、P 和 S 结合形成许许多多的有机化合物；② 碳原子彼此连接形成链或环，构成生物大分子的碳链骨架；③ 生物氧化过程中碳化合物的共价键断裂可释放大量的能量。

有 20～30 种元素普遍存在于人体组织中，它们的生物效应和作用还没有被人们完全认识，所以称为非必需元素。有一些元素则会显著毒害人体健康，如铅、镉、汞，被称为有毒元素或有害元素。

生物体通过新陈代谢与外界不断地进行物质和能量的交换，如果人体的这种交换的平衡关系遭到破坏，将会危害人体健康。应该注意：①“必需”和“非必需”的界限是相对的。随着检测手段和诊断方法的进步和完善，今天认为是非必需的元素，明天可能发现是必需的。如砷，过去一直被认为是有害元素，1975 年人们才认识到它的必需性。② 许多元素在人体内是必需还是有害与其摄入量有关。即使是必需元素，在体内也有一个最佳营养浓度，超过或不足都不利于人体健康，甚至有害。如人体对碘的最小需要量为 0.1mg/d，耐受量为 1000mg/d，大于 10000mg/d 即为中毒量。

本小节我们仅以药物化学为主进行简要介绍。

药物化学是一门发现与发明新药、合成化学药物、阐明化学药物性质、研究药物分子与机体细胞（生物大分子）之间相互作用规律的综合性学科，是药学领域中重要的带头学科。早期的药物化学以化学学科为主导，包括天然和合成药物的性质、制备方法与质量检测等内容。现代药物化学的主要研究基于生命科学研究揭示的药物作用靶点（受体、酶、离子通道、核酸等），参考

微信扫码，看相关视频

天然配体或底物的结构特征，设计药物新分子，以期发现选择性地作用于靶点的新药；通过各种途径和技术寻找先导物，如内源性活性物质的发掘、天然有效成分或现有药物的结构改造和优化、活性代谢物的发现等。此外，计算机在药物研究中的应用日益广泛，计算机辅助药物设计（CADD）和构效关系也是现代药物化学的研究内容。

科学家发现，在最近几十年中，人类寿命每10年间便增加13个月，到目前为止还没有资料显示这个趋势正在放缓，其中最重要的原因之一就是化学药物在防治疾病、延长人类寿命方面的广泛开发和应用，如早期的含锑、砷的有机药物用于治疗锥虫病、阿米巴病和梅毒，以及后来一系列的抗炎药、抗疟药、利尿药、抗菌药、抗生素、抗肿瘤药和治疗寄生虫病、精神疾病的化学药物等。在现代医药公司中，大约有一半的科学研究人员是化学家，他们的主要工作是合成新的分子，或者为那些已经证明为有用的化合物设计出好的生产路线。我们仅介绍目前药物化学正在进行的一些工作。

1. 细菌抗药性研究

如青霉素，其在杀菌方面是非常有效的，但是有些细菌已经有了能破坏青霉素的酶，产生了免疫性，这些危险细菌的存活使我们的生存受到威胁。开发具有青霉素化学结构的变种的工作正在进行之中，它们将不能被细菌的酶所破坏；另一方面的工作是寻找可以阻止这类细菌酶发挥破坏性的药物，使得青霉素仍可以起作用。

2. 治疗艾滋病（AIDS）药物研究

艾滋病又称获得性免疫缺陷综合征，是人类免疫缺陷病毒（HIV）进入人体后，破坏T淋巴细胞，主要是辅助性T淋巴细胞，使患者体内免疫系统受到严重损害，容易发生条件致病性感染，并且还可以发生少见的恶性肿瘤而导致死亡。据世界卫生组织估计，目前世界上有6000万感染者。药物化学家正致力于设计能阻断这种病毒的酶的药物，从而使感染停止。

另外，流行性感冒病毒继续威胁着人类健康，迄今为止，有效的治疗方法屈指可数，寻找这一方面的抗病毒药也是药物化学普遍关注的课题之一。

3. 抗癌药物研究

细胞癌变被认为是由于基因突变导致基因表达失调和细胞无限增殖所引起的。药物化学设计方案一是发明新的能杀死癌细胞而不伤害正常细胞的化合物，二是开发能改变癌细胞行为的药物，使它的活动趋于正常。

4. 器官移植中阻碍排异性药物研究

如果把一个健康的心脏移植到患者体中，主要问题是人体会把这样的心脏认作一种异物而试图排斥它。为了使器官移植能够成功，目前研究能阻碍这种排异性的新药用化合物的工作也非常活跃。

5. 防止老年痴呆症药物、抗抑郁药等的研究

当药物化学使我们的生命过程延长时，就又出现随着年老而带来的问题，如老年痴呆症，它破坏了很多老年人的生活质量。药物化学正在试图开发出迎接这一挑战的药物。

6. 药物释放的靶位研究

使药物直达指定的靶位（有效治疗部位），特别是正在生长着的肿瘤部位，不仅可以产生最大的治疗效果，而且可以降低药物在人体其他部位可能产生的副作用。

目前，化学正在两方面进行新药的开发，一是从自然界寻找有效的化学物质。动植物、真菌和微生物本身都能制造很多不寻常的化合物，可从它们中筛选出新型药物并设法人工合成。二是进行药物设计。人工设计与合成新的药物是现代医药的基石。早期发现药物多是偶然性的，如从一种衣用染料中发现一种杀菌剂（磺胺药物），从柠檬中发现能治疗维生素C缺乏病的维生素C等。现在，药物化学家借助分子生物学、分子遗传学、基因学、生物技术和计算机技术等提供的理论依据和技术支撑，使药物设计由经验方式向半经验和理论指导方式转变，从而使药物在延年益寿、防治疾病方面更具有针对性。

四、化学与环境

环境是人类生存和活动的场所。环境可分为自然环境和社会环境两类。自然环境是人类生活和生产所必需的自然条件和自然资源的总称，是人类生存、繁衍的物质基础，如与人类生活密切相关的空气、水源、土地、动植物、微生物等。保护和改善自然环境，是人类维护自身生存和发展的前提。社会环境是指在自然环境的基础上，经过人工创造，有目的地建立的人工环境，如用于人类生活的建筑物、公园、绿地、服务设施等。在本节中主要讨论的是自然环境。

人类为了生存和发展，不但需要环境向人类提供足够的生存空间、物质资源和能源，而且环境也得接收、容纳并消化人类活动所产生的各种废弃物。当人类向环境索取的物质和能量或者排放到环境中的各种废弃物超过了环境所能提供或容纳的限度，就会损害人类自身或其他生物的正常生存和发展，这时，我们就说发生了环境污染。

环境污染指由于某种物质或能量的介入使环境质量恶化的现象。在法律上，环境污染则是指由于某种物质或能量的介入使某一特定区域的环境质量劣于该区域的环境质量标准的现象。环境污染既可由人类的活动引起，如人类生产和生活活动排放的污染物对环境的污染；也可由自然的原因引起，如火山爆发释放的尘埃和有害气体对环境的污染。环境保护所要防治的环境污染，主要指由于人类活动造成的污染。

环境污染的类型形形色色。按照环境要素分，有大气污染、水体污染和土壤污染等；按污染物的形态分，有废气污染、废水污染、固体废弃物污染、噪声污染、辐射污染、光污染等；按污染产生的原因分，有生活污染源、工业污染源、农业污染源、交通污染源污染等；按影响的范围来分，则有全球性污染、区域性污染和局部污染；按污染物的性质分，有生物污染（微生物、寄生虫等）、物理污染（噪声、热、光、辐射、放射性等）和化学污染（有毒的无机物和有机物）。这里我们主要讨论化学污染。

我们知道，化学的研究成果和化学知识的应用创造了无数的新产品并进入每一个普通家庭的生活，使我们的衣、食、住、行各个方面都受益匪浅，更不用说化学药物对人们防病祛疾、延年益寿、更高质量地享受生活等方面起到的作用。但是另一方面，随着化学品的大量生产和广泛应用，也给人类的自然环境带来严重的问题。如前所述，人类使用煤炭、石油、天然气等燃料的过程中会产生SO_2、NO_x、CO_2、CO、各种重金属尘粒等，对环境造成了相当严重的污染。随着石油工业、化学工业和汽车工业的大规模发展及农药、化肥的大量使用等，污染物的种类和数量急剧增加，对环境造成的污染也越来越严重。如大气污染中的酸雨、光化学烟雾、温室效应加剧、臭氧层空洞等，使人们在心理上对化学产生了恐惧、害怕的现象，甚至在西方媒体中出现了一个新词“chemophobia”（化学恐惧症）。人们多么希望在享受化学科学带来好处的同时，尽量不受或减少其带来的坏处。

环境保护是一个系统工程，它需要政治、法律、经济、管理、技术等各方面的支持和配合。对于化学污染问题，依然需要利用化学科学来解决。例如“三废”（废气、废水、废渣）中废水的处理，常用的化学方法有混凝、中和、氧化还原、电解、萃取、吸附等。如氧化还原法中的化学氧化法，它特别适宜处理难以生物降解的有机物，包括大部分农药、染料、酚、氰化物以及能影响水的色度和臭度的物质。

我们以氯氧化法处理含氰废水为例予以说明。氰化物包括无机氰化物、有机氰化物和络合状氰化物。水体中氰化物主要来源于冶金、化工、电镀、焦化、石油炼制、石油化工、染料、药品生产以及化纤等工业废水。氰化物具有剧毒。氰化氢对人的致死量平均为50微克，氰化钠约为100微克，氰化钾约为120微克。氰化物经口、呼吸道或皮肤进入人体，极易被人体吸收。急性中毒症状表现为呼吸困难、痉挛、呼吸衰竭，严重时导致死亡。

氯氧化法处理含氰废水的原理是在碱性条件下（pH＝8.5～11），液氯可将含氰废水中的氰氧化成氰酸盐：

$$CN^- + 2OH^- + Cl_2 \longrightarrow CNO^- + 2Cl^- + H_2O$$

生成的氰酸盐的毒性仅为氰化物的千分之一。如果液氯过量，则生成的氰酸盐进一步发生下列反应：

$$2CNO^- + 4OH^- + 3Cl_2 \longrightarrow 2CO_2\uparrow + N_2\uparrow + 6Cl^- + 2H_2O$$

氰酸盐氧化为 CO_2 和 N_2，使水质得以进一步净化。

再如所谓的白色污染，即聚苯乙烯发泡餐具、塑料薄膜及其他类型的各种化学物质包装材料，它们的废弃物被随意丢弃的现象相当普遍，给市容景观、生态环境造成了严重的负面影响，已引起社会的极大关注和强烈反响。目前治理白色污染主要有四项新技术，即可降解塑料技术、植物纤维粉加胺热压技术、生物全降解技术和以纸代塑技术。

可持续发展战略已成为当今世界许多国家指导经济、社会发展的总体战略。可持续发展的核心思想是在经济发展的同时，注意保护环境和改善环境，合理地保护和改善环境是可持续发展的物质基础。以前，化学科学的研究工作主要是围绕着资源的开发和利用进行的，很少注意环境污染问题。现在，化学不仅需要充分开发和利用资源，而且从保护自然生态和人体健康的角度出发，许多原来不受重视的化学问题已成为重要的、亟待解决的问题。环境化学和绿色化学就是其中的重要分支学科。

环境化学主要是运用化学的理论和方法，研究污染物的分布、存在形式、迁移、转化和归宿及其对环境影响的科学。它是在无机化学、有机化学、分析化学、物理化学、化学工程学的基础上形成的。通常情况下，环境中的污染物是人工合成污染物和环境中原有的天然污染物共存，各种污染物之间在环境中相互作用发生化学反应或物理变化。即使是一种化学污染物，所含的元素也有不同化合态的变化。这些就决定了环境化学研究的对象是一个多组分、多介质的复杂体系。以水化学为例，随着城市的扩大和工业的发展，大量的生活污水和工业废水排入水体。进入水体的化学物质，或者通过饮水，或者通过食物链危害人体健康，促使人们对水体的化学研究从生化耗氧、自然净化、卫生学等方面的研究发展到水的环境毒理学、水生生态平衡等方面的研究。进入水体的化学物质即使数量很少，通过生物富集，最终也会危害人类，所以，化学物质的量的研究，也从常量发展到微量和痕量；对人体健康影响的研究，也从常量的急性中毒转向微量的慢性中毒。

环境化学的兴起和发展，为人类保护、改善环境提供了化学方面的依据。一些研究课题受到人们的重视，如：① 大气平流层中臭氧层破坏的过程和速度以及由此而造成的影响；② 农药、硫酸烟雾在大气中的反应动力学及其变化过程；③ 酸雨的形成和危害；④ 大气中二氧化碳的积累及其导致的温室效应；⑤ 致畸、致突变和致癌物质的筛选，以及污染物的致畸、致突变、致癌性与其化学结构间的关系；⑥ 有毒物质毒性产生的机理、拮抗和协同作用的机理及其与化学结构的关系；⑦ 新的污染物的发现和鉴定；⑧ 分析方法的探讨和分析技术的改进；⑨ 卫星监测系统和光学遥感系统的研制等。

绿色化学（green chemistry）是指设计没有或者只有尽可能小的环境副作用并且在技术上和经济上可行的化学品和化学过程的科学。其目的是在继续发挥化学的积极作用的同时而将其危害人类健康和人类生存环境的负面影响减少，为人类的可持续发展提供重要的途径和方法。绿色化学的最大特点在于它是在始端就采用实现污染预防的科学手段，因而过程和终端均为零排放或零污染，它不是去对终端或过程污染进行控制或进行处理。因此，绿色化学是从源头上预防化学污染和保护环境的一门科学。要求杜绝污染源、防止有毒化学物质危害的最好办法就是从一开始就不生产有毒物质或形成废弃物。

绿色化学也称环境无害化学（environmental benign chemistry）、清洁化学（clean chemistry）、原子经济学（atomic economy）等。绿色化学的 12 项原则是：

（1）防止环境污染——防止产生废弃物要比产生后再去处理和净化好得多。

（2）提高原子经济性——应该设计这样的合成程序，使反应过程中所用的物料能最大限度地进到终极产物中。

（3）尽量减少化学合成中的有毒原料和有毒产物——无论如何要使用可以行得通的方法，使得设计合成程序只选用或产出对人体或环境毒性很小最好无毒的物质。

（4）设计安全的化学品——设计化学反应的生成物不仅具有所需的性能，还应具有最小的毒性。

（5）使用安全的溶剂和助剂——尽量不用辅料（如溶剂或析出剂等）。当不得已而使用时，应尽可能是无害的。

（6）提高能源经济性——尽可能降低化学过程所需能量，还应考虑对环境和经济的效益。合成程序尽可能在大气环境的温度和压强下进行。

（7）原料的再利用——只要技术上、经济上是可行的，原料应能回收而不是使之废弃。

（8）减少官能团的引入——应尽可能避免或减少多余的衍生反应，因为进行这些步骤需添加一些反应物，同时也会产生废弃物。

（9）开发新型催化剂——催化剂尽可能具有高的选择性。

（10）要设计产物降解——按设计生产的生成物，当其有效作用完成后，可以分解为无害的降解产物，在环境中不继续存在。

（11）以降低环境污染为宗旨的实时分析——需要不断发展分析方法，在实时分析、进程中监测，特别是对形成危害物质的控制上。

（12）建立防止生产事故的安全生产工艺——在化学过程中，反应物（包括其特定形态）的选择应着眼于使包括释放、爆炸、着火等化学事故的可能性降至最低。

目前绿色化学的研究重点是：① 设计或重新设计对人类健康和环境更安全的化合物，这是绿色化学的关键部分；② 探求新的、更安全的、对环境更友好的化学合成路线和生产工艺，这可从研究、变换基本原料和起始化合物以及引入新试剂入手；③ 改善化学反应条件，降低对人类健康和环境的危害，减少废弃物的生产和排放。绿色化学着重于“更安全”这个概念，不仅针对人类的健康，还包括整个生命周期中对生态环境、动物和植物的影响；而且除了直接影响之外，还要考虑间接影响，如转化产物或代谢物的毒性等。

五、化学与军事

化学工业兼具民用与军用的双重性质。例如合成氨、硝酸铵、汽油、橡胶、塑料及钢铁、铜、铝、铅等金属产品，既是和平时期工农业生产所需的肥料、燃料和材料，也是战争时期国防工业生产炸药、大炮、飞机所需的军用物资。可以说如果没有化学工业，现代战争就无法进行下去。因此，世界各国都特别重视化学在国防科技中的应用。如2004年在湖南省长沙市举行的中国化学会第24届学术年会上就讨论了国土防御中的特种化学问题、反恐怖斗争（防卫、救援、打击）中的特种化学问题、新概念武器发展中的化学问题、大规模杀伤性武器发展中的化学问题及重大突发事件中的化学问题等。

化学对战争的胜负和规模都产生过重大的影响。在化学发展的萌芽时期，人类不可能制造出锋利的刀剑，只能以石块、树枝等作为武器进行战斗。随着化学技术水平的提高，人们逐渐可以从矿石中提炼铜、锡、铁等金属，制造出锋利的刀、剑等冷兵器，使得战争的规模得以扩大。由于火药的发明，人类制造了各种火枪、火炮等武器，从而使战争由冷兵器进入热兵器时代，进一步提高了军事战斗能力。进入20世纪后，人们利用化学方法能够从铀矿石中提取出浓缩铀作为核燃料，也合成出一系列具有耐热、耐压和高强度等优异性能的新材料及能产生强大推力的高能燃料，从而制造出原子武器、各种导弹。导弹核武器的出现，使战争进入导弹核武器时代。

化学还可能影响政治家、军事家对战争的决策。以第一次世界大战为例，当时人们估计德国不大敢于挑起战争，或者即使挑起战争也会在不到1年的时间内遭到失败。因为他们认为，一旦战争爆发，当完全封锁住德国的港口，切断南美智利硝石的供应时，将使德国因无法得到生产炸药的原料而失败。事实上，人们低估了德国的化学实力。德国不仅挑起了战争，而且还维持了长达4年之久。这是因为在战争爆发后，德国虽然被切断了智利硝石的供应来源，然而却依靠德国化学家发明的所谓“哈伯合成氨法”，从空气中成功地取得了生产炸药所需要的氮，从而能够照旧源源不断地制造出炸药，供应战争的需要。这也是当时的德国统治者敢于做出战争抉择的重要因素。另外，化学还同军事战略战术的运用有着密切的联系。例如，在冷兵器时代，军事家考虑的是短兵相接的战略战术，而现在军事家不仅需要考虑常规武器和战术核武器的战略战术，还要考虑所谓核威慑战略。拥有先进的军事武器，成了国际政治角逐中的一张“王牌”。显然，化学对军事和政治都产生了前所未有的重大影响。

本节仅对恐怖化学武器进行简单介绍。战争中用来毒害人畜、毁灭生态的有毒物质叫军用毒剂，装有军用毒剂的炮弹、炸弹、火箭弹、导弹、地雷、布（喷）洒器等，统称为化学武器。化学武器的作用是将毒剂分散成蒸气、液滴、气溶胶或粉末状态，使空气、地面、水源和物体染毒，以杀伤和迟滞敌军行动。化学武器有四个特点：一是造价低廉；二是原料来源方便、制造相对简单；三是杀伤威力大但又不破坏物资装备；四是杀伤途径多而难以防护。通常，按其毒害作用把化学武器分为六类：神经性毒剂、糜烂性毒剂、失能性毒剂、刺激性毒剂、窒息性毒剂和全身中毒性毒剂。

神经性毒剂的毒害作用是伤害神经系统，如沙林（GB）、塔崩（GA）、梭曼（GD）、维埃克斯（VX）等。神经性毒剂可通过呼吸道、眼睛、皮肤等进入人体，并迅速与胆碱酶结合使其丧失活性，引起神经系统功能紊乱，出现瞳孔缩小、恶心呕吐、呼吸困难、肌肉震颤等症状，重者可迅速致死。

糜烂性毒剂能严重破坏机体组织细胞，造成呼吸道黏膜坏死性炎症、皮肤糜烂、眼睛刺痛、畏光甚至失明等。这类毒剂渗透力强，中毒后需长期治疗才能痊愈。如芥子气（H）、路易斯气（L）等。

失能性毒剂能使人神经错乱，处于昏睡状态，失去正常活动能力。如毕兹（BZ），该毒剂为无臭、白色或淡黄色结晶；不溶于水，微溶于乙醇；战争使用状态为烟状。主要通过呼吸道吸入中毒，中毒症状有瞳孔散大、头痛并出现幻觉、思维减慢、反应呆痴等。

刺激性毒剂是一类刺激眼睛和上呼吸道的毒剂，按毒性作用分为催泪性和喷嚏性毒剂两类。催泪性毒剂主要有氯苯乙酮、西埃斯，喷嚏性毒剂主要有亚当氏气。刺激性毒剂作用迅速强烈，中毒后，出现眼痛流泪、咳嗽喷嚏等症状，通常无致死的危险。

窒息性毒剂是能损害呼吸器官，引起急性中毒，从而造成窒息的一类毒剂。如光气、氯气、双光气等。

全身中毒性毒剂是一类破坏人体组织细胞氧化功能，引起组织急性缺氧的毒剂，如氢氰酸、氯化氢等。以氢氰酸为例，氢氰酸是氰化氢（HCN）的水溶液，有苦杏仁味，可与水及有机物混溶，战争使用状态为蒸气状，主要通过呼吸道吸入中毒，其症状表现为恶心呕吐、头痛抽风、瞳孔散大、呼吸困难等，重者可迅速死亡。第二次世界大战期间，德国法西斯曾用氢氰酸等毒剂残害了集中营里 250 万战俘和平民。

化学武器虽然杀伤力大，破坏力强，但由于使用时受气候、地形、战情等因素的影响而具有很大的局限性，而且，同核武器和生物武器一样，化学武器也是可以防护的，其防护措施主要有探测通报、破坏摧毁、防护、消毒、急救等。化学武器的使用给人类及生态环境造成极大的灾难，从它首次被使用以来就受到国际舆论的谴责，被视为一种暴行。多年来人们一直在为禁止使用这种残忍的杀人武器而不懈奋斗。1925 年在日内瓦签订的《关于禁用毒气或类似毒品及细菌方法作战协定书》和1993年在巴黎签订的《禁止化学武器公约》是有关禁止使用化学武器的最重要、最权威的国际公约，人们非常希望能够彻底抛弃这一大规模毁灭性武器。

第七节　化学学科的发展趋势

一、从物质的微观和宏观结构上双向探索

化学为认识客观世界的多层次结构提供了理论、方法和手段。从20世纪开始，一方面，化学深入分子和原子内部，研究其中的核外电子运动规律、化学键理论、结构和方法，掌握其变化规律和特征，并向微观方向深入研究，形成了核化学和基本粒子化学等许多前沿领域。例如在原子和分子水平上，生物学可以分享化学已经建立的全部原理，生命科学中很多问题已经成为化学和生物学的共同研究对象。另一方面，化学向物质结构层次的宏观方向发展，掌握从单原子或单分子到其聚集体以及宏观物质的多层次多尺度的变化规律和特征，深入研究分子或离子之间的多层次相互作用力、物质结构与性能之间的关系和规律，特别重视功能性新物质的合成制备。化学向宏观方向的发展也产生了一系列的新兴学科，如高分子化学、凝聚态化学、地球化学和宇宙化学等。凝聚态化学是现代化学前沿的一个重要组成部分，重点研究凝聚态的物理化学性质与化学组成、微观结构和化学反应之间的关系及有关材料的应用。该前沿领域与量子化学、结构化学等密切相关。

化学在研究物质各个层次中所产生的各分支学科，在各自发展过程中又相互渗透、相互促进，许多新的边缘学科和交叉学科又在不断地形成。

二、在多学科交叉融合的领域中开拓

化学与其他学科的交叉融合导致了一系列跨学科研究领域的出现。从19世纪开始，化学家和物理学家开始认识到，物理运动和化学运动是难以截然分开的，只有把二者有机地结合起来，才能比较满意地解释化学现象和物理现象，这就导致了物理化学分支学科的诞生。从此以后，化学和物理学的关系日益密切，二者交叉融合的领域越来越多。例如，今天的分析化学和分析物理已很难区分。在化学与物理的交叉融合中，新的化学研究领域不断出现，如量子化学、分子动力学、催化化学、力化学等。

最近生命科学和计算机科学的迅速发展，对化学产生了深远的影响，也给化学学科提出新的研究课题和机遇。如正在形成中的生命化学，则比生物化学有着更多、更复杂的内容。生命化学更需要多学科的交叉融合，它不仅研究化学运动、物理运动与生命运动的联系，而且还要研究它们与社会行为和思维活动的联系。如其中的脑化学就是重点研究思维运动与化学运动的关系和规律的一门前沿学科。

化学与其他学科的广泛交叉融合，直接促进了许多新兴和交叉学科的产生和发展。

另外需要指出，即使是传统的无机化学、有机化学、物理化学和分析化学，它们在继续发展的同时，也在逐步趋向综合。如C_{60}的发现已使无机化学和有机化学的传统分界消失了。

三、重视创新研究，创造新物质、新方法、新理论

当代化学研究具有如下特点：① 微观与宏观相结合。在深入研究分子、原子层次的运动规律和深刻揭示微观结构与其宏观性能关系的规律的基础上，掌握化学变化的本质和结构与物性的关系。② 静态与动态相结合。如经典化学热力学只研究平衡态和封闭体系或孤立体系，然而对处于非平衡态的开放体系的研究更具有实际意义。③ 体相与表相相结合。在多相体系中，化学反应总是在表象上进行，随着测试手段的进步，化学将深刻了解表相反应的实际过程，推动表面化学和多相催化的发展。④ 理论与应用相结合。应用化学是基础化学和化学工业之间的桥梁，是化学理论向生产力转化的中介。化学工业能在化学和其他相关学科基础上实现物质和能量的传递和转化，解决规模生产的方式和途径问题。正是由于化学处在这种多层次、多尺度、多学科的相互渗透、相互联系的研究过程中，新物质、新理论和新方法如雨后春笋般不断涌现，使化学前沿更加丰富多彩。

二维码 4-10
微信扫码，看相关视频

总之，化学既是一门基础理论学科，又是一门重要的应用学科。化学在不断耕耘元素周期系的同时，为人类认识客观世界的多层次结构提供了理论、方法和手段，为人类改造自然创造了广阔天地。

本章思考题

1. 简述化学的研究对象及其在社会发展中的作用和地位。
2. 化学的基本原理有哪些？简述其内容。
3. 简述化学发展史的四个时期的特点。
4. 如何正确评价燃素学说？
5. 化学在自然科学的分类中属一级学科，它的二级分支学科有哪些？
6. 什么是一次能源和二次能源？举例说明。
7. 简述化学与材料的关系。
8. 简述药物化学前沿研究的基本内容。
9. 化学正在两个方面上进行新药的开发，概述其主要内容。
10. 什么是环境污染？为什么说环境保护是一个系统工程？
11. 结合实际谈谈化学在环境保护中的作用。
12. 绿色化学的 12 项原则是什么？
13. 举例证实“现代战争如果没有化学工业，战争就无法进行下去”。
14. 什么叫作化学武器？化学武器有什么特点？
15. 概述化学学科的发展趋势。

第五章　人类赖以生存的环境——环境科学

自 20 世纪 50 年代以来，发达国家在工业迅速发展的同时，带来的环境污染问题也引人注目，而发展中国家因人口迅速增长与经济发展迟缓同样带来严重的环境问题。据研究显示，全球每年有超过 300 万 5 岁以下儿童因日益恶化的环境而死亡，2012 年全球有 700 万人因空气污染死亡。美国康奈尔大学的科学家研究认为，现今全球大约 40%的死亡病例应归咎于环境因素（如污染、气候变化、人口剧增和新生疾病等）。尽管在过去 30 多年中，国际社会在环保领域取得了一定成绩，但全球整体环境状况还在持续恶化，诸如大气污染、全球气候变暖、臭氧层损耗、水域污染、淡水资源枯竭、森林锐减、土地荒漠化、水土流失、生物多样性锐减、资源短缺、固体废弃物堆积成灾等一系列的环境问题正使人类面临着空前的挑战。

全球环境的持续恶化最终导致了环境科学和生态学的大发展。当前，不仅自然科学和工程技术科学涉足这个领域，社会学、经济学与法学等社会科学部门也把环境问题列入日程，现在，“生态环境”和“环境保护”已成为公众最为关心的时髦议题。而正是由于人类对环境与发展的认识水平的提高，人口、资源、环境与发展（population，resource，environment and development，PRED）成了当今世界最为关注的主要问题之一。

二维码 5-1
微信扫码，看相关视频

第一节　环境和环境问题

一、环境的概念

环境是指某一事物周围一切要素的总和。环境具有一定的相对性，通常人们以人类作为中心，而其周围一切要素的总和即构成人类的环境。

一般来说，人类的环境有别于其他生物的环境，它由社会环境、自然环境与人工环境三个部分组成。社会环境是指人类社会制度等上层建筑条件，包括社会的经济基础、城乡结构以及与各种社会制度相适应的政治、经济、法律、宗教、艺术、哲学的观念和机构等。自然环境是人类出现之前就存在的，是人类目前赖以生存、生活和生产所必需的自然条件和自然资源的总称，即阳光、温度、气候、空气、水、岩石、土壤、动植物、微生物等自然因素的总和。人工环境则是人类在利用和改造自然环境中创造出来的。严格地说，当今地球上没有受到人类活动影响的自然环境可以说是极为罕见的，绝大部分的原野已被改造成了农田、牧场、林场和旅游休闲地，自然环境往往因为兴建工厂、矿山、各种建筑以及交通、通信设备等而得到改造。需指出的是，人工环境与自然环境一样具有非常广大的范围，当前已涉及地球表层的大气圈、水圈、土壤圈、岩石圈和生物圈，其向上可达大气圈对流层顶部，向下可至岩石圈底部。

二、环境问题及其发生与发展历程

1. 环境问题

所谓环境问题，是指全球环境或区域环境中出现的不利于人类生存和发展的各种现象。环境问题大致可分为两类，即原生环境问题和次生环境问题（表 5-1）。一般地说，人们将由自然力引起的环境破坏称为原生环境问题，如火山喷发、地震、台风、干旱等多为原生环境问题；而由于人类的生产和生活活动引起生态系统破坏和环境污染，反过来又危害人类自身生存和发展的现象则是次生环境问题。次生环境问题包括生态破坏、环境污染与干扰等方面，目前人们讨论得最多的环境问题多指次生环境问题。

表 5-1　环境问题的分类

<table>
<tr><td rowspan="5">环境问题</td><td colspan="3">内　容</td></tr>
<tr><td>原生环境问题</td><td colspan="2">火山、地震、台风等</td></tr>
<tr><td rowspan="3">次生环境问题</td><td>生态破坏</td><td>水土流失、沙漠化、盐渍化、物种灭绝</td></tr>
<tr><td>环境污染</td><td>水污染、大气污染、土壤污染等</td></tr>
<tr><td>环境干扰</td><td>噪声污染、振动污染、电磁波污染、热污染等</td></tr>
</table>

生态破坏是指人类活动直接作用于自然生态系统，造成生态系统的生产能力显著减少和结构显著改变，从而引起的环境问题。如过度放牧引起的草原退化、滥采滥捕造成的珍稀物种灭绝和生态系统生产力下降、植被破坏引起的水土流失等。

环境污染与干扰则指人类活动的副产品和废弃物进入自然界后，对生态系统产生一系列扰乱和侵害，并由此引起的环境质量恶化又反过来影响人类自己的生活质量。其中环境污染多指由物质排放造成的直接污染，如工业“三废”和生活“三废”；而环境干扰是指由于物质的物理性质和运动性质引起的污染，如热污染、噪声污染、电磁污染和放射性污染等。

环境问题自古以来就有，当代的“八大公害”事件是环境问题，古代物产丰饶、灌渠纵横的西亚美索不达米亚平原沦为沙漠也是环境问题。所不同的是古代世界人口数量少，技术水平低，生产规模较小，所产生的环境问题较为局部；而现代世界人口数

二维码 5-2
微信扫码，看相关视频

量庞大，改造与征服自然的能力大大增强，使得环境问题更具有全球性。因此，相对古代而言，当代的环境问题在影响范围、影响力等方面都大大增强。一般认为，当代对人类威胁最大的主要有十大环境问题：① 全球气候变暖；② 臭氧层的耗损与破坏；③ 生物多样性减少；④ 酸雨蔓延；⑤ 森林锐减；⑥ 土地荒漠化；⑦ 大气污染；⑧ 水污染；⑨ 海洋污染；⑩ 固体废弃物污染。

2. 环境问题的发生和发展历程

环境问题和人类的诞生与发展几乎是同步的，但环境问题的规模、性质和特点在人类发展的各阶段有所不同，总体来说，环境问题的发展历史大致可以分为四个阶段。

（1）采集狩猎社会阶段的环境问题

采集狩猎社会是指从人类产生到原始农业出现以前（距今大约 300 万年到 1 万年）的阶段，相当于旧石器时代。采集狩猎社会是人类历史长河中延续最长的一种社会形态，当时人类仅是自然生态系统中的一个普通成员和食物链中的一个普通环节，和其他生物物种并无多大的区别。人类使用最简单的石块和木棒进行采集狩猎活动，生存资源仅限于自然产品，人们只是靠采集天然的植物果实以及捕鱼、狩猎为生，对食物生产的干预甚微，产品消费过程中所产生的废弃物也是自然界完全能够吸收的东西，人类活动的目的是适应不同的生存环境。该阶段人类与环境是和谐的，其基本的环境问题是自然灾害对人类生存环境的破坏。

（2）原始农业社会阶段的环境问题

距今大约 12000 年到 5000 年，属原始农业社会阶段，相当于新石器时代。该阶段中的最初人类生产活动仅仅是对自然的模仿。所谓耕作或种植，不过是将种子撒在地里，任其自然生长，待成熟以后再来收取果实而已。其后又发明了先用石斧、石锛等工具将树砍倒，再放火烧荒的刀耕火种方法。从本质上讲，以刀耕火种为主的耕作方法并不能对自然系统造成较大的干扰，也不会在生产过程中产生自然系统不能吸收的废物。由于生产技术和生产工具简陋，当时人类生产的食物数量仍然有限，极低的消费水平和较小的人口规模决定了原始农业社会的消费结构对自然系统的压力不会超过自然系统的承载极限，人类与环境的关系基本是和谐的，基本的环境问题也是自然界各种自然灾害对生存环境的破坏。

（3）传统农业社会阶段的环境问题

此阶段从 5000 年前一直延续到产业革命前，相当于青铜器时代和铁器时代。在该阶段，人类开始利用土地、生物、陆地水体和海洋等自然资源。由于生产力水平的提高，人口数量逐步增加，人类的种群开始迅速扩大，人类社会需要更多的资源，于是便开始出现垦荒、兴修水利工程等改造活动，并引起严重的水土流失、土壤盐渍化或沼泽化等问题。这一时期，部分地区开始出现严重的环境问题，主要是生态退化。较突出的例子是美索不达米亚平原由于不合理的开垦和灌溉而变成了不毛之地。在我国，曾经森林广布、土地肥沃的黄河流域经西汉和东汉时期的两次大规模开垦，森林骤减，水源得不到涵养，造成水旱灾害频繁发生，水土流失严重，给后代造成了不可弥补的损失。但总的来说，这一阶段的人类活动对环境的影响还是局部的，环境问题也局限于土壤圈，还没有达到影响整个生物圈和大气圈的程度。

（4）工业社会以来的环境问题

此阶段从工业革命开始持续至今。工业革命以来，人类社会的生产力大大提高，人类开始以空前的规模和速度开采和消耗能源及其他自然资源，城市化进程也加快。这一阶段的环境问题主要是与工业和城市同步发展的城市环境问题及环境问题的全球化影响，表现为人口和工业密集，燃煤量和燃油量剧增，城市开始饱受空气污染、水污染和垃圾污染之苦，而酸雨、臭氧层破坏和全球变暖等全球性环境问题也开始出现。这一阶段环境问题的特征是：在全球范围内出现了不利于人类生存和发展的征兆，城市环境问题和生态破坏日益严重，一些国家的贫困化愈演愈烈；水资源短缺在全球范围内普遍发生，其他资源也相继出现将要耗竭的信号。这一切表明，该阶段生物圈对人类社会的支撑已接近它的极限，同时，环境问题的影响范围已渗透到整个土壤圈、生物圈、水圈、岩石圈和大气圈。

第二节　环境科学及其学科构成

一、环境科学的诞生

人类在长期与环境的共存与斗争中逐渐认识了环境并建立了人类的环境观。人类环境观建立的基础是自然科学和社会科学的综合知识，它随着社会与科学的发展而改变。人类的环境观决定了人类对环境的态度并制约着人类在生产和生活中的行为。历史上人类的环境观主要有天命论、地理环境决定论、征服论和协调论四种环境观。

微信扫码，看相关视频

尽管人类自远古时代就有了对环境的认识，并逐步发展了人类的环境观，然而将环境观系统化并用科学的态度来研究环境，却是20世纪70年代的事。1972年在斯德哥尔摩首次为环境问题召开的国际会议通过了《联合国人类环境会议宣言》，呼吁各国政府和人民要为维护和改善人类环境，造福全体人民，造福后代而共同努力。

微信扫码，看相关视频

自工业革命开始至20世纪60年代，全球出现了十分严重的环境问题，特别是发生在20世纪30年代至60年代间的“八大公害”事件给发达工业国家敲响了警钟（表5-2），也促使不同学科领域的科学工作者开始投身到环境保护的科学研究工作中去，经过较长时期的研究和总结，终于在20世纪70年代初初步形成和产生了一门年轻的新兴学科——环境科学。

表 5-2 20 世纪 50 年代前后出现的“八大公害”事件

事件名称	时间、地点	污染源	主要危害
马斯河谷烟雾	1930 年 比利时马斯河谷	工厂排放的含有烟尘及 SO_2 的废气蓄积于长条形深谷空气中	呼吸道发病，约 60 人死亡
多诺拉烟雾	1948 年 美国宾夕法尼亚洲多诺拉镇	炼锌、钢铁、硫酸等的工厂排放的含烟尘及 SO_2 的废气蓄积于马蹄形深谷中	呼吸道发病，死亡 20 多人，患病约 6000 人
伦敦烟雾	1952 年 伦敦	含烟尘及 SO_2 的废气	呼吸道发病，5 天内 4000 多人死亡
光化学烟雾	每年 5 月至 11 月 洛杉矶	汽车排放的含 NO_x、CH_x 尾气在一定条件下形成光化学烟雾	刺激眼、喉，引起眼病、喉头炎、头痛
四日事件	1970 年 日本四日市	炼油厂排放的含 SO_2、煤尘、重金属粉尘的废气	800 多人患哮喘病，死亡数十人
骨痛病	1931 年 日本富山县	锌冶炼厂排放的含镉废水	骨折，患者 200 多人，多人因不堪痛苦而自杀
水俣病	1953 年 日本熊本市水俣湾	化工厂排放的含汞废水，形成甲基汞	中枢神经受伤害，听觉、语言、运动失调，死亡 200 多人
米糠油事件	1968 年 日本北九州市	米糠油中残留多氯联苯	死亡 10 多人，中毒 1 万余人

需指出的是，环境科学虽然是一门正在不断发展、不断完善的年轻学科，但其发展速度却非常迅速：一方面是日益恶化的环境迫使各国政府投入大量人力、物力、财力来开展环境保护研究；另一方面是各国家和地区要实现人类社会的可持续发展，必须依靠环境科学作为其行动纲领的指南。两方面原因共同促进了环境科学的发展。

现在，全世界对环境问题都非常重视，相继采取各种措施来阻止环境的恶化。1972 年在斯德哥尔摩召开的联合国人类环境会议就是全球环境保护运动的第一座里程碑，会议发表的人类环境宣言唤醒了世人的环境意识，使人们开始认识到环境问题的严重性。但是，这次会议更多的是从环境污染的角度来讨论环境保护，未能把环境问题与社会经济发展联系起来。1992 年在巴西里约热内卢召开了联合国环境与发展大会，成为世界环境保护运动的第二座里程碑。全世界 183 个国家和地区走到一起，本着合作的精神和共同的责任感，共同探讨解决全球环境与发展问题的方法。1997 年 12 月，149 个国家和地区的代表在日本东京召开《联合国气候变化框架公约》缔约方第三次会议，并通过了旨在限制发达国家温室气体排放量以抑制全球变暖的《京都议定书》，进一步为全球环境的改善与区域经济发展的具体措施进行了规范，现在，国际社会一直在为《京都议定书》内容的落实而做不懈的努力。2014 年 12 月 9 日，正在秘鲁首都利马出席《联合国气候变化框架公约》第 20 轮缔约方会议（COP20）的中国政府代表表示，2016—2020 年中国将把每年的二氧化碳排放量控制在 100 亿吨以下。

当然，我们也应注意到，环境科学的发展是任重而道远的，人类环境意识的改善也不是一朝一夕就能完成的。虽然 20 世纪 30 年代至 60 年代的“八大公害”事件给了人们深刻的教训，使人们开始关注环境，但人们对环境的重视程度还远远不够，往往是“好了伤疤忘了痛”，以至于新的环境问题还在不断发生。20 世纪 80 年代后相继发生意大利塞维索化学污染事故、三里岛核电站泄漏事故、墨西哥液化气爆炸事件、博帕尔农药泄漏事件、切尔诺贝利核电站泄漏事故、福岛核电站事故、瑞士巴塞尔赞多兹化学公司莱茵河污染事故、全球大气污染和非洲大灾荒等“新八大公害”事件。我国环境灾害事件也频繁发生，例如北方雾霾、上海松江死猪事件、河南污水灌溉麦田、青岛输油管道爆炸事件、河北钢铁公司大气污染等一系列环境问题造成的污染事故。

二、环境科学的研究内容及主要任务

环境科学是一门研究人类社会发展活动与环境演化规律之间相互作用关系，寻求人类社会与环境协同演化、持续发展途径与方法的科学。

一般来说，一门科学的诞生，不仅取决于社会的需要，而且也取决于它是否有特定的研究对象和研究任务。环境科学是以人类-环境系统为其特定的研究对象，它是研究人类-环境系统的发生和发展、调节和控制以及改造和利用的科学。其主要研究内容包括：① 人类与环境的关系；② 污染物在自然环境中的迁移、转化、循环和积累的过程和规律；③ 环境污染的危害；④ 环境状况的调查、评价和环境预测；⑤ 环境污染的控制和防治；⑥ 自然资源的保护和合理使用；⑦ 环境监测、分析技术和预报；⑧ 环境区域规划和环境规划；⑨ 环境管理。

环境科学的主要目的就是揭示人类与环境这一对矛盾的实质，研究二者之间的辩证关系，掌握其发展规律，调控二者之间物质、能量与信息的交换过程，寻求解决矛盾的途径和方法，以求人类—环境系统的协调和持续发展。因此，环境科学的主要任务应包括：① 了解人类与环境的发展规律；② 研究人类与环境的关系；③ 探索人类活动强烈影响下环境的全球性变化；④ 开发环境污染防治技术与制定环境管理法规。

三、环境科学的分支学科

环境科学是一门新兴的学科，而且还处在蓬勃发展之中，对环境科学的学科体系迄今尚未有一致的看法。尽管如此，由于环境问题的重要性与综合性，自然科学、社会科学和工程科学的许多部门都已积极参加环境科学的研究（图 5-1）。而环境科学在不同学科领域知识体系的相互渗透和相互交叉中又形成了许多边缘学科和分支学科（图5-2）。在环境科学的分支学科中，环境学是其核心组成部分，其他属于自然科学方面的有环境地学、环境生态学、环境化学、环境物理学和环境医学等；属于社会科学方面的有环境法学、环境经济学和环境管理学等；属于工程科学方面的有环境工程学等。

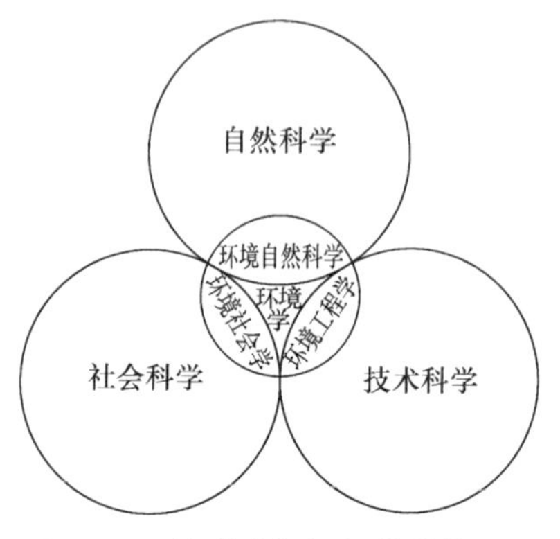

图 5-1　环境科学与相邻学科关系

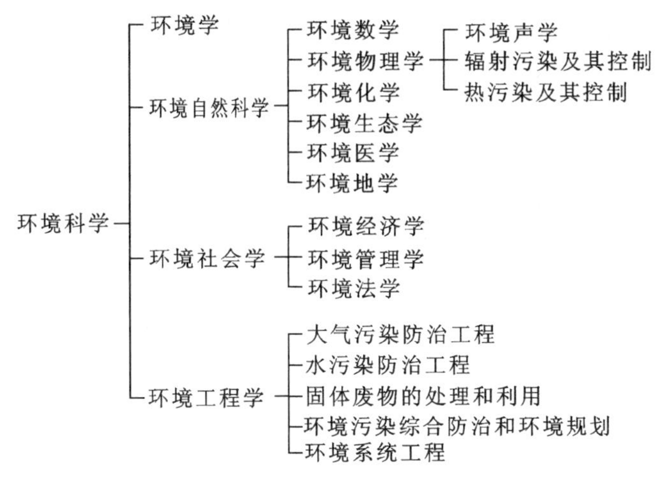

图 5-2　环境科学不同分支学科的关系

环境科学主要是运用自然科学、社会科学与工程技术的有关学科理论、技术和方法来研究环境问题。不同分支学科的研究内容涉及环境污染形成机理、环境背景值、环境评价、环境容量、自然资源保护、环境监测、环境污染控制、环境规划、清洁生产及污染预防、环境政策等诸多方面，但不同分支学科的侧重点各有不同。

环境学：这是环境科学的核心，着重于对环境科学基本理论与方法论的研究。

环境地学：以人—地系统为对象，研究地理环境和地质环境的组成、结构、性质和演化，特别是人类活动对地理和地质环境的影响以及地理和地质环境的变化对人类的影响。其较成熟的二级分支学科有环境地质学、环境地球化学、环境地理学、环境海洋学、环境土壤学、污染气象学等。

环境生态学：研究生物与受人类干预的环境之间相互作用的机理和规律，它以生态系统为研究对象，在宏观上研究污染物在生态系统中的迁移、转化和归宿，以及其对生态系统结构和功能的影响；在微观上研究污染物对生物的毒理作用和遗传变异影响的机理。环境生物学有两个主要研究领域：污染生态学和自然保护学。

环境化学：鉴定与测量化学污染物在环境中的含量，研究其赋存形态、迁移和转化规律，研究污染物无害化处理与回收利用的机理等。其二级分支学科有环境分析化学和环境污染化学等。

环境物理学：主要研究声、光、热、电磁场和放射性等物理环境对人类的影响，探讨消除其不良影响的技术途径与措施。由此又分化为环境声学、环境光学、环境热学、环境电磁学、环境空气动力学等二级分支学科。

环境医学：是研究环境与人群健康相关关系的学科。主要从医学角度出发研究环境污染对健康的影响和危害，包括探索污染物影响健康的作用机理，查明环境致病因素和致病条件，阐明污染物对健康损害的早期反应和潜在的远期效应等。

环境法学：研究保护自然资源和防治环境污染的立法体系、法律制度和法律措施。

环境经济学：研究经济发展和环境保护之间的相互关系，探索合理调节经济活动和环境之间物质交换的基本规律，使经济活动取得最佳经济效益与环境效益。

环境管理学：研究采用行政、法律、经济、教育和科学技术等各种手段调整社会经济发展同环境保护之间的关系，处理国民经济各部门、各社会集团和个人有关环境问题的相互关系，通过全面规划和合理利用自然资源，达到保护环境和促进经济发展的目的。

环境工程学：环境工程学是运用工程技术的原理、方法和手段，研究保护和合理利用自然资源、防治环境污染、改进环境质量的学科。

总之，环境科学仍处在发展阶段，其理论基础与研究方法也在日趋成熟，环境科学的各分支学科虽各有特点，但彼此之间又互相渗透、互相依存、互相促进，这种发展趋势终将使环境科学拥有一个完整的科学体系。

四、环境科学的研究方法

1. 科学实验法

科学实验是现代环境科学研究的一种强有力的手段，除极少数的纯理论研究外，没有环境科学实验，就无法从事环境研究活动。科学实验的主要目的是通过控制实验、模拟实验、过程实验等实验方法和手段研究自然环境中物质、能量的交换规律，探讨环境各要素相互作用过程及其相互作用机理，从而找到解决环境问题的有效途径。例如，人们在发现污水排放经过一定时间后会出现 COD 浓度降低、水质变好这种现象后，推测可能有某种（群）生物在废水中活动，其后，人们通过实验找到了能够降低废水 COD 浓度的微生物，由此产生了废水处理的活性污泥法等一系列环境生物技术。

2. 系统论的方法

系统论方法是环境科学研究的有效方法之一，这是因为环境具有一定的系统性和整体性特征，且环境污染又是一个极其复杂的、涉及面相当广泛的问题，而系统论可以在对一个系统的信息并未彻底弄清的情况下研究这个系统，并预测该系统在某些参数变化时所产生的变化。系统论方法主要是用数学概念与方法，概括事物结构的整体，舍弃其特定的性质与用途，深入研究其结构和因果关系上的共性，得到具有普遍意义的结果。其核心问题是可预测性、可观察性、可控制性、稳定性和最佳方案设计等。

3. 模型法

用模型法模拟实际环境状态也是研究环境科学的主要方法。它通过建立模型，能够把复杂的环境系统中各因素之间的数量关系和动态机理较为清晰地表现出来，使人们能把握环境问题的主要方面和内在规律。

第三节　地球各圈层的主要环境问题

环境科学的最终目的是要解决地球上危害人类生活及生存的一系列环境问题，而由于地球上的环境问题已渗透到地球各个圈层，因此，环境科学也直接面临着来自大气圈、岩石圈、土壤圈、水圈和生物圈的各种环境问题的挑战。

一、大气圈及其主要的环境问题

大气圈就是指包围着整个地球的空气层，它是由气体和悬浮物组成的复杂流体系统。其低层大气的主要成分是氮气和氧气，此外还有惰性气体、二氧化碳及甲烷等微量气体。

地球的大气圈是地球各圈层（主要是生物圈）之间相互作用而形成的。生物圈各组分与大气之间保持着十分密切的物质与能量的交换，它们从大气中摄取某些必需的成分，经过光合作用、呼吸作用和其残体的好气或厌气分解作用，又把一些气体释放到大气中去，使大气组分保持着一个精巧的平衡。

自工业社会以来，大气组分的这种平衡已经遭到严重破坏，并给人类乃至整个生物圈带来了灾难性的后果。现在，大气污染、温室效应增强、臭氧层破坏和酸雨等已经成为当代全球大气圈的主要环境灾害。

1. 大气污染

工业排放的大量废气进入大气层后必然造成大气污染，而大气被污染后，污染物不仅可通过呼吸、食物与饮水进入人体，也可以通过皮肤接触经毛孔进入人体，因此，大气污染对人体健康危害极大。

历史上曾发生过多起人类因大气污染而中毒的恶性事件，最典型的是1952年12月伦敦烟雾事件。当时大气中SO_2的浓度高达$3.5 mg/m^3$，颗粒物浓度高达$4.5 mg/m^3$，加之低空出现逆温层，污染物无法扩散。仅在烟雾最严重的一周之内，伦敦地区死亡人数即达4703人。

我国也曾发生过严重的大气污染事件。2003年12月23日，地处我国重庆市开县高桥镇的川东北气矿16号井发生特大井喷事故，由井内喷射出的大量含有剧毒硫化氢的天然气四处弥漫，造成243人死亡，2142人的呼吸系统及眼睛遭到不同程度的伤害，大批牲畜死亡，此次灾难造成的直接经济损失高达6400余万元，而由毒气后遗症所造成的损失目前还无法完全估算出来。

2. 温室效应增强

温室效应，又称“花房效应”，是大气保温效应的俗称。大气能使太阳短波辐射到达地面，但地表向外放出的长波热辐射线却被大气吸收，这样就使地表与低层大气温度增高，因其作用类似于栽培农作物的温室中的温度效应，故名温室效应。假若没有大气层，就不存在温室效应，那么地球表面的平均温度不会是现在适宜的15℃，而是十分低的−18℃；反之，若大气层增厚，温室效应就会不断加强，地球表面的温度也必将持续升高。

自工业革命以来，人类活动排放出大量二氧化碳和氮氧化物等气体进入到大气层，这些气体具有吸热和隔热的功能，使太阳辐射到地球上的热量无法向外层空间发散，造成大气的温室效应增强。

温室效应增强具有极大的危害。首先它可导致全球气温迅速上升，而气温上升又可引起冰川消融、海平面升高，从而引发一系列重大的环境灾害。据研究，在过去的一个世纪中，海平面平均上升了10厘米～20厘米，而根据目前全球变暖的进度，预计到2075年海平面将上升30厘米～200厘米。海平面升高将淹没大量耕地，给居住在沿海地区约占全球人口50%的人们带来严重的影响，而大洋中的部分岛国甚至不复存在。

此外，温室效应增强还可引起全球自然带发生变迁，据估计，若气温升高1℃，北半球的气候带将平均北移约 100 千米；若气温升高 3.5℃，则会向北移动 5 个纬度左右。其结果是：中纬度地区将变得更加干燥，到处都可能出现干燥的土壤和灼热的阳光，热带面积将持续扩大，寒带面积逐步减少；半干旱地区的降雨量可能进一步减少；热带潮湿地区的气候可能变得酷热而且干燥，热带风暴将变得更加频繁和更加严重。

3. 臭氧层破坏

臭氧层存在于距地表 20 千米～50 千米的平流层中，浓度最大值通常出现在 20 千米～25 千米的高度。臭氧层气体非常稀薄，即使最大浓度处，臭氧与空气的体积比也只有百万分之几，若将它折算成标准状态，臭氧的总累积厚度一般只有 0.03 米左右。然而，臭氧层对地球上生命的重要性就像氧气和水一样，如果没有臭氧层这把“保护伞”的保护，到达地面的紫外线辐射就会达到使人致死的强度，地球上的生命就会像失去氧气和水一样遭到毁灭。

20 世纪 80 年代中期，科学家首先发现在南极上空存在一个臭氧层空洞。1998 年 9 月中旬到 12 月中旬，南极上空臭氧层空洞的面积达到 2500 万平方千米，是观测史上最大的臭氧层空洞，而且持续时间也最长。目前，南极上空臭氧层空洞已达到 2820 平方千米，这一数字在 1991 年以来的数据中排名第四。专家们认为，导致臭氧层空洞出现是人类大量使用氯氟烃化学制品（冰箱、空调的制冷剂）而引起的恶果。臭氧层在历经多年之后正在恢复，科学家把这种积极变化归功于全球对某些制冷剂、发泡剂的限制使用上，同时，这也说明只要全球行动，人类是可以扼制或者延缓生态危机的。

臭氧层被破坏对地球上的动植物均可产生不利影响。据估计，如果大气中的臭氧量下降 10%，则紫外线辐射强度有可能增加 20%，人类皮肤癌患者也会增加 20%～30%。其次，过量紫外线辐射还可限制植物的正常生长，使叶绿素的光合作用能力下降 20%～30%，造成主要农作物的减产，进而威胁人类的生存。此外，过量紫外线辐射还会引起海洋生物的大量死亡，进而影响食物链，造成某些生物的灭绝。

4. 酸雨

酸雨最早是由英国化学家史密斯在 19 世纪中叶发现的。酸雨的形成是人类活动向大气层排放大量的硫、氮氧化物造成大气环境酸化所致。20 世纪 70 年代初，酸雨还只是局部问题，但目前酸雨已经广泛地出现在北半球，成为当今世界面临的主要环境问题之一。

酸雨对环境的危害极大。它可以毁坏土壤，导致农作物产量与品质下降；可以毁坏植物根叶，使植物无法获得充足的养分而枯萎、死亡；可以导致淡水生态系统改变，引起淡水生物死亡；可以使建筑物遭到腐蚀，造成人类经济、财物及文化遗产的损失；酸雨甚至还可以通过直接刺激人类的各种器官，威胁人体健康。

当前，全世界酸雨最严重的地区分布在北欧、西欧、美国东北部以及加拿大等广大地区，这些地区的酸雨已成为大气污染的主要特征。20 世纪 80 年代以来，亚洲的日本和中国也出现不同程度的酸雨危害，有些地区 pH 已接近欧美的污染值。据 1985 年—1986 年中国环境监测总站提供的 189 个测站 2 万多个降水样品测定的结果，如果以 pH 小于 5.6 作为判断酸雨的标准，那么中国 53.8%的测站已出现了酸雨，而酸雨样品也达到总样品的 35.2%。

中国酸雨主要分布在秦岭、淮河以南，其中西自四川峨眉山、重庆金佛山、贵州遵义、广西柳州、湖南洪江和长沙，向东直至安徽徽州，形成一条突出的酸雨带，酸雨频率均在90%以上，且其中心区平均降水pH值低于4.0，该酸雨带的pH已和北美、西欧、北欧、日本重酸雨区的pH接近，说明我国这些地区的酸雨污染已达到相当严重的程度。

二、水圈及其环境问题

海洋和陆地上的液态水和固态水构成一个大体连续的圈层并覆盖着地球表面，人们通常称它为水圈，它不仅包括江河湖海中一切淡水和咸水、土壤水、浅层与深层地下水以及两极冰盖和高山冰川中的冰，还包括大气中的水滴和水蒸气。

地球是一个水量极其丰富的天体，其海洋面积占地球总面积的71%，地球上水的总量达1.4×10^9立方千米。可是，地球上能供人类利用的水却不多，因为水圈中淡水只占2.7%，约合3.8×10^7立方千米，且这些淡水中只有1%能直接被人类利用，其余99%的淡水储存在两极冰盖、大陆冰川及深层地下水中，这些淡水难以利用，即使利用起来，其成本也非常高。

人类真正能够利用的淡水资源是江河湖泊和地下水中的一部分，约占地球总水量的0.26%。但就连这0.26%的水资源也处在非常危险的境地，目前几乎所有的江河湖泊水都受到不同程度的破坏和污染，已成为威胁人类生存的严重环境问题之一。全球淡水资源不仅短缺而且地区分布极不平衡。按地区分布，巴西、俄罗斯、加拿大、中国、美国、印度尼西亚、印度、哥伦比亚和刚果9个国家的淡水资源占了世界淡水资源的60%。

上述水体中污染物的来源可分为自然污染源和人为污染源两大类型：自然污染源是指自然界本身具有地球化学异常，并可释放有害物质或造成有害影响的场所。人为污染源指由于人类活动产生的污染物对水体造成的污染，包括工业污染源、生活污染源和农业污染源，它们也是水圈污染物的主要来源。

工业污染源主要是工业废水，它具有量大、面广、成分复杂、毒性大、不易净化、难处理等特点。生活污染源主要是生活中各种洗涤水，一般固体物质小于1%，并多为无毒的无机盐类、需氧有机物类、病原微生物类及洗涤剂。生活污水的最大特点是含氮、磷、硫多，细菌多，污水量具有季节变化规律。农业污染源主要包括牲畜粪便、农药、化肥等。农业污染源具有两个显著特点：一是有机质、植物营养素及病原微生物含量高；二是农药、化肥含量高。

水污染可破坏生态系统，直接危害人类健康，其对环境的影响十分巨大：第一，水污染的环境效应首先表现为对人类健康的损害。水体被污染后，通过饮用或食物链，污染物可进入人体内，使人发生急性或慢性中毒。被砷、铬、铵类、苯并（α）芘等有毒物质污染的水，还可诱发癌症；被寄生虫、病毒或其他致病菌污染的水，会引起多种传染病和寄生虫病；被重金属污染的水，可引起人类发生重金属中毒，严重的可导致死亡。据统计，世界上80%的疾病与水污染有关。第二，水污染对工农业生产影响也较大。工业上使用污水往往会增大设备的腐蚀强度，影响产品质量，甚至使生产不能进行；而农业使用污水，可造成土壤质量下降，农作物减产，产品品质降低，甚至还可危害人畜安全。此外，海洋中的水体污染（如石油污染）后果也十分严重，可造成海鸟和海洋生物死亡。第三，水污染还可促使水体富营养化。当含有氮、磷、钾的生活污水排放至水体后，大量有机物在水中释放出营养元素，可促进水中藻类丛生，植物疯长，造成水体通气不良，溶解氧含量下降，甚至可出现无氧层，最终造成水生植物、鱼类动物大量死亡，而水体进而可演化成沼泽。

三、岩石圈资源危机与环境问题

岩石圈是人类生存环境中最下面的一个圈层，也是地球内部各圈层的最外层。它包括地壳及其上地幔的固体地球部分。

自工业社会以来，人类对矿产资源的需求越来越大，同时对岩石圈的干预作用也愈来愈大。人类通过钻探、采掘、抽取与灌注等作业从岩石圈中获取大量的非再生资源，而矿产资源的过度掘取和不合理的开发利用对岩石圈环境的影响十分巨大，这种影响主要表现为非再生资源的枯竭和资源开发过程中产生的环境灾害。

1. 资源枯竭

非再生资源的开发利用在给人类带来巨大社会进步的同时，其资源量也在不断减小，以至于部分资源已经面临枯竭的状态。以能源资源——石油与天然气为例，截至2017年年底，全球已探明的石油总储量为16966亿桶，探明天然气储量达193.5万亿立方米，然而以目前的开采速度计算，全球石油储量最多可供开采50年，天然气最多可供开采53年。

此外，全球矿物资源也面临同样的问题。美国矿业局在1979年进行过预测，认为全球矿物资源将先后于20年至300年内采完。尽管这种预测常被人指责为悲观主义，但值得注意的是，在技术上和经济上可供开采的矿物资源确实是有限的，而人类的需求却是无止境的，这一矛盾终将导致矿物资源的耗竭。

2. 资源开发利用引起的环境灾害

人类对岩石圈的开发必然对环境产生一定影响，在某些地区，这种影响还相当严重，甚至造成了不良的后果。一般来说，资源开发往往伴随着诸如环境污染、地质灾害等严重的环境灾难。

近20年来，油气资源开发过程中带来的污染等环境问题日趋严重，如世界海洋油气开发史上就发生过多起海洋平台倾覆事故，造成了严重的环境污染。此外，石油运输过程中可能对环境产生污染。如2002年西班牙“威望”号油轮在西班牙西北部海域触礁遇险并断为两截，大约有130万加仑到260万加仑的燃油泄漏，在污染最严重的海域，泄漏的燃油在海面形成38.1厘米厚的油层，使海洋生态环境遭到了严重的污染，造成许多珍贵的海洋生物和濒危鸟类死亡。

煤炭资源开发过程中对环境的污染也非常严重。不仅露天采煤区可形成矿山荒漠，地下开采过程中的采煤废水、煤矸石、采煤废气和粉尘等也均可对环境形成污染。此外，矿山废石堆与尾矿堆可形成矿山荒漠，尾矿堆有时还会坍塌，造成重大事故。如1972年美国西弗吉尼亚州松德附近布法罗溪煤矿的尾矿坝失事，尾矿流入河中，冲垮了九座桥梁和一段公路，造成125人死亡，约4000人无家可归。又如2008年9月8日我国山西临汾市襄汾县塔山矿区废弃尾矿库因受暴雨引起的泥石流冲击而发生溃坝，造成 277 人死亡、4 人失踪、33 人受伤，直接经济损失达 9619 万元人民币。

此外，矿山地下采掘还可引起地面沉降与坍塌。例如美国曾在总共大约 2.8 万平方千米的范围内进行地下采掘，其中 3000 平方千米发生了地面下沉，约占采掘面积的 11%，尤以煤矿所造成的下沉最为严重。尽管采矿造成的地面坍塌只是局部现象，但采空区上往往有居民点或矿山建筑物，因此也常造成生命财产的损失。

四、土壤圈及其环境问题

土地是一切自然资源中最基本的资源。在人类历史长河中，土地资源曾经似乎是无穷无尽的，但第二次世界大战以后，由于人口的急剧增长和城市化进程的加快，非农业用地在不断增加，原有耕地不断被蚕食，耕地不足问题已经开始凸显。进入 20 世纪 90 年代后，全球耕地面积已呈现出明显的下降趋势。目前全球现有耕地总面积约为 14.75 亿公顷，其中人均耕地面积约 0.23 公顷，而我国人均耕地面积甚至只有 0.1 公顷。然而更令人不安的是，有限的耕地还面临着严重的环境问题，其中最主要的环境问题就是土地的退化。

土地退化是指土地资源质量降低，而土地资源的质量通常是以其生物生产力来衡量的，因此，土地退化也就意味着土地的生物生产力降低。总之，土地退化的表现是农田产量的下降或作物品质的降低、牧场产草量的下降和优质草种的减少，而在一般的林地、草原或自然保护区则表现为生物多样性的减少。

土地退化大多是由于人类过度使用所造成的。据统计，截至 20 世纪 90 年代初，全球约 12.3 亿公顷土地（占农用土地的 26%）的退化与人类活动有关。当前全球土地退化较严重的现象主要有土壤侵蚀、土地沙化与荒漠化、盐渍化与水涝、土壤污染等。

1. 土壤侵蚀

土壤侵蚀不完全是人类活动所造成的，在人类出现以前，暴雨、风暴、山洪和林火等都能引起土壤侵蚀。据估算，每年由于天然原因引起土壤侵蚀并进入海洋的物质约为 93 亿吨。近几十年来，人类活动加速了土壤侵蚀，现在每年进入海洋的物质约为 240 亿吨，为天然侵蚀总量的 2.6 倍。当前，水土流失现象已遍及南极洲以外的各大陆，水土流失总面积约占陆地面积的 1/6，其中耕地水土流失更严重，受到不同程度侵蚀的耕地占 1/4 以上。仅就美国而言，据其农业部估计，其国内 1.8 亿公顷的耕地中一半以上有严重的水土流失。

我国水土流失现象也非常严重，据有关部门统计，1950 年全国水土流失面积为 116 万平方千米，根据公布的中国第 2 次遥感调查结果，目前中国的水土流失面积达 356 万平方千米，占国土总面积的 37%，其中水力侵蚀面积达 165 万平方千米，风力侵蚀面积达 191 万平方千米。据统计，中国每年流失的土壤总量达 50 亿吨。长江流域年土壤流失总量为 24 亿吨，其中上游地区年土壤流失总量达 15.6 亿吨，黄河流域、黄土高原区每年进入黄河的泥沙多达 16 亿吨。

2. 荒漠化

荒漠化在我国又称为沙漠化，常出现在干旱区，但在半干旱以至半湿润地区也常有发生。

据统计资料，全世界已受到和可能受到沙漠化影响的土地面积估计为4560万平方千米。其中非洲1665万平方千米，亚洲1523万平方千米，美洲784万平方千米，欧洲23.8万平方千米。非洲是全球沙漠化的重灾区，由于持续的干旱和水灾，非洲的植被严重受损，而人们为了生存，又被迫过度开垦土地，超载利用牧场，最终形成了“贫穷加剧沙漠化，沙漠化又加剧贫穷”的恶性循环。

现在全世界土地沙漠化的速度达每年5万平方千米～7万平方千米，相当于全球现有沙漠面积的1%。全世界农田因沙漠化而导致严重减产乃至失收的面积达15%。1977年全世界受荒漠化影响的人口为5700万人，到1989年上升为2.3亿人，目前，全世界2/3的国家和地区、1/4的陆地面积、约9亿人口受到荒漠化危害，1996年6月17日是第2个世界防治荒漠化和干旱日，联合国防治荒漠化公约秘书处发表公报指出：当前世界荒漠化现象仍在加剧。全球现有12亿多人受到荒漠化的直接威胁，其中有1.35亿人在短期内有失去土地的危险。荒漠化已经不再是一个单纯的生态环境问题，而是逐步演变为经济问题和社会问题，它给人类带来了贫困，使得社会不稳定。到1996年为止，全球荒漠化的土地已达到3600万平方千米，占到整个地球陆地面积的1/4，相当于俄罗斯、加拿大、中国和美国国土面积的总和。全世界每年因荒漠化而遭受的损失达420亿美元，荒漠化也已被公认为当今世界的头号环境问题。

我国是世界上沙漠面积较大、分布较广、荒漠化危害严重的国家之一。中国荒漠化土地面积为262.2平方千米，占国土面积的27.4%，中国荒漠化土地中，以大风造成的风蚀荒漠化面积最大，有160.7万平方千米。据统计，20世纪70年代以来，我国仅土地沙化面积扩大速度，每年就有近2460平方千米，每年因荒漠化危害造成的损失达540亿元。

3. 土壤污染

土壤污染指由于人类活动产生的有害、有毒物质进入土壤，积累到一定程度，超过土壤本身的自净能力，导致土壤性状和质量变化，构成对农作物和人体的影响和危害的现象。

土壤污染主要来源于工业和城市的废水及固体废物、农药、化肥、牲畜的排泄物以及大气污染物（如二氧化硫、氮氧化物、颗粒物等）通过沉降和降水落到地面的沉降物等。

受到污染的土壤，不仅其本身的物理、化学性质发生改变，造成土壤板结、肥力降低、土壤被毒化等，还可以通过雨水淋溶使污染物从土壤转入地下水或地表水，造成水质的污染和恶化。此外，被污染的土壤上生长的作物，在吸收、积累和富集土壤污染物后，可通过食物链将污染物带入人体，最终对人体造成危害。

我国土壤污染总体形势相当严峻，据统计，目前受污染的耕地约有1.5亿亩，约占全国耕地的1/10以上，每年造成的直接经济损失超过200亿元。

五、生物圈及其环境问题

生物圈是指地球上所有生物活动领域的总和，即地球上所有的生物，包括人类及其生存环境的总体。生物圈是地球上最大的生态系统，它包括海平面以上 10 千米到海平面以下 10 千米的范围。

通常在一个正常、成熟的生态系统中，生物种类的组成、各种群的数量比例，以及物质与能量的输入和输出等方面都处于相对稳定的状态。也就是说，在一定的时期内，生产者、消费者和分解者之间处于一种动态平衡状态，系统内的能量流动和物质循环在较长时期内保持稳定，这种状态就是生态平衡，又称自然平衡。

然而在当前生物圈这一最大生态系统中却出现了森林面积减少、牧场退化和生物多样性遭到破坏等一系列环境问题，这些问题必然破坏生态系统的结构和功能，进而破坏生态系统与生态平衡，引起生态失调，甚至造成生态危机，危害人类本身。

1. 森林面积减少

历史上，森林曾覆盖了地球陆地面积的 2/3，然而进入 20 世纪以后，森林面积锐减。目前世界所有林地只占陆地面积的 1/3，共 40 亿公顷，其中 2/3 为密林，1/3 为由阔叶树与草地组成的疏林。

1990 年到 2015 年，全球森林资源面积减少了 1.29 亿公顷。据联合国公布的一份报告，20 世纪 90 年代，全球的森林采伐面积估计每年达 1400 万公顷，但新造林和自然生长的森林增加面积却只有 520 万公顷，因此，每年净损失森林面积达到 880 万公顷。而在过去的 50 年中，印度尼西亚森林面积减少了 1/4。20 世纪初，非洲热带雨林还极其丰富，是仅次于南美洲的世界第二大热带雨林区，森林覆盖率达 60%以上，而现在已不到 10%。

森林减少的主要原因是乱砍滥伐和只伐不植，而砍伐森林的目的是为了取得木材、燃料或耕地。并且现阶段人类社会对这三方面的需求还在增长，因此森林必然还会被大量砍伐。如果继续只伐不植，或多伐少植，则森林资源的衰竭还会加速进行。

2. 牧场退化

牧场是放养家畜和为野生食草动物提供草料的地方。这种地方由于自然条件的限制——气候干燥、寒冷、坡度太陡或岩石裸露等，不适宜雨养农业和集约林业的发展，但宜于放牛、羊等家畜。牧场和森林一样，都是人类重要的自然资源，而草原是最理想的天然牧场。

当前，由于人口的压力，世界各地的牧场都因为过度放牧而发生了不同程度的退化，表现为草群变得稀疏低矮，产草量减少，草质变劣，杂草、毒草增多。退化严重的地方甚至整个自然环境都变坏，引起沙化和盐渍化，其结果是该地区动植物资源遭到破坏。

牧场退化以发展中国家最为严重。非洲多数国家的牧场不仅在退化，而且许多地方已发生荒漠化。中国牧场退化和沙化的情况也不容乐观，内蒙古和青海许多牧场的产草量和 20 世纪 50 年代相比下降了 1/3 至 1/2，而且草群的适口性和营养价值持续变劣。

3. 生物多样性减少

古生物学研究表明，在地球历史上存在过大量的物种，其总数可能达 5 亿种之多，而现存的物种总数估计在 500 万种至 5000 万种的范围内。这就是说，地球上的物种有 90%至 99%已经灭绝。

物种和它的个体一样，也有发生、发展和死亡的过程。古生物学研究发现，物种的平均寿命为500万年，例如鸟类种群的平均寿命为200万年，哺乳类种群的平均寿命为600万年。在最近的2亿年中，每百万年平均有90万种物种消亡，即平均每1.1年灭绝一个物种，因此，物种灭绝应是一种正常的自然现象。

但自从200万年前人类出现以来，物种灭绝的速度明显加快。特别是工业革命以后，随着人口的快速增长与技术力量的增强，物种灭绝速度进一步加快。据统计，1600年全世界有哺乳动物4226种，鸟类8684种，到1970年哺乳动物灭绝了36种，另有120种濒临灭绝；鸟类至少灭绝了94种，另有187种濒临灭绝。另据统计，近2000年来所灭绝的110种兽类和139种鸟类中，约有1/3是19世纪前1800年中灭绝的，1/3是19世纪至20世纪初灭绝的，其余1/3则是近50年内灭绝的。由此可见，物种灭绝有明显加速的趋势。

尤其可虑的是20世纪最后25年，物种灭绝具有飞速发展的趋势。现有资料表明，1975年前后每年灭绝的物种达几百种，到1985年增加到每年几千种，1990年则增至1万种，从1975年至2000年短短25年内，全世界物种损失达50万种～100万种，其中大部分为植物和昆虫，而且大部分未经分类就已灭绝，但它们对人类的价值以及其在生态系统中的作用亦无从估计。2010年是联合国确定的国际生物多样性年。中科院植物研究所所长、国际生物多样性计划中国委员会秘书长马克平认为，由于人类活动的影响，地球也许正在进入第6次生物物种大灭绝时期。甚至有国外学者认为，当代生物物种的灭绝速度比自然灭绝的速度要快1000倍。

第四节　环境影响与环境评价

人类对自然界的干预必然对环境产生影响。而随着科学技术的进步，人类对自然界的影响也在不断扩大，因此，为了实施可持续发展战略，预防人类活动实施后对环境造成不良影响，促进社会、经济、环境协调发展，就必须对人类的行为活动进行约束，而环境影响评价制度就是约束人类行为最有效的手段之一。

一、环境影响与环境影响评价制度

所谓环境影响是指人类活动导致的环境变化以及由此引起的对人类社会的效应。环境影响可按影响的来源分为直接影响、间接影响和累积影响；按影响效果可分为有利影响和不利影响；按影响程度可分为可恢复影响和不可恢复影响。

环境影响评价就是对拟议中的建设项目、区域开发计划和国家政策实施后可能对环境产生的影响（后果）进行系统性识别、预测和评估，提出减少不利影响的对策和措施。环境影响或环境后果主要包括对各种环境因素或环境介质的影响、对动植物和人类健康的影响，有时还涉及对社会、经济和文化的影响等方面。

环境影响评价制度则是指环保部门对规划和建设项目实施后可能造成的环境影响进行分析、预测和评估，提出预防或者减轻不良环境影响的对策和措施，进行跟踪监测的方法和制度。

环境影响评价的具体内容主要包括：大气环境影响评价、地表水环境影响评价、地下水环境影响评价、土壤环境影响评价、生态环境影响评价、固体废弃物环境影响评价、噪声环境影响评价、区域环境影响评价、社会环境影响评价等。

二、环境影响评价制度现状及发展历程

环境影响评价这一概念最早是在 1964 年加拿大召开的一次国际环境质量评价的学术会议上提出来的。美国是第一个将环评制度法制化的国家，20 世纪 70 年代末，全美几乎每个州都建立了符合美国环境政策法规的各种形式的环评制度。而到 1996 年，全世界已有 85 个国家完成了有关环境影响评价的立法。我国开展环境影响评价是从 1979 年开始的，且主要开展的是建设项目的环境影响评价。2002 年 10 月通过并于 2003 年 9 月1 日施行的《中华人民共和国环境影响评价法》则标志着我国环境影响评价制度法制化地位的正式确立。

现在，环境影响评价已成为各国环境法的一项基本法律制度，是环境法科技化的一个突出表现，是当代决策方法的重大发展，是科学决策、民主决策的基础之一，成为人类综合决策的根据和前提。

三、环境影响评价的主要类型

1. 建设项目环境影响评价

根据我国环境保护法律和有关行政法规的规定，建设项目对环境可能造成重大影响的，应当编制环境影响报告书，目的是对建设项目产生的污染和对环境的影响进行全面、详细的评价。具体建设项目大体上包括：一切对自然环境可能产生影响或排放污染物对周围环境产生影响的大中型工业建设项目；一切对自然环境和生态平衡产生影响的大中型水利枢纽、矿山、港口、铁路、公路建设项目；大面积开垦荒地和采伐森林的基本建设项目；对珍稀野生动植物资源的生存和发展产生严重影响，甚至造成灭绝的大中型建设项目；对各种生态类型的自然保护区和有重要科学价值的特殊地质、地貌地区产生严重影响的建设项目等。此外，建设项目对环境可能造成轻度影响的，应当编制环境影响报告表；而建设项目对环境影响很小的，也需要填报环境影响登记表。

建设项目环境影响评价主要通过对建设项目在施工、营运及营运期满后可能对环境造成的影响进行分析、预测和评估，提出预防或者减轻不良环境影响的对策和措施，使项目对环境的影响达到最低限度。建设项目环境影响评价的具体内容大体包括以下七个方面：① 建设项目的基本情况；② 建设项目周围地区的环境现状；③ 建设项目对周围地区的环境可能造成影响的分析和预测；④ 环境保护措施及其经济、技术论证；⑤ 环境影响经济损益分析；⑥ 对建设项目实施环境监测的建议；⑦ 结论。评价结论应包括下列几点：对环境质量的影响；建设规模、性质；选址是否合理，是否符合环保要求；采取的防治措施在经济上是否合理，技术上是否可行；是否需要再做进一步评价等。建设项目环境影响评价流程如图 5-3 所示。

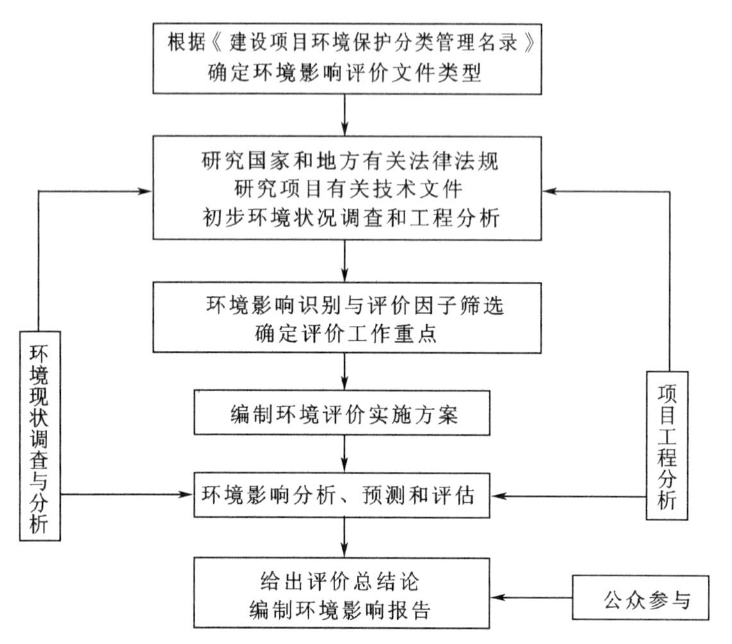

图 5-3　建设项目环境影响评价程序示意图

“九五”期间，中国建设项目环境评价执行率已达 90%以上，这对推进产业合理布局和企业优化选址，预防开发建设活动可能产生的环境污染和生态破坏，发挥了重要作用。例如：湖北省襄阳市原计划在市区内建设一个火力发电厂，该项目经过环评后，认为原选址方案不利于保护市区环境和人体健康，故否定了原方案，从而避免了市区的环境污染所带来的损失。

2. 战略环境影响评价

战略环境影响评价是环境影响评价在战略层次上的应用，即在开始制定区域发展政策、法规、规划时就将环境影响评价纳入其中，通过对政策、法规、规划实施后对环境的影响进行全面和详细的分析、预测与评价，科学地对战略进行选择与调整，防止可能出现的各种损害环境的问题，制定出符合可持续发展的战略。战略环境影响评价一般分为法规环境影响评价、政策环境影响评价和规划环境影响评价。

战略环境影响评价的目的就是要从源头开始堵住造成环境损坏的漏洞。开展战略环境评价，可以减少决策失误，而在这方面我国是有深刻教训的。20 世纪 80 年代中期，因急于尽快脱贫致富，我国提出了“大矿大开、小矿放开”和“有水快流”政策，这一政策助长了全国各地乱采滥挖矿产资源之风，造成了严重的资源浪费和生态破坏，迫使国家在几年后不得不采取严厉的治理整顿措施，取缔、关停了大批小矿，而其后遗症至今也没有完全解决。

事实上，早在 20 世纪 70 年代，美国就开始了以政策和规划为评价对象的“战略环境评价（SEA）”工作。20 世纪 80 年代末，随着可持续发展战略的提出，具有宏观视角的战略环境评价也得到世界范围的广泛接受。荷兰、加拿大、新西兰、丹麦、芬兰、挪威、德国、奥地利、俄罗斯等国都通过立法要求对政策和规划进行环评，而在这些国家的带动下，战略环境影响评价逐步为更多国家所接受，评价的程序和方法、体系也在实践中得到了进一步完善。

我国2003年9月1日开始实施的《中华人民共和国环境影响评价法》也规定，除建设项目外，政府规划也要进行环境影响评价。这是我国环境影响评价制度又一个重大突破，也标志着我国的战略环评工作已向与国际接轨迈出了可喜的一步。

四、环境影响评价的作用

发达国家的经济发展大多经历了“先污染、后治理；先破坏、后恢复”的发展过程，事实证明，这种发展模式是得不偿失的。况且目前全球资源、环境形势严峻，与20世纪60年代已无法相比，因此，现阶段无法再走发达国家曾经走过的“先污染、后治理”的路子。此外，目前全球的生态环境比20世纪60年代更加脆弱，生态环境一旦破坏就难以恢复，且许多生态破坏过程是不可逆的，例如由于环境破坏造成的物种灭绝就不可能再得到恢复。因此，走可持续发展之路是发展中国家的唯一选择。

环境影响评价制度就是试图通过立法对环境影响评价的主体、对象、范围、内容、程序以及相关的法律责任等进行规定而形成一套规则化、法制化、制度化的体系，以达到预防环境污染、生态破坏、自然灾害等环境资源问题的产生。推行环境影响评价制度有利于从源头控制环境污染和生态破坏，使生产力布局和资源的配置更加科学合理，并通过科学调整人与自然的关系，以最小的代价实现经济、社会、环境的协调发展。环境影响评价是一项技术，是强化环境管理的有效手段，对确定经济发展方向和保护环境等一系列重大决策都有重要的指导作用。

第五节　人口、资源、环境与可持续发展

自工业革命特别是20世纪以来，人类创造了前所未有的物质财富，社会文明也获得了飞速发展。但与此同时，人口剧增、资源过度消耗、环境污染、生态破坏等区域性和全球性问题也日益突出，并严重地阻碍着社会经济的发展和人民生活质量的提高，进而威胁着人类的生存和发展，使社会陷入了空前危机。因此，转变经济发展模式已是大势所趋，而可持续发展理论的适时提出为当今世界各国找到了唯一可选的发展模式。

一、可持续发展理论

可持续发展的概念，最先是在1972年于斯德哥尔摩举行的联合国人类环境研讨会上提出的。这次研讨会云集了全球的工业化和发展中国家的代表，试图共同界定人类在缔造一个健康和富有生机的环境上所享有的权利。自此以后，各国都在致力于界定可持续发展的含义，以至于现时可拟出的定义达数百个之多，不同定义涵盖的范围涉及国际、区域、地方及特定界别的层面。

1987年，挪威时任首相布伦特兰夫人在联合国世界环境与发展委员会的报告《我们共同的未来》中将可持续发展定义为“既满足当代人的需要，又不对后代人满足其需要的能力构成危害的发展”。现在，这一定义得到广泛的接受，并在1992年联合国环境与发展大会上取得共识。

可持续发展理论认为：人类应协调人口、资源、环境和发展之间的相互关系，在不损害他人和后代利益的前提下追求发展。可持续发展的目的是保证世界上所有的国家、地区、个人拥有平等的发展机会，保证我们的子孙后代同样拥有发展的条件和机会。而要实现可持续发展，必须遵循三个基本原则：① 公平性原则；② 持续性原则；③ 共同性原则。

公平性原则认为人类各代都处在同一生存空间，他们对这一空间中的自然资源和社会财富拥有同等享用权，他们应该拥有同等的生存权。公平性原则包括三层意思：一是同代人之间的横向公平性，主张给世界以公平的分配和公平的发展权，并把消除贫困作为可持续发展进程特别优先的问题来考虑。二是代际的公平，即世代人之间的纵向公平性。认为人类赖以生存的自然资源是有限的，本代人不能因为自己的发展与需求而损害人类世世代代必需的自然资源与环境。三是公平分配有限资源。目前的现实是，占全球人口 26%的发达国家消耗了全球 80%的能源、钢铁和纸张等。这种富国在利用地球资源上的优势限制了发展中国家利用地球资源的合理部分来获取他们自己经济增长的机会，因此，目前的这种资源分配状况需要改变。

持续性原则是指生态系统受到某种干扰时能保持其生产率的能力。资源与环境是人类生存与发展的基础和条件，离开了资源与环境人类的生存与发展就无从谈起。资源的永续利用和生态系统可持续性的保持是人类持续发展的首要条件。可持续发展要求人们根据可持续性的条件调整自己的生活方式，在生态可能的范围内确定自己的消耗标准。

共同性原则是指尽管世界各国历史、文化和发展水平存在差异，可持续发展的具体目标、政策和实施步骤也不可能是一致的。但是，可持续发展作为全球发展的总目标，所体现的公平性和可持续性原则则是共同的。而且，要实现这一总目标，必须依靠全球共同的联合行动。

可持续发展所要解决的核心问题是人口问题、资源问题、环境问题与发展问题（简称 PRED 问题）。可持续发展与环境保护既有联系，又不等同。环境保护是可持续发展的重要方面。可持续发展的核心是发展，但要求在严格控制人口、提高人口素质和保护环境、资源持续利用的前提下进行经济和社会的发展。总之，发展是可持续发展的前提，人是可持续发展的中心体，可持续长久的发展才是真正的发展。

可持续发展不是一个国家或一个地区的事情，而是全人类的共同目标，但要达到这样的目标，还有很长的路要走，需要全人类共同付出行动才能实现。为此，1992 年 6 月，联合国在巴西里约热内卢召开了一次环境与发展大会，会议通过了著名的《21 世纪议程》。可以说，《21 世纪议程》是实现可持续发展的一个行动计划，它提供了一个从 20 世纪 90 年代起至 21 世纪的行动蓝图，该议程涉及与全球持续发展有关的所有领域，是人类为了实现可持续发展而制定的行动纲领。在《21 世纪议程》中，各国政府一起提出了详细的行动蓝图，希望改变世界目前的非持续的经济增长模式，建立适应可持续发展的新的经济发展模式，这种模式包括：① 改变单纯的只重视经济增长而忽视生态环境保护的传统发展模式；② 由资源型经济过渡到技术型经济，综合考虑社会、经济、资源与环境效益；③ 通过产业结构调整和合理布局，开发应用高新技术，实行清洁生产和文明消费、提高资源的使用效率、减少废物排放等措施，协调环境与发展之间的关系，使社会经济的发展既能满足当代人的需求，又不至于对后代人的需求构成危害，最终达到社会、经济、资源与环境的持续稳定发展。

二、人口、资源、环境与可持续发展

人口、资源、环境和发展是当今世界共同关注的热点问题。近百年来，随着地球人口的剧增和人们生活需求的扩大，工农业得到迅猛发展，但长期不合理地开发利用自然资源，加上生产和生活排放的污染物超过了自然环境的容许量，其结果不仅影响了局部地区的环境质量，也导致了全球性的环境破坏，最终威胁着全人类的生存。由此可见，只有协调好人口、资源、环境的相互关系，才能实现社会总体的可持续发展。

人口、资源、环境与经济的可持续发展是一种从人口增长、自然资源和环境角度提出的关于人类长期发展的模式，主要强调人口、自然资源和环境的长期承载能力对经济增长的重要性。一般认为，人口是总体可持续发展的关键，资源是可持续发展的起点和条件，而环境是可持续发展的终点和目标。

1. 人口与可持续发展

人口是实现总体可持续发展的关键。人口持续增长会增加对自然资源和生态环境的压力，导致资源的过度开采和人类生存环境不断恶化，阻碍经济发展和生活水平的提高，最终威胁人类生存。人口、自然资源和生态环境之间的关系主要表现在：人口增长不仅可导致土地、森林和水资源、能源及其他矿物资源的短缺，还可导致环境污染和退化，并最终影响人类的健康。总之，只有在人口规模和增长速度与自然资源和生态环境的长期承载能力相协调的条件下，可持续发展才可能实现。

世界人口发展进程表明，20 世纪 60 年代迎来的婴儿高潮，创造了这一时期人口年平均增长率 2%的记录；70 年代略有下降，80 年代以后继续下降，人口增长速度这才有所放慢。而依据联合国 2000 年的预测，世界人口到 2050 年将达到 93 亿。由此可见，未来 40 年全球将增加 30 亿人，整体来讲，人口增长速度依然较快。因此，要实现可持续发展战略，必须有计划地控制人口增长，实现现代型的低出生率、低死亡率、低增长率的人口增长模式，以求达到最优人口规模，确保人口数量与生态环境的负载能力相适应。

我国自 20 世纪 70 年代以来，随着计划生育政策的实施，人口增势逐渐趋缓。据联合国预测，中国人口数将从 2000 年的 12.78 亿增长到 2040 年的 15 亿，随后，人口规模将呈下降趋势，2050 年减少到 14.78 亿，2100 年进一步降至 13.4 亿。尽管中国人口增长趋势弱于世界，并在 21 世纪 40 年代人口总数达到 15 亿左右时即可实现零增长，但与现在相比，届时人口数仍将再增加 2 亿，因此，控制人口增长率也是我国保证自然资源和生态环境的可持续性，实现国民经济可持续发展的前提条件。

当然也应该看到，人口增长并不是造成一些主要的环境问题和资源耗费的唯一原因或最主要原因，因为，许多资源和环境危机的主要原因是发达国家的生产模式和消费模式。例如发达国家每年所耗费的资源占到世界资源消耗量的 75%～80%，而一部分人口快速增长的发展中国家由于也采用了发达国家的生产模式和消费模式，就进一步加剧了资源和生态环境的压力，从而陷入不可持续发展的恶性循环。因此，无论对发达国家还是发展中国家，都应改变非可持续的生产和消费模式，用可持续的生产和消费模式去实现经济增长，并减轻环境污染和浪费资源的现象。

2. 资源与可持续发展

资源是实现可持续发展的前提条件。严格来说，自然资源的可持续性只存在于可再生能源和可再生资源两类。可再生能源一般不会因为人类的开发利用而明显减少，它包括太阳能、风能、水能、生物质能、地热能和海洋能等，它可借助于自然循环而不断更新，因而具有可持续性。可再生资源是指通过天然作用或人工活动能再生更新而为人类反复利用的自然资源，如土壤、植物、动物、微生物和各种自然生物群落、森林、草原、水生生物等。可再生资源在现阶段自然界的特定时空条件下，能持续再生更新、繁衍增长，保持或扩大其储量，依靠种源而再生。需指出的是，正常情况下可再生能源和可再生资源具有可持续性，但若对环境施加持续的破坏，其再生产过程就会中断，也有丧失其可持续性的危险。20 世纪后半叶，人口的迅速增长、工业生产的不断扩大和消费模式的泛滥，使得生态环境恶化，许多生物资源面临着丧失它们生存和发展的可持续性的危险，有些物种甚至已濒临灭绝。这表明，生物资源的可持续性同样是有条件的，人类只有按照生物资源生存和发展的规律进行生产和再生产，才能保证生物资源的可持续性。

地球上的非再生资源是不具有持续性的，但如果人们不断优化资源的开发、使用和管理，采用可持续的生产与消费模式，提高新资源的开发利用率，最大限度地重复使用和循环利用非再生资源，就可以大幅度地延长许多非再生资源如矿产资源的使用年限。

资源是实现可持续发展的前提条件，没有资源就谈不上发展。鉴于自然资源的特征，要实现自然资源的可持续性是有前提条件的。这些前提条件主要包括：防止全球环境特征不稳定性的出现；保护重要的自然资源和生态系统；对于可再生资源要加强保护，加快其更新速度，增加其产量；大力开发和利用新技术，节约对紧缺资源的消耗，并积极开发其替代品种；对于非再生资源，要尽可能最大限度地重复使用和循环利用；向空气、土壤和水中排放污染物和废物，不得超过它们的临界承载力；合理开发利用自然资源和生态环境，谋求资源再生与消耗之间的平衡，提高资源综合开发利用率；控制人口数量增长，减轻其对自然资源和生态系统的压力。

3. 环境与可持续发展

环境是可持续发展的终点和目标。环境是由各种自然条件所组成的相互联系、相互制约、相互作用的生态平衡系统的统一整体，在自然界生态系统中，如果各种因素之间能够保持正常的能量交换和物质循环，那么它的各种因素就能维持正常生存和发展，从而有利于社会的发展。反之，生态平衡遭到破坏，必然导致严重后果，进而阻碍社会的发展。

环境保护与环境建设一直以来都是实现可持续发展的重要内容，因为环境保护与环境建设不仅可以为发展创造出许多直接或间接的经济效益，而且可为发展提供适宜的环境与资源。20 世纪中叶以来，生态环境的破坏与失衡不仅导致可再生资源遭到毁灭性的损失，而且人类过度的开发和资源的浪费也导致非再生资源的枯竭，以至于为发展提供的支撑越来越有限。事实告诉人们，越是高速发展，环境与资源越显得重要，因此，只有加强环境保护，才可以保证可持续发展的最终实现。

工业社会以来的环境破坏不仅导致资源的衰竭，而且对人类生存与发展产生巨大的威胁。20 世纪 30 年代至 60 年代的“八大公害”事件和 80 年代后的“新八大公害”事件就是环境遭受破坏对人类的报复。当前，土地沙漠化、环境污染、各种灾害的频繁发生已严重影响了经济的发展。联合国环境规划署发表的一项报告认为，如果各国在未来 50 年中不能采取有效措施减少温室气体的排放，每年就将有高达 3000 亿美元的经济损失。而英国政府《斯特恩报告》则指出，全球范围内，因气候变暖造成的经济损失将占到 GDP 的 5%～10%。由此可见，环境破坏将严重阻碍经济的发展。

总之，人口、资源、环境三者之间具有相互联系、相互影响、相互制约的关系，三者组成一个相互制约的巨大系统。人口是总系统中的主体，资源是人类生存发展的基础，环境是人类生存发展的前提，只有处理好人口、资源和环境三者之间的关系，保持人口、资源、环境的协调发展，维持人口与自然资源和生态环境之间的平衡和良性运转，才能真正实现人类社会的可持续发展。

本章思考题

1. 什么叫环境与环境问题?
2. 简述环境问题的发生与发展历程。
3. 环境科学的主要任务有哪些?
4. 环境科学的主要研究内容是什么?
5. 环境科学的主要研究方法有哪些?
6. 简述大气圈的主要环境问题。
7. 水污染的主要危害有哪些?
8. 论述资源开发利用的主要环境问题。
9. 土壤圈的主要环境问题有哪些?
10. 什么叫生态平衡?
11. 简述环境影响与环境影响评价的定义。
12. 简述环境影响评价的主要类型。
13. 简述可持续发展的定义。
14. 可持续发展需要遵循的三个基本原则是什么?

第六章　地球上的生命——生命科学

生命科学是研究生命现象，生命活动的本质、特征和发生、发展规律，以阐明各种生物之间以及生物与环境之间关系的科学，可用于有效地控制生命活动，能动地改造生物界，造福人类。生命科学与人类生存、经济建设和社会发展有着密切关系，是当今在全球范围内最受关注的基础自然科学之一。

对于生命科学的深入了解，无疑能促进物理、化学等人类其他知识领域的发展。生命科学研究既依赖物理、化学知识，也依靠后者提供的仪器，如光学和电子显微镜、蛋白质电泳仪、超速离心机、X 射线仪、核磁共振分光计、正电子发射断层扫描仪、基因芯片、高通量测序仪等。生命科学学科也是由各个学科汇聚而来，学科间的交叉渗透造就了许多前景无限的生长点与新兴学科。

生命科学研究的主要课题包括：生物物质的化学本质是什么？这些化学物质在体内是如何相互转化并表现出生命特征的？生物大分子的组成和结构是怎样的？细胞是怎样工作的？形形色色的细胞怎样完成多种多样的功能？基因作为遗传物质是怎样起作用的？什么机制促使细胞复制？一个受精卵细胞怎样在发育成由许多极其不同类型的细胞构成的高度分化的多细胞生物的奇异过程中使用其遗传信息？多种类型细胞是怎样结合起来形成器官和组织的？物种是怎样形成的？什么因素引起进化？人类现在仍在进化吗？在一特定的生态小生境中物种之间的关系怎样？何种因素支配着此一生境中每一物种的数量？动物行为的生理学基础是什么？记忆是怎样形成的？记忆贮存在什么地方？哪些因素能够影响学习和记忆？智力由何而来？除了地球上，宇宙空间还有其他有智慧的生物吗？生命是怎样起源的？等等。

第一节　生命的结构

一、生命科学及其发展

1. 什么是生命

很难明确生命的具体定义，不同学科专业的定义均不相同。生理学把生命定义为具有进食、代谢、排泄、呼吸、运动、生长、生殖和反应性等功能的系统。生物化学定义生命为包含储藏遗传信息的核酸和调节代谢的酶蛋白。遗传学定义生命为通过基因复制、突变和自然选择而进化的系统。热力学定义生命是个开放系统，它通过能量流动和物质循环而不断增加内部秩序。

可以认为，生命是核酸、蛋白质以及代谢物的运动形式，是一种特殊的、高级的、复杂的物质运动形式。原始生命是由无机物生成有机小分子后逐步演化而成的。它在同体外环境进行物质、能量、信息的交换过程中，实现自我保存、自我更新、自我复制和自我组织。生命现象主要包括新陈代谢、生长、发育、遗传、变异、感应、运动等。新陈代谢则是生命的最基本的过程，是其他一切生命现象的基础。

2. 生命的共性

第一，所有生命都具有组织性。原子和分子构成生物大分子，再构成生物体基本单位——细胞，细胞再构成生物体不同的器官、组织和系统。第二，所有生命都具有代谢活动。新陈代谢是生命存在和活动的基础。第三，生物在代谢过程中伴随着生长、发育和衰老过程。第四，生物具有自我复制、繁殖和变异的现象（或经繁殖而来）。第五，生物对外界刺激都能做出一定的反应，即应激反应。第六，生物都具有适应环境的能力。

3. 生命科学及其发展概述

目前，普遍认为现代生命科学系统的建立始于 16 世纪，可以说是从形态学创立开始的。1543 年比利时医生维萨里发表《人体的结构》，标志着解剖学的建立，它直接推动了生理学科的形成。生理学形成以英国医生哈维 1628 年发表的《心血循环论》为标志。

18 世纪以后，随着自然科学全面蓬勃发展，生命科学重要分支相继建立，其中以细胞学、进化论和遗传学为代表，构成了现代生命科学的主要基石，生物学进入辉煌发展阶段。

1665 年，胡克在他的《显微图谱》中第一次使用细胞（cell）一词。施莱登、施旺等生物学家于 19 世纪 30 年代共同创立了细胞学说，认为细胞是独立的生命单位，新细胞只能通过老细胞分裂繁殖产生，一切生物都是由细胞组成和由细胞发育而来的。

瑞典植物学家林奈于 1735 年出版了《自然系统》一书，首先建立了现代生物分类系统，实现了植物和动物分类范畴的统一，并直接诱发了生物进化理论，被公认为近代植物和动物分类学的奠基人。

在马耶、拉马克等人的工作基础上，1859 年 11 月 24 日，达尔文的《物种起源》出版，他用以自然选择为核心的进化论的自然界的规律代替了“造物主的智慧”，并直接涉及人类自身的由来及历史。

19 世纪后期德国生物学家魏斯曼提出“种质学说”和“种质选择学说”，创建了新达尔文主义，推动了遗传学的建立。

1856 年，孟德尔在布隆自然历史学会上宣读了自己的豌豆杂交实验结果，提出了分离规律、自由组合规律、遗传因子决定遗传性状等理论。遗憾的是他的工作价值被埋没了 35 年。孟德尔以其简单而天才般的实验分析与结果被认为是现代遗传学创始人。

20 世纪初，摩尔根用果蝇为实验材料确立了以孟德尔和摩尔根的名字共同命名的经典遗传学的分离、连锁和交换三大定律，并因此而荣获了 1933 年的诺贝尔生理学或医学奖。遗传学指出遗传物质定位在染色体上而推动了 DNA 双螺旋结构和中心法则的发现，为分子生物学的建立奠定了基础。

法国科学家巴斯德在 19 世纪创立的微生物学直接导致了医学疫苗的发明和免疫学的建立，推动了生物化学的发展，并为分子生物学的出现准备了条件。

20 世纪特别是 50 年代以后，生物学同化学、物理学和数学相互交叉渗透，取得了一系列划时代的科学成就，使其跻身精确科学之列，成为当代成果最多和最吸引人的基础学科之一。关于生命的研究，已经不只是生物学家的任务，也是物理学家、化学家以及数学家兴趣较大的领域，这为现代生命科学的迅速发展奠定了基础。

1953 年 4 月 25 日在英国的《自然》杂志上刊登了美国的沃森和英国的克里克合作的结果——DNA 双螺旋结构的分子模型（图 6-1）。这一成就后来被誉为 20 世纪以来生物学方面最伟大的发现，也被认为是分子生物学诞生的标志。他们理所当然地分享了 1962 年的诺贝尔生理学或医学奖。从此，以基因组成、基因表达和遗传控制为核心的分子生物学的思想和研究方法迅速深入到生命科学的各个领域，极大地推动了生命科学的发展。

二维码 6-1

微信扫码，看相关视频

(a)

(b)

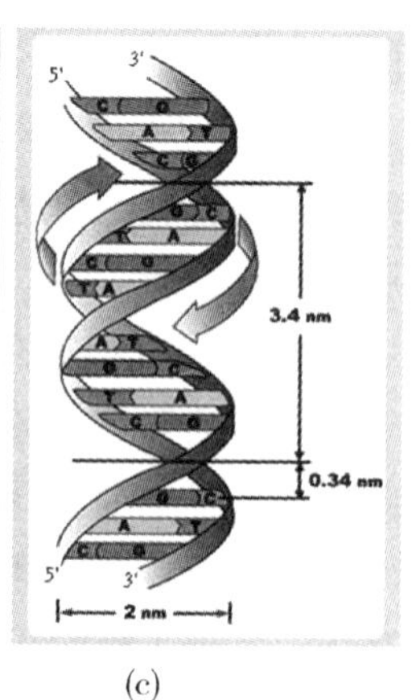

(c)

图 6-1　沃森（左）、克里克（右）与他们的 DNA 双螺旋结构模型

生命科学向宏观方向发展的结果是生态学的成长。1935 年，英国生态学家坦斯利提出了生态系统的概念，林德曼的研究工作直接推动了系统生态理论的建立。美国生态学家奥德姆（Odum，1913—2002）等的著作对生态学的发展起了积极的推动作用。20 世纪 70 年代初期 IBP 计划及随后人与生物圈计划（man and biosphere，简称 MAB 计划）的执行，直接推动了现代可持续发展理论体系的形成。

2003 年 4 月 14 日，人类基因组序列图绘制成功，人类基因组计划（human genome project，HGP）的所有目标全部实现。这标志着人类基因组计划的胜利完成和后基因组时代（post-genome era，PGE）的正式来临。水稻基因组的成功测序是继完成人类基因组测序后的又一巨大成功，其基因组序列图谱的完成和准确定位将有助于了解水稻的起源、进化、发育、生理等重要信息，加速水稻的改良进程，进而为全人类的食物安全提供保障。

21 世纪，随着基因组学的不断发展与完善，蛋白组学、代谢组学、转录组学、脂类组学、免疫组学、糖组学、RNA 组学、影响组学、超声组学等生物组学技术也应运而生，并得到充分的发展。然而，人们发现单纯研究某一方向（基因组、蛋白组或是转录组等）无法解释全部的生物学问题，科学家提出要从整体的角度出发去研究生物组织细胞结构、基因、蛋白及其分子之间的相互作用。通过整体分析的方法反映生物组织器官功能和代谢的状态，为探索揭示生物生命活动机制提供了新的思路，也已成为 21 世纪生物科学的研究热点——多组学联合分析。

现在的生物学常被称为“生命科学”，不仅因为它更深入生命本质问题，还因为它是多学科的共同产物。在微观方面，生物学已从细胞水平进入到分子水平探索生命的本质；在宏观方面，生态学的发展已经成为综合探讨全球问题的环境科学的主要组成部分。如果说 20 世纪是物理学的世纪，那么 21 世纪就是生命科学的世纪。

4. 生命科学的主要研究方法

生命科学调动了人类各种认知和研究手段，创造了丰富多彩的实验研究技术，大量的专著和杂志得以出版。从广泛意义的科学方法来看，生命科学研究方法可以分为三大类：一是观察与描述，即对生命现象、生物体的结构和生命过程等进行直接的观察与描述；二是生物学实验，在实验室（场）人为地对条件进行控制，有针对性地再现或阻断特定的生命过程，以期了解生命活动的规律；三是生命现象的人工模拟，在观察、实验和科学假设的基础上，以等效或近似的人工模型模拟生命过程，以求达到对生命现象的了解和预测。

5. 现代生命科学研究热点

（1）生物芯片

随着人类基因组计划的进展而发展起来的生物芯片（biochip）技术，是融微电子学、生物学、物理学、化学、计算机科学为一体的高度交叉的新技术，它既具有重大的基础研究价值，又具有显著的产业化前景。生物芯片技术通过微加工工艺在厘米见方的芯片上集成成千上万个与生命相关的信息分子，从而实现对基因、配体、抗原等生物活性物质进行高效快捷的测试和分析。生物芯片发展的最终目标是将生命科学研究中样品的制备、生物化学反应、检测和分析的全过程，通过微细加工技术，集成在一个芯片上进行，构成所谓的微型全分析系统，或称为在芯片上的实验室，从而实现分析过程的全自动化。目前，生物芯片在寻找新基因、DNA 测序、基因表达水平的检测、生物信息学研究、疾病诊断、药物筛选、临床上个体化医疗、农作物优育和优选、环境检测和污染防治、食品卫生监督、司法鉴定、国防等方面有广泛的用途。

高通量测序技术是 DNA 测序发展历程的一个里程碑，该技术在生命科学领域得到广泛的应用，如基因组测序、转录组测序、基因表达调控、转录因子结合位点的检测以及甲基化等研究。高通量测序技术使得核酸测序的单碱基成本与第一代测序技术相比急剧下降，低廉的测序成本使得研究人员可以实施更多物种的基因组计划，从而解密更多生物物种的基因组遗传密码。现在高通量测序已被广泛应用于以转录组测序等为代表的功能基因组学研究中，转录组测序数据可以大大丰富和验证对基因组数据的注释，而该技术本身可用于不同样本间基因表达差异、可变剪接等的比较。同时，高通量小分子RNA 测序技术可通过分离特定大小的 RNA 分子进行测序，从而发现新的 microRNA 分子。在转录水平上，高通量测序技术与染色质免疫共沉淀（CHIP）和甲基化 DNA 免疫共沉淀（MeDIP）技术相结合，从而检测出与特定转录因子结合的 DNA 区域和基因组上的甲基化位点。目前所说的高通量测序技术主要是指 454 Life Sciences 公司、ABI 公司和 Illumina 公司推出的第二代测序技术及 Helicos Helicope TM 和 Pacific Biosciences 推出的单分子测序技术。

（2）分子生物学

分子生物学是当代生命科学基础研究中的前沿，开辟了现代生物学的全新发展局面，也对人类物质生产和社会生活产生着重大影响，如多组生物学已成为 21 世纪初的研究热点。高通量测序技术的不断改善，日益增加的生物体全基因序列的完善，分离鉴定技术的创新与升级，都是使组学成为系统生物学研究的重要研究基础，更利于揭示植物的生长发育及应答外界条件干扰的复杂代谢途径，探索生命的奥秘。而单一组学的数据虽然能从不同角度解释生物学问题，但数据具有片面性，且容易受背景干扰，可能无法完整描绘整个生物学过程。生命的生长发育往往由多种条件、水平和功能作用的体系构成，需要多组学联合全面分析，弥补单组学分析的缺点。多组学联合分析作为研究生命机体的一个新型方向和思想，虽然已经在医学、植物、微生物方面有一定的研究，但由于数据的复杂性和研究的深入性，联合分析会有一定的难度，需要掌握扎实的各组学知识和技术。伴随生物技术的不断发展，基于各组学的特点，基因组学、转录组学、蛋白质组学、代谢组学等多组学联合分析，使数据更全面、规律地呈现，揭示了生命科学研究中的现实问题，为生命科学的发展起到更权威的指导性作用。

（3）脑科学

有关脑的高级功能研究一直是最令人感兴趣的课题。脑研究正处在一种革命性的变化之中，对脑的功能在细胞和分子水平上所取出的重要发现使我们逐渐认识基本的神经生理事件如何转译为行为。脑科学中发生的技术上的革命，已经可能在无创伤条件下仔细分析活的大脑，确定因患某些神经疾患而受损的脑区域，并开始了解记忆过程的复杂结构。此外，数学、物理学、计算机科学的进展，已使人们成功地设计了神经网络模型，并模拟动态的相互作用。

（4）生物信息学

生物信息学是 20 世纪 80 年代末随着基因组测序数据迅猛增加而逐渐形成的一门生物学与计算机科学以及应用数学等学科相互交叉的新兴学科。它以核酸、蛋白质等生物大分子数据为主要对象，以数学、信息学、计算机科学为主要手段，以计算机硬件、软件和计算机网络为主要工具，对浩如烟海的原始数据进行存储、管理、注释、加工、解读，使之成为具有明确生物学意义的生物信息，探索生命起源、生物进化以及细胞、器官和个体的发生、发育、衰亡等生命科学中的重大问题。

（5）人工生命

人工生命（artificial life）的核心是调用适当的非生命过程手段，通过对生命的基本特征（新陈代谢、生长、繁殖、遗传、变异、学习、进化等）进行模拟，从而加深对生命现象的认识和应用。其研究手段主要有三类：软件、硬件与湿件。人工生命的研究有重要的理论意义和广泛的应用前景：在工程方面，自适应机器人与机器人群体的研究已逐渐接近实用阶段；在基础生命科学研究方面，人们正使用人工生命的方法探索一系列多数已不可能或者难以再在自然界中观察到或难于在实验室中重现的问题，如生命起源、生物发育、生物行为、脑与认知科学等；在社会科学方面，用于研究语言的进化、文化的起源与演变、经济学的市场模拟等。

（6）基因编辑

基因编辑技术指能够让人类对目标基因进行编辑，实现对特定 DNA 片段的敲除、加入等，早前以锌指核酸内切酶（ZFN，zinc-finger nucleases）和类转录激活因子效应物核酸酶（TALEN，transcription activator-like effector nucleases）为代表的序列特异性核酸酶技术以其能够高效率地进行定点基因组编辑，在基因研究、基因治疗和遗传改良等方面展示出了巨大的潜力。近五年，CRISPR/Cas9 是已成为继 ZF，TALEN 之后出现的第三代“基因组定点编辑技术”，与前两代技术相比，其成本低、制作简便、快捷高效的优点，让它迅速风靡于世界各地的实验室，成为科研、医疗等领域的有效工具。2015 年，有着“豪华版”诺贝尔奖之称的“生命科学突破奖”颁发给了发现 CRISPR/Cas9 的两位科学家——珍妮弗·杜德娜和艾曼纽·夏邦杰，二人更是获得了 2015 年度化学领域的引文桂冠奖，曾被认为是 2015 年诺贝尔化学奖的最有力竞争者。CRISPR/Cas9 技术被认为能够在活细胞中最有效、最便捷地编辑任何基因，被广泛地应用于生命科学研究中，并相当大地推进了基因组学及生物医学的发展和突破，为建立研究、诊断和治疗工具提供了一个基础，具有前所未有的简单性、精准性和多功能性，能加深对疾病机制的理解，医治许多以前无法治愈的疾病，如癌症、先天性遗传疾病等。尽管目前基因编辑技术尚处在初级阶段，但随着科研人员的不断探索发现，它将带来真正的价值和效益。

二、生物多样性

1. 生物多样性的概念

不同的学者对生物多样性（biodiversity，biological diversity）所下的定义不同。如在《生物多样性公约》中，对生物多样性的定义是“所有来源的活的生物体中变异性，这些来源包括陆地、海洋和其他水生生态系统及其所构成生态综合体；这包括物种内、物种之间和生态系统的多样性”。可以综合认为，“生物多样性是指地球上所有生物和它们所包含的基因以及由这些生物与环境相互作用用所构成的生态系统的多样化程度”。一般认为生物多样性主要包括生态系统多样性（ecosystem diversity）、物种多样性（species diversity）和遗传多样性（genetic

二维码 6-2
微信扫码，看相关视频

diversity）三个主要组成部分。

（1）生态系统多样性

生态系统是各种生物与其周围环境所构成的自然综合体。生态系统的多样性主要是指地球上生态系统组成、功能的多样性以及各种生态过程的复杂性，包括生境的多样性、生物群落和生态过程的多样化等多个方面。其中，生境的多样性是生态系统多样性形成的基础，生物群落的多样性可以反映生态系统类型的多样性。目前，生态系统多样性研究的重点和热点包括生态系统的组织化水平、生态系统多样性的维持与变化机制、生物群落或生态系统多样性的测度、人类活动对生态系统多样性的影响等。

有些学者近年还提出了景观多样性（landscape diversity）作为生物多样性的第四个层次。景观是一种大尺度的空间，是由一些相互作用的景观要素组成的具有高度空间异质性的区域，而景观要素相当于一个生态系统。

（2）物种多样性

物种（species）是生物分类的基本单位。在分类学上，确定一个物种必须同时考虑形态、地理、遗传学的特征。物种多样性是指地球上动物、植物、微生物等生物种类的丰富程度，它包括两个方面：一是指一定区域内的物种丰富程度，可称为区域物种多样性；二是指物种分布的均匀程度，可称为生态多样性或群落物种多样性。在阐述一个国家或地区生物多样性丰富程度时，最常用的指标是区域物种多样性。区域物种多样性的测量有物种总数、物种密度、特有种比例等指标。

（3）遗传多样性

广义的遗传多样性是指地球上生物所携带的各种遗传信息的总和，这些遗传信息储存在生物个体的基因之中。因此，遗传多样性也就是生物的遗传基因的多样性。基因的多样性是生命进化和物种分化的基础。狭义的遗传多样性主要是指生物种内基因的变化，包括种内显著不同的种群之间以及同一种群内的遗传变异。此外，遗传多样性可以表现在多个层次上，如分子、细胞、个体、群体等。

2. 生物多样性的价值

生物资源也就是生物多样性，有的生物已被人们作为资源所利用，而对更多生物，人们尚未知其利用价值。生物多样性具有很高的开发与利用价值，在世界各国的经济活动中，生物多样性的开发与利用均占有十分重要的地位。评估认为，每年全球的生物多样性为人类提供的服务折合成经济价值相当于 33 万亿美元，每年中国生物多样性价值为 39.33 万亿人民币。生物多样性的价值可以分为直接价值和间接价值两类。

（1）生物多样性的直接价值（可直接转化为经济效益）

生物多样性的直接价值也叫使用价值或商品价值，是人们直接收获和使用生物资源所形成的价值，包括消费性利用价值和生产性利用价值两个方面。消费性利用价值是指直接消费性的（即不经市场交易的）自然产品的价值，生产性利用价值是指通过商业性收获供市场交换产品的价值。

（2）生物多样性的间接价值（不直接转化为经济效益）

生物多样性的间接价值涉及生态系统的功能，一般不会出现在国家或地区的财政收入中，但当进行计算时，其价值可能远高于直接价值。生物多样性的间接价值包括非消费性利用价值、选择价值、存在价值和科学价值。生物多样性的非消费性利用价值是指自然界提供的生态服务价值，这部分价值未被消耗掉；生物多样性的选择价值是指那些潜在的未被人们认识的价值；生物多样性的存在价值是指其伦理学和哲学价值。

3. 世界生物多样性受威胁现状及原因

(1) 世界生物多样性概况

生物多样性的丰富程度通常以某地区的物种数来表达，全世界大约有 500 万～5000 万个物种，但在科学上实际描述的仅有 140 万种。除对高等植物和脊椎动物的了解比较清楚外，人们对其他类群如昆虫、低等无脊椎动物、微生物等类群还很不了解。为简便讨论起见，通常假定全世界生存有 1000 万种生物，可以大致反映出整个生物界的概貌（表 6-1）。

表 6-1　世界生物多样性概貌

类群	已描述的物种数	类群	已描述的物种数
细菌和蓝绿藻	4760	其他节肢动物和小型无脊椎动物	132461
藻类	26900		
真菌	46983	昆虫	751000
苔藓植物（藓类和地钱）	17000	软体动物	50000
裸子植物（针叶植物）	750	海星	6100
被子植物（有花植物）	250000	鱼类（真骨鱼）	19056
原生动物	30800	两栖动物	4184
海绵动物	5000	爬行动物	6300
珊瑚与水母	9000	鸟类	9198
线虫和环节动物	24000	哺乳动物	4170
甲壳动物	38000		

生物多样性并不是均匀地分布于全世界 196 个国家，仅占全球陆地面积 7%的热带森林容纳了全世界半数以上的物种。位于或部分位于热带的少数国家拥有全世界最高比例的生物多样性，称生物多样性巨丰国家（megadiversity country）。在包括有巴西、哥伦比亚、厄瓜多尔、秘鲁、墨西哥、扎伊尔、马达加斯加、澳大利亚、中国、印度、印度尼西亚、马来西亚的 12 个生物多样性巨丰国家有着全世界所拥有的 60%～70%甚至更丰富的生物多样性。

(2) 世界生物多样性受威胁的现状

生物多样性降低主要表现在两个方面：第一是世界物种数量急剧减少，自从 40 亿年前地球出现生命以来，灭绝已成为生命过程的必然事实，现存的约 500 万物种只不过是几十亿物种的现代幸存者；第二是生态破坏严重，生物多样性降低的最大威胁是生态环境的严重破坏，近几个世纪以来，很多自然景观已因人类砍伐森林、火烧和畜牧践踏等活动而改变。

(3) 生物多样性丧失的原因

生物多样性衰减的原因是多方面的，有自然因素、人为因素、社会因素。在自然条件下，某些物种因对环境适应的脆弱性，或分布区狭窄，导致遗传（基因）多样性降低，而处于濒危状态而易灭绝；另一方面，高度特化的物种易于濒危绝灭。根据 r-K 理论，K 类有机体越是特化，越容易处于濒危状态，如大熊猫、长臂猿等。今天，生物多样性衰减的主要原因是人为因素，使生物物种灭绝的速度是自然灭绝速度的 1000 倍左右。人类活动对生物多样性的影响主要表现在对生态环境的破坏（特别是对森林资源的破坏和对环境的污染）、对物种的过度掠夺等方面。另外，生物多样性的迅速降低与经济活动、国家或地区政策等社会因素有很大的关系。

4.《生物多样性公约》

《生物多样性公约》（*convention on biological diversity*）是国际社会所达成的有关自然保护方面的最重要公约之一。该公约于 1993 年 12 月 29 日起生效，到目前为止，已有 100 多个国家加入了这个公约。

生物多样性公约的主要内容有以下几个方面：① 各缔约方应该编制有关生物多样性保护及持续利用的国家战略、计划或方案，或按此目的修改现有的战略、计划或方案；② 尽可能并酌情将生物多样性的保护及其持续利用纳入各部门和跨部门的计划、方案或政策之中；③ 酌情采取立法、行政或政策措施，让提供遗传资源用于生物技术研究的缔约方，尤其是发展中国家，切实参与有关的研究；④ 采取一切可行措施促进并推动提供遗传资源的缔约方，尤其是发展中国家，在公平的基础上优先取得基于其提供资源的生物技术所产生的成果和收益；⑤ 发达国家缔约方应提供新的额外资金，以使发展中国家缔约方能够支付因履行公约所增加的费用；⑥ 发展中国家应该切实履行公约中的各项义务，采取措施保护本国的生物多样性。

三、生命的共同基础——细胞

二维码 6-3

微信扫码，看相关视频

细胞是包含了全部生命信息和体现生命所有基本特点的独立生命单位，对细胞结构和活动的研究是一切生命科学的重要基础。现代细胞生物学从显微水平、超微水平和分子水平等不同层次研究细胞的结构、功能及生命活动。

细胞是一切生命活动的基本结构和功能单位。一般认为，细胞是由膜包围的原生质（protoplasm）团，通过质膜与周围环境进行物质和信息交流；细胞具有自我复制的能力，是有机体生长发育的基础；细胞是代谢与功能的基本单位，具有一套完整的代谢和调节体系；细胞是遗传的基本单位，具有发育的全能性。目前，对细胞的研究热点包括：生物膜与细胞器的研究，细胞核、染色体以及基因表达的研究，细胞骨架体系的研究，细胞增殖及其调控，细胞分化及其调控，细胞的衰老与程序性死亡，细胞的起源进化，细胞工程等。

1. 细胞形态、大小与数目

细胞的大小和形状与其功能密切相关，决定于合适的核质比、表面积和体积比等，一般动植物细胞的直径为 10 μm～100 μm，细胞核的直径则为 8 μm～30 μm。有机体的体积与细胞数目有关，而与细胞的大小关系不大。新生儿约有 2×10^{12} 个细胞，成年人约有 6×10^{13} 个细胞。

2. 细胞的化学成分

组成细胞的基本元素有 O、C、H、N、Si、K、Ca、P、Mg，其中 O、C、H、N 四种元素占 90%以上。细胞化学物质可分为无机物和有机物两大类。

在无机物中，水是最主要的成分，约占细胞物质总量的 75%～80%。水在细胞中的主要作用是溶解无机物、调节温度、参加酶反应、参与物质代谢和形成细胞有序结构。细胞中无机盐的含量很少，约占细胞总重的1%。盐在细胞中解离为离子，离子除了具有调节渗透压和维持酸碱平衡的作用外，还有许多重要的作用。主要的阴离子有 Cl^-、PO_4^{3-} 和 HCO_3^-，主要的阳离子有 Na^+、K^+、Ca^{2+}、Mg^{2+}、Fe^{2+}、Fe^{3+}、Mn^{2+}、Cu^{2+}、Co^{2+}、Mo^{2+}等。

细胞中有机物达几千种之多，约占细胞干重的90%以上，它们主要由碳、氢、氧、氮等元素组成。有机物主要由四大类分子组成，即蛋白质、核酸、脂类和糖。蛋白质不仅是细胞的主要结构成分，而且重要的是，生物专有的催化剂——酶是蛋白质，因此细胞的代谢活动离不开蛋白质。一个细胞中约含有 10^4 种蛋白质，分子的数量达 10^{11} 个。核酸是生物遗传信息的载体分子，是由核苷酸单体聚合而成的大分子。核酸可分为核糖核酸（RNA）和脱氧核糖核酸（DNA）两大类。细胞中的糖类既有单糖，也有多糖。单糖是作为能源以及与糖有关化合物的原料而存在，多糖在细胞结构成分中占有主要地位。脂类包括脂肪酸、中性脂肪、类固醇、蜡、磷酸甘油酯、鞘脂、糖脂、类胡萝卜素等。磷脂是构成生物膜的基本成分，也是许多代谢途径的参与者；糖脂也是构成细胞膜的成分，还与细胞的识别和表面抗原性有关；一些甾类化合物是激素类（图 6-2）。

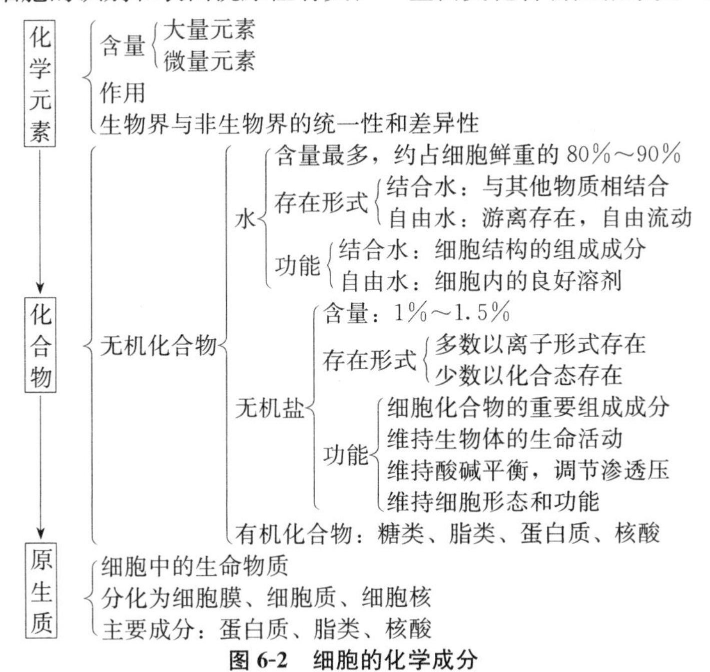

图 6-2　细胞的化学成分

3. 细胞分类

根据进化地位、结构等，可将细胞分为原核细胞（procaryotic cell）和真核细胞（eucaryotic cell）两大类。

（1）原核细胞

原核细胞的基本特点是：① 没有成形细胞核，有核区（类核），遗传信息量小，遗传信息载体多为一个环状 DNA 构成。② 没有分化为以膜为基础的具有专门结构与功能的细胞器。原核生物体积较小，直径为 0.2μm～10μm；进化地位较原始，在 30 亿～35 亿年前就出现；在地球上的分布广度与适应性比真核生物大得多。代表性的原核生物有细菌、蓝藻、支原体、螺旋藻等。

（2）真核细胞

原始真核细胞大约在 12 亿～16 亿年前出现，有些真核细胞极为原始，如涡鞭毛虫（甲藻），真核生物包括大量的单细胞生物或原生生物与全部多细胞生物。

真核生物以生物膜的进一步分化为基础，使细胞内部构建成许多更为精细的具有专门功能的结构单位，可以在亚显微结构水平划分为三大基本结构体系：① 以脂质及蛋白质成分为基础的膜系统结构；② 以核酸-蛋白质为主要成分的遗传信息表达系统结构；③ 由特异蛋白质分子构成的细胞骨架体系。这些由生物大分子构成的基本结构均是在 5 nm～10 nm 的较为稳定的范围之内。这三种基本结构体系构成了细胞内部结构紧密、分工明确、职能专一的各种细胞器，并以此为基础保证了细胞生命活动具有高度程序化与高度自控性（图 6-3、图 6-4）。

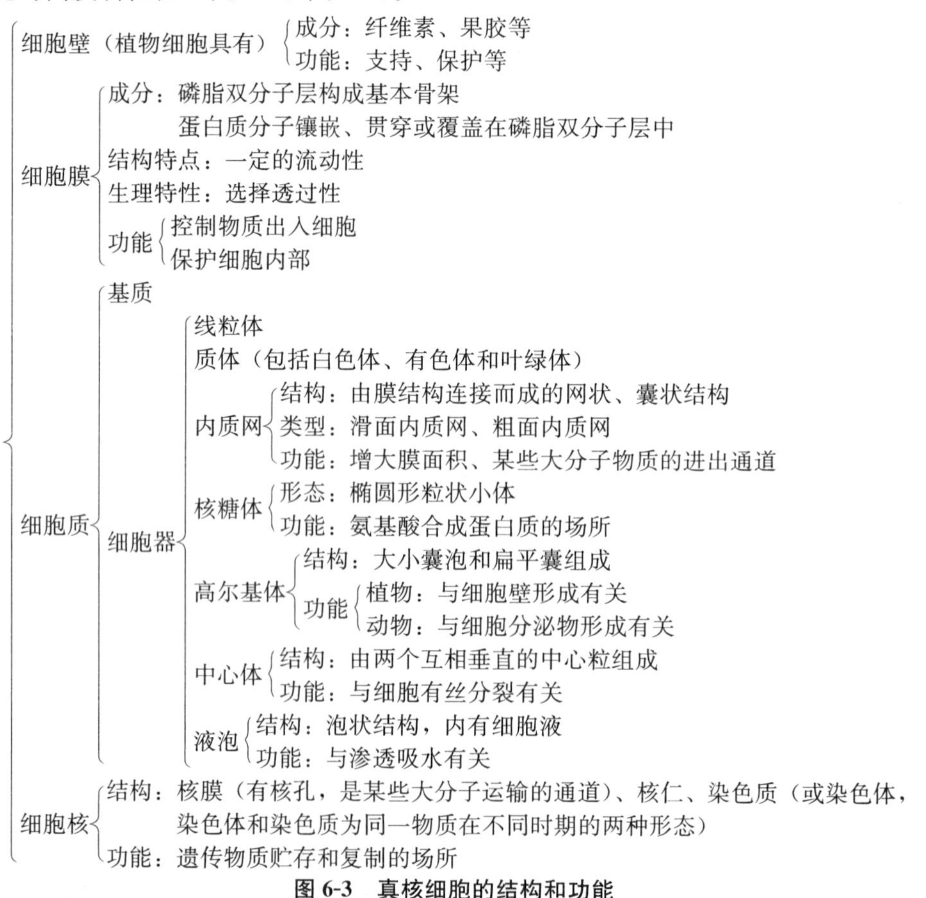

图 6-3　真核细胞的结构和功能

4. 细胞分化、凋亡与癌变

（1）细胞分化（cell differentiation）

多细胞生物个体是由多种多样的细胞构成的。不同的细胞具有不同的结构和功能，在个体发育中，细胞后代在形态、结构和功能上发生差异的过程称为细胞分化。因此，

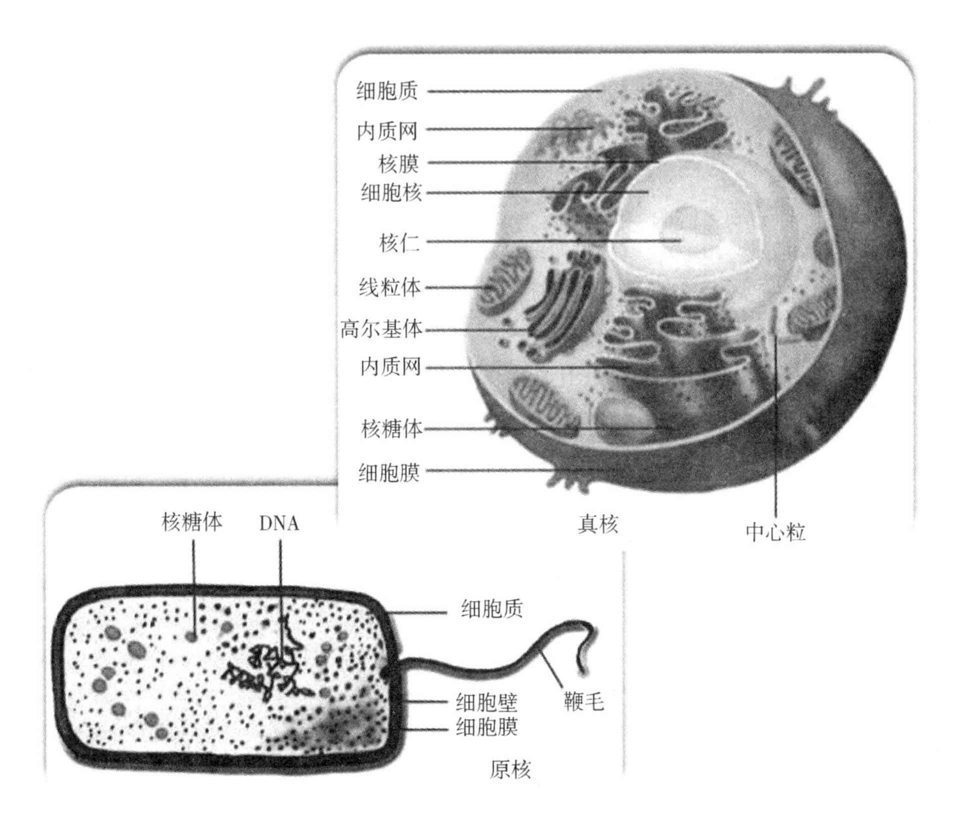

图 6-4　原核细胞、真核细胞结构图

个体发育是通过细胞分化过程实现的，细胞分化程序在高度精密机制的调控下，有条不紊地进行。一旦细胞发生变异或失去控制，其分化程序就要发生异常，癌变可以看作分化异常所致。细胞分化表现为细胞间产生稳定差异，一般是不可逆的；细胞分化方向的确定往往早于形态差异的出现；细胞生理状态随分化水平提高而变化；在生物体形成过程中，处在不同空间位置上的细胞群或组织受到发育指令的控制，从而形成各自的器官组织；大量研究结果表明，细胞分化是由基因表达不同造成的，细胞通过分裂活动产生的子细胞发生了差别基因活动（differential gene activity）导致分化。差别基因活动即差别基因表达（differential gene expression），从而导致遗传性相同的细胞或有机体的表型发生差异的活动。

（2）细胞凋亡（apoptosis）

细胞凋亡是指细胞在一定的生理或病理条件下，受内在遗传机制的控制自动结束生命的过程。多细胞生物在发育、发展过程中，为了保持正常的生理机能，一部分的细胞发生自发性死亡，这种细胞死亡是被细胞内一系列相关的分子所调控，往往伴随有典型的形态学改变。近年来的研究表明，细胞凋亡发生的关键环节不在细胞核，而在细胞质。细胞凋亡的生物学功能主要是清除无用的或多余的细胞，除去不再起作用的细胞，除去发育不正常的细胞，除去一些有害细胞等。

二维码 6-5
微信扫码，看相关视频

（3）细胞癌变

生物体的正常细胞在某些因素的影响下，转化为不受控制的异常细胞，大量增殖，形成外观可见的肿瘤——细胞癌变，不属于正常的细胞分化，可以看作分化过程中的异常变化。

癌细胞表现为接触抑制性的丧失；凝聚性增强，易被凝集素（lectin）所凝集；黏着性下降，纤连蛋白（fibronectin）显著减少或缺失，钙黏蛋白（cadherin）合成发生障碍；产生新的膜抗原；无限增殖；细胞内骨架成分发生改变；失去最高分裂次数的限制。

致癌因子（carcinogen）主要有化学致癌因子如砷、石棉、铬化合物等无机物和杂环烃、黄曲霉素、煤焦油等有机物，物理致癌因子如电离辐射、宇宙射线、紫外线等，生物致癌因子如能引起癌变的肿瘤病毒等。

现代研究认为细胞癌变是由癌基因引发的（癌基因学说，oncogene），细胞内基因组上的原癌基因在受到阻遏的情况下不表达，或表达量极少，或表达的产物是正常代谢所必需的，细胞保持正常状态。一旦阻遏被打破，原癌基因被激活为肿瘤基因，细胞便发生性质上的重大转化而癌变。

四、植物结构

1. 植物界

一般将植物分为低等植物和高等植物。低等植物是一类没有根、茎、叶的分化和没有胚的植物类群，以藻类（algae）为主；高等植物产生了一系列适应陆地生活的特征，包括苔藓植物、蕨类植物和种子植物。其中种子植物中的被子植物的结构已经完全适应了陆地干旱的生活环境，孢子体发达，精子通过花粉管输送到卵子附近，即受精过程已完全摆脱了对外界水环境的依赖，种子的胚乳中储藏着供胚发育的营养物质。

2. 植物的形态结构

（1）植物的组织

典型植物体由两类组织构成，即分生组织和成熟组织。分生组织是植物体内具有显著细胞分裂能力的组织，由未分化的细胞组成，位于活跃状态的茎尖、根尖或处于潜伏状态的腋芽内。成熟组织又称永久组织，是由分生组织衍生的细胞发展而来的，因其生理机能和结构的不同，分为表皮组织、薄壁组织、机械组织、维管组织。

（2）植物的器官

① 根。根是陆生植物从土壤中吸收水分和无机盐的器官，也是固定地上植物体的器官。当大多数种子萌发时，胚根发育成幼根突破种皮，与地面垂直向下生长为主根。当主根生长到一定程度时，从其内部生出许多支根，称为侧根。在茎、叶或老根上生出的根，叫作不定根。根反复多次分支，形成整个植物的根系。

根在结构上分为根尖结构、初生结构和次生结构三部分。根尖是主根或侧根尖端，是根的最幼嫩、生命活动最旺盛的部分，也是根的生长、延长及吸收水分的主要部分。根尖包含根冠、分生区、延长区和成熟区。初生结构是由根尖顶端分生组织经过细胞分裂、生长和分化而形成的根成熟结构，该生长过程为初生生长。若从根尖成熟区做一横切面可观察到根的全部初生结构，从外至内分为表皮、皮层和维管柱三部分。次生结构是由形成层细胞分裂形成的结构，而与初生结构相区别（图 6-5）。

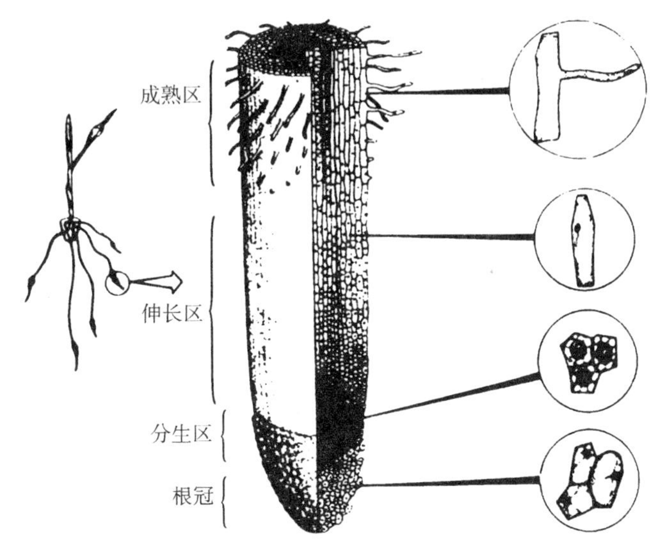

图 6-5　根的结构图

根的主要功能体现在吸收水分和无机盐、固着和支持、合成、贮藏、输导等方面。

② 茎。茎是种子植物的重要营养器官。由种子繁殖的植物，当种子萌发形成幼苗时，其主茎是由胚芽和胚轴发育而来。茎上着生叶、花和果实。双子叶植物茎的初生结构由茎端分生组织通过细胞分裂所产生的细胞，经分化形成的各种结构组成，包括表皮、皮层和维管柱。双子叶植物茎的次生结构是形成层活动的结果。双子叶植物的茎因为形成层的活动，维管组织不断扩大，茎外围的表皮或皮层细胞恢复分裂机能，形成木栓形成层。单子叶植物的茎一般只有初生结构，没有次生结构。

茎的功能主要包括运输水分、无机盐和营养物质的功能，支持功能，贮藏功能等。

③ 叶。叶始于茎尖生长锥的叶原基。叶是种子植物制造有机物质极为重要的器官。叶从外形上分为叶片、叶柄和托叶三部分。叶柄与茎相似，由表皮、皮层和维管柱三部分组成，叶片由表皮、叶肉及叶脉三部分组成。植物体内的水分以水蒸气的形式通过叶表皮的气孔散失到大气中；叶肉组织细胞中含有叶绿体，光合作用在叶肉组织中进行；叶脉里含有导管和筛管，可以运输水分、无机盐和有机物。

④ 花。花是被子植物的生殖器官。花由花柄、花托、花萼、花冠、雄蕊群、雌蕊群组成（图 6-6）。

花托是花与茎连接的部分，由节与节间组成。这些节往往由于节间的缩短和受抑制而紧密地拥挤在一起，导致花托显著变形，因此，在形状、大小和结构上都很不像茎。花托上所着生的不育部分（苞片、萼片、花瓣）可螺旋地或轮生地紧密排列在一起。花萼在花的最外面，花冠在花萼之内，花冠通常可分裂成片状，称为花瓣。花瓣一般比萼片大。花萼和花冠合称花被。花冠除了具保护作用之外，花瓣的颜色和香味对于吸引动物传粉起着重要作用。

雄蕊群是一朵花中全部雄蕊的总称。各类植物中，雄蕊的数目及形态特征较为稳定，常可作为植物分类和鉴定的依据。一般较原始类群的植物，雄蕊数目很多，并排成数轮；较进化的类群，雄蕊数目减少，恒定，或与花瓣同数，或几倍于花瓣数。每一个雄蕊，通常由花药和着生于它的花丝组成。通常每个花药由两个药瓣组成，每个药瓣有两个花粉囊，其中有花药壁和产生小孢子的药室（孢子囊）。每个孢子囊中有许多小孢子母细胞，它们各自经减数分裂后，产生四个单倍体的小孢子。雌蕊群是一朵花中所有雌蕊的总称。雌蕊位于花的中心，由着生胚珠的心皮所组成。一般认为心皮是组成雌蕊的基本单位，一朵花中可能由一个或多个心皮组成为雌蕊群。心皮是叶子的变态。雌蕊常分化出基部能育、膨大的子房部分，以及子房上面不育的花柱和柱头（图 6-7）。

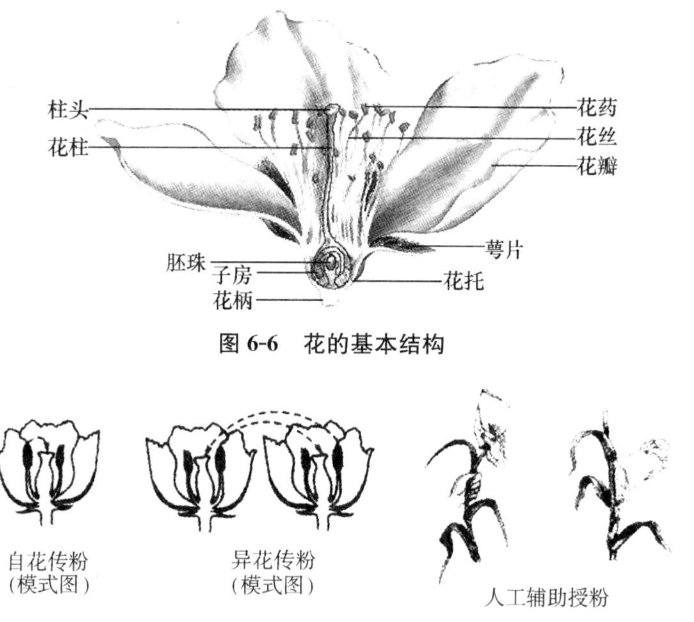

图 6-6　花的基本结构

图 6-7　植物的传粉方式

一朵花，如果具有萼片、花瓣、雄蕊和雌蕊四部分，称为完全花；若缺少其中一部分者，则称为不完全花。一朵花中雄蕊和雌蕊都有的，称为两性花；有些植物的花中只有雄蕊或雌蕊，这种花称为单性花；只有雄蕊的为雄花，只有雌蕊的为雌花。如果雌花和雄花同在一株上，这种植株称为雌雄同株；如果雌花与雄花各自着生在不同的植株，则称为雌雄异株。有的植物，在同一株中可以有两性花和雄花与雌花；而有的物种，既有两性花的植株，也有雌花植株与雄花植株，如猕猴桃。

⑤ 果实。果实是被子植物的雌蕊经过传粉受精，由子房或花的其他部分（如花托、花萼等）参与发育而成的器官。果实一般包括果皮和种子两部分，起传播与繁殖的作用。在自然条件下，也有不经传粉受精而结果实的，这种果实没有种子或种子不育，故称无子果实，如无核蜜橘、香蕉等。此外未经传粉受精的子房，由于某种刺激（如萘乙酸或赤霉素等处理）形成果实，如番茄、葡萄，也是无种子的果实。多数被子植物的果实是直接由子房发育而来的，叫作真果，如桃、大豆的果实；也有些植物的果实，除子房外尚有其他部分参加，最普通的是子房和花被或花托一起形成果实，这样的果实叫作假果，如苹果、梨、向日葵及瓜类的果实。

多数植物一朵花中只有一个雌蕊，形成的果实叫作单果；也有些植物，一朵花中具有许多离生雌蕊聚生在花托上，以后每一个雌蕊形成一个小果，许多小果聚生在花托上，叫作聚合果，如草莓；还有些植物的果实，是由一个花序发育而成的，叫作复果或称花序果、聚花果，如桑、凤梨和无花果。果实一般由果皮和种子组成，其中果皮又可分为外果皮、中果皮和内果皮。果实的种类繁多，果皮的结构也各不相同。

⑥ 种子。种子是裸子植物和被子植物特有的繁殖体，由胚珠经过传粉受精形成。种子一般由种皮、胚和胚乳三部分组成，有的植物成熟的种子只有种皮和胚两部分。

种子的大小、形状、颜色因种类不同而异。椰子的种子很大，油菜、芝麻的种子较小，而烟草、马齿苋、兰科植物的种子则更小。蚕豆、菜豆为肾脏形，豌豆、龙眼为圆球状，花生为椭圆形，瓜类的种子多为扁圆形。种子颜色以褐色和黑色较多，但也有其他颜色，例如豆类种子就有黑、红、绿、黄、白等色。

种皮由珠被发育而来，具保护胚与胚乳的功能。有的植物可具有假种皮。

被子植物的种皮结构多种多样，有的薄如纸状，如花生、桃、杏；有的果皮与种皮愈合，如小麦、水稻、莴苣；有些豆科植物和棉花的种子具有坚硬的种皮，番茄和石榴种子的种皮外围组织或表皮细胞肉质化，荔枝、龙眼的种子可食部分则由假种皮肉质化而成，假种皮由珠柄组织凸起包围种子而形成。

胚由受精卵发育形成。发育完全的胚由胚芽、胚轴、子叶和胚根组成。被子植物胚的形状极为多样，如椭圆形、长柱形或程度不同的弯曲形、马蹄形、螺旋形等。

胚的子叶也多种多样，有细长的、扁平的，有的含大量储藏物质而肥厚呈肉质，如花生、菜豆，也有的为薄薄的片状，如蓖麻。有的子叶与真叶相似，具有锯齿状的边缘，也有的在种子内部呈多次折叠，如棉花（图 6-8）。

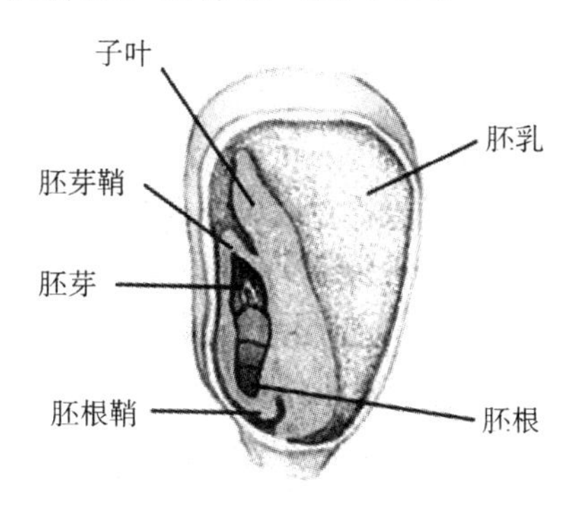

图 6-8　种子结构图

乔本科植物的胚与其他单子叶植物一样，只有一个子叶，但胚的结构比较特殊。胚由胚芽、胚芽鞘、胚根、胚根鞘和胚轴组成，在胚轴的一侧生有一片盾形子叶——盾片。

裸子植物胚乳是单倍体的雌配子体，一般都比较发达，多储藏淀粉或脂肪，也有的含有糊粉粒。被子植物的胚乳在双受精过程中，一个精子与胚囊中的极核融合发育而成多倍体结构。绝大多数的被子植物在种子发育过程中都有胚乳形成，但在成熟种子中有的种类不具或只具很少的胚乳，这是由于它们的胚乳在发育过程中被胚分解吸收了。一般常把成熟的种子分为有胚乳种子和无胚乳种子两大类。

种子成熟离开母体后仍是生活的，但各类植物种子的寿命有很大差异。有些植物种子寿命很短，如巴西橡胶的种子生活仅一周左右，而莲的种子寿命很长，可生活长达数百年以至千年。种子寿命的延长对农作物的种子保存有着重要意义，低温、低湿、黑暗以及降低空气中的含氧量可以延长种子的寿命。

二维码 6-6
微信扫码，看相关视频

3. 植物的发育和形态构成

植物发育依赖于信号传导和转录调控，因此春化作用（植物需要经一段低温处理后才能开花的现象）常常作为植物开花的温度信号。某些植物虽经春化作用，但仍无花芽分化，还必须在一定温度和经特定光周期处理后花芽才会分化，其中光敏色素是参与调节众多光形态建成的最重要的受体。与控制花中器官数目的基因相对应的是控制器官确定的基因，一个器官确定基因将决定从一个分生组织发育而成的结构的种类。

雌雄同株植物的每一个体具有相同的遗传组成，每一个体都产生两种不同性别的单性花，表明性别决定过程受性别决定基因在发育水平上的调控。同一物种的雌雄两种个体在遗传组成上存在明显差异，有两类性别基因，一类是位于性染色体 X 或 Y 上的性别决定基因，另一类位于常染色体上，与性别基因相互作用，保证性器官的正常发育。

雄蕊原基的顶端部分发育成花药。造孢细胞经过有丝分裂产生出大量的花粉母细胞，花粉母细胞经过减数分裂形成 4 个分散的单核细胞，是尚未成熟的花粉粒，也叫小孢子，小孢子是花粉粒的开始。

胚珠原基是着生在子房壁上一群具有分裂能力的细胞。原基外部的细胞分裂较快，围绕原基基部形成一圈，逐渐向两边扩散形成 1 层或 2 层细胞组成的包被即珠被，未完全围起来的孔叫珠孔。胚囊发生于珠心组织中，大多数被子植物的大孢子经过 3 次有丝分裂，形成了 8 个核，8 个核进一步形成 7 个细胞的胚囊，即 1 个卵细胞、2 个助细胞、3 个反足细胞和1 个中央细胞，中央细胞内有 2 个极核。

这些过程中众多基因参与了表达与调控，近几年的研究成果表明花器官原基的分化是由一些进化上的保守基因决定的。

4. 植物的生活史

植物在一生中所经历的发育和繁殖阶段，前后相继，有规律循环的全部过程，称为生活史或生活周期。被子植物的生活史一般可以从一粒种子开始。种子在形成以后，经过一个短暂的休眠期，在获得适合的内在和外界环境条件时，便萌发为幼苗，并逐渐长成为具有根、茎、叶的植物体。经过一个时期的生长发育以后，一部分顶芽或腋芽不再发育为枝条，而是转变为花芽，形成花朵，由雄蕊的花药里生成花粉粒，雌蕊子房的胚珠内形成胚囊。花粉粒和胚囊又各自分别产生雄性精子和雌性的卵细胞。经过传粉、受精，1 个精子和卵细胞融合，成为合子，以后发育成种子的胚；另 1 个精子和 2 个极核结合，发育为种子中的胚乳。最后花的子房发育为果实，胚珠发育为种子。种子中孕育的胚是新生一代的雏体。因此，一般把“从种子到种子”这一全部历程，称为被子植物的生活史或生活周期。被子植物的生活史的突出特点在于双受精这一过程，这是其他植物所没有的。

五、动物结构

1. 动物界

动物系统经历了由简单到复杂、由低级到高级的进化历程，生活在今天地球上的动物大约有150万种。一般将动物界分为34个门。动物界中种类最多的是节肢动物门，其中昆虫纲就有100万余种；种类最少的是异形动物门，仅1种。由于对生活环境的适应性变异，不同类别动物在形态和功能上差异悬殊。仅就个体大小而言，原生动物系由单细胞构成，是动物中最低等、最原始的类群；脊索动物中的蓝鲸，体长可达30米，为世所罕见的庞然大物。

动物与植物等其他各界生物不同，一般不能将无机物合成为有机物，只能以植物、微生物或动物等作为营养来源，属异养型，因而发展了独特的形态结构（神经、肌肉系统等）、生理功能（兴奋、抑制、自稳态等）、行为（取食、求偶等），以进行消化、吸收、呼吸、循环、排泄、感觉、移动和繁殖等一系列生命活动。动物与植物主要特性基本相似，两者的界限是人为的。它们的低等形式均兼具动植物的特性，有相似的化学组成，均能直接摄取水和无机盐，有共同的起源。它们的差别是第二性的、适应性的，只有在多细胞的高等动物和高等植物间才有明显差别。另外，动物细胞没有细胞壁，或细胞壁主要由含氮物质组成，而植物的细胞壁主要由纤维素组成。

2. 动物的形态结构

动物体是由器官、系统组成，如循环系统、排泄系统，每一个系统又是由器官组成，如循环系统的心脏、血管等。而每一个器官则是由两种或更多种的组织构成。一些形态近似、功能相关的细胞和细胞间质组合在一起构成了组织。个体内的细胞都是由一个细胞（受精卵）分裂、分化而成的，细胞间质由细胞产生。一种组织可能含有一种细胞或多种细胞，组织是多细胞生物的基本形态。由不同的组织按一定的方式组成的结构和功能单位称为器官。各种器官组合起来共同完成生命的同一功能，即构成系统。

（1）动物的组织

包括上皮组织、结缔组织（包括血液与淋巴、疏松结缔组织、致密结缔组织、弹性结缔组织、网状结缔组织、脂肪组织、软骨、骨等）、肌肉组织、神经组织等。

（2）器官和系统

① 皮肤。皮肤被覆身体表面，是动物体最大的器官，也是生物体与环境的“边界”，最重要的功能是屏障保护。脊椎动物的皮肤是由上皮组织的表皮和结缔组织的真皮组成，还可产生毛发等多种衍生物。

② 支持、运动系统。运动系统由骨和骨联结以及骨骼肌组成。骨通过骨联结互相联结在一起，组成骨骼。骨骼肌附着于骨，收缩时牵动骨骼，引起各种运动。骨、骨联结和肌肉构成人体支架和基本轮廓，并有支持和保护功能。运动系统作为人体的一个部分，在神经系统支配下进行活动。

③ 消化系统。动物为异养生物，它们得到食物的方式各不相同，但必须能够消化吃下的食物，才能得到所需的营养物质。从简单到复杂的消化类型为：胞内消化，胞外消化——不完全的消化道和胞外消化——完全的消化道。

④ 呼吸系统。动物体在新陈代谢过程中要不断消耗氧气，产生二氧化碳。机体与外界环境进行气体交换的过程称为呼吸。气体交换地有两处，一处是外界与呼吸器官如肺、鳃的气体交换，称肺呼吸或鳃呼吸（或外呼吸）；另一处是由血液和组织液与机体组织、细胞之间进行气体交换（内呼吸）。

⑤ 排泄系统。动物体在新陈代谢过程中不断产生不能再利用甚至是有毒的废物，同时，在动物摄取食物时将过多的水、盐以及一些有毒物质摄入体内，这些物质必须不断排出体外。排出最终代谢物及多余水分和进入机体内的各种异物的过程称为排泄，这一过程主要是通过肾脏形成的方式完成。排泄系统在排出尿的同时还具有调节体内水、盐代谢和酸碱平衡，维持体内环境相对稳定的功能。

⑥ 循环系统。单细胞动物直接从外界摄取生命所需的氧气、营养物质，并直接向外界排出代谢废物。循环系统是较大型复杂动物的物质运载系统，它将呼吸器官得到的氧气、消化器官获取的营养物质、内分泌腺分泌的激素等运送到身体各组织细胞，又将身体各组织细胞代谢产物运送到具有排泄功能的器官排出体外。此外，循环系统还维持机体内环境的稳定、免疫和体温的恒定。循环系统分为心血管系统和淋巴系统。

⑦ 生殖系统。生物有机体都能产生相似于自己的新有机体，繁殖后代以使物种延续，这是生命的基本特点，也是生命全过程的最终目的。而生殖器官是完成这一目的的基础，包括产生生殖细胞的生殖腺和各种副性器官。

⑧ 神经系统。神经系统是机体的主导系统，通过神经元以反射活动等方式维持、调整机体内部各器官系统的动态平衡，使机体成为一个完整的统一体，并使机体主动适应不断变化的内外界环境，维持生命活动的正常进行。

⑨ 感觉器官。感觉器官将外界刺激转换成神经动作电位（神经冲动），所以感觉器官是一种生物换能器。神经动作电位到达脑的某些感觉区会产生一种特定感觉，因而不同感觉器官可以在机体唤起不同的感觉。

⑩ 内分泌系统。内分泌系统是神经—内分泌—免疫网络系统中重要的成员。无脊椎动物的激素主要来源是神经分泌细胞，它们合成和分泌的激素称为神经分泌激素。脊椎动物的内分泌器官包括脑下垂体、松果体、甲状腺、甲状旁腺、胸腺、肾上腺、胰岛、性腺、前列腺和其他内分泌腺等。

3. 动物的发育和形态建成

① 精子和卵子的形成。曲精细管上皮内精原细胞连续进行有丝分裂形成多个精原细胞，一部分长大分化而成为初级精母细胞；初级精母细胞分裂成 2 个次级精母细胞，第二次减数分裂形成 4 个单倍体的精细胞，每个精细胞发育成一个精子。

二维码 6-7

微信扫码，看相关视频

原始卵泡中发育一个初级卵母细胞，再发育成次级卵泡，再发育成成熟卵泡，卵母细胞及其外周的透明带和放射冠随卵泡液一起从卵巢中排出，经腹腔进入输卵管，称排卵。卵子的产生受激素调控。

② 生命的开端——受精。精子和卵子融合而成受精卵的全过程称为受精。低等及两栖动物多为体外受精，而多数高等动物为体内受精。体内受精一般在输卵管壶腹部进行。

③ 卵裂。受精卵的分裂叫卵裂，经多次重复分裂形成囊胚或胚盘，其中累积成千个细胞。卵裂形成的分裂球本身并不生长，可迅速连续分裂，分裂次数很多，但体积几乎不变。

④ 囊胚的形成。受精卵进行多次分裂成为一团细胞。哺乳动物的这团细胞外形像桑葚，因此这一时期又称桑葚期。细胞继续分裂形成盘状的胚盘，在形成胚盘的过程中出现囊胚腔，此时的胚叫胚泡。哺乳类从受精卵到胚泡形成约需 100 小时以上，然后植入到子宫壁上（图 6-9）。

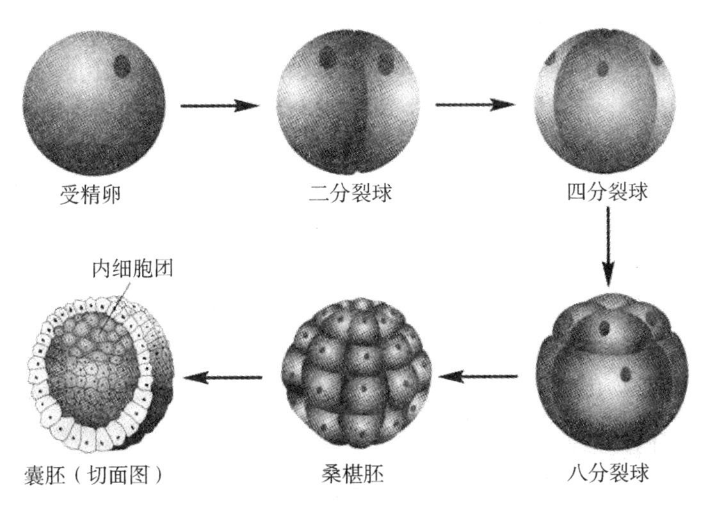

图 6-9　囊胚的形成过程

⑤ 原肠胚期。囊胚或胚盘形成后，胚胎进入原肠胚期。在原肠胚期产生内、中、外三胚层，分别代表了三种不同组织类型，早期胚的各器官预定区便显示出来，它们进一步发育，形成机体的各种组织、器官和系统。

⑥ 胚后发育。胚后发育一般指从卵膜内孵出或从母体生出后的胎儿发育，它们与成体之间在形态构造、生理功能等方面均有差别。

⑦ 衰老。人和其他动物均要经历出生、发育、生长到衰老与死亡的过程。人衰老的原因和机制目前尚未彻底搞清，然而有些衰老学说已为科学家所接受。如遗传程序学说认为遗传因素是衰老的内在因素，DNA 的结构和功能发生变化，影响遗传信息的传递和表达，影响生长、发育和衰老。自由基衰老学说认为衰老过程源于自由基对细胞和组织的损伤，如随着年龄增长自由基副作用引起退行性变化。神经、内分泌和免疫网架结构失调学说认为神经系统、内分泌系统和免疫系统均随年龄增加而功能下降，三者之间存在着双向反馈调节。

六、生态系统的结构

二维码 6-8
微信扫码，看相关视频

1. 什么是生态系统

生态系统（ecosystem）概念由英国生态学家坦斯利于 1935 年首先提出。现在一般认为，生态系统是生物群落与其生存环境之间，以及生物种群相互之间密切联系、相互作用，通过物质交换、能量流动和信息传递，成为占据一定空间、具有一定结构、执行一定功能的动态平衡整体。

目前有关生态系统的研究，主要集中在自然生态系统的保护和利用，生态系统调控机制，生态系统退化的机制、恢复及修复，全球性生态问题，生态系统可持续发展等方面。

2. 生态系统的组成成分和结构

（1）生态系统的组成成分

生态系统的组成成分是指系统内所包括的若干类相互联系的各种要素。从理论上讲，地球上的一切物质都可能是生态系统的组成成分。一般认为各类生态系统是由生物和非生物环境两大部分，或生产者、消费者、还原者和非生物环境四个基本成分所组成。非生物环境包括生物活动的空间和参与生物生理代谢的各种要素。生产者即自养生物，它们将光能转化为化学能，是生态系统所需一切能量的基础。消费者是靠自养生物或其他生物为食而获得生存能量的异养生物。还原者又称分解者，能把复杂的有机物分解为简单的无机物归还到环境。

一个独立发生功能的生态系统至少应包括非生物环境、生产者和还原者三个组成成分。大部分自然生态系统都具有上述四个组成成分。

（2）生态系统的结构

生态系统的结构包括两方面的含义：一是组成成分及其营养关系，二是各种生物的空间配置（分布）状态。具体地说，生态系统的结构包括物种结构、营养结构和空间结构。食物网及其相互关系就是生态系统的营养结构。至于物种结构，各类生态系统的差异很大，即使一个比较简单的生态系统，要全部搞清它的物种结构也是极其困难的，甚至是不可能的；在实际工作中，人们主要是以群落中的优势种类、生态功能上的主要种类或类群作为研究对象。生态系统的空间结构实际上就是生物群落的空间格局状况，包括群落的垂直结构（成层现象）和水平结构（种群的水平配置格局）（图 6-10）。

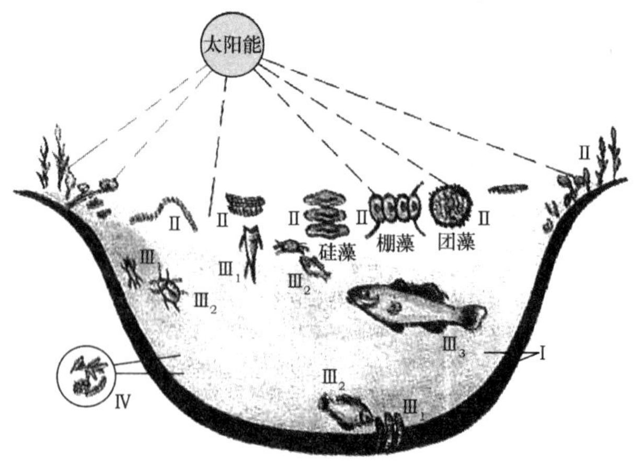

（Ⅰ. 非生物的物质　Ⅱ. 生产者　Ⅲ. 消费者　Ⅳ. 分解者）

图 6-10　池塘生态系统图

3. 生态系统的基本特征

生态系统与物理学上的系统虽相似，但生命成分的存在决定生态系统具有不同于机械系统的许多特征：生态系统是动态功能系统，具有一定的区域特征，是开放的“自组织系统”，具有自动调节的能力。

4. 生态系统的基本功能

生态系统的结构及其特征决定了它的基本功能，这就是生物生产、能量流动、物质循环和信息传递，它们相互联系、紧密结合。

（1）生物生产

生态系统中的生物生产包括初级生产和次级生产两个过程。初级生产是生产者把太阳能转变为化学能的过程，次级生产是消费者将初级生产产品转化为动物能的过程。在一个生态系统中，这两个生产过程彼此联系，但又是分别独立进行的。

（2）能量流动

生态系统的能量流动是指能量在生态系统内的传递和耗散过程。它始于生产者的初级生产，止于还原者功能的完成，整个过程包括能量形态的转变及能量的转移、利用和耗散。生态系统是通过食物关系使能量在生物间发生转移的，通过一系列的吃与被吃的关系，把生物与生物紧密地联系起来。这种生物成员之间以食物营养关系彼此联系起来的序列，称为食物链。多个食物链构成食物网（图 6-11）。

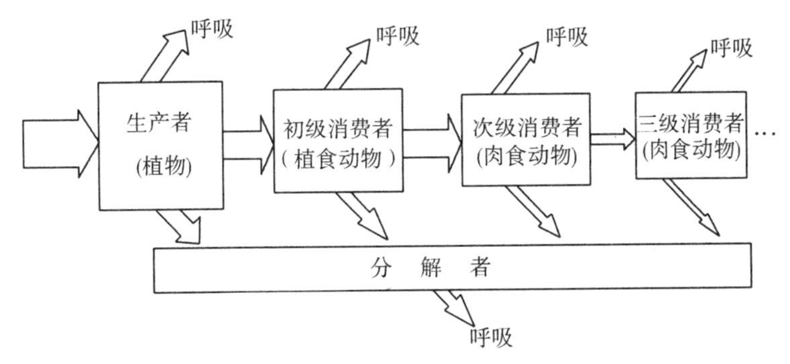

图 6-11　生态系统的能量流动图解

（3）物质循环

生态系统中的物质主要指维持生命活动正常进行所必需的各种营养元素，它们通过食物链各营养级传递和转化，从而构成了生态系统的物质流动。生态系统中各种有机物质经过分解者分解成可被生产者利用的形式归还于环境中重复利用，周而复始地循环，这个过程叫作物质循环。生物所需要的营养物质在生态系统的四个基本成分之间进行循环；另外，生态系统还可从降雨、空气流通和动物的迁入等不同途径使营养物质得到补充和更新。

（4）信息传递

生态系统中的光、声音、颜色等物理信息和生物代谢产生的一些物质等化学信息在生态系统不同组分间进行传递，产生不同的生物生态学作用。各种信息的作用相互制约，相互联系。通过对生物信息传递的研究，还可以获得其他的生态信息。

5. 生态平衡

（1）什么是生态平衡

从本质出发，生态平衡问题是整个生命科学所研究的主要问题，但生态平衡作为一个科学的概念是在现代生态学发展过程中提出的。从生态学角度看，广义的平衡就是某个主体与其环境的综合协调；狭义的生态平衡就是指生态系统的平衡，简称生态平衡。但是，国内外的生态学者对生态平衡提出了各种定义和表述，亦有许多争议，甚至有的学者用稳定性代之。总体分析，由于受生态系统最基本特征（生命成分的存在）所决定，生态系统始终处于动态变化之中，因此生态平衡首先应理解为动态平衡；同时，生态平衡的表述应该反映不同层次、不同阶段的区别。在评价方面应把结构、机制、功能的稳态、自控能力和进化趋势作为衡量平衡与否的基础。

（2）生态系统平衡的调节

生态系统平衡实际上就是生态系统内稳定性的显示。每个生态系统都在来自内部和外部两类因素的压力下运行。对于各层次的生命系统来说，无论是哪类压力引起环境条件的改变，系统都是通过调节机能来尽量维持自身的稳定，这种调节机能实际上是生态系统的一种适应能力。生态系统主要是通过系统的反馈机制、抵抗力和恢复力实现平衡调节的。

6. 生态系统健康

生态系统健康研究是最近发展的又一新领域，在自然科学、社会科学和健康科学之间架起了一座桥梁，并为环境问题的解决带来了新的希望。生态系统健康主要研究人类活动、社会组织、自然系统及人类健康的整体性。生态系统健康是指生态系统随着时间的进程保持活力并且能维持其组织结构及自主性，在外界胁迫下恢复。评估生态系统健康的标准有活力、恢复力、组织结构、生态系统服务功能的维持、管理选择、外部输入减少、对邻近系统的影响及人类健康影响等八个方面。它们分属于生物物理、社会经济、人类健康以及一定的时间、空间等范畴，其中最重要的是前三个方面。

影响生态系统健康的原因有很多，这些原因多为人类活动所致。例如，污染物排放、过度捕捞、围湖造田、外来物种入侵和水资源不合理利用等是影响水生态系统健康的主要原因。生态系统健康评价的目的是定义生态系统的一个期望状态，确定生态系统破坏的阈限，并在文化、道德、政策、法律、法规的约束下，实施有效的生态系统管理。

第二节　生命的本质

一、生命的化学组成

1. 生命的化学基础

所有生物大分子的构筑都是以非生命界的物质和化学规律为基础，在生命界和非生命界之间并不存在明显的界限；生物大分子结构与其功能紧密相关，即生命的各种生物学功能正是起始于化学水平。对生命的化学组成的深入了解，是揭示生命本质的基础。

自然界中存在约 130 种元素，其中含量最丰富的元素是：O、Si、Al、Fe。而在生物体中大约只有 25 种元素是构成生命不可缺少的元素，包括常量元素：C、H、O、N、S、P、Cl、Ca、K、Na、Mg11 种；微量元素：Fe、Cu、Zn、Mn、Co、Mo、Se、Cr、Ni、V、Sn、Si、I、F14 种。组成生命的基本元素是：O、C、H、N、Si、K、Ca、P、Mg，其中 O、C、H、N4 种元素占 90%以上。

生命化学物质可分为两大类，即无机物和有机物。在无机物中水是最主要的成分，约占细胞物质总含量的 75%～80%；无机盐的含量很少，约占总重的 1%。有机物达几千种，约占生物体干重的 90%以上，它们主要由碳、氢、氧、氮等元素组成；有机物主要由四大类分子所组成，即蛋白质、核酸、脂类和糖。

2. 生物大分子物质

（1）生物大分子的碳链骨架

碳原子比较小，有 4 个外层分子，能和别的原子形成 4 个强的共价键，从而造成了在生物体中存在着数量很大的各种含碳化合物。更为重要的是碳原子彼此之间可以连接成链状或环状的巨大分子，如糖、脂肪、蛋白质和核酸等重要的生物大分子。

（2）蛋白质

蛋白质（protein）一词由 19 世纪中期荷兰化学家穆尔德命名。蛋白质是一类含氮生物大分子，相对分子质量大，结构复杂。氨基酸（含氨基的羧酸）是蛋白质最基本的结构单元，其通过肽键首尾相连形成多肽进而组成蛋白质。氨基酸的成分及分布决定蛋白质结构，以及物理、化学性质（图 6-12），20 种基本氨基酸通过肽键首尾相连按不同序列形成多肽链进而组成蛋白质。氨基酸序列由遗传密码决定；蛋白质分子的物理、化学特性由氨基酸及多肽链的三维结构决定（图 6-13，图 6-14）。

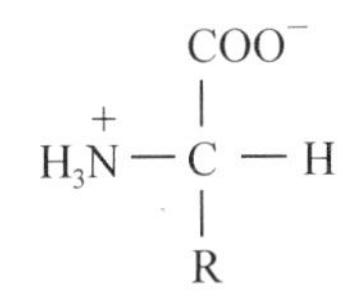

图 6-12　氨基酸结构通式

二维码 6-9

微信扫码，看相关视频

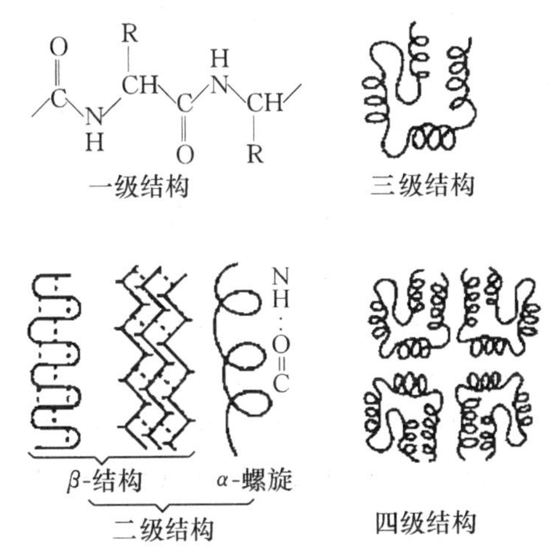

图 6-13　蛋白质的一、二、三、四级结构

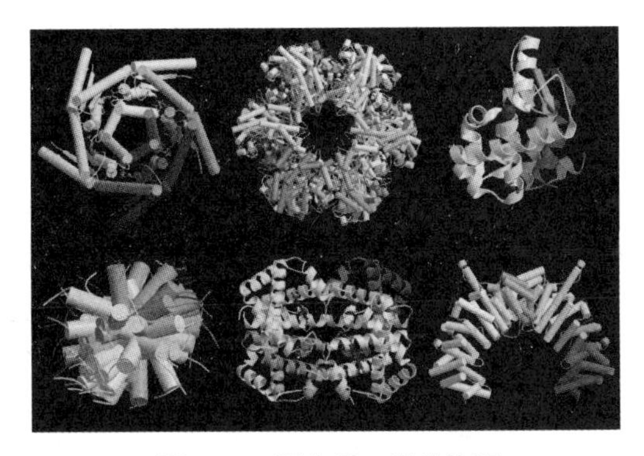

图 6-14　蛋白质三维结构图

① 蛋白质的功能。蛋白质是原生质的主要成分，任何生物都含有蛋白质。蛋白质的功能主要体现在催化、结构、运输、储存、运动、防御、调节、信息传递、遗传调控等方面。

② 蛋白质的分类。蛋白质按分子形状可以分为球状蛋白和纤维状蛋白，按分子组成可以分为简单蛋白和结合蛋白。再根据溶解性的不同，可将简单蛋白分为清蛋白、球蛋白、组蛋白、精蛋白、谷蛋白、醇溶蛋白和硬蛋白；根据辅基的不同，可将结合蛋白分为核蛋白、脂蛋白、糖蛋白、磷蛋白、血红素蛋白、黄素蛋白和金属蛋白。此外，还可以按照蛋白质的功能将其分为活性蛋白（如酶、激素蛋白、运输和贮存蛋白质、运动蛋白质、受体蛋白质和膜蛋白质等）和非活性蛋白（如胶原、角质蛋白等）。

③ 蛋白质的元素组成与相对分子质量。所有的蛋白质都含有碳、氢、氧、氮四种元素，有些蛋白质还含有硫、磷和一些金属元素。蛋白质平均含碳 50%、氢 7%、氧 23%、氮 16%。其中氮的含量较为恒定，而且在糖和脂类中不含氮，所以常通过测量样品中氮的含量来推测样品中蛋白质的含量。蛋白质的相对分子质量变化范围很大，从 6000 到 100 万道尔顿或更大。一般将相对分子质量小于 6000 道尔顿的称为肽。

（3）核酸

① 核酸的功能。核酸占细胞干重的 5%～15%，1868 年被瑞士医生米歇发现，称为核素。1944 年艾弗里（Avery，1877—1955）通过肺炎双球菌转化实验首次证明 DNA 是遗传物质。在现代，对于受过遗传学教育的人来说，核酸是遗传信息的存储和传递者，这似乎已是一种常识。然而就在 60 多年前，当艾弗里及其同事于 1944 年发表这一理论时，却引起了遗传学界的极大震惊和怀疑。直到 20 世纪 50 年代中期，这一理论才为遗传学界普遍接受。这样，年迈的艾弗里最终也没能等到这一天便溘然长逝而失去了荣获诺贝尔奖的机会，这实在是 20 世纪科学史上的一大憾事。

1953 年 DNA 的双螺旋结构模型建立，被认为是 20 世纪自然科学的重大突破之一，由此产生了分子生物学、分子遗传学、基因工程等学科和技术。此后的 50 年间，核酸研究共有 38 次获得诺贝尔奖，可见核酸研究在生命科学中的重要地位。

② 核酸的分类。核酸是由核苷酸组成的大分子，一个核苷酸包括一个含氮碱基、一个核糖和一个磷酸根。若干个核苷酸通过磷酸二酯键连接成多聚核苷酸链。相对分子质量最小的是转运 RNA，相对分子质量为 25000 左右；人类染色体 DNA 相对分子质量高达 1×10^{14}。核酸分为 DNA 和 RNA 两类，DNA 主要集中在细胞核中，在线粒体和叶绿体中也有少量 DNA。RNA 主要分布在细胞质中。对病毒来说，或只含 DNA，或只含 RNA，因此可将病毒分为 DNA 病毒和 RNA 病毒。核酸也可分为单链和双链（图 6-15）。DNA 一般为双链，作为信息分子，是物种保持进化和世代繁衍的物质基础；RNA 单双链都存在，参与蛋白质的合成。20 世纪末，已发现许多新的具有特殊功能的 RNA，几乎涉及细胞功能的各个方面。

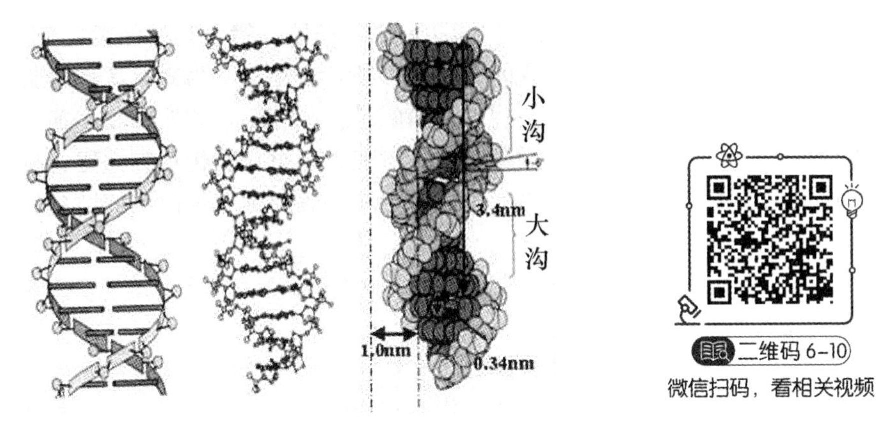

图 6-15　DNA 双螺旋结构图

③ 核苷酸的结构。核苷酸可分解成核苷和磷酸，核苷又可分解为碱基和戊糖。戊糖有两种，D-核糖和D-2-脱氧核糖。碱基分为嘌呤（腺嘌呤、鸟嘌呤）和嘧啶（胞嘧啶、尿嘧啶和胸腺嘧啶）两类。戊糖与碱基缩合而成核苷，核苷中的戊糖羟基被磷酸酯化，就形成核苷酸。核苷酸主要作为核酸的成分，也为需能反应提供能量，用于信号传递，参与构成辅酶，参与代谢调控等。

（4）糖类

糖类是含多羟基的醛或酮类化合物。

① 糖的分布与功能。糖在生物界中分布很广，几乎所有的动物、植物、微生物体内都含有糖。糖占植物干重的 80%、微生物干重的 10%～30%、动物干重的 2%。糖在生物体内的主要功能是构成细胞的结构和作为储藏物质。植物细胞壁是由纤维素、半纤维素或胞壁质组成的，它们都是糖类物质。作为储藏物质的主要有植物中的淀粉和动物中的糖原。糖是生物体重要的中间代谢产物；糖类可以构成生物大分子，形成糖脂和糖蛋白；此外，糖脂和糖蛋白在生物膜中占有重要地位，担负着细胞和生物分子相互识别的作用。

② 糖的分类。根据糖的结构和性质可将糖分为单糖、寡糖（低聚糖）、多糖、结合糖和衍生糖。单糖是构成糖分子的基本单位，不能再发生水解反应。少数几个单糖分子连接形成寡糖。一般把水解以后能生成 2 分子～10 分子单糖的化合物统称为低聚糖，发生水解反应时生成的单糖分子在 10 个以上者称为多糖。结合糖是糖链与蛋白质或脂类物质构成的复合分子。衍生糖是由单糖衍生而来。

（5）脂类

脂类是一大类物质的总称，这些物质的结构差异很大，但都由 C、H、O 组成，H∶O 远大于 2，结构上以长链或稠环脂肪烃分子为母体，不溶于水，能溶于非极性溶剂。

① 分布与功能。三酰甘油是生物体能源储备物质，主要分布在皮下、胸腔、腹腔、肌肉、骨髓等处的脂肪组织中；极性脂类参与细胞生物膜的构成；有些脂类及其衍生物具有重要生物活性；有些脂类是生物表面活性剂，还可作为溶剂。

② 分类。一般将脂类分为中性脂肪和油、磷脂、蜡、非皂化脂、衍生脂和结合脂。中性脂肪是由甘油和脂肪酸生成的三酰甘油酯，在室温下为固态者称为脂肪，在室温下为液态者称为油。甘油的一个 α-羟基和磷酸结合成磷脂，如卵磷脂、脑磷脂、丝氨酸磷脂等。由长链脂肪酸和长链一元醇脱水而成蜡。非皂化脂包括类固醇、萜类和前列腺素类。衍生脂是指上述物质的衍生产物。结合脂是脂与糖或蛋白质的结合物。

二、新陈代谢

1. 定义

新陈代谢又称代谢，是生物体内所有化学变化的总称，泛指生物与周围环境进行物质与能量交换的过程，是生物体物质代谢与能量代谢的有机统一。代谢是生命的基本特征，包括合成代谢和分解代谢，前者又称同化作用，是指机体从环境中摄取营养物质，把它们转化为自身物质；后者又称异化作用，是指机体将自身物质转化为代谢产物，排出体外。二者相辅相成，它们的平衡使生物体既保持自身的稳定，又能不断更新，同环境相适应。

生物新陈代谢具有以下特点：第一，代谢途径相似，生物的代谢体系是在长期进化过程中逐步形成和完善的，生物体之间的差异虽然很大，但一些基本的代谢过程却十分相似；第二，反应步骤繁多，具有严格的顺序性；第三，与环境相适应，自动调节，主要通过酶活性调节进行。

2. 代谢途径

代谢过程是通过一系列酶促反应完成的，完成某一代谢过程的一组相互衔接的酶促反应称为代谢途径。生物代谢途径有以下特点：① 没有完全可逆的代谢途径；② 代谢途径的形式多样；③ 代谢途径有确定的细胞定位；④ 代谢途径相互沟通，构成复杂的代谢网络；⑤ 代谢途径之间有能量关联，通常合成代谢消耗能量，分解代谢释放能量，二者通过 ATP 等高能化合物作为能量载体而连接起来；⑥ 代谢途径的流量可调控，机体在不同的情况下需要不同的代谢速度，通过控制酶的活力与数量来实现。

3. 合成代谢

合成代谢一般是指将简单的小分子物质转变成复杂的大分子物质的过程。合成代谢消耗能量（图 6-16），生物体能量的最终来源是太阳能。合成代谢具有以下特征：① 阶段性和趋异性。生物分子结构的多层次性决定了合成代谢的阶段性。先由简单的无机分子（CO_2、NH_3、H_2O 等）合成生物小分子（单糖、氨基酸、核苷酸等），再用这些构件合成生物大分子，进而组装成各种生物结构。趋异性是指随着合成代谢阶段的上升，倾向于产生种类更多的产物。② 营养依赖性。有些生物体不能从无到有合成所有的生物分子。那些不能自己合成，只能从食物中摄取的物质，称为是必需的。③ 需要能量推动。合成代谢需要消耗能量。合成生物小分子的能量直接来自 ATP 和 NADPH，合成生物大分子的能量直接来自核苷三磷酸。合成代谢所需的能量主要用于活化前体或构件分子，以及还原步骤等。④ 信息来源。生物大分子有两种组装模式：其一为模板指导组装，核酸和蛋白质的合成都以存在的信息分子为模板。其二为酶促组装，有些构件序列简单均一的大分子通过酶促组装聚合而成，其信息指令来自酶分子，不需要模板。

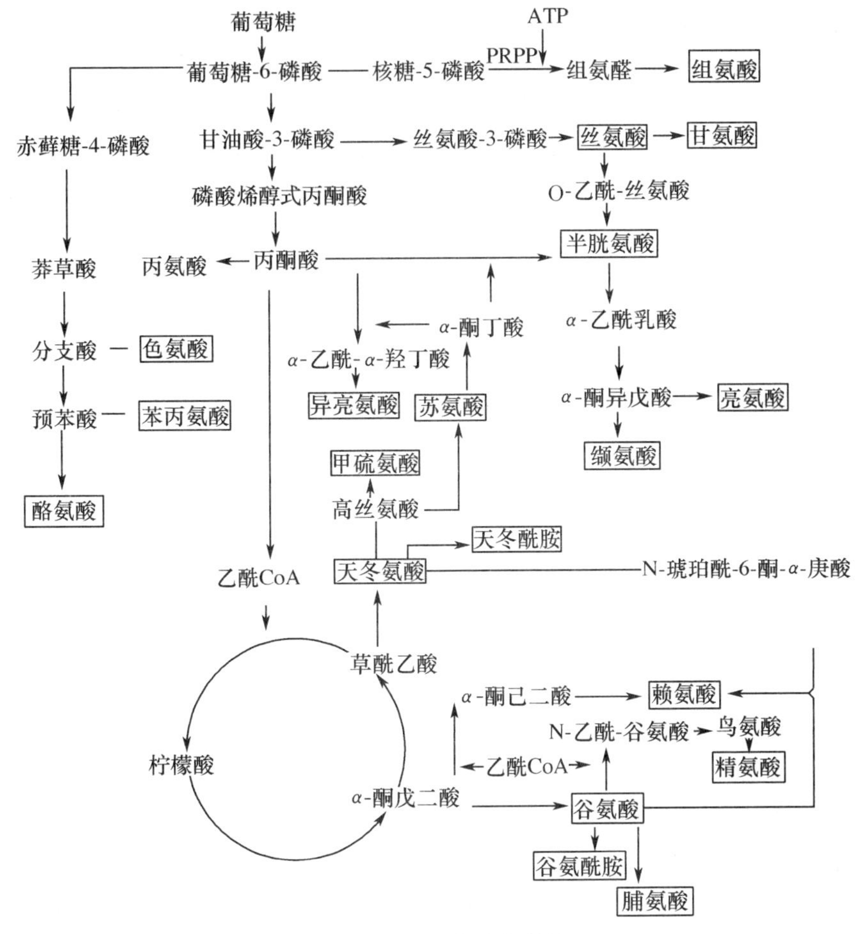

图 6-16　氨基酸合成代谢简图

4. 分解代谢

分解代谢则是将复杂的大分子物质转变成小分子物质如 CO_2、H_2O、NH_3 等的过程。分解代谢释放能量。如 $C_6H_{12}O_6 \rightarrow 6CO_2 + 6H_2O + 686kcal/mol$。糖、脂和蛋白质的合成代谢途径各不相同，但是它们的分解代谢途径则有共同之处，即糖、脂和蛋白质经过一系列分解反应后都生成了丙酮酸并进入三羧酸循环，最后被氧化成 CO_2 和 H_2O。分解代谢具阶段性和趋同性。生物大分子的分解有三个阶段：水解产生构件分子、氧化分解产生乙酰辅酶 A、氧化成二氧化碳和水。在这个过程中，随着结构层次的降低，倾向产生少数共同的分解产物，即具有趋同性。分解代谢的各个阶段都是释放能量的过程：第一阶段放能很少；第二阶段约占三分之一，可推动 ATP 和 NADPH 的合成，它们可作为能量载体向体内的耗能过程提供能量；第三阶段通过三羧酸循环和氧化磷酸化释放其余的能量，主要用于 ATP 的合成。三羧酸循环形成二氧化碳和还原辅酶，后者在氧化磷酸化过程中释放能量，形成 ATP 和水。

微信扫码，看相关视频

5. 代谢中的能量与调控

（1）代谢与能量

① 有关定律。热力学第一定律即能量守恒定律。热力学第二定律即熵定律，自由能：$\Delta G = \Delta H - T\Delta S$，$\Delta G < 0$ 为自发反应；自由能表示系统中总能量，在化学反应中与每一组分的化学稳定性有关，变化为负值表示由不稳定的化学能高的状态变成低能状态，是放能反应。

② ATP 及其偶联作用。ATP 在一切生物的生命活动中都起着重要作用。生物体内的放能和需能反应经常以 ATP 相偶联。具体来讲，ATP 具有以下一些特殊作用：首先，ATP 的结构特性与其自由能释放密切相关。影响 ATP 水解时自由能释放的重要因素有三个：一是它的 3 个磷酸基团；二是 ATP 在 pH 7.0 时所带的 4 个电荷的作用；三是 ATP 水解后所形成的产物；四是 ATP 的“能量中间体”的作用。ATP 作为磷酸基团共同的中间传递体，在传递能量方面起着转运站的作用。它是能量的携带者和转运者，但并不是能量的储存者。

③ 其他高能化合物。UTP 参与多糖合成，CTP 参与脂类合成，GTP 参与蛋白质合成。烯醇酯、硫酯等也是高能化合物，如磷酸烯醇式丙酮酸、乙酰辅酶 A 等。高能化合物根据键型可分为磷氧键型、氮磷键型、硫酯键型、甲硫键型等，绝大多数含磷酸基团。磷酸肌酸和磷酸精氨酸可通过磷酸基团的转移作为储能物质，称为磷酸原。磷酸肌酸是易兴奋组织如肌肉、脑、神经等中唯一能起暂时储能作用的物质。

（2）代谢调节

代谢是动态的。生物体内总是同时进行着分解代谢与合成代谢，分解老化的生物分子并合成新的分子来代替。即使体重保持不变，代谢也在不断地进行。代谢过程是一系列酶促反应，可通过酶活性和数量进行调节，如别构调节、共价调节、同工酶、诱导酶、多酶体系等调节。此外，神经和激素的调节也起着重要作用。

6. 代谢的研究方法

新陈代谢的研究方法主要包括：① 标记示踪法，用含有放射性同位素或其他物质标记的物质参与代谢反应，测试该基团在不同物质间的转移情况，来认识代谢过程。② 活体内（in vivo）与活体外实验（in vitro）。in vivo，意即“在体内”，如组织提取法、整体器官或微生物细胞群的研究；切片、匀浆、提取液作为研究材料进行研究时则称为 in vitro，意即“在体外”“在试管内”。③ 自由能判断（逻辑判断），通过不同物质间标准自由能的比较进行逻辑判断。④ 代谢组学，是继基因组学和蛋白质组学之后新近发展起来的一门学科，是系统生物学的重要组成部分。其研究的主要对象是各种代谢路径的底物和产物小分子代谢物，采用核磁共振、液—质联用、气—质联用、色谱等技术手段，结合化学模式识别方法，可以判断出生物体的病理状态、基因功能、药物的毒性和药效等，并有可能找出与之相关的生物标志物。

三、遗传物质

1. 生物的繁殖方式

（1）无性生殖

凡不涉及性别，没有配子参与，不经过受精过程，直接由母体形成新个体的繁殖方式统称为无性生殖。包括裂殖、出芽生殖、孢子生殖、再生等不同方式。

（2）有性生殖

通过两性细胞即雌配子与雄配子或卵子与精子融合为一，成为合子或受精卵，发育成新一代的生殖方式称为有性生殖。两性细胞通过性母细胞减数分裂产生，即 DNA 复制一次、细胞连续分裂两次，结果子细胞内染色体减半，成为单倍性的生殖细胞。

2. 染色体

染色体就是细胞分裂中期内能被碱性染料染色的棒状小体，就其本质而言，染色体是遗传物质的载体。人类 99%的遗传物质位于染色体上。

（1）染色体的结构与功能

染色体的化学成分是 DNA、RNA 和蛋白质。在染色体的不同部位上，分为常染色质区和异染色质区，二者在结构上是连续的，常染色质区在遗传功能上具有更为积极的作用。在形态上，每条染色体被这丝粒分为长臂和短臂两部分。根据染色体两臂的长度可将染色体分为三类：一是近端着丝粒染色体；二是近中着丝粒染色体；三是中间着丝粒染色体。在染色体中，可区分出具有特殊结构和功能的区域。着丝粒是有丝分裂纺锤体微管附着的部位，与染色体分裂相关。染色体末端的端粒不含基因，但有特殊结构。没有端粒，染色体便不稳定。目前认为端粒与衰老过程有关，而端粒酶活性则与肿瘤相关（图 6-17）。

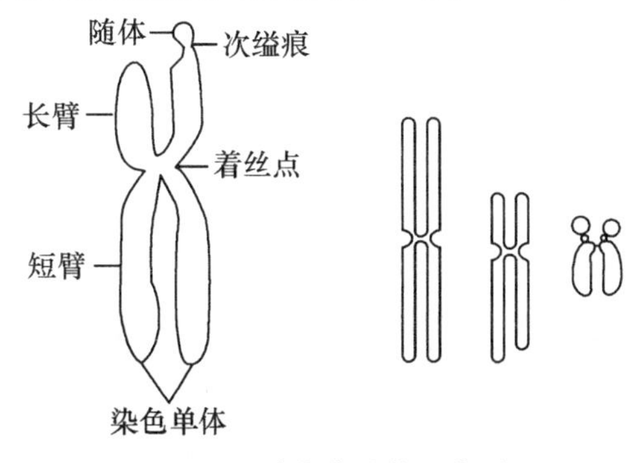

图 6-17　染色体结构和类型

（2）染色体的组成

染色质是由直径为 10 nm 的核小体组成的念珠状结构，核小体是由 H2A、H2B、H3、H4 各两个分子生成的八聚体和由大约 200 bp DNA 组成的。八聚体在中间，DNA 分子盘绕在外，而 H1 则在核小体的外面。每个核小体只有一个 H1。在核小体中，DNA 盘绕组蛋白八聚体核心，从而使分子压缩成 1/7，200 bp DNA 的长度约为 68 nm，却被压缩在 10 nm 的核小体中。染色体上的蛋白质包括组蛋白和非组蛋白。组蛋白是染色体的结构蛋白，它与 DNA 组成核小体。组蛋白分为 H1、H2A、H2B、H3 及 H4。非组蛋白的量大约是组蛋白的 60%～70%，约为 20 种～100 种（图 6-18）。

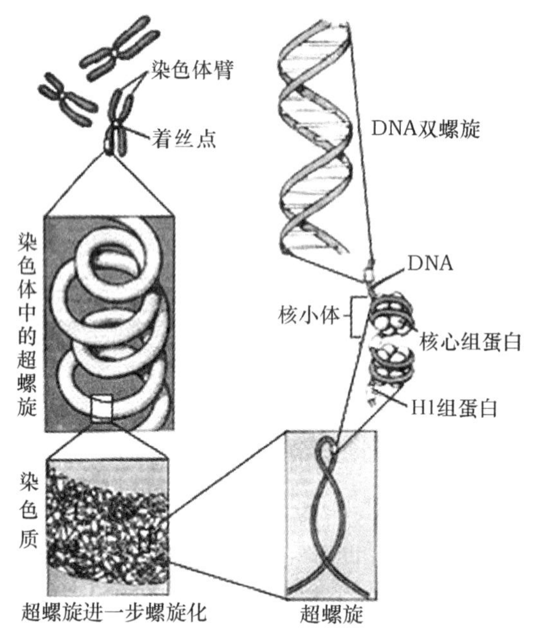

图 6-18　染色体结构层次图

任何一条染色体上都带有许多基因，一条高等生物的染色体上可能带有成千上万个基因，一个细胞中的全部基因序列及其间隔序列统称为基因组（genome）。染色体中的核酸主要包括不重复序列、中度重复序列和高度重复序列三类。

3. 基因

（1）基因的概念及其发展

1909 年丹麦遗传学家约翰逊将孟德尔遗传因子更名为基因（gene）。从 1910 年到 1925 年，摩尔根（Morgan）利用果蝇作研究材料，证明基因是在染色体上呈直线排列的遗传单位。1941 年比德尔和塔图姆提出了“一个基因一个酶”的学说（图 6-19）。

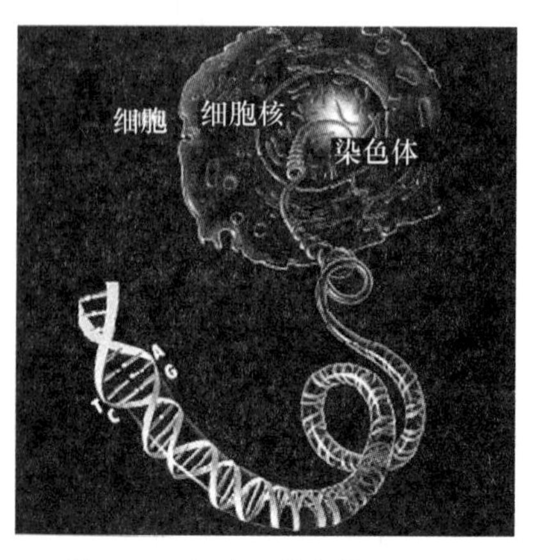

图 6-19　细胞、染色体和 DNA

1957 年本泽尔用大肠杆菌 T4 噬菌体为材料，分析了基因内部的精细结构，提出顺反子（cistron）的概念。随着分子生物学的发展，人们对基因的认识也越来越深入。分子生物学给基因下的定义是编码一条多肽链或功能 RNA 所必需的全部核苷酸序列。基因的本质就是 DNA。基因的种类较多，至少包括结构基因与调节基因、核糖体 RNA 基因与转运 RNA 基因、启动子和操纵基因等。

（2）DNA 的复制

DNA 是遗传信息的载体，故亲代 DNA 必须以自身分子为模板准确复制成两个拷贝，并分配到两个子细胞中去，完成其遗传信息载体的使命。沃森和克里克在提出 DNA 双螺旋结构模型时曾就 DNA 复制过程进行过研究，他们推测，DNA 在复制过程中碱基间的氢键首先断裂，双螺旋解旋分开，每条链分别作模板合成新链，每个子代 DNA 的一条链来自亲代，另一条链则是新合成的，故称之为半保留式复制（semiconservative replication）。DNA 在复制时，双链 DNA 解旋成两股分别进行。其复制过程是从复制起点以复制叉方式进行的半不连续复制。

4. 遗传物质的改变

遗传物质本身发生了质的变化，导致生物性状改变，称为突变（mutation）。从广义上来讲，突变可分为染色体畸变（包括染色体数目或结构改变）和基因（DNA 和 RNA）的改变（一般称为点突变）。狭义的突变单指基因突变。

（1）染色体改变

① 染色体畸变。细胞中染色体发生数量或结构改变称为染色体畸变，也叫作染色体异常。这些染色体异常可用光学显微镜检出。由于染色体畸变可导致基因增减和位置的转移，造成基因间或遗传物质的增失即不平衡，影响物质代谢的正常进程而给机体造成严重的危害，成为染色体病的基础。染色体异常分为数目异常和结构异常两类。数目异常包括整个染色体组成倍增加、个别染色体整条或某个节段的增减造成染色结构改变，而致染色数量变异；染色体结构异常常涉及一条至多条染色体上较大的区段变化，影响较多的基因（图 6-20）。

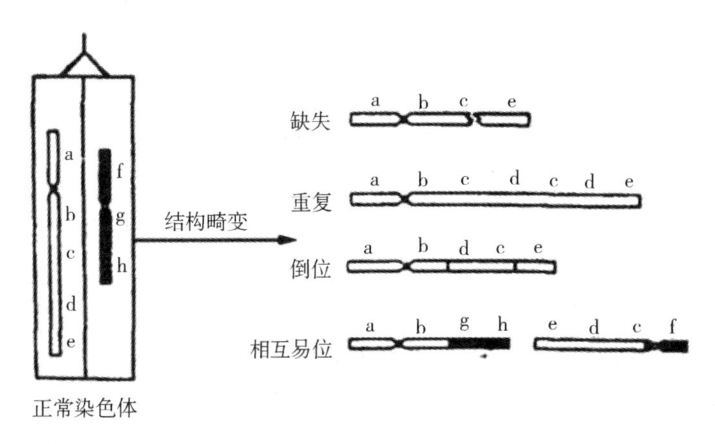

图 6-20　染色体畸变

② 染色体病。染色体数目或结构异常所致的疾病称为染色体病。染色体病分为常

染色体病和性染色体病两大类。常染色体病指由人类的第1～22号染色体结构或数目异常所引起的疾病，主要包括三体综合征、单体综合征、部分三体综合征、部分单体综合征和嵌合体五类。性染色体病是由性染色体X或Y结构或数目异常引起的疾病，这类疾病的共同特征是性发育不全或两性畸形、智力低下等，也可表现为原发闭经、生殖力下降或智力较差。

（2）基因改变

① 基因重组。基因重组是指一个基因的DNA序列是由两个或两个以上的亲本DNA组合起来的，特点是双DNA链间进行物质交换。1950年麦克林托克发现了转座子的存在。现在把存在于染色体DNA上可以自主复制和位移的基本单位称为转座子，它可以引起插入突变，产生新的基因、染色体畸变、生物进化、遗传效应。

② 基因突变。一个基因内部结构发生细微改变，而且这种变化可以遗传下去，称为基因突变。基因突变是染色体上一个座位内的遗传物质的变化，故又称为点突变。基因突变的发生和DNA复制、DNA损伤修复、癌变、衰老等有关，基因突变是生物进化的重要因素之一。基因突变具有随机性、突变的多方向性和复等位基因性、稀有性、可逆性等特征。基因突变包括碱基置换突变、移码突变等类型；突变或诱变对生物可能产生致死性，丧失某些功能，改变基因型而不改变表现型，发生有利于物种生存的结果，使生物进化。诱发基因突变的常见因素有物理诱变，如X射线、紫外线、电离辐射等；化学诱变，如苯、亚硝酸盐等烷化剂、碱基类似物、修饰剂等；生物诱变，如病毒等。

③ DNA损伤修复。细胞内的DNA分子因物理、化学等多种因素的作用使碱基组成或排列发生变化，若这些变化都表现为基因突变，机体则难以生存。然而生物在长期进化过程中，细胞或机体形成了多种DNA损伤的修复系统。DNA损伤修复（repair of DNA damage）是在细胞中多种酶的共同作用下，使DNA受到损伤的结构大部分得以恢复，降低突变率，保持DNA分子的相对稳定性，包括光复活、切除修复、重组修复等不同方式。

④ 基因与疾病。大多数遗传性疾病是一个基因发生突变造成的。然而，目前人类面临的最困难问题之一是找到基因影响诸如糖尿病、哮喘、癌症和精神病这类有复杂遗传途径的疾病的原因。在所有的情况中，都不能肯定或否定哪个基因对任何疾病有影响。在疾病显露前，基因往往会发生多次突变。许多基因中的任意一个基因发生微妙变化都可能会影响到机体对疾病的敏感性。

研究发现，癌症如乳腺癌、淋巴癌、白血病、肠癌、肺癌、恶性黑色素瘤等，与免疫系统密切相关的疾病如哮喘、内分泌、肠炎疾病、过量IgM的免疫缺陷、组合免疫缺陷等，与代谢密切相关的BEST疾病、肾上腺脑白质营养不良、葡萄糖与半乳糖吸收障碍、动脉粥样硬化、糖尿病、肥胖等，肌肉和骨骼病如杜兴型肌营养不良、肌直强症、脊柱肌肉的萎缩等，传输性疾病如囊纤维化、听觉损失、畸形发育、血友病A、镰状细胞性贫血等，均由基因控制。

四、基因表达和调控

1. 基因表达的一般概念

基因是能够自我复制、永远保存的单位，它的生理功能是以蛋白质的形式表达出来。所以，基因表达（gene expression）是指储存遗传信息的基因经过一系列步骤表现出其生物功能的整个过程。典型的基因表达是基因经过转录、翻译，产生有生物活性的蛋白质的过程，即生物学中的中心法则（central dogma）。rRNA 或 tRNA 的基因经转录和转录后加工产生成熟的 rRNA 或 tRNA，也是 rRNA 或 tRNA 的基因表达，因为 rRNA 或 tRNA 具有蛋白质翻译的功能。

2. 遗传密码

DNA 的核苷酸序列是遗传信息的储存形式，通过转录的方式合成信使 RNA（mRNA）。DNA 的编码链核苷酸序列决定 mRNA 中的核苷酸序列，mRNA 的核苷酸序列又决定着蛋白质中的氨基酸序列。实验证明，mRNA 上每 3 个核苷酸翻译成蛋白质多肽链上的 1 个氨基酸，把这 3 个核苷酸称作遗传密码，也叫三联体密码。

1954 年物理学家乔治·伽莫夫研究组成蛋白质的 20 种基本氨基酸与 mRNA 4 个核苷酸之间的关系，确定每种氨基酸的具体密码的过程叫作遗传密码的破译。遗传密码具有简并性、普遍性与特殊性、连续及不重叠性，原核生物和真核生物在遗传密码的使用上有一定差别。

蛋白质生物合成过程中，tRNA 的反密码子通过碱基的反向配对与 mRNA 的密码子相互作用。1966 年，克里克根据立体化学原理提出摆动假说（wobble hypothesis），解释了反密码子中某些稀有成分如 I 以及许多有两个以上同源密码子的配对问题，也解决了氨基酸如何在核糖体上按照 mRNA 序列即密码子排列的关键问题。

3. mRNA 的转录与加工

（1）转录

转录是指拷贝出一条与 DNA 链序列完全相同（除了 T→U 之外）的 RNA 单链的过程，是基因表达的核心步骤。只有 mRNA 所携带的遗传信息才被用来指导蛋白质生物合成，所以人们一般用 U、C、A、G 这 4 种核苷酸而不是 T、C、A、G 的组合来表示遗传性状。DNA 双链分子转录成 RNA 的过程是全保留式的，即转录的结果产生一条单链 RNA、DNA 仍保留原来的双链结构。转录的第一步是 RNA 聚合酶Ⅱ和启动子结合。解开的 DNA 双链中只有一条链可以充当转录模板，RNA 聚合酶Ⅱ沿着这一条模板链由 3′端向 5′端移行，当 RNA 聚合酶沿模板链移行到 DNA 上的终点序列后，RNA 聚合酶即停止工作，新合成的 RNA 陆续脱离模板 DNA 游离于细胞核中。

（2）加工

转录出来的 mRNA 前体是分子较大的核内不均一 RNA（hnRNA），必须经过加工方能变为成熟的 mRNA。真核细胞中的 hnRNA 5′端要连上一个甲基化的鸟嘌呤，即 5′端帽子。在 mRNA 3′端需要加上 poly(A) 序列的尾巴。并且在切除内含子后把所有外显子连接起来才能成为成熟的 mRNA。

4. 翻译

（1）翻译过程

微信扫码，看相关视频

翻译（translation）是指以新生的 mRNA 为模板，把核苷酸三联子遗传密码翻译成氨基酸序列、合成蛋白质多肽链的过程，是基因表达的最终目的。核糖体是蛋白质合成的场所，mRNA 是蛋白质合成的模板，tRNA 是模板与氨基酸之间的接合体。此外，有 20 种以上的 AA-tRNA 及合成酶，10 多种起始因子、延伸因子及终止因子，30 多种 tRNA 及各种 rRNA、mRNA 和 100 种以上翻译后加工酶参与蛋白质合成与加工过程。蛋白质合成消耗了细胞中 90%左右用于生物合成反应的能量。细菌细胞中的 2 万个核糖体、10 万个蛋白质因子和 20 万个 tRNA 约占大肠杆菌干重的 35%。在大肠杆菌中合成一个 100 个氨基酸的多肽只需 5 分钟。翻译过程首先是氨基酸的活化，然后形成起始复合物，接着是起始合成肽链、肽链延伸、识别终止信号、合成终止、释放肽链。

（2）蛋白质合成的抑制剂

抗生素对蛋白质合成的作用可能是阻止 mRNA 与核糖体结合（氯霉素），或阻止 AA-tRNA 与核糖体结合（四环素类），或干扰 AA-tRNA 与核糖体结合而产生错读（链霉素、新霉素、卡那霉素等），或作为竞争性抑制剂抑制蛋白质合成。青霉素、四环素和红霉素只与原核细胞核糖体发生作用，从而阻遏原核生物蛋白质的合成；氯霉素和嘌呤霉素既能与原核细胞核糖体结合，又能与真核生物核糖体结合，妨碍细胞内蛋白质合成；因此，前三种抗生素被广泛用于人类医学，后两种则很少在医学上使用。

5. 蛋白质的加工

新生的多肽链大多数是没有功能的，必须经加工修饰后才能转变为有活性的蛋白质。要切除 N 端的 fMet 或 Met，还要形成二硫键，进行磷酸化、糖基化等修饰并切除新生肽链非功能所需片段，然后经过拼接成为有功能的蛋白质，从细胞质中转运到需要该蛋白质的场所。

6. 基因表达调控

生物基因组的遗传信息并不是同时全部都表达出来的，即使极简单的生物（如最简单的病毒），其基因组所含的全部基因也不是以同样的强度同时表达的。对这基因表达过程的调节即为基因表达调控。基因表达调控是现代分子生物学研究的中心课题之一。基因表达调控主要表现在以下几个方面：① 转录水平上的调控；② mRNA 加工、成熟水平上的调控；③ 翻译水平上的调控。原核生物和真核生物之间在基因表达调控中存在着相当大的差异。原核生物中，营养状况、环境因素对基因表达起着十分重要的作用；而真核生物尤其是高等真核生物中，激素水平、发育阶段等是基因表达调控的主要手段。

（1）原核生物的基因表达调控

原核生物的每个细胞都和外界环境直接接触，它们主要通过转录调控，以开启或关闭某些基因的表达来适应环境条件（主要是营养水平的变化），故环境因子往往是调控的诱导物。原核生物的基因表达调控决定于 DNA 的结构、RNA 聚合酶的功能、蛋白因子及其他小分子配基的互相作用。在转录调控中，现已研究清楚了细菌的几个操纵子模型。如法国巴斯德研究所著名的科学家雅各布和莫诺于 1961 年建立的乳糖操纵子学说，现在已成为原核生物基因调控的主要学说之一。

（2）真核生物的基因表达调控

大多数真核生物，基因表达调控最明显的特征是能在特定时间和特定的细胞中激活特定的基因，从而实现“预定”的、有序的、不可逆的分化和发育过程，并使生物的组织和器官在一定的环境条件范围内保持正常的生理功能。真核生物基因表达调控据其性质可分为两大类：第一类是瞬时调控或称可逆调控，相当于原核生物对环境条件变化所做出的反应，瞬时调控包括某种代谢底物浓度或激素水平升降时及细胞周期在不同阶段中的酶活性和浓度调节；第二类是发育调节或称不可逆调控，这是真核生物基因表达调控的精髓，因为它决定了真核生物细胞分化、生长和发育的全过程。据基因调控在同一时间中发生的先后次序，又可将其分为转录水平调控、转录后水平调控、翻译水平调控及蛋白质加工水平调控。

转录水平调控是大多数功能蛋白编码基因表达调控的主要步骤。关于这一调控机制，现有两种假说。第一种假说认为，真核基因与原核基因相同，均拥有直接作用在 RNA 聚合酶上或聚合酶竞争 DNA 结合区的转录因子；第二种假说认为，转录调控是通过各种转录因子及反式作用蛋白对特定 DNA 位点的结合与脱离引起染色质构象的变化来实现的。

真核生物基因转录在细胞核内进行，而翻译则在细胞质中进行。在转录过程中真核基因有插入序列，结构基因被分割成不同的片段，因此转录后的基因调控是真核生物基因表达调控的一个重要方面。首要的是 RNA 的加工、成熟。各种基因转录产物 RNA，无论是 rRNA、tRNA 还是 mRNA，都必须经过转录后的加工才能成为有活性的分子。

蛋白质合成翻译阶段的基因调控有三个方面：① 蛋白质合成起始速率的调控；② mRNA的识别；③ 激素等外界因素的影响。蛋白质合成起始反应中涉及核糖体、mRNA、蛋白质合成起始因子、可溶性蛋白及 tRNA，这些结构和谐统一才能完成蛋白质的生物合成。mRNA 的先导序列可能是翻译起始调控中的识别机制。

第三节　生命的起源与演化

一、生命起源

当地球形成之初，由于各种物理和化学反应非常强烈，地球处在一种极其炽热的状态，并无生命存在。后来随着地球地慢慢冷却，以及它独特的天文位置及结构，生命得以演化。至今有关生命起源的大致过程已经逐渐清晰。

二维码 6-15

微信扫码，看相关视频

1. 生命起源的主要理论

自古以来人们就十分关注生命的起源，出现了各种假说。

（1）特创论

特创论认为生命是由超物质力量的神所创造，或者是一种超越物质的先验所决定。这是人类认识自然能力相对较低的情况下产生出来的一种原始观念，后来又被社会化了的意识形态有意或无意地利用，致使崇尚精神绝对至上的人坚信特创论。

（2）无生源论

上古时期人们对自然的认识能力较低，但已能进行抽象的思维活动，根据现象作出了生命是自然而然地发生的结论，其代表思想有中国古代的“肉腐生蛆，鱼枯生蠹”和亚里士多德的“有些鱼由淤泥及沙砾发育而成”等。

（3）生源论

随着认识的深入，人们知道蛆是由蝇而来。巴斯德之后，人们认为生命由亲代和孢子产生，即生命不可能自然而然地产生。但是生源论没有回答最初的生命是怎样形成的。

（4）宇宙胚种论

随着天文学的大发展，人们提出地球生命来源于别的星球或宇宙的“胚种”。这种认识风行于19世纪，现在仍有极少数人坚持这种观点，其根据是地球上所有生物有统一的遗传密码及稀有元素钼在酶系中有特殊重要作用等事实。

（5）化学进化论

化学进化论主张从物质的运动变化规律来研究生命的起源，认为在原始地球的条件下，无机物可以转变为有机物，有机物可以发展为生物大分子和多分子体系直到最后出现原始的生命体。1924年苏联学者奥巴林首先提出了这种看法，5年后英国学者霍尔丹也发表过类似的观点。他们都认为地球上的生命是由非生命物质经过长期演化而来的；这一过程被称为化学进化，以别于生物体出现以后的生物进化。化学进化论的实验证据越来越多，已为绝大多数科学家所接受。

2. 化学进化的基本过程

孕育生命的原始地球地壳薄弱，地球内的温度很高，火山活动频繁，从火山喷出的许多气体构成了原始大气。一般认为原始大气包括CH_4、NH_3、H_2、HCN、H_2S、CO、CO_2和水蒸气等，是无游离氧的还原性大气。

因原始大气中无游离氧，亦未形成臭氧层以阻挡和吸收太阳辐射的大部分紫外线，所以紫外线能全部照射到地球表面，成为合成有机物的能源。此外，闪电、火山爆发所放出的能量、地球深处的放射线和宇宙空间的宇宙线以及陨星穿过大气层时所引起的冲击波等，也都有助于有机物的合成。在上述各种能源中雷鸣闪电似乎更重要，因为它所提供的能量较大，又在靠近海洋表面处释放，所以那里合成的产物很容易溶于水中。

（1）生命分子的合成

生命分子的合成主要指生物小分子的合成，如氨基酸、核苷酸以及脂肪酸等的合成。1952年美国芝加哥大学研究生米勒，在其导师尤里指导下，进行了模拟原始大气中雷鸣闪电的实验，共得到了20种有机化合物，其中11种氨基酸中有4种（甘氨酸、丙氨酸、天门冬氨酸和谷氨酸）是生物的蛋白质所含有的（图6-21）。以后其他学者又进行了大量的模拟实验，或改用紫外线、射线、高温、强的阳光等作能源，或改换了还原性混合气体的个别成分（如以H_2S代替H_2O，以HCN代替CH_4和H_2，增加CO_2

和 CO 等），结果都能产生氨基酸；而用氧化性混合气体代替还原性混合气体进行实验则不能生成氨基酸。现在组成天然蛋白质的 20 种基本氨基酸，除了精氨酸、赖氨酸和组氨酸以外，其余的都可用模拟实验的方法产生。组成核酸的生物小分子多数亦能通过模拟实验形成。

图 6-21　科学家米勒进行模拟实验

化学进化显然不限于原始地球，在宇宙和其他天体上也会发生。星际分子和陨石中有机物的发现证实了这一点。据斯奈德报道，到 1978 年为止已发现星际分子 37 种，其中 80%是有机化合物。星际分子中有大量的甲醛和氰化氢，这与米勒放电实验中最初的中间产物相同，当它们与氨反应后再经水解就能生成氨基酸。1969 年 9 月坠落在澳大利亚东南部默奇森镇的陨石，经分析发现含有多种氨基酸，其种类与含量同米勒放电实验生成的相当一致。这就表明，原始大气由无机物生成生物小分子不但是可能的，而且这种过程在宇宙中仍然在发生。

（2）生物大分子的合成

被雨水冲淋到原始海洋中的生物小分子（单体），经过彼此的相互作用，可以形成蛋白质、核酸等生物大分子（聚合体）。但单体变成聚合体必须经过脱水缩合，而在原始海洋中进行脱水缩合显然是个很大的难题。目前关于氨基酸缩合成多肽，较可信的看法有以下三种：① 美国学者福克斯等认为原始海洋中的氨基酸可能被冲到火山附近的热地区，通过蒸发、干燥和缩合等过程而生成类蛋白，类蛋白若被冲回到海洋，就可能进一步发生其他反应。② 另一些科学家如以色列的卡特恰尔斯基等认为，原始海洋中的氨基酸是在某些特殊的黏土上缩合成多肽的。③ 日本学者赤崛四郎提出一个能够回避“脱水缩合”难关的“聚甘氨酸理论”以说明多肽的形成。他认为，在原始大气中产生的 HCHO，能与 NH_3 和 HCN 发生反应，形成氨基乙酰腈，后者先聚合再水解，生成聚甘氨酸，最后经过与醛类、烃类等起作用生成不同的侧基而形成由各种氨基酸组成的蛋白质。

科学家模拟原始地球条件合成核酸的实验也有成功的报道。例如，有人将核苷与聚磷酸盐加热至 50 ℃～60 ℃获得了多核苷酸；后来有人用胞苷酸与聚磷酸在 65 ℃下合成了由 5 个左右核苷酸构成的短链核酸，含有 3′,5′-磷酸二酯键，与生物的核酸连接方式相同。

（3）多分子体系的出现

生物大分子必须组成体系、形成界膜才能与周围环境明确分开，才可能进一步演变。因此人们认为多分子体系的形成可能是生命出现之前、化学进化过程中的一个必不可少的阶段。目前研究多分子体系的实验模型主要有团聚体和微球体两种。① 团聚体（coacervate）模型。1924 年，奥巴林提出生命起源于原始蛋白质聚集形成的团聚体的假说。他和随后的英国遗传学家荷尔丹提出地球早期生命起源于地表，尽管初始条件并不“温和”，但是这一思想却启迪人们思考蛋白质等组成生命的基础物质是否有可能通过非生命的形式首先产生出来，再进入生命系统的构建。② 微球体（microsphere）模型。福克斯等将酸性蛋白放到稀薄的盐溶液中溶解，冷却后在显微镜下观察到无数的微球体，能通过“出芽”和分裂方式进行“繁殖”，并表现出水解、脱羧、胺化、脱氨和氧化还原等类酶活性。

（4）由多分子体系进化为原始生命

这是生命起源最关键的一步。其中有两个关键问题要解决：生物膜如何产生、遗传物质怎样起源。① 生物膜的产生。一般认为，脂质体可能是原始生物膜的模型。原始海洋中肯定有磷脂形成，有磷脂就易形成脂质体。脂质体嵌入糖蛋白等功能蛋白质，经过长期演变就可能发展为原始的生物膜。② 遗传物质的起源。目前尚无实验模型，仅凭一些间接资料进行推测。有不少的科学家认为，最初比较稳定的生命体，可能是类似于奥巴林在实验室内做出的、主要由蛋白质和核酸组成的团聚体。经过“自然选择”终于使以蛋白质和核酸为基础的多分子体系存留下来并得到发展。其中核酸能自行复制并起模板作用，蛋白质则起结构和催化作用。由此推断既非先有蛋白质亦非先有核酸，而是它们从一开始就在多分子体系内一同进化，共同推动着生命的发展。这里最关键的问题是核酸的碱基顺序如何达到与氨基酸顺序相互识别，以至进化到今天的信使核糖核酸（mRNA）上的密码子能与 20 种基本天然氨基酸那样精确地吻合。这个问题如能通过实验加以阐明，则由多分子体系进化到原始细胞的问题，也就比较容易解决了。

（5）生命 DNA-RNA-蛋白质秩序的建立

① 生命的蛋白质起源说和核酸起源说。A. 蛋白质起源说，即前述的微球体学说（microsphere theory）。20 世纪 90 年代，中国生物学家赵玉芬研究发现，氨基酸在磷酸化以后分子的性质变得异常活跃，可以自身聚合成肽、酯及进行其他多种生物化学反应。B. 核酸起源说。早在 20 世纪 20 年代，遗传学家穆勒就曾提出过裸基因说（naked gene theory），认为生命的发生应是从基因开始的。到 20 世纪 80 年代，美国科学家切赫发现了 RNA 酶活性，使人们想到生命的 RNA 起源的可能性。这一假说设想由于 RNA 酶活性的存在而启动了早期以核酸为主体的原始生命系统的出现，而 RNA 又通过反向转录的途径建立了 DNA 系统，以后蛋白质介入加速了这一系统的发育，导致了生命 DNA-RAN-蛋白质系统的诞生。

② 系统论的兴起和对生命秩序起源的新思考。20 世纪 40 年代，奥地利生物学家贝塔朗菲提出了生命是具有整体性、动态性和开放性的有序系统，从而开启了系统论的新纪元。几十年来，系统论迅速发展。在系统思想和理论的指导下，1984 年，发现硅酸

岩介导 DNA 合成现象的奥地利学者司考斯特（Schuster）提出了一个从化学进化到生物进化的阶梯式的过渡模式，试图把从生物小分子到最终细胞出现分解成六个序列跃迁的动力学过程。

二、生命的演化

生命在漫长的历史年代遗留下了生物化石。另外，随着自然学科的发展，越来越多的证据表明，生命在演变的同时留下了许多间接的印记，如地质、气候变化的记录，它们向人们清楚地展现了地球生命的历史是一个不断演化的历史。纵观地球生命历史，从生命起源到人类文明，大致可分为四个大的阶段：① 生命诞生（上一节已经讨论）和细胞形成；② 单细胞生物在地球上繁衍及原始的生态系统建立；③ 多细胞生物出现和多样化表达以及生物圈扩展覆盖整个地球；④ 高等智能生物——人类诞生和文明发展。

1. 细胞的形成

长期以来人们一直持有一种单支进化的观念，即最原始的细胞一定要在十分温和、优越的环境中才能出现，细胞的诞生被设定为如下的程序，即原核化能异养细胞首先出现，再通过细胞能量利用方式的进步和细胞间的融合组建（共生）出现了自养生物和真核细胞。

近年对地球早期生命的探察结果大大地超出了人们的想象。澳大利亚和南非发现的化石表明，至少在 35 亿年前细胞就已经出现了。那么，细胞的生命发生和演进能推进到更早几乎同步于地壳形成的历史年代（38 亿年～40 亿年前）。这表明地球上生命的诞生条件绝不会像是奥巴林和荷尔丹想象的那样温和，不会是“温水池”的环境。而近年对地球极端环境生命的研究结果也同样大大出乎人们的意料。一些极端环境生物的发现，有力地暗示早期细胞诞生于恶劣的条件中并不是不可思议的，而从化石年代和对当时的地质条件分析看，最早细胞诞生于“温水池”的设想反而不符合实际。分子进化的比较研究也得到了类似的结论：许多非光合自养的生物可能反而是起源于光合自养的生物。地质学、古生物学、分子生物学的多方面的证据表明，光合自养的、化能自养的和异养的生物差不多同时起源于太古宙早期。这将可能彻底修改仅从复杂性比较而推导出的光合自养生物应该比化能自养和异养生物晚出现的思维模式，向生物单支等级进化的传统观念提出了挑战。

（1）单细胞生物的繁衍和早期生态系统的建立

单细胞生物居于统治地位占据了地球生命存在的几乎 6/7 的时间。这一时期又可以分为以原核生物和真核生物分别占主体的两个发展阶段。

① 原核生物的发展。在细胞形成的早期，以原核生物蓝细菌为主体的单细胞生物很快便开始了生命的第一次生态系统的构建和扩张，成为当时生物界的主宰。当然，现在对古代蓝细菌光合作用的类型，即对它的释氧能力还不清楚。但是地质记录表明当时大气圈中的自由氧的积累是极缓慢的，又经过漫长的 15 亿年即到距今 20 亿年前，大气的氧气分压才达到现在大气分压的 10%～15%。因此，人们猜测古代蓝细菌只具有光系统Ⅰ。

② 真核生物的兴起。由于环境因素的驱动，原核生物蓝细菌生态体系走向衰落，

真核生物走向它的兴盛和繁荣，表现在叠层石丰度和形态多样性的显著下降与主要真核生物构成的海水表层浮游生态系统和海滨底栖生态系统逐渐形成，出现了历史上第二次生态扩张。真核生物从它的开始就表现出了比原核生物明显突出的多样化趋势。

（2）多细胞生物的出现

① 多细胞植物诞生。目前，明确的多细胞群集植物化石年代在大约 6 亿年前元古宙晚期震旦纪。在中国贵州陡山沱组磷块岩中保存了多种形式的植物化石，其中发现有两种类型的植物：一种是表现为细胞群体的结构，它们是由无数细胞不规则集聚成形态不定的集群，或者由几十到几百个形态相似的细胞有规则地排列成球状的集群；另一种则是具有明确多细胞生物结构的化石——叶藻。

② 多细胞动物的诞生。目前，一般认为多细胞动物的发生要比植物晚。明确的最早的多细胞动物化石发现于澳大利亚南部伊迪卡拉地区的晚前寒武纪，约 5.7 亿年～5.5 亿年前的庞德石英砂岩中。

多细胞生物带来的不仅仅是生物个体体积规模的增大，它出现了细胞的分化和由大量不同分化细胞联合形成的整体结构，出现了生物体内精细的组织、器官、系统的秩序构建，出现了各项生命机能的分工。多细胞生物对环境的适应能力大大地增强了，生物个体间的交流方式同时也极大地丰富了，由多细胞生物建立起来的生态系统的复杂性和规模更是单细胞生物所远远不能比拟的。所以应该说多细胞生物将生命带上了一个新的层次，它优越的动力学性质为生命带来了新的巨大的进化潜力。

2. 多细胞生物出现后的生物演进

在大约 5.5 亿年～5.4 亿年前，多细胞生物迅速大量地出现。在进化中植物由水生走上了陆地，经苔藓植物、蕨类植物，最终发展出庞大的裸子植物、被子植物群落，成为今天地球上最重要的生态景观；动物更是展开了一幅波澜壮阔的进化画卷，无脊椎动物和脊椎动物先后登陆，两栖、爬行、哺乳、鸟类动物相继进化出现。在各类动物中不同物种此起彼伏、你来我往，地球上出现了前所未有的一派盎然生机景象。从生物学的角度，多细胞的进化主要表现在两个方面，第一是生物个体结构与功能的一系列进化革新，第二是大量新的生物物种形成、生态系统迅速扩张并覆盖全球。

（1）多细胞生物结构的进化

① 植物首次骨骼化，钙藻出现，植物木质化维管系统形成，陆生维管植物诞生，被子植物起源；

② 动物极性躯体结构形成和发展、防护和支撑系统出现，无脊椎动物高级类群产生，呼吸系统形成及外骨骼特化，昆虫及其他陆生节肢动物起源；

③ 动物中枢神经系统发展、头及内骨骼形成，脊椎动物鱼类起源，继之运动和呼吸器官改造，两栖类动物出现，生殖系统进化，体温调节系统发展，温血动物出现，生殖方式进化，哺乳动物起源，飞翔器官产生，爬行动物向鸟类进化。

（2）多细胞生物物种和生态系统的进化。

① 第三次扩张开始于大约 6 亿年前至寒武纪早期，是以生物多样性急剧增加为主要特征的生态扩张过程，多样化的浅海底栖多细胞藻类植物和无脊椎动物与大量浮游的单细胞真核藻类植物与原生生物结合，形成了滨海、浅海、半深海和大洋表层、中层水

域的生态系统；

② 第四次扩张大约开始于 4 亿年前，主要特征是陆地维管植物和陆生动物的出现导致陆地生态系统的建立，同时海洋生物进一步向中深层和深海底发展，覆盖全球的生物圈形成。

3. 人类的起源与演化

生命经过了 38 亿年的漫长的进化历史，在大约 400 万年到 1000 万年前走上了人类诞生的道路。人类在庞大的生物学系统中，实实在在只占据着一个十分微小的位置。人在生物界中的分类位置为动物界、脊索动物门、脊椎动物亚门、哺乳动物纲、真兽亚纲、灵长目、人类科、人类属、智人种。

根据肤色、发型等体质特征，全世界的人可划分为 4 个人种：蒙古利亚人（Mongoloid，或称黄种人）、高加索人（Caucasoid，或称白种人）、尼格罗人（Negroid，或称黑种人）、澳大利亚人（Australoid，或称棕种人）。

人类的演化历程大致为：南猿（440 万年～100 万年前）→能人或早期猿人（200 万年～175 万年前）→直立人（200 万年～20 万年前）→智人（Homo sapiens，20 万年前，即现代人）。

三、生物适应和进化

1. 生物适应和进化形式

（1）适应

“适应”在生物学中是一个常用的概念。作为名词，它代表某生物个体或物种群体与环境（包括其他生物种群）间的协调程度，它是通过生物个体或物种群体的形态结构、生理功能、行为反应、生活习性所表达。作为动词，表示生物物种通过自身形态结构、生理功能、行为反应、生活习性的改变，提高自身对外界环境的协调控制能力，在这里适应的过程便是一个生物进化的过程。因此，生物的适应是来自生物自身变异和环境变迁双方面的作用，环境条件的影响也就成为人们考察生物进化现象的一个重要内容。

适应可能由单个或多个基因控制；它可能只涉及个别细胞或器官，也可能是整个生物体的适应，它可能只是对某一特殊环境条件产生的有利反应，也可能只有一般的适应价值。一般来说，只有那些有适应意义的性状才能在进化过程中保留下来，但是一些没有适应意义的性状在现存的动植物中也有存在。

（2）协同进化或共进化

关系密切的生物，如花和采粉的动物、寄生虫和寄主、捕食者和被捕者等，一方成为另一方的选择力量，因而在进化上发展了互相适应的特性，这种互相适应的现象称为协同进化或共进化。协同进化的现象是普遍存在的。共栖、共生等现象都是生物通过协同进化而达到的互相适应。

（3）趋同进化和趋异进化

不同的生物，甚至在进化上相距甚远的生物，如果生活在条件相同的环境中，在同样选择压力的作用下，有可能产生功能相同或十分相似的形态结构，适应相同的条件，这种现象称为趋同进化。有些生物虽然同出一源，但在进化过程中在不同的环境条件的作用下变得很不相同，这种现象称为趋异进化。

（4）适应辐射

趋异进化的结果使一个物种适应多种不同的环境而分化成多个在形态、生理和行为上各不相同的种，形成一个同源的辐射状的进化系统，即是适应辐射。适应辐射常发生在开拓新的生活环境时。当一个物种在进入一个新的自然环境之后，由于新的生活环境提供了多种多样可供生存的条件，于是种群向多个方向进化，分别适应不同的生态条件；在不同环境条件选择之下，它们最终发展成各不相同的新物种。

2. 进化理论及其发展

（1）拉马克与进化论

应该说拉马克是在全面阐述生物进化思想的同时，力图用理论给出生物进化原因解释的第一人。两个世纪以来，他的观点被多次提及和讨论，褒贬不一。拉马克的理论可以分为两个部分。第一，在他对生物进化的论述中，明确地表达出物种是可变的。第二，生物的进化是通过生物个体在其生活的过程中，由于其生命活动受到环境的影响，各器官的“使用”情况的不同造成这些器官发育上的差异，并且这种变化是可遗传的。拉马克的观点被后人概括为“用进废退”和“获得性遗传”。

（2）达尔文与进化论

在拉马克在《动物学的哲学》中提出进化论观点 50 年以后，1859 年，达尔文的《物种起源》问世，这是人类历史上对生物进化现象研究重要而影响深远的事件。达尔文同样持物种可变和生物进化的观点，但是他在对生物进化机制的解释上提出了不同的看法。达尔文的理论被称为自然选择说，归纳起来有如下五点：① 遗传：保证了物种的稳定存在。② 变异：生物界普遍存在变异。变异是随机产生的。变异是可遗传的。③ 繁殖过剩：各种生物都有极强大的生殖力。④ 生存斗争：物种之所以不会数量大增，乃是由于生存斗争。⑤ 适者生存：不同的个体在形态、生理等方面存在着不同的变异，有的变异使生物在斗争中生存下来，有的变异却使生物在斗争中不能生存。生存斗争的结果就是适者生存，即具有适应性变异的个体被保留下来，这就是选择。不具有适应性变异的个体被消灭，这就是淘汰。生存斗争及适者生存的过程就是自然选择的过程。自然选择过程就是一个长期的、缓慢的、连续的过程。生物界是进化发展的产物。生物有共同的起源，因而表现了生命的同一性，生命是不断地发生变异，而变异的选择和积累则是生命多样性的根源（图 6-22）。

新达尔文主义（new-darwinism）：魏兹曼对达尔文的“进化论”进行了修正，他否认获得性遗传，强调自然选择的作用，强调渐进式的进化。

（3）综合进化论

20 世纪 20 年代以来，随着遗传学的发展，一些科学家用统计生物学和种群遗传学的成就重新解释达尔文的自然选择理论，通过精确地研究种群基因频率由一代到下一代的变化来阐述自然选择是如何起作用的，逐步填补了达尔文自然选择理论的某些缺陷，使达尔文理论在逻辑上趋于完善，这就是现代综合进化论。现代综合进化论的建立是由众多的遗传学家、生物系统学家、古生物学家共同完成，而由赫胥黎在 1942 年综合归纳并且定名的，其主要特征是种群内的雌雄个体能通过有性生殖而实现基因的交流。

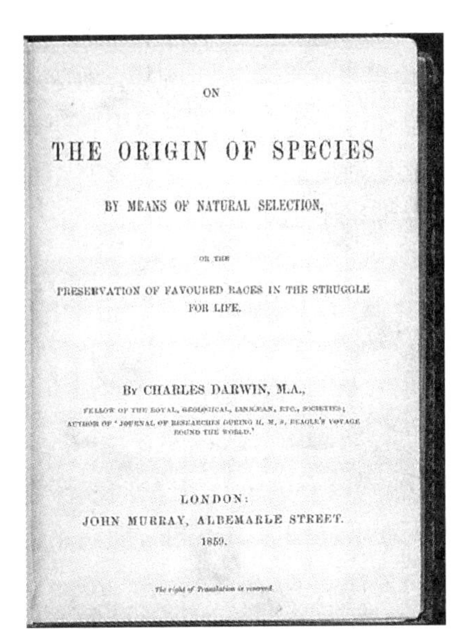

ON

THE ORIGIN OF SPECIES

BY MEANS OF NATURAL SELECTION,

OR THE

PRESERVATION OF FAVOURED RACES IN THE STRUGGLE FOR LIFE.

By CHARLES DARWIN, M.A.,

LONDON:
JOHN MURRAY, ALBEMARLE STREET.
1859.

图 6-22　达尔文和他的《物种起源》

(4) 分子进化中性学说

1968 年日本人木村资生根据分子生物学的研究，主要是根据核酸、蛋白质中的核苷酸及氨基酸的置换速率，以及这些置换所造成的核酸及蛋白质分子的改变并不影响生物大分子的功能等事实，提出了分子进化中性学说（natural theory of molecular evolution）。1969 年美国人金和约克用大量的分子生物学资料进一步充实了这一学说，认为多数或绝大多数突变都是中性的，即无所谓有利或不利，因此这些中性突变不会导致自然选择与适者生存情况的发生，生物的进化主要是中性突变在自然群体中进行随机的遗传漂变的结果，而与选择无关。这是中性学说和达尔文进化论的不同之处。中性学说是对达尔文进化论在微观演化水平的进一步发展、修正和补充。

(5) 渐变式进化和跳跃式进化

达尔文学说和综合进化论主张进化是微小突变的积累，自然选择导致的进化只能是缓慢的、渐变的过程。这种理解成功地解释了物种以下种群的进化（小进化），而在解释物种以上单元的起源（大进化）时，却遇到了困难。比如生物化石的记录所显示的大多不是渐变式的进化，而是跳跃式的进化。另外，如果生物演变是渐进的，那么各种适应性的器官结构在尚未发展完善之前，即在还没有发展到有适应功能之前是怎样逃脱自然选择的压力的呢?

辛卜生认为，在多数情况下，生物的进化是缓慢与逐渐变化的，称之为缓变式进化，但是，有时会产生一个突然的大改变，称之为速变式进化。

20 世纪 40 年代，古德思密特提出了大突变学说，他认为，虽然多数突变只引起小的变化，但是有一种突变可以引起很大的改变。某些基因可以控制生长发育中的许多基因的改变，这种基因发生的突变就是大突变。这种进化可称为跳跃式进化。

(6) 物种绝灭和灾变

在生物进化的漫长岁月中，很多物种绝灭了，现存的物种数量顶多不过是全部物种的千分之一到十万分之一。古生物学和地质学的研究告诉我们，大约每隔 2600 万年～2800 万年，生物界会发生一次大规模的物种绝灭。

达尔文学说和综合进化论都主张生物进化是渐变的。渐变进化学说包含一个前提，即地球的历史也是渐变的。也有迹象表明，在地球的历史上可能发生过灾变，这种变化对生物的进化也带来了影响。

第四节　生命科学的热点及展望

一、生物技术

生物技术（biotechnology）是一门在多学科基础上发展起来的集成科学。生物技术所包含的内容，在不同国家、不同时期、不同学者中，有不同的认识。在我国，认为生物技术包括基因工程、细胞工程、酶工程、发酵工程、生化工程和蛋白质工程。此外，生物技术作为一个新兴领域或产业，发展是极快的，现在国际上又有分析生物技术、植物生物技术、环境生物技术等新的分化，特别是由于计算机技术的应用，许多新发现不一定是在实验台上完成的，而可能是在计算机终端上实现的。生物技术近 20 年来，以其在医药、农业等方面的成就，正在形成一个新兴的产业，吸引各国政府竞相投资支持。

生物技术的源流可以追溯到公元前的酿造技术。这种原始的生物技术一直持续了 4000 多年，直到 19 世纪法国微生物学家巴斯德揭示了发酵原理，从而为发酵技术的发展提供了理论基础。到了 20 世纪初，在工业生产中首先采用大规模纯菌培养技术的是化工原料丙酮丁醇的发酵。20 世纪 50 年代在抗生素工业的带动下，发酵工业和酶制剂工业大量涌现，发酵技术和酶技术被广泛用于医药、食品、化工、制革和农产品加工等产业部门。传统的生物技术发生革新换代是从 20 世纪 70 年代初期开始的。分子生物学的某些突破使人们能够分离基因，即决定遗传性状的分子，并在体外进行重组。这些突破迎来了生物技术的时代。生物技术正在或即将使人们的某些梦想和希望变为现实。生物技术的新方法为解决生物学、医学和农业甚至社会学中的一些重大问题提供了强有力的手段。

1. 生物技术的种类和任务

生物技术和生物工程（bioengineering）这两个名词常可通用。当生物工程不是指具体的工程项目，而是表示所用的技术系统时，它就等同于生物技术了。然而，有时生物工程包含不止一种生物技术。生物技术的产生和发展涉及许多学科，包括生物化学、分子生物学、细胞生物学、遗传学、微生物学、动物学、植物学、化学和化学工程学、应用物理和电子学以及数学和计算机科学等基础和应用基础学科。生物技术在不断发展之中，它的内容也在不断丰富和扩充。现阶段的生物技术大致可分为两大体系：一是生物的直接利用，即生物控制和改造技术；二是生物模拟技术。

（1）生物控制和改造技术

生物技术提供的新方法要比其他传统方法更快、效率更高，而且更能充分利用资源。生物技术与传统技术的差别在于：第一，它能更精确地控制生物生长、发育和代谢，因而极大提高生产能力；第二，它能在不同层次上对生物结构进行拆分和重构，因而可将不同生物的优良性状集中在一起；第三，它还能在分子水平上对基因和蛋白质进行再设计，创造出自然界不存在的基因、蛋白质和生物新物种，在短期内完成在自然界中需几百万年进化才能完成的过程。新的方法不仅改进了过去传统的方法，而且还可以开辟新的领域。生物控制和改造技术主要可分为以下六个方面：① 基因重组技术，即DNA 重组技术，也称为基因工程，它是生物技术的核心；② 细胞融合和大量培养技术，即细胞工程，主要包括细胞融合（体细胞杂交）、单克隆抗体、核移植细胞大量培养、细胞分化、植物再生等细胞操作技术；③ 胚胎操作和移植技术，即胚胎工程；④ 酶的修饰和利用技术，即酶工程，主要包括酶的修饰、固定化酶和固定化细胞等技术；⑤ 微生物发酵技术，即发酵工程，包括菌种选育、菌体生长和代谢控制及微生物机能的利用等；⑥ 生化工程技术，包括生物反应器和传感器的设计、生物反应的程序控制、产品分离精制技术等。

（2）生物模拟技术

生物模拟大致可分为以下两大类：

① 生物机体和功能模拟技术：在体外模拟生物大分子或生物机体的某些结构和功能，包括不同层次水平和不同角度的模拟，如生物大分子模拟、细胞器和细胞模拟、生物感受器和神经系统的模拟等。用复合蛋白质构造生物芯片以及神经网络的模拟已趋于实用化，长远的方向是制造出接近人大脑的生物计算机。

② 人工合成生物系统技术：即用人工制品来取代生物机体的某一部分。例如，具有运输氧功能的人造血液，能够缓慢释放药物的人造细胞，用高分子材料合成种皮保护体细胞胚的人造种子等。

2. 生物技术的应用

（1）生物技术在农业领域的应用

随着现代生物技术的不断进步，生物技术对农业发展产生着深刻而广泛的影响，为农业的发展作出长足的贡献。现代农业生物技术在农业中的应用主要是进行农业生物遗传改良和创制，其在现代农业中的主要研究内容体现为农作物及畜禽鱼等的品质改良，提高产量、抗性，及生产具有特殊用途的物质为人类所用，为农业生产提供新品种、新方法、新资源，已呈现其巨大的潜力及加速发展的态势，如动植物育种和繁殖、生物固氮、生物农药、动植物体细胞克隆及反应器的应用等方面。

（2）生物技术在医药领域的应用

生物技术药物堪称 21 世纪最富希望和发展潜力的新兴高科技药物。生物技术药物的问世使得新药的研制领域更加宽泛，研制的新药更加安全、可靠、高效。目前，生物技术药物是指以重组 DNA 技术为核心，把生物体作为原料而生产出来的用于预防、诊断及治疗的药物。该药物在众多疾病的防治中发挥着重要的作用，如癌症、遗传性疾病、心脑血管疾病、传染性疾病、神经退化性疾病、自身免疫性疾病、糖尿病等。

（3）生物技术在工业领域的应用

目前，基因组学、蛋白质组学等生物技术的迅猛发展，加速并推动了生物技术在工业领域的应用研究，即工业生物技术。工业技术将是生物技术革命的第三次浪潮，世界经合组织（OECD）指出：工业生物技术是工业可持续发展最有希望的技术。工业生物技术是以微生物或酶为催化剂进行物质转化，大规模生产人类所需的化学品、医药、能源、材料等，是解决人类目前面临的资源、能源及环境危机的有效手段，为医药生物技术提供下游支撑，为农业生物技术提供后加工手段。

（4）生物技术在环境保护领域的应用

随着经济的飞速发展，环境污染问题已经成为阻碍人类生存和发展的主要因素之一，解决或减缓环境污染已成为全社会普遍关注的社会问题。与传统的环境保护手段相比，生物技术以其特有的实用性和环保性逐渐广泛应用于环境保护领域，又被称为环境生物技术，它是通过直接或间接利用完整的生物体或生物体的某些组成部分或某些机能，建立降低或消除污染物产生的生产工艺，或者能够高效净化环境污染，以及同时生产有用物质的人工技术系统。环境生物技术在废水、废气、固体废弃物等环境污染处理、环境监测与评价等方面具有非常显著的效果。

3. 发展展望

20 世纪 70 年代兴起的生物技术导致生物科学发生深刻的变化，这种变化表现在：第一，生命科学得以前所未有的高速度向前发展。人类全部基因图谱的绘制，不仅有助于对人类各种疾病的防治，而且对基因结构、功能和表达调控也会产生新的认识。第二，进入创造性生命科学的新时代。如果说过去生命科学主要是在认识生物的基础上研究怎样利用生物，那么今天已经变成是在分子水平上重新设计、改造和创建新的生命形态、新的生物物种了。第三，开辟了新的研究领域。在生物技术出现之前，对发育的基因控制、神经系统的分子活动等领域的研究是难以想象的。今天，发育分子生物学、神经分子生物学、分子生理学等学科都在蓬勃发展。

生物技术的突破是导致新产业革命的起因之一。第一产业的农业革命直接依赖于生物技术，通过基因重组和有关的新技术培育高产、营养丰富的作物品种，提高抗病和抗不良条件的能力，减少肥料和其他昂贵农药的用量。所有这些，已经影响全世界的农业和粮食生产体系，推动了生产效率的提高。第二产业的工业革命在很大程度上受到生物技术的影响，一批以生物技术为支柱的工业，如医药工业、食品工业、化学工业等，最先获得迅猛发展；微电子和计算机工业似乎与生物无关，然而它们也用上了生物元件和生物芯片；一旦再生性生物能源获得成功，它对工业的影响就更为普遍了。第三产业的内容很广泛，医疗保健是一种重要的社会服务，各种生理因子在临床上的使用使化学治疗进入一个新的发展阶段。对许多恶性疾病的防治，人们都寄希望于基因治疗。生物技术正是人类创造能力的重要体现。

二、人类基因组计划与后基因组时代

二维码 6-16
微信扫码，看相关视频

1. 人类基因组计划的发展历程

早在 20 世纪 50 年代，生物学家就发现了 DNA 的双螺旋结构，这是人类研究基因的一个突破点，从此拉开了对人类和其他生物的遗传物质载体的研究序幕。研究者逐步对决定生物遗传特性的密码进行破译，搞清基因的氨基酸排列顺序。1985 年，诺贝尔奖获得者美国科学家杜伯克首先提出了人类基因组计划（human genome project，HGP），目的在于通过国际合作，识别人类 DNA 中所有的基因，测定人类 DNA 的 30 亿个碱基对顺序，以建立详细的人类基因组遗传图和物理图，解读关系人类生、老、病、死的遗传信息。美国政府于 1990 年正式启动该项计划，计划投资 30 亿美元，先后有美、英、日、法、德、中六国参加，分别负担了其中 54%、33%、7%、2.8%、2.2%和 1%的研究工作。2003 年 4 月 14 日，美国人类基因组研究项目首席科学家科林斯（Collins）博士在华盛顿隆重宣布：人类基因组序列图绘制成功，人类基因组计划的所有目标全部实现。这标志人类基因组计划胜利完成和后基因组时代（post-genome era，PGE）正式来临。接下来的工作是定位全部基因，研究有用基因的功能，破译人类相关基因信息并开发和利用这些信息。以功能性、应用性研究为主的后基因组计划、功能蛋白质计划、重大疾病基因组计划等课题研究相继进入实施阶段。

2. 人类基因组研究的意义

人类基因组计划自实施以来已经取得了卓著业绩，意义重大。在生命科学中，基因已成为共同的语言和基础，从整体水平研究基因的存在、结构、功能及其相互作用，从而在研究策略上把遗传学升华至基因学和基因组学，这在理论上具有深远的指导意义。在人类历史上，人类基因组计划第一次成为世界各国科学家共同培育的科学共同体。在人类基因组计划实施过程中，各国科学家精诚合作，并肩攻关，共同分享材料和数据，让科学造福于人类。人类基因组计划具有巨大的商业价值、经济效益和社会效益。在新技术开发方面，人类基因组计划需要发展自动化的 DNA 测序新技术和数据分析新技术、基因组数据库和分析软件、基因芯片技术等，所有这些在将来都有很大的开发机会。

当然，基因技术是一把双刃剑，在带给人类社会巨大进步的同时，也开启了一个魔盒。从这个魔盒中到底能释放出来何种能量，带给人类的未来又是什么样的，目前我们还无法预知，但是我们有理由相信，只要对基因技术的应用范围加以严格控制，我们就可以大胆地去享受基因技术带来的美好成果。

3. 人类基因组计划的主要任务

人类基因组计划主要包括四项任务：① 遗传图谱的建立；② 物理图谱的建立；③ 基因图谱的建立；④ 序列图谱的建立。1998 年，人类基因组计划在某些指标提前完成的形势下再次调整战略目标，强化了人类基因组功能的研究，从而把原本属于结构基因组学的研究与功能基因组学的研究衔接起来。除此以外，人类基因组计划的任务还包括：模式生物基因组比较研究；新技术方法的建立；信息系统的建立；对相关的社会、法律和伦理问题的研究；技术培训、转让和研究计划的外延等。

4. 后基因组时代

人类后基因组计划是由序列（结构）基因组学向功能基因组学的转移。人类和模式生物的基因组计划的顺利进行，使得 DNA 序列数据库的容量呈指数增长，提供了以往不可想象的巨大的生物学信息量。事实上，科学家早已预见到序列爆炸的大趋势，提出了人类后基因组计划，即在基因组静态的碱基序列逐步搞清楚后，转而对基因组进行动态的生物学功能的研究。人类和越来越多生物的基因组的全序列（草）图，只相当于“芝麻”敲开了宝库的大门。如果说人类基因组计划开启了人类认识自身的伟大工程，模式生物的基因组计划促进了后基因组时代的来临，则人类后基因组计划已经或即将加速拉开后基因组时代一场永不落幕的基因争夺革命。

值得自豪的是，在人类基因组计划这项全球瞩目的浩大科研工程中，中国是唯一一个获准参加的发展中国家，并且只用了半年时间就基本完成了测定 3 号染色体上 3000 万个碱基对序列的工作（占人类基因组全部序列的 1%）。这展示了我国在基因基础研究方面的实力。

5. 后基因组时代的主要前沿技术

主要包括：① 功能基因组学：其所要解决的问题包括如何识别基因组组成元素及注释重要元素的功能；② 生物信息学；③ 比较基因组学；④ 结构基因组学；⑤ 蛋白质组学；⑥ 整体生物学；⑦ DNA 芯片；⑧ 基因敲除；⑨ 药物基因组学；⑩基因编辑；等等。

6. 后基因组时代的展望

发起“人类基因组计划”的最终目的，是从基因层面找到疾病发生的分子机制，并以此为线索，设计基因药物，提出个性化治疗方案，如基因药物及个人化医疗，这将是未来数十年人类后基因组时代面临的关键问题。目前，DNA 测序技术的突飞猛进也使得人类基因组研究完成了从个体基因图谱绘制到群体基因组研究的飞跃，“千人基因组计划”完成了第一个阶段研究任务，它不仅在于发现 1500 万个 SNP 位点，更为重要的是标志着人类大规模基因组测序已经成为可能。近些年，研究人员采用“全基因组关联分析”方式，分析人类基因组的 SNP 位点，利用统计学的方法，建立病历与对照的关联，以此来确定引起复杂性疾病的可能基因，即易感基因。2010 年，中国科学家在此领域取得重大突破，先后发现了白癜风易感基因、食道癌易感基因、肝癌易感基因等。2018 年 11 月，中国深圳科学家贺建奎团队利用 CRISPR 基因编辑技术创造一对名为“露露”和“娜娜”的基因编辑婴儿天然抵抗艾滋病，这是世界首例免疫艾滋病基因编辑婴儿，属于“划时代的成果”，但同时也受到了科学家群体以及普通民众对人类实施基因编辑伦理性的普遍质疑。同年，美国埃迪塔斯医药公司（Editas Medicine）基因编辑公司宣布，将启动一项利用 CRISPR 基因编辑技术治疗遗传性眼疾的临床试验，基因编辑的对象是先天性黑蒙病患者眼睛里的感光细胞，属于一种体细胞，而非生殖细胞，不涉及伦理道德问题。基因编辑技术应用于人类存在巨大的伦理争议，但该技术仍将成为人类后基因组时代的研究热点。

二维码 6-17

微信扫码，看相关视频

进入后基因组时代，现代生命科学发展迅猛，给社会带来的影响是很难预测的，因此人类后基因组时代也将面临巨大的机遇与挑战。个人基因组图谱、基因药物、基因编辑等个性化治疗，这些与人类健康密切相关的研究，依旧是今后生命科学研究的热点。如何深化对人类基因组的认识，并将人类基因组研究成果转化为临床应用，确实是后基因组时代生命科学所关注与亟须解决的热点问题。

三、可持续发展的期待

1. 可持续发展的产生背景

近年来，可持续发展问题的研究之所以成为热点，其原因就是人类的发展由于陷入片面依靠对自然界的掠夺和破坏环境来发展经济，造成了环境恶化，如大气污染、森林资源减少和覆盖率降低、荒漠化扩展、水资源危机等，它们给人类社会带来了许多灾难性的后果，降低了人类的生活质量，人们开始为世界前景感到困惑和忧虑。1968 年，来自欧洲以及世界各地的 100 多位学者、名流在罗马开会，讨论人类所处的困境和未来的发展，成立了一个名为“罗马俱乐部”的组织，1972 年发表了第一个研究报告《增长的极限》，提出了反对盲目的发展以及对环境问题的告诫。环境危机是一种特殊的发展危机，现已成为引起公众普遍关注的全球性危机。

2. 可持续发展的概念

1972 年 6 月，来自世界 114 个国家的 1300 多名代表，出席了联合国在瑞典首都斯德哥尔摩召开的第一次人类环境会议，共同探讨人类面临的环境问题，通过了《联合国人类环境会议宣言》。1980 年的《世界自然保护大纲》中首次提出“可持续发展”一词。1987 年联合国环境与发展委员会发布了长篇报告《我们共同的未来》，对经济发展和环境保护中存在的问题进行了全面评估，首次提出了可持续发展的定义，“既满足当代人的需要又不危及后代人满足其需要能力的发展”。1992 年联合国环境与发展大会在巴西里约热内卢召开，会议通过了《21 世纪议程》，将可持续发展由概念、理论推向行动。

经过多年的发展，我们可将可持续发展归纳为：“建立极少产生废料和污染物的工艺或技术系统，在加强环境系统的生产和更新能力以使环境资源不致减少的前提下，实现持续的经济发展和提高生活质量。”或者说，可持续发展是“人类在相当长一段时间内，在不破坏资源和环境承载能力的条件下，使自然—经济—社会的复合系统得到协调发展”。

3. 可持续发展的特征

在《我们共同的未来》中提到，可持续发展包含两个重要的概念：一是“需要”的概念，尤其是世界上贫困人口的基本需要，应将此放在特别优先的地位考虑；二是“限制”的概念，指技术状况和社会组织对环境满足眼前和未来需要的能力施加的限制。与“需要”和“限制”概念相联系，可持续发展强调的发展过程要受到经济因素、社会因素和生态环境因素等方面的制约，要保证发展的可持续性就要加以“限制”。所以，可持续发展包括了公平性、持续性、共同性等最基本特征。

4. 可持续发展的内容

综合各种有关可持续发展理论的论述，其内容主要包括：① 环境的承载能力。人类活动对生态系统的冲击限制在其承载力范围之内，这种承载力包括生态系统提供资源的能力和生态系统对污染物净化的能力。② 自然资源的使用速度。对于可再生的自然资源的使用速度，应维持在其再生速度限度之内，而对于不可再生自然资源的使用消耗速度，不应超过寻求代用品的可更新资源的速度。③ 公平性理论。在目前的经济发展模式中，资源利用收益的分配和环境费用的分担是不公平的，可持续发展理论则要求其趋于公平，这种公平既表现在当代人之间，即不同国家、地区、利益集团之间，也表现在当代人与其后代人之间。④ 提高资源的使用效率。通过改进技术，减少资源的使用量和废物生产量，实现循环利用，这是可持续发展的重要手段之一。⑤ 环境价值理论。由于环境资源的无价或低价，导致了世界各国对环境的掠夺性开发，因而应该建立完善的价格体系，把环境的损失和费用纳入成本核算。⑥ 协调性原则。环境效益、社会效益和经济效益应统一协调，这是理想的发展模式。所以环境政策也应该与其他政策相协调，否则难以奏效。⑦ 可持续发展的伦理道德。“只有一个地球”和“明天和今天一样重要”是可持续发展伦理道德的两个重要观点。

5. 可持续发展战略实施

自 1992 年联合国制定《21 世纪议程》以来，世界各国都在采取行动，促进可持续发展战略的实施，实现可持续发展已成为世界各国共同追求的目标。2002 年 8 月联合国召开了“可持续发展世界首脑会议”，进一步探讨促进全球可持续发展的行动和措施，充分表明了国际社会和各国政府对可持续发展的强烈关注。为了保证人与自然的协调发展，维护生态平衡，改善人类生存环境，缓解人口增长的压力，提高人民的生活质量，满足 21 世纪经济、社会发展的需求，世界各国都把发展科学技术作为实现可持续发展的重大措施。具体包括：人口数量控制、健康与重大疾病的防治、食品安全、水资源安全保障、油气资源安全保障、战略矿产资源安全保障、海洋监测与资源开发利用、清洁能源与再生能源、环境污染控制与生态综合治理、减灾防灾、城市与小城镇建设、全球环境问题等。

本章思考题

1. 试论述生命科学与可持续发展的关系。
2. 论述生物个体、群体、生态系统的相互关系。
3. 如何调控生态平衡?
4. 论述生命科学与社会的相互关系。
5. 论述克隆人的伦理问题。
6. 讨论保护生物多样性的意义和途径。
7. 讨论不同生命起源及演化理论。
8. 论述动物、植物、微生物及与人类的相互关系。
9. 为什么说细胞是生命的基本结构单位?
10. 讨论生命科学与其他学科的关系。
11. 为什么说 21 世纪是生命科学的世纪?
12. 讨论人类基因组计划的内容和意义。
13. 讨论自己所在省区的生物多样性及保护。
14. 讨论生命科学的发展趋势。

第七章　当代高技术

广义地讲，技术是人类为实现社会需要而创造和发展起来的手段、方法和技能的总和。包括工艺技巧、劳动经验、信息知识和实体工具装备，也就是整个社会的技术人才、技术设备和技术资料。高技术是相对一般传统技术而言的新兴尖端技术，它比其他技术具有更高的科学输入。第二次世界大战以来，由于现代科学技术高度分化和高度综合的发展特点，产生了以电子信息技术、生物技术、新材料技术、新能源技术和航天技术以及海洋技术为代表的高技术群。以高技术产品开发和生产为主导的产业，称为高技术产业。高技术产业的主要特点有：① 知识和技术密集，科技人员的比重大，员工文化、技术水平高；② 资源、能量消耗少，产品多样化、软件化、批量小、更新换代快、附加值高；③ 研究开发的投资大；④ 工业增长率高。以信息产业为例，目前发达国家信息产业的产值已占国民生产总值的40％～60％，年增长率为传统产业的3～5倍。高技术产业的智力性、创新性、战略性和环境污染少等优势，对社会和经济的发展具有极为重要的意义。一般认为，1942年12月2日由费米领导的世界上第一座核反应堆在美国芝加哥大学建成并运行，标志着当代高技术发展的开始。

高技术有许多特点，主要体现在以下五个方面：① 高效益。高技术具有显著的经济效益和社会效益，另外还有许多高技术的效益是潜在的。② 高渗透。高技术可移植性很强，高技术产业迅速向人类社会生活的各个领域渗透，从整体上提高了社会的智能化水平。③ 高要求。高技术发展要求广泛而多层次的技术支撑。通常是“丰富的科技资源、商业化的资源配置渠道、充足的风险资本、完善的辅助工业生产服务体系、有力的政府政策支持、良好的自然环境以及有效的信息传播网络”。④ 高投入。对高技术进行研究和开发以形成高技术产业，必须投入高额资金和人力。由于高技术产业产品换代周期短，企业为尽快形成经济规模，以优价垄断市场，一般总是争取尽早地转入批量生产，因此必然快速、大量投资。⑤ 高风险。高技术产业除了具有在传统产业中的技术风险和市场风险外，更主要的风险还在于本身更新快与可能不成熟的特征。

20世纪80年代以来，许多发达国家或集团为了争夺在世界经济乃至军事上的主动地位，都把发展高技术和高技术产业当作自己的立国之本和新的国策。美国的“战略防御计划”、西欧的“尤里卡计划”、日本的“人类新领域研究计划”、经互会的“2000年科技进步综合纲要”和我国的“863计划”的相继出笼，是世界上高技术和高技术产业竞争达到白热化的重要标志。这几项计划几乎囊括了当代所有高技术和前沿学科，也表明了以发展高技术为中心内容的新技术革命日益向纵深发展，从而对世界的经济、技术、社会、政治和军事等方面产生巨大而深刻的影响。发达国家高技术争夺战是以下述六大技术群为核心展开的：信息技术群，是新兴技术群的核心和先导，是未来世界的中枢神经系统；新材料技术群，是新兴产业和新兴军事武器的物质基础，是高技术发展的骨骼和肌体组织；新能源技术群，是替代传统的石油和煤等燃料能源的新途径，是未来社会物质运作的动力源泉，相当于心血管系统；生物技术群，是前沿中的前沿，直接或间接利用生物体及其组织和功能的全新领域，开发前景令人震惊；海洋技术群，是更好地开发和利用占地球表面积71%的海洋和海底资源的现代手段；空间技术群，是当今科技发展的伟大象征，是探索地球、太阳系、银河系以至整个宇宙的新起点，今天已经大大更新了人类开拓和利用太空资源的先进手段。

第一节　信息技术

所谓信息技术，是指对各种信息进行获取、加工、管理、表达与交流等方面的技术。而现代信息技术主要是指利用电子计算机和现代通信手段对信息进行采集、处理、存储与传播的一门高新技术。在现代社会，人们利用各种先进的信息技术手段获取信息、处理信息，产生了更大的社会效益和经济效益，把人类社会带入了一个更加广阔的发展空间。

信息技术的迅猛发展，使得它在人类社会的各个领域都得到了广泛而深入的应用，并产生了深刻的影响。现代信息技术的发展，已经大大缩小了世界各地间的距离，信息的传递和交流变得相当的容易，我们的地球真正变成了“地球村”，信息技术正在彻底改变着我们的工作方式、交往方式和生存方式，并从根本上改变并推动着人类社会向前发展。

人类社会发展至今，正在进行第五次信息技术革命：第一次信息技术革命是语言的使用。第二次信息技术革命是文字的创造。第三次信息技术革命是印刷术的发明。第四次信息技术革命是电报、电话、广播、电视的发明和普及应用。第五次信息技术革命始于20世纪60年代，其标志是电子计算机的普及应用及计算机与现代通信技术的有机结合。现代信息技术正向着高速、大容量、综合化、数字化、个人化方向发展。

一、微电子、光电子技术

自从1947年发明晶体管、1958年第一块半导体集成电路诞生，微电子技术经过半个世纪的高速发展，可以说微电子技术既是基础，又是高科技。

自从IC诞生以来，IC芯片的发展基本上遵循了Intel公司创始人之一的摩尔1965年提出的摩尔定律：芯片上可容纳的晶体管数目每18个月便可增加一倍。1978年时，人们认为光学光刻的极限是1 μm。而发展到20世纪末，人们认为光学光刻的极限推进到0.05 μm。技术代发展为：0.35 μm→0.25 μm→0.18 μm→0.13 μm→0.10 μm→0.05 μm，并且发展速度总是比预计的还要快。21世纪初微电子技术仍将以尺寸不断缩小的硅基CMOS工艺技术为主流，直至今日，美国AMD公司最新量产CPU的制程已达7nm。随着IC设计与工艺水平的不断提高，系统集成芯片（SOC）将成为发展的重点；并且微电子技术与其他学科的结合将会产生新的技术和新的产业增长点，如微机电系统（MEMS）和微光机电系统（MOEMS）技术、生物芯片技术、塑料半导体技术等。

光子学也可称光电子学，它是研究以光子作为信息载体和能量载体的科学，主要研究光子是如何产生及其运动和转化的规律。所谓光子技术，主要是研究光子的产生、传输、控制和探测的科学技术。现在，光子学和光子技术在信息、能源、材料、航空航天、生命科学和环境科学技术中有着广泛应用。

在信息科技领域，20世纪的电子学确实作出了巨大的贡献，但由于其信息属性的局限性，使其无论在速度、容量还是在空间相容性上都受到很大限制，而光子的信息属性却表现出巨大的发展潜力和明显的优越性。在信息处理速度上，电子器件的响应时间最快也只能达到10^{-11}s，而光子器件可达到10^{-12}s～10^{-15}s，快1000～10000倍。同时，光子在通常情况下互不干涉，具有并行处理信息的能力，在光计算中可大幅度提高信息的处理速度。另外，在存储能力、传播速度、抗干扰能力等很多方面，光子器件弥补了电子器件的很多不足，为信息技术的发展提供了新的可能性。

光电子产业对传统产业的技术改造、新兴产业的发展、产业结构的调整优化都起着巨大的促进作用。比如，激光加工对传统机械加工是一个很重要的改造。汽车、轮船制造使用激光技术后，质量、产量都大大提高。另外，光电子技术还具有精密、准确、快速、高效等特点，有助于全面地提高工业产品的高、精、尖加工水平，大幅度提高产品的附加值和竞争能力。同时，光电子技术派生出了许多新兴科学技术和新兴的高技术产业，极大地推动了高新技术的发展和产业结构的调整优化。

光电子技术是我国与国际水平差距相对较小的一个领域，在此领域，我国与世界发达国家几乎同时起步，是目前国际上少数几个有能力研制PIC和OEIC的国家。

二、计算机技术

计算机是20世纪最伟大的科学技术发明之一，对人类社会的生产和生活产生了极其深刻的影响。60多年来，计算机的发展经历了五个重要阶段：

1. 大型计算机阶段

1946年在美国宾夕法尼亚大学问世的第一台数字电子计算机ENIAC（图7-1）。大型机经历了第一代电子管计算机、第二代晶体管计算机、第三代中小规模集成电路计算机、第四代超大规模集成电路计算机的发展，使计算机技术逐步走向成熟，目前正朝着第五代即智能化计算机方向发展。

2. 小型计算机阶段

小型计算机能满足中小型企事业单位的信息处理要求，而且成本较低，其价格能被中小型企事业单位接受。1959年DEC公司推出PDP-1，首次对大型主机进行了缩小化。DG公司、IBM公司、HP公司、富士通公司都生产过小型机。

图 7-1　第一台数字电子计算机 ENIAC

3. 微型计算机阶段

微型计算机是对大型主机进行的第二次缩小化。1976 年苹果公司成立，1977 年它推出 APPLE Ⅱ微型机大获成功，使其成为个人及家庭能买得起的计算机。此后它又经历了若干代的演变，逐渐形成了庞大的个人电脑市场。

4. 客户机—服务器阶段

早在 1964 年 IBM 就与美国航空公司建立了第一个联机订票系统，把全美 2000 个订票终端用电话线连在一起，用今天的术语来说它就是客户机—服务器系统。随着微型机的发展，20 世纪 70 年代出现了局域网。由于客户机—服务器结构灵活、适应面广、成本较低，因此得到广泛的应用。

5. 国际互联网阶段

自 1969 年美国国防部的 ARPANET 运行以来，计算机广域网开始逐步发展。1983 年，TCP/IP 传输控制与网际互联协议正式成为 ARPANET 的协议标准，这使网际互联有了突飞猛进的发展，以它为主干发展起来的互联网到 1990 年已经连接了 3000 多个网络和 20 万台计算机。全球互联网已经拥有四十多亿的庞大用户群。1991 年 6 月我国第一条与国际互联网连接的专线建成，它从中科院高能物理研究所接到美国斯坦福大学的直线加速器中心。到 1994 年，我国实现了采用 TCP/IP 协议的国际互联网的全功能连接。

正在研制中的新型电子计算机称第五代计算机便是一种更接近人脑的人工智能计算机，它由超大规模集成电路和其他新型物理元件组成，能直接处理声音、文字、图像等信息。人工智能具有推理、联想、智能会话、主动学习和环境适应等功能，是由多学科渗透产生的综合性边缘学科。20 世纪 70 年代以来，随着计算机技术的发展，人工智能的研究也有很大进展，在用计算机证明定理、进行景物分析、图形显示、理解自然语言等方面，取得了明显成果。人工智能的成就主要体现在专家咨询系统和模式识别、机器人、数学定理的证明、博弈、人工神经网络等方面。专家咨询系统主要由知识库、数据库和推理机制组成。模式识别是用特征识别和关系识别，先对文字、声音、图像致函信息加以分析，后与模式对比识别。机器人是模拟人的部分功能的自动机器，分工业机器人和智能机器人，智能机器人具有各种传感器（感觉器）和学习能力。人工智能系统用于数学定理的证明，可大大减轻人的脑力劳动。博弈中目前国际象棋、中国象棋以及围棋世界冠军已由计算机获得。2017 年 5 月 23 日、25 日、27 日在浙江嘉兴桐乡召开的“中国乌镇围棋峰会”上，世界排名第一的中国棋手柯洁与围棋人工智能程序阿尔法（AlphaGo Master）举行三番棋大战，最终 0 比 3 告负。2017 年 10 月 18 日，AlphaGo Zero 诞生，它使用纯强化学习，将价值网络和策略网络整合为一个架构，经 3 天训练后就以 100 比 0 击败了 AlphaGo Lee，经 40 天的自我训练后就击败了 AlphaGo Master。人工神经网络是对信息并行处理，模拟人脑，不同于传统的计算机，具有自学、联想式存储和高速寻找最优的能力，能独立决策和适应性地行动的机器人，或能够根据感觉和识别机能自行决定行动的机器人，是机器人发展的高级阶段。

当前计算机发展方向大体如下：① 大型机的发展已从单纯靠元器件提高速度缩小体积，发展到同时改变设计思路、方法，改变机器内部结构。现已公认，多处理器并行处理是大型机的发展方向。② 微机已大量进入家庭。微机的发展有两种趋向，一是充分发挥技术优势增强微机功能使其用途更为广泛。另一种认为家庭中使用的微机不能太复杂，应简化其功能，降低价格，以较快的速度广泛进入家庭。③ 随着计算机数量越来越多及微机的广泛应用，网络化是个大趋势。一种是专业管理网络，另一种是社会公用网络把各个计算机或计算机网连接起来达到资源共享。④ 软件早已成为一个独立的产业，其产值已超过硬件。首先是语言从最初枯燥无味的机器语言发展为高级语言并且越来越向人类自然语言靠近。至于应用软件则随着应用领域的增多而不断扩展。⑤ 人机界面越来越友好。目前从键盘输入到鼠标，再到触摸式、书写式的发展，从依次查询到菜单式，再到多层菜单的查询都已大大简化了使用程序。

三、网络技术

Internet 是全世界最大的计算机网络，它起源于美国国防部高级研究计划局（ARPA）于 1968 年主持研制的用于支持军事研究的计算机实验网 ARPANET。ARPANET 建网的初衷旨在帮助那些为美国军方工作的研究人员通过计算机交换信息，它的设计与实现基于这样一种主导思想：网络要能够经得住故障的考验而维持正常工作，当网络的一部分因受攻击而失去作用时，网络的其他部分仍能维持正常通信。

二维码 7-1
微信扫码，看相关视频

1985 年，美国国家科学基金（NSF）为鼓励大学与研究机构，共享他们非常昂贵的四台计算机主机，希望通过计算机网络把各大学和研究机构的计算机与这些巨型计算机连接起来。开始他们想用现成的 ARPANET，不过他们发觉与美国军方打交道不是一件容易的事情，于是他们决定利用 ARPANET 发展出来的称为 TCP/IP 的通信协议，自己出资建立名为 NSFNET 的广域网。由于美国国家科学资金的鼓励和资助，许多大学、政府资助的研究机构甚至私营的研究机构纷纷把自己的局域网并入 NSFNET，这样使 NSFNET 在 1986 年建成后取代 ARPANET 成为 Internet 的主干网。

20 世纪 90 年代初期，随着 WWW 的发展，Internet 逐渐走向民用，由于 WWW 良好的界面大大简化了 Internet 操作的难度，使得用户的数量急剧增加，许多政府机构、商业公司意识到 Internet 具有巨大的潜力，于是纷纷大量加入 Internet，这样 Internet 上的节点数量大大增加；网络上的信息五花八门、十分丰富，如今 Internet 已经深入人们生活的各个方面，通过 WWW 浏览、收发电子邮件等方式，人们可以及时地获得自己所需的信息；Internet 大大方便了信息的传播，给人们带来一种全新的通信方式；Internet 是继电报、电话发明以来人类通信方式的又一次革命。

2006 年，Google 首席执行官埃里克·施密特首次提出云计算（cloud computing）的概念。云计算是基于互联网的相关服务的增加、使用和交付模式，通常涉及通过互联网来提供动态易扩展且经常是虚拟化的资源。云是网络、互联网的一种比喻说法。近年来，云计算作为一种新的技术趋势已经得到了快速的发展。云计算已经彻底改变了一个前所未有的工作方式，也改变了传统软件工程企业。物联网是云计算的一个重要应用。物联网是指通过各种信息传感设备，实时采集任何需要监控、连接、互动的物体或过程等各种需要的信息，与互联网结合形成的一个巨大网络，其目的是实现物与物、物与人，所有的物品与网络的连接，方便识别、管理和控制。物联网作为一个新经济增长点的战略新兴产业，具有良好的市场效益。2008 年后，为了促进科技发展，寻找经济新的增长点，各国政府开始重视下一代的技术规划，将目光放在了物联网上。

随着云时代的来临，大数据（big data）也吸引了越来越多的关注，成为时下最火热的 IT 行业的词汇之一。大数据指的是所涉及的资料量规模巨大到无法通过传统主流软件工具，在合理时间内达到撷取、管理、处理并整理成为帮助企业经营决策更积极目的的资讯。其战略意义不在于掌握庞大的数据信息，而在于对这些含有意义的数据进行专业化处理。随之而来的数据仓库、数据安全、数据分析、数据挖掘等围绕大数据的商业价值的利用逐渐成为行业人士争相追捧的焦点。从技术上看，大数据与云计算的关系就像一枚硬币的正反面一样密不可分。大数据无法用单台的计算机进行处理，必须采用分布式计算架构，必须依托云计算的分布式处理、分布式数据库、云存储和虚拟化技术。

近年来网络攻击技术和攻击工具发展很快，使依靠网络提供办公服务和业务服务的机构面临越来越大的风险。目前网络攻击技术和攻击工具正在以下几个方面快速发展：① 网络攻击的自动化程度和攻击速度不断提高；② 攻击工具越来越复杂；③ 黑客利用安全漏洞的速度越来越快；④ 安全威胁的不对称性在增加；⑤ 攻击网络基础设施产生的破坏作用越来越大。

四、通信技术

远古时候，人们还没有语言，人类之间沟通全靠互相的吆喝，长此以往人类的语言就这样地产生了，叫声就成为人类最早的数据通信，而声音的频率与波长就成为最早的数据元，然后就是文字的产生。当然那时人们互相联络的方法不止这些。

从 19 世纪开始有了现代通信技术。1875 年贝尔在自己的实验室中首先发明了电话。当时两个人如果想在家通话，首先就要求两个人家里必须有一条直接相连的物理链路，这样既浪费原材料又占据了大量的物理空间。1878 年有一个美国人想到在每个家庭都建立一个中转站，提供电话线的物理连接，这就是交换机的雏形。1900 年还是在美国，第一台纵横式交换机出现了。1965 年美国贝尔公司生产出第一台程控交换机，通过使用程控交换机，电话的误接率大大下降，通话质量大大提高，多种通信方式得以整合。到了 1970 年法国的一家公司提出了 PCM 技术，电话线使用的效率得以再度提高。随后，意大利人马可尼发明了无线电通信（欧洲大多数科学家这样认为）。无线传输由短波发展到超短波到微波。微波通信方式有地面微波接力和卫星通信两种方式。

激光技术于 1960 年在美国被 Mainan 发明的红宝石激光器引领出来。6 年后英籍华人高琨博士发明了二氧化硅石英玻璃激光器。光纤通信成为成熟的有线数据传输方式。与传统数据传输技术相比，光纤技术具有以下特点：传输的频带宽、损耗低，中继距离长、抗电磁干扰，保密性强，资源丰富，节省有色金属、线径细、重量轻、容易均衡等。1970 年美国康宁公司制造的光纤传输率达到 20db/km。光纤技术的发展也是曲折的，从单模光纤到多模光纤，再到单模光纤经历了数十年。我国光纤数据传输技术也并没有落后，于 1983 年在武汉三镇建成的光纤通信实验室的速率就达到了 8Mbps。

当人们沉浸在互联网络的神奇世界中的时候，多种无线的网络技术悄然无声地出现。最早出现的是 Infrared 技术，它是最早推出的一种无线网络接入技术。它的波长限制在 850nm，通信距离在 1m，理论传输速率在 4Mbps～16Mbps，它具有很强的方向性。其次是 Home Rf，它是伴随着智能化房屋的提出而提出的，它的工作频率在 2.4 Ghz，主要功能与现在的蓝牙相似，但采用的技术却完全不同，它功能强大。然后是 LAN-无线局域网、WAP、Jetsend、HAVI（家电无线互联的通信方法）、HAPI、WLAN、蓝牙等。

当前通信技术仍在快速发展，其主要趋势如下：

（1）传输在向高速大容量长距离发展，光纤传输速率越来越高，波长从 1.3 μm 发展到 1.55 μm 并已大量采用。

（2）交换技术发展一方面是增大单个交换机的容量，目前技术上已可达到几十万线；另一方面是实行分散化和采用模块技术，使之更接近用户以缩短用户线。模块的功能也在不断提高。

（3）数据网的速率越来越高，数字数据专线 DDN 已超过 140Mb/s。同时，随着传输质量的提高、误码率的减少、分组网的规程可以简化，出现了帧中继方式。另外 TCP/IP 协议的应用范围越来越广。

（4）为了克服每种业务（电报、电话、数据、图像）建单独网的缺陷，更好地满足用户多种业务的需要，通信网在向综合业务网发展，宽带综合网正在大力开发中。

二维码 7-2
微信扫码，看相关视频

（5）随着通信接续的自动化，原来由话务员、报务员操作的功能都由用户自己来操作。

（6）随着人的流动性增加，移动通信使用越来越广泛，技术发展也非常快。

（7）由于综合业务尤其是宽带业务的发展，用户接入就成为突出的问题，概念上已从用户线发展为接入网。

（8）为了解决通信保密问题，加大传输效率，量子通信技术已是目前各国的主攻方向之一。

信息采集技术和终端方面，各种测量技术快速发展，直接采样的传感器、仪器灵敏度、精确度越来越高，抗干扰能力越来越强，测到的范围越来越宽；在通信业务综合化和计算机图像快速发展的同时，信息终端在向多媒体终端发展；终端的另一个趋势是小型化，直至微型化。

五、信息产业

信息产业从性质上大体可分为装备制造业和信息服务业。其中，装备制造业主要涉及：计算机（硬件、软件），通信设备（包括传输设备、交换设备、网络设备等），终端设备（包括信息采集、提供设备，如传感器、计算机终端显示、通信终端），娱乐设备（也称消费类产品，包括收音机、电视机、摄录放机等）。信息服务业涉及：通信业，包括传统通信、电话、电报、传真、数据、邮政和增值通信；计算机应用和咨询业，包括信息提供、数据库、计算机组网；传播业，包括报刊、广播、电视；娱乐业，包括电影、广播、电视、电子游戏（用同样的手段、仅内容不同，一为传播，一为娱乐）。所以也有人把信息产业从内容上分为通信服务业、设备制造业（含计算机软件和服务）、娱乐传播业和新兴产业。

信息产业对于经济的影响是难以计量的，从全球来看信息产品和信息服务的贸易正逐年扩大，信息产业对于全球经济的贡献也越来越大。以美国为例，1994 年信息产业总收入约为 8060 亿美元，占 GDP 的 12%。进入 20 世纪 90 年代以来，全球信息产业发展迅速，信息产业的增长率几乎是其他产业的 2 倍。

世界电信业始终保持不衰势头，无论从总产值还是从增长率来看，电信业都是世界上发展最快的产业之一。近年来，尽管电信服务领域竞争加剧，费率下滑，但世界电信业整体上依然保持较高的利润。当前，全球电信业务（通信服务）市场的发展主要呈现以下特点：一是自由化，即开放市场；二是私有化；三是国际化。市场开放主要涉及欧洲的一些国家和大量的发展中国家，其市场的开放有力地促进了全世界电信业务的繁荣。而私有化只产生有限的影响，对电信业务的发展所起的作用也不明显。虽然私有化可提高劳动生产率，但它却伴随着诸如大量裁员等这样的痛苦改革过程。国际化主要是指世界上一些大公司为应付国际竞争而进行的战略联盟，如以 AT&T 为首的 World Partners 集团、MCI 和 BT 结成的 Concert 集团和 Phoenix 集团等。电信业务市场的自由化和私有化本质上不是一回事，但是实际上这两方面又是结合在一起进行的。从地域上来看，北美地区无论公司数还是总产值都在电信运营公司占有最大比重；欧洲电信业务市场由于受到一批正推动电信现代化进程的国家的带动，情况一直较好；而亚太和拉美地区近几年一直是发展最快、最繁荣、最被电信界看好的市场，特别是中国，其电信产值的增长速度始终在世界前列。

尽管电信设备制造市场的平均利润水平逐年降低，但近年来电信设备制造公司的产值增长率一直高于电信运营公司的产值增长率。一些名牌大公司仍在这个市场中占据主导地位。欧、美几乎旗鼓相当，但由于美国在移动通信和网络产品方面的优势（这两方面是目前全球通信业发展最快的两个领域），美国公司的发展势头会好于欧洲。其他地区，如亚洲由于公司实力弱小主要是面向内部市场，虽然日本的电信设备制造公司的终端出口量很大，但由于标准等原因，其基础设施的出口仍受到极大限制。

然而，亚洲作为潜在的电信消费市场，容量却是巨大的，因此，世界上众多厂商纷纷涌向亚洲，而且围绕技术选择彼此之间不断地进行着激烈的角逐。

设备制造业的另一大类就是计算机制造业，计算机产业包括硬件（网络和终端等）和软件。随着计算机产业的飞速发展，国际计算机市场也空前活跃，竞争异常激烈。为了在市场中站稳脚跟，世界各大计算机厂商在计算机零部件、计算机整机的销售、服务等各个方面都展开了全力角逐，力图缩小厂商与用户需求之间的差距，以获得更大利益。

随着计算机产业的竞争向更高层次发展，计算机产业本身也逐渐分成三个产业。“第一产业”是指以制造业为核心，包括计算机零部件、网络产品、整机制造厂商以及相应的销售商。这部分厂商主要围绕计算机硬件提供产品。“第二产业”是指与软件相关的部分，包括软件制造商、软件销售商、信息制造商和出版商，他们主要围绕计算机软件和信息提供产品。“第三产业”是指本身虽不生产任何计算机软硬件产品，但它们却是保证计算机充分发挥作用的行业，它们主要包括一些提供技术咨询和方案咨询的公司以及提供网络设计建设和维修服务、信息服务的公司。

当今社会，信息已经深入人们生活和工作的每一个角落。今后的信息社会的发展趋势是计算机技术、通信技术和消费产品技术相互融合，形成所谓的 3C（computer、communication 和 consumer）局面，目前国外一些新的词汇，如 Teleputer（电视计算机）、Comvision（计算机电视）等的出现已预示这种融合时代将要到来。娱乐、传播业（包括视像、家电、电子出版等）已经成为信息产业的一个重要组成部分。

随着信息产业的飞速发展，一些新兴产业如雨后春笋般蓬勃发展起来，特别是信息服务、信息咨询业的发展。信息服务咨询业是近年来国际上新兴的产业，并已逐渐发展成为一个国际化的独立行业，有人称之为第四产业。它不仅在本国的经济发展中起着日益重要的作用，而且在国际经济与贸易中也逐渐成为不可缺少的一个方面。据称现在国际信息服务咨询市场的年营业额已达百亿美元数量级，且正以每年 25%～30%的增长速度发展；信息咨询公司的革新能力、创造精神以及认识问题和解决问题的能力将会在世界经济市场竞争中起着越来越重要的作用。

目前国际信息产业呈现出以下几个明显的发展趋势：① 传统信息服务转向电子信息服务，即以印刷媒介为主体的信息服务转向以电子技术媒介为主体的信息服务。② 现代新技术迅速渗透于信息服务业。③ 公益性信息服务比重趋低，商业化服务比重增加。④ 信息服务趋向专业化。⑤ 信息市场日趋扩展和完善。⑥ 信息服务业趋向跨国经营和国际化。

第二节 生 物 工 程

一、生物工程及其应用

生物工程和生物技术这两个名词常可通用。生物工程通常有下列几个分支：发酵工程（微生物工程）、细胞工程、酶工程、基因工程、生化工程等。其中发酵工程往往占主要位置，但人们普遍认为基因工程是当代生物技术的核心技术。基因工程彻底改变了传统生物技术的被动状态，使人们可以按照自己的意愿改造生命的愿望成为可能。基因工程产生后，迅速渗透到传统生物技术的所有领域，并最终推动并形成了当代生物技术的体系。

生物工程在农业、食品、医药、能源与环保等方面具有十分广阔的应用与前景。

利用植物基因工程技术，改良作物蛋白质成分，提高作物中必需的氨基酸含量，培育抗病毒、抗虫害、抗除草剂的工程植株以及抗盐、抗旱等抗逆植株，当前已在农业生产中显示出巨大的经济效益，并展示出了其在未来农业生产中的广阔前景。

生物工程药物就是利用生物工程技术制造的药物，是生物工程服务于社会的一类新产品。它和传统的化学药物以及从动、植物中提取药物的最大区别在于生产过程。通过基因工程或细胞工程培养出的高产菌种或动、植物细胞株，称为工程菌或工程细胞株，再利用现代发酵技术大规模培养，从中提取出所需药物。人们利用基因工程可以生产天然稀有的医用活性多肽或蛋白质等。近年来发展的聚合酶链式反应技术，被广泛用于诊断人类的遗传疾病。基因治疗是目前医学上最热门的研究课题，近十多年来，世界上已有近千种基因治疗方案应用于临床，其中美国占了一半。“生物导弹”是免疫导向药物的形象称呼，它由单克隆抗体与药物、酶或放射性同位素配合而成，因带有单克隆抗体而能自动导向，在生物体内与特定目标细胞或组织结合，并由其携带的药物产生治疗作用。

1983 年，美国首先进行转基因动物实验，把含有生长素基因的重组 DNA 转移到小鼠的受精卵中，结果培养出巨鼠。早期的转基因药物是通过大肠杆菌生产的，分离纯化十分困难，所以极其昂贵。现在则有希望从转基因动物的血液或奶中得到。1998 年初，上海医学遗传研究所传出了震惊世界的消息：中国科学家已经获得 5 只转基因山羊，其中一只山羊的乳汁中含有堪称血友病患者救星的药物蛋白——有活性的人凝血九因子。转基因动物就像一座天然原料加工厂，可以源源不断地提供人类所需要的宝贵产品。

选育可大量生产能源化学物质的工程菌，开发生物来源的石油替代产品；选育可降解工业和生活废弃物的工程菌，用以处理垃圾，变废为宝，处理工业“三废”、石油泄漏等，解决环境污染问题。生物学家们正尝试运用生物技术开发出能够将植物中的纤维素降解进而转化为可以燃烧的酒精等新能源。美国科学家已用基因工程培育出了一种能同时降解 4 种烃类的“超级工程菌”，原先自然菌要用一年才能消化掉的海上浮油，这种细菌几个小时就能“吃”光，所以可以利用它来迅速消除因油轮失事造成的海洋污染。

海洋生物学与生物技术相结合，产生了海洋生物工程这一新兴领域。海洋生物工程作为加速开发利用海洋生物资源、改良海洋生物品种、提高海产养殖业产量和质量、获取有特殊药用和保健价值的生物活性物质的新途径，越来越受到人们的重视，许多国家已将海洋生物工程作为 21 世纪发展战略的重要组成部分。目前，在海洋生物工程方面的主要研究工作，一是应用基因工程和细胞工程技术，培养鱼、虾、贝、藻类优良品种，大幅度提高海洋水产养殖的产量与质量；二是从海洋生物中提取生理活性物质。现已在上述两方面取得了大批重要科技成果，部分成果已经产业化。

二、基因工程

基因工程是利用 DNA 重组技术进行生产或改造生物产品的技术，是将外源的或是人工合成的基因即 DNA 片段（目的基因）与适宜的载体 DNA 重组，然后将重组 DNA 转入宿主细胞或生物体内，以使其高效表达。

目的基因，即人们所要获得某种蛋白质的基因。获得目的基因的方法主要有从生物基因组中分离、逆转录合成和人工合成。

目的基因获得后与质粒经过内切酶进行“裁剪”，然后靠“连接酶”的作用，将目的基因和质粒（或病毒 DNA）重新组合起来形成重组 DNA。重组 DNA 在质粒（或病毒 DNA）的“带领”下进入受体的过程称为“转化”，得到重组 DNA 的细胞称为“转化细胞”。向动物体内转入外源基因的方法有显微注射法、动物病毒载体法、电转移法、胚胎干细胞法、精子载体法等。转基因动物技术上的最大缺点是盲目性，导入的外源基因对受体细胞基因组的插入是随机的。因此，实现外源基因的定位整合技术以及同期建立的小鼠胚胎多能干细胞系（ES 细胞系）的体外培养方法，为基因定位整合进而为哺乳动物种系改造开拓了充满希望的前景，这就是所谓的定位整合技术。向植物体内转移外源基因的方法大体可分为三类：农杆菌介导的基因转移、以原生质体或细胞作为受体的直接基因转移和种系系统的基因转移。

目的基因进入宿主细胞后，可以与宿主细胞 DNA 整合在一起，并一起表达。表达后所产生的蛋白质可以用一般分离蛋白质的方法分离和纯化。

21 世纪将是基因工程技术迅速发展、日益完善的世纪，也是这种高技术产生巨大效率的世纪。人们预期将在以下几个方面有重大突破：① 转基因技术的突破。这主要是指植物基因工程领域，原有的技术将不断完善，同时还会有一些新的基因导入技术出现。许多农作物的组织培养也将有很大突破，培育高产、稳产以及抗逆性强的农作物将成为植物基因工程的重点而有很大突破。② 分离优良性状基因技术。以前基因工程所用的基因基本上是能控制一个性状的单基因，即只要转入一个基因就能获得所需性状。今后可望会对多基因控制的性状进行操作。③ 基因工程产业化。以农业应用为例，由于农业生物技术目标明确，受社会因素限制少，易于推广而获得效益；而在动物基因工程上，重点将被放在具有优良性状的家畜家禽以及利用它们来生产一些稀有蛋白，并形成生产规模，医药上则规模生产出更多的基因工程疫苗、抗体等药物。

二维码 7-3
微信扫码，看相关视频

三、细胞工程

所谓细胞工程，就是应用细胞生物学和分子生物学的方法，在细胞水平进行的遗传操作及大规模的组织培养。它的建立是与细胞融合现象的发现及其研究密切相关的。自从哈林于 1907 年介绍了动物细胞的组织培养方法之后，人们运用此种技术对动物组织培养中的细胞融合现象作了许多观察，尤其是证明了不同来源的两种动物细胞经过混合培养可以产生出新型的杂交细胞，从而为培育具有双亲优良性状的新生命类型的细胞工程奠定了技术基础。1965 年哈里斯和沃特金斯的经典工作大大地拓展了细胞融合的研究范围，他们的贡献在于证明了亲缘关系较远的不同种的动物细胞之间也可以被诱导融合；形成的融合细胞在适宜的条件下，可以继续存活下去。至此，细胞融合作为重要的研究领域已经建立起来了。

植物细胞在其原生质体的外面有一层坚韧的细胞壁。要在植物细胞间进行融合作用，首先必须设法除去细胞壁。我们称这种去除细胞壁的细胞为原生质体，它含有细胞组成的全部成分。所以从本质上讲，原生质体融合也就是细胞的融合。

细胞工程的基本技术包括细胞培养、细胞融合、细胞亚结构移植（如细胞拆合、染色体工程、染色体组工程）等。

四、酶工程与发酵工程

酶工程与发酵工程是生物技术中有着悠久历史的两门技术。近二十年来，随着与生物技术相关的诸多基础理论和技术以及实验手段的发展，这两门传统的生物技术逐步走出被动、低效的状态，而发展成为主动、高效的当代生物技术，被列入高技术领域。

酶工程就是利用酶的催化作用进行物质转化，生产人们所需产品的技术。催化剂即指能使化学变化加速而本身不变的物质。在洗衣粉中加入一些酶可大大加强其去污能力，这是把酶催化剂作为一种添加剂加入产品中去，促进产品与作用对象的化学反应。但是对于像用葡萄糖生产果糖的行业来说，需要用酶，而酶又不能留在产品中，否则会影响产品纯度。若能够将酶固定起来，不仅能使其在常温、常压下行使专一的催化功能，而且由于酶密度提高，催化效率更高、反应更易控制。固定着的酶不会跑到溶液里，与产物混合，这样酶便可反复使用，从而使产品成本降低。因此，固定化酶技术十分重要。酶的固定方法主要有：通过非特异性物理吸附法或生物物质的特异吸附作用将酶固定到载体表面，叫作吸附法；利用化学方法将载体活化，再与酶分子上的某些基因反应，形成共价的化学键，从而使酶分子结合到载体上，这种方法叫作共价键合法，是广泛采用的制备固定化酶的方法。

与固定化酶技术相配套的是酶生物反应器。一个安装有固定化酶材料的容器就是酶生物反应器，它是把反应物质变成产品的重要生产车间，葡萄糖溶液缓缓流进装有葡萄糖异构酶的生物反应器，出来的就是比原来溶液甜得多的新液体。

发酵技术与基因工程、细胞工程、蛋白质工程、固相化菌、固相化酶技术相结合，就是发酵工程（或微生物工程）。有了按生物工程改造过的微生物细胞（“工程菌”），接着就是对“工程菌”进行营养、培养条件、发酵罐中生长动力学和产物形成动力学的研究，其目的是为生产控制、模拟放大以及电子计算机的程序控制提供模型，从而找到最优化的生产控制条件，最后借助生化工程技术，实现真正按人类意志生产所需的生物工程产品。所以，生物工程虽以基因工程为主导和核心，但离不开微生物工程这个基础。微生物工程具体包括菌种选育、菌体生产、代谢产物的发酵以及微生物机能的利用等。现代微生物工程不仅使用微生物细胞，也可用动、植物细胞发酵生产有用物质。

从广义上讲，发酵工程由三部分组成：上游工程、发酵工程和下游工程。上游工程包括优良种株的选育、最适发酵条件（pH、温度、溶氧和营养组成）的确定、营养物的准备等。发酵工程主要指在最适发酵条件下于发酵罐中大量培养细胞和生产代谢产物的工艺技术。下游工程指从发酵液中分离和纯化产品的技术，包括固液分离技术（离心分离、过滤分离、沉淀分离等工艺）、细胞破壁技术（超声、高压剪切、渗透压、表面活性剂和溶壁酶等）、蛋白质纯化技术（沉淀法、色谱分离法和超滤法等），最后还有产品的包装处理技术（真空干燥或冰冻干燥等）。

五、生物工程产业——生物经济

进入21世纪以来，生物工程及产业发展已出现如下明显趋势：一是生物工程已经成为许多国家研究开发的重点。英国、法国、德国、澳大利亚、韩国等近年来研究开发投入得最多的领域就是生物工程。二是生物工程产业（BI）已经成为国际科技竞争乃至经济竞争的重点，不少大企业和金融机构纷纷投资生物工程产业。三是生物经济（BE）正在成为网络经济之后的又一个新的经济增长点。生物工程产业的销售额每5年翻一番，增长率高达25%～30%，是世界经济增长率的10倍左右。四是生物安全（BS）已经成为国家安全的关键点。2002年—2003年SARS肆虐人类之后，越来越多的人认识到，生物武器对经济发展、社会稳定的影响，将超过核武器。未来国家安全，必须具有防御生物武器的能力。所以，以生物工程产业为中心的生物经济已经形成。生物经济是以生命科学与生物工程研究开发与应用为基础的、建立在生物工程产品和产业之上的经济，是一个与农业经济、工业经济、信息经济相对应的新的经济形态。生物经济与现代生物工程和生命科学研究开发密切相关，并与目前的信息经济和知识经济发展有着紧密的联系。

与网络经济比较，生物经济有几个显著的特点：① 资源依赖性强。基因是现代生物工程产业依赖的基础，目前利用的主要基因是从现有生物体中“找来”的，而不是“创造”的。因此，理论上谁拥有资源，谁就有发展生物产业的基础。② 产品多样性高、垄断性差。生物工程产品不会像网络经济一样形成“胜者全得”的垄断局面。生物工程产品的多样性，为资源丰富的发展中国家提供了一次难得的发展机遇。③ 技术通用性强。生物工程在许多方面具有通用性，如基因重组技术、克隆、干细胞技术等，在不同动物、植物与微生物方面都有通用性。

以生物经济为主体的第四次浪潮，将对经济发展和人类进步产生巨大的推动作用。一是形成新的经济增长点，将促进健康产业、环境保护产业、绿色经济、循环经济的发展，大幅度促进经济增长，使经济发展上一个新台阶。二是推动医学史上的第四次革命，提高人类健康水平。现代生物工程使疾病诊断、治疗和预防手段产生革命性的变化，使医疗技术发生质的飞跃，使人类更健康更长寿。三是推动第二次绿色革命，改善人类膳食水平。转基因技术、组织培养技术、动物胚胎移植与克隆技术，以及生物肥料、生物农药、新型饲料添加剂的应用，将大幅度地减少化学农药、化学肥料对农田、环境的污染，推动种植业和养殖业变革。四是创造新的生物品种，改善生态环境。植物抗旱、抗盐基因的发现与应用，将有可能彻底改变10亿亩干旱地区的生态环境，使5亿亩不毛之地、盐碱地变为良田。五是发展绿色能源，缓解能源短缺压力。生物能源将会使作物秸秆等废弃的有机物成为能源，缓解化石能源不足的危机，为石油短缺国家解决能源危机问题找到一个较为经济的途径。六是冲击传统伦理观念。如基因身份证将个人的病症、性格等方面的信息储存在身份证上，必然会侵犯人的隐私权。七是生物安全将成为保障国家安全的关键。

第三节　新材料技术

材料在人类社会的发展中起着极为重要的作用，它是人类社会进步的物质基础，同时是当前世界新技术革命的三大支柱之一。在社会发展的进程中，材料的进步带来了社会的变革。但是，发展到近代，传统的材料已经不适应社会发展的进程，传统的材料从设计制造、使用到最后废弃的过程中，因为大量生产、大量废弃，造成资源枯竭、能源短缺、环境污染、生态破坏等一系列问题。所以，逐渐提出了新材料的概念。新材料是新技术发展的必要物质基础，也是当代新技术革命的先导。

一、电子信息材料

信息材料就是与信息的获取、传输、存储、显示及处理有关的材料。因为信息传递的媒介为电子（或电磁波），所以又称为电子材料。具体来说，电子信息材料是指在微电子、光电子技术和新型元器件基础产品领域中所用的材料，主要包括以单晶硅为代表的半导体微电子材料、激光晶体为代表的光电子材料、介质陶瓷和热敏陶瓷为代表的电子陶瓷材料、钕铁硼（NdFeB）永磁材料为代表的磁性材料、光纤通信材料、磁存储和光盘存储为主的数据存储材料、压电晶体与薄膜材料、储氢材料和锂离子嵌入材料为代表的绿色电池材料等。这些基础材料及其产品支撑着通信、计算机、信息家电与网络技术等现代信息产业的发展。目前，电子信息材料的总体发展趋势是向着大尺寸、高均匀性、高完整性，以及薄膜化、多功能化和集成化方向发展。研究热点和技术前沿包括柔性晶体管、光子晶体、SiC、GaN、ZnSe等宽禁带半导体材料为代表的第三代半导体材料、有机显示材料以及各种纳米电子材料等。

绝缘材料早期主要作为电子管材料、封装材料、电容器材料、电阻器基体，对材料的要求不是很高。目前绝缘材料的新用途是用作电子器件的基片材料（或称衬底材料），对材料的要求很高。高导热性SiC因添加微量BeO［0.1%～3.5%（重量）］而兼具高导热性和高电绝缘性，成为Al_2O_3的升级换代产品。AlN由于添加了氧化钇等组分，同时又改进了烧结方法，明显地提高了各项性能指标，所以应用价值有了很大提高。随着大规模集成电路集成度的增高而发热量增大，对绝缘材料的性能要求也更严格，不仅要求基片具有高散热性，而且要求基片与元件的热膨胀率一致等，甚至成为继续提高集成度的关键。

随着电子信息技术的迅速发展，对信息记忆、存储、记录的信息存储材料的要求相应提高。以与计算机配套的信息存储问题来说，计算机的存储系统，需要性能越来越高的新器件和新材料。从目前来看，现在仍以磁记录为主，但是，磁记录器件正在朝着高记录密度、小型化、数字化的方向发展，其中磁粉是关键基础。γ-Fe_2O_3 磁粉是目前用量最大的磁粉，其价廉、稳定性好。二氧化铬（CrO_2）磁粉是一种高质量的磁粉。纯铁及其合金（Fe-Co，Fe-Ni 等）磁粉等金属磁粉产量在逐年增加。钡铁氧体（$BaO \cdot 6Fe_2O_3$）磁粉记录性能比纵向记录高得多。其他还有性能优异的、用于特殊场合的氮化铁（Fe_4N）磁粉等。除了磁记录外还有半导体存储器，半导体存储器以其自身速度快、体积小、耐用等优势近些年受到广泛关注，其发展速度十分迅捷。当然，半导体存储器也有其自身的不足，如价格相对昂贵、容量不大等。解决这些不足也是半导体存储器研究的主要攻坚方向。

敏感材料是指能将各种物理的或化学的非电参量转换成电参量的功能材料。用敏感材料制成的传感器具有信息感受、交换和传递的功能，可分别应用于热敏、气敏、湿敏、压敏、声敏以及色敏等不同领域。敏感材料是当前最活跃的无机功能材料，对各种传感器的开发应用具有重要意义，与遥感技术、自动控制技术、化工检测、防爆、防火、防毒、防止缺氧以及家庭生活现代化等都有直接的关系。

压电材料自从 $PbTiO_3$-$PbZrO_3$（PZT）系陶瓷压电体发现以来，发展极为迅速，在超声、水声、电声、电光、通信等许多方面应用很广。压电材料主要分为两大类型：一类是用人工培育的方法生长出来的压电单晶体，如水晶、铌酸锂、锗酸锂、镓酸锂、锗酸铋等；另一类是人工方法研制成的具有压电性能的陶瓷材料，也称压电陶瓷，品种很多，如钛酸钡、锆钛酸铅、铌酸盐三大系列。压电体材料还可以转变成光学功能材料。

二、新能源材料

新能源和再生清洁能源技术是 21 世纪世界经济发展中最具有决定性影响的技术领域之一，新能源包括太阳能、生物质能、核能、风能、地热、海洋能等一次能源以及二次能源中的氢能等。新能源材料则是指实现新能源的转化和利用以及发展新能源技术中所要用到的关键材料，包括能源新材料、节能新材料、储能新材料等。如包括储氢电极合金材料为代表的镍氢电池材料、嵌锂碳、嵌锂钛负极和镍钴锰酸锂三元材料正极为代表的锂离子电池材料、燃料电池材料、Si 半导体材料为代表的太阳能电池材料以及铀、氘、氚为代表的反应堆核能材料等。当前的研究热点和技术前沿包括高能储氢材料、聚合物电池材料、中温固体氧化物燃料电池电解质材料、多晶薄膜太阳能电池材料等。

新能源材料的利用包括快中子增殖堆，燃煤磁流体发电，受控热核聚变堆，太阳能的利用，风能、潮汐、地热和海水温差能源的利用等。

节能新材料多种多样，如保温材料、建筑材料等不胜枚举，如金属玻璃、超导材料、高性能磁性材料、分离膜等。

储能新材料与燃料电池，如高密度蓄电池、储氢材料、燃料电池等。

三、环境材料

20 世纪 90 年代初，针对人类社会经济活动日益受到资源环境的严重制约，日本的山本良一教授首次提出了环境材料的概念，受到世界各国材料工作者的积极响应。环境材料是指对资源和能源消耗最少、生态环境影响最小、再生循环利用率最高或可分解使用的性能优异的新型材料。环境材料应该具备三种特性：一是在今后开发新材料时，必须考虑到其优异的使用性能，这是与传统材料相一致的地方，称之为材料的先进性；二是在材料的生产环节中资源和能源的消耗少，工艺流程中有害物排放少，废弃后易于再生循环，即材料在制备、流通、使用和废弃的全过程中必须保持与地球生态环境的协调性；三是材料的感官性质，要求对材料的感觉舒服，用户乐于采用，这是材料的一种新性能，称之为舒适性。与环境材料相关的另一个概念是环境协调型产品，是指在整个使用周期中，对环境带来负荷小、枯竭性资源再生循环利用率高、易拆卸或易分解的产品。环境材料的研究包括生态建材、固沙植被材料、生物环境材料、环境协调性工艺等。开发环境相容性的新材料及其制品，并对现有材料进行环境协调性改进，是环境材料研究的主要内容。目前研究开发的重点有微生物材料、石墨材料、绿色建材、沸石材料、云母珠光颜料和环境友好生物基材等。

天然材料开发从生态观点来看，加工的能耗低，可再生循环利用，易于处理，对天然材料进行高附加值开发，所得材料具有先进的环境协调性能并具有优良的使用性能。如将热塑性塑料如 LDPE 等和木材纤维、木屑等共混，利用传统的注射成型法得到的多孔性人工木材（PEW）、木材陶瓷化、可回收的金属材料等。

四、高性能结构材料

结构材料指以力学性能为主的工程材料，它是国民经济中应用最为广泛的材料，从日用品、建筑到汽车、飞机、卫星和火箭等，均以某种形式的结构框架获得其外形、大小和强度。钢铁、有色金属等传统材料都属于此类。高性能结构材料一般指高比强度、高比刚度、耐高温、耐腐蚀、抗磨损性能，并适应特殊环境要求的结构材料，包括新型金属材料、高性能结构陶瓷材料和高分子材料等。对动力机械来说，工作温度愈高，比强度和比刚度愈高，效率也愈高。资料表明，飞机及航空发动机性能的改进，分别为 2/3 和 1/2，是靠材料性能提高。汽车节油有 37％靠材料的轻量化，40％靠发动机的改进，而绝热发动机（不需水冷），主要靠材料性能的提高。当前的研究热点包括高温合金、新型铝合金和镁合金、高温结构陶瓷材料和高分子合金等。

新型陶瓷或称精细陶瓷是 20 世纪 50 年代发展起来的一类新型材料，是仅次于金属和塑料的第三类材料。它区别于以天然原料烧结的传统陶瓷，是用精制的高纯天然原料或人工合成高纯化合物原料，通过精密控制的制造加工工艺烧结，制得的结构精细、具有各种优良性能的陶瓷材料。

精细陶瓷的品种已经很多。按组成可分为氧化物系和非氧化物系；按结晶形态可分为单晶、多晶、非晶；按形状可分为粉体、纤维、晶须、烧结体等；按功能可分为热功能、力学功能、化学功能、电磁功能、光功能等；按特性且结合用途可分为电子陶瓷、工程陶瓷、生物陶瓷三类。不论是结构陶瓷还是功能陶瓷的性质，都是由它们的化学组成和材料内部的微结构所决定的。原料的不同性状和制造工艺的差别，都会得到不同的陶瓷性能。例如，化学组成同是 Al_2O_3 的烧结体，多孔质的隔热耐火砖强度仅为15MPa，切削工具用的硬质陶瓷则高达700MPa。以氮化硅为代表的工程陶瓷具有许多特殊性能，具有耐高温、高强度、高硬度、抗腐蚀等优良性能，完全适宜于机械工程、冶金、化工用的结构材料，以及其他特殊用途。

五、新型功能材料

新型功能材料是指新近发展起来和正在发展中的具有优异性能和特殊功能，对科学技术尤其是对高技术的发展及新产业的形成具有决定意义的新材料，是一大类具有特殊电、磁、光、声、热、力、化学以及生物功能的新型材料，是信息技术、生物技术、能源技术等高技术领域和国防建设的重要基础材料，同时也对改造某些传统产业，如农业、化工、建材等起着重要作用。功能材料种类繁多，用途广泛，正在形成一个规模宏大的高技术产业群，有着十分广阔的市场前景和极为重要的战略意义。广义的功能材料按使用性能分，可分为微电子材料、光电子材料、传感器材料、信息材料、生物医用材料、生态环境材料、能源材料和机敏（智能）材料。新型功能材料当前的研究热点包括：纳米功能材料、纳米晶稀土永磁和稀土储氢合金材料、大块非晶材料、高温超导材料、磁性形状记忆合金材料、功能陶瓷、磁性高分子材料、金刚石薄膜材料等。

以NbTi和 Nb_3Sn 为代表的实用超导材料已实现了商品化，在核磁共振人体成像（NMRI）、超导磁体及大型加速器磁体等多个领域获得了应用。在电子学领域，超导材料的应用以薄膜形态为主，产品主要包括超导量子干涉仪（SQUID）、超导滤波器等，SQUID作为超导体弱电应用的典范已在微弱电磁信号测量方面起到了重要作用，其灵敏度是其他任何非超导的装置无法达到的。高温氧化物超导体的出现，突破了温度壁垒，把超导应用温度从液氦（4.2K）提高到液氮（77K）温区。另外，高温超导体都具有相当高的上临界场，能够用来产生20T以上的强磁场，这正好克服了常规低温超导材料的不足之处。高温氧化物超导体是非常复杂的多元体系，在研究过程中遇到了涉及多个领域的重要问题，这些领域包括凝聚态物理、晶体化学、工艺技术及微结构分析等。一些材料科学研究领域最新的技术和手段，如非晶技术、纳米粉技术、磁光技术、隧道显微技术及场离子显微技术等都被用来研究高温超导体，其中许多研究工作都涉及材料科学的前沿问题。高温超导材料的研究工作已在单晶、薄膜、体材料、线材和应用等方面取得了重要进展。目前各国研究人员研发和生产的重点是YBCO超导材料（也可称为第二代高温超导材料），并认为其是未来超导材料发展的主要方向。

二维码 7-4
微信扫码，看相关视频

作为高技术重要组成部分的生物医用材料已进入一个快速发展的新阶段，其市场销售额正以每年16%的速度递增，预计20年内，生物医用材料所占的份额将赶上药物市场，成为一个支柱产业。生物活性陶瓷已成为医用生物陶瓷的主要方向，生物降解高分子材料是医用高分子材料的重要方向，医用复合生物材料的研究重点是强韧化生物复合材料和功能性生物复合材料，带有治疗功能的 HA 生物复合材料的研究也十分活跃。

智能材料是继天然材料、合成高分子材料、人工设计材料之后的第四代材料，是现代高技术新材料发展的重要方向之一，将支撑未来高技术的发展，使传统意义下的功能材料和结构材料之间的界线逐渐消失，实现结构功能化、功能多样化。如英国宇航公司将导线传感器用于测试飞机蒙皮上的应变与温度情况；在压电材料、磁致伸缩材料、导电高分子材料、电流变液和磁流变液等智能材料驱动组件材料在航空上的应用已取得大量创新成果。

六、生物医用材料

生物医用材料又称生物材料，指用于生理系统疾病的诊断、治疗、修复或替换生物体组织或器官，增进或恢复其功能的材料。在生理环境约束下行使功能是生物材料最主要的基本特征，生物功能性和生物相容性是生物材料必须满足的基本要求。生物功能性是指生物材料具有在其植入位置上行使功能所要求的物理和化学性质；生物相容性则是一种生物材料在特殊应用中和宿主反应起作用的能力。生物材料可分为：① 医用金属和合金。主要用于承力的骨、关节和牙等硬组织的修复和替换。不锈钢、钴基合金、钛及钛合金是目前医用合金的三大支柱，Ni-Ti 形状记忆合金已进入医用，还有钽、铌和贵金属等。② 医用高分子生物材料，包括合成和天然高分子。近年来，生物降解高分子材料得到重视。③ 医用生物陶瓷。有惰性生物陶瓷和活性生物陶瓷（羟基磷灰石陶瓷、可吸收磷酸三钙陶瓷等）。④ 医用生物复合材料。如羟基磷灰石涂复钛合金，碳纤维或生物活性玻璃纤维增强聚乳酸等高分子材料。⑤ 生物衍生材料。这类材料是将活性的生物体组织，包括自体和异体组织，经处理改性而获得的无活性的生物材料。

现代生物材料的发展不仅强调材料自身理化性能和生物安全性、可靠性的改善，而且更强调赋予其生物结构和生物功能，以使其在体内调动并发挥机体自我修复和完善的能力，重建或康复受损的人体组织或器官。目前研究开发的重点在于：组织工程材料、生物医用纳米材料、血液净化材料、复合生物材料、材料表面改性、生物材料的生理活化、仿生材料研究等。

七、新材料产业

新材料是指新出现或正在发展中的、具有传统材料所不具有的优异性能的材料。它主要包括电子信息、光电、超导材料，生物功能材料，能源材料和生态环境材料，高性能陶瓷材料及新型工程塑料，粉体、纳米、微孔材料和高纯金属及高纯材料，表面技术与涂层和薄膜材料，复合材料，智能材料，增材制造材料（3D 打印材料），新结构功能助剂材料，优异性能的新型结构材料等。新材料产业包括新材料及其相关产品和技术装备。与传统材料相比，新材料产业技术高度密集、更新换代快、研究与开发投入高、保密性强、产品的附加值高、生产与市场具有强烈的国际性、产品的质量与特定性能在市场中具有决定作用。新材料的应用范围非常广泛，发展前景十分广阔，其研发水平及产业化规模已成为衡量一个国家经济发展、科技进步和国防实力的重要标志。综观全世界，新材料产业已经渗透到国民经济、国防建设和社会生活的各个领域，支撑着一大批高新技术产业的发展，对国民经济的发展具有举足轻重的作用，成为各个国家抢占未来经济发展制高点的重要领域。

新材料产业的应用领域宽广，知识与技术密集度高，高投资、高风险、高收益，与其他产业的关联度高。

第四节　新能源技术

能源指产生各种能量的物质资源。能量形式有机械能（风能、水能等）、电磁能、热能、化学能、原子能、光能。能源种类按生成方式分为天然能源和人工能源；按原始来源分为地内能源和地外能源以及相互作用能源；按对能源的认识过程分为常规能源和新能源。天然能源即一次能源，又分为再生和非再生能源。再生能源有太阳能、风能、水能、海洋能、生物质能等。非再生能源有石油、天然气、原煤、核燃料等。常规能源指已被广泛利用的能源，如煤、石油、水力、电能。新能源主要是指原子能、太阳能（对发展中国家而言）、雷电能、宇宙射线能、火山能、地震能等。

19 世纪 70 年代的产业革命以来，化石燃料的消费急剧增大，核能、水力、地热等其他形式的能源逐渐被开发和利用。但是，到目前人类使用的能源最主要还是非再生能源，如石油、天然气、煤炭和裂变核燃料约占能源总消费量的 80%，再生能源如水力、植物燃料等只占 20%左右。

一、核能技术

核能的利用分两大类即核裂变和核聚变。它们都能放出巨大能量。以相同质量的反应物的释能大小做比较，核裂变能和核聚变能分别是化学能的 250 万倍和 1000 万倍，1 千克铀 235 相当于 2500 吨煤，1 千克氘相当于 1 万吨煤。

核裂变能指较重的原子核如铀核、钚核再分裂成较轻原子核的过程。核电站和原子弹是核裂变能的两大应用，二者机制上的差异主要在于链式反应速度是否受到控制。核电站的关键设备是核反应堆，受控的链式反应就在这里进行。核反应堆有多种类型，按引起裂变的中子能量可分为热中子堆和快中子堆。热中子的能量在 0.1eV（电子伏特）左右，快中子的能量平均在 2eV 左右。目前大量运行的是热中子堆，其中需要有慢化剂，通过它的原子与中子碰撞，将快中子慢化为热中子。慢化剂目前用的是水、重水或石墨。堆内还有载出热量的冷却剂，目前冷却剂有水、重水和氦等。根据慢化剂和冷却剂及燃料不同，热中子堆可分为轻水堆、重水堆和石墨水冷堆；轻水堆又分压水堆和沸水堆。

压水堆电站以低浓铀作燃料，以在一回路中流动的高压不沸腾水作冷却剂兼慢化剂。在压水堆中，核燃料被制成燃料棒，集束组合成燃料元件，紧密排列成堆芯。运行时，裂变放出的中子飞入慢化剂（水）减速为热中子，再飞回核燃料内引起裂变。冷却剂（水）吸收核裂变释放的能量，沿一回路流出堆外，在蒸汽发生器中把能量传给二回路水，使其变成高温、高压蒸汽，推动汽轮发电机发电。反应速度由控制棒控制，它由能强烈吸收中子的材料如镉和硼做成，通过调节控制棒插入堆芯的深度实施控制。

热中子反应堆是一种安全、清洁的经济能源，在目前以及今后一段时间内它将是发展核电的主要堆型。

然而，热中子反应堆所利用的燃料铀 235，在自然界存在的铀中只占 0.7%，而占天然铀 99.3%的另一种同位素铀 238 却不能在热中子的作用下发生裂变，不能被热中子堆所利用。自然界中的铀储量是有限的，如果只能利用铀 235，再有 30 年同样会面临铀 235 匮缺的危险。因此人们把取得丰富核能的长远希望，寄托在能够利用铀 235 以外的可裂变燃料上。于是，快中子增殖反应堆便应运而生。

如果核裂变时产生的快中子，不像轻水堆时那样予以减速，当它轰击铀 238 时，铀 238 便会以一定比例吸收这种快中子，变为钚 239。铀 235 通过吸收一个速度较慢的热中子发生裂变，而钚 239 可以吸收一个快中子而裂变。钚 239 是比铀 235 更好的核燃料。由铀 238 先变为钚，再由钚进行裂变，裂变释出的能量变成热，运到外部后加以利用，这便是快中子增殖堆的工作过程。

在快中子增殖堆内，每个铀 235 核裂变所产生的快中子，可以使 12 至 16 个铀 238 变成钚 239。尽管它一边在消耗核燃料钚 239，但一边又在产生核燃料钚 239，生产的比消耗的还要多，具有核燃料的增殖作用，所以这种反应堆也就被称为快中子增殖堆，简称快堆。

快堆使用直径约 1 米的由核燃料组成的堆芯，铀 238 包围着堆芯的四周，构成增殖层，铀 238 转变成钚 239 的过程主要在增殖层中进行。堆芯和增殖层都浸泡在液态的金属钠中。因为快堆中核裂变反应十分剧烈，必须使用导热能力很强的液体把堆芯产生的大量热带走，同时这种热也用作发电的能源。钠导热性好而且不容易减慢中子速度，不会妨碍快堆中链式反应的进行，所以是理想的冷却液体。反应堆中使用吸收中子能力很强的控制棒，靠它插入堆芯的程度改变堆内中子数量，以调节反应堆的功率。为了使放射性的堆芯同发电部分隔离开，钠冷却系统也分一次回路和二次回路。一次回路直接同堆芯接触，通过热交换器把热传给二次回路。二次回路的钠用以使锅炉加热，产生 483℃左右的蒸汽，用以驱动汽轮机发电。快中子增殖堆几乎可以百分之百地利用铀资源，所以各国都在积极开发，现在全世界已有几十座中小型快堆在运行。

此外，热中子增殖堆能把钍 232 转变成为铀 233 这样一种自然界不存在的新裂变燃料。原子能发电的能量密度大，燃料用量少，发电综合成本低，正常运行时对环境的污染远比火力发电对环境的污染小，是一种较成熟的强大的新能源，由于采取多重保护、多道屏障、纵深设防的设计原则，核电站一般不会发生事故，特别是发生严重事故的可能性极小。

二、可再生能源技术

全球再生能源可转换成为二次能源的储能为 185.55 亿吨标准煤，约为目前全球化石燃料消耗量的 2 倍。但是，除水能基本得到充分利用外（发达国家利用率高达 70%～90%，中国约为 30%），很多再生能源有待开发，其中特别是太阳能、地热能、氢能、生物能、水能、风能等的开发。

微信扫码，看相关视频

资料显示，太阳每分钟射向地球的能量相当于人类一年所耗用的能量。目前太阳能利用转化率为10%～12%。据推算，到2020年全世界能源消费总量大约需要25万亿立升原油，如果用太阳能替代，只需要约97万平方千米的一块吸太阳能的“光板”就可实现。太阳能的转换和利用方式有光—热转换、光—电转换和光—化转换。

利用太阳能的最佳方式是光伏转换，就是利用光伏效应，使太阳光射到硅材料上产生电流直接发电。发达国家正在把太阳能的开发利用作为能源革命主要内容长期规划，而光伏产业正日益成为国际上继IT、微电子产业之后又一爆炸式发展的行业。欧盟是世界上光伏发电量最大的地区，占全球光伏发电量的80%。除了欧盟，日本也是光伏产业的领跑者之一，美国也正在大力发展光伏产业。我国光伏产业虽起步较晚，但发展快速，已形成较为完整的光伏制造产业体系。

地球是一个大热库，按目前钻井技术可钻到地下10千米的深度，估计地热能资源总量相当于世界年能源消费量的400多万倍。地热能约为全球煤热能的1.7亿倍。地热资源有两种：一种是地下蒸汽或地热水（温泉），这种电能已占总发电量的0.3%；另一种是地下干热岩体的热能。地热发电是利用地下热水和蒸汽为动力源的一种新型发电技术。其基本原理与火力发电类似，也是根据能量转换原理，首先把地热能转换为机械能，再把机械能转换为电能。地热发电系统主要有四种：地热蒸汽发电系统、双循环发电系统、全流发电系统和干热岩发电系统。

以氢为能源的燃料电池有希望解决我们所面临的几乎每一个能源问题。它的基本原理是利用氢气和氧气产生化学反应产生电能。这一反应的唯一产物是水，因此具有能量效率高、洁净、无污染、噪音低的特点，而且在使用上既可集中供电，也适合分散供电。氢的一个主要来源是立即可以获得的天然气即甲烷，它已经被普遍加工成氢，用以制造塑料、“加氢”植物油以及其他一些产品。

据科学家们估计，全世界每年通过光合作用固化的太阳能，陆地为1.917×10^{21}J，海洋为9.21×10^{20}J。相当于全世界能量年耗量的10倍。一个360万平方千米的陆地表面，假定太阳能转化率为1%，从理论上讲，生产的生物质就足以解决全世界的能源需求了。现在全球生物质存有量为1841×10^{9}吨干物质，其中森林生物质就有1650×10^{9}吨，占89.6%。

许多国家都优先开发水电，法国、日本、意大利水能资源开发程度超过90%，美国、加拿大、挪威、瑞士、瑞典、英国等也达到了60%～80%。而我国已利用的还不到可利用资源的30%。水力发电技术是利用水体不同部位的势能之差，它跟落差和流量的乘积成正比。我国有丰富的水力资源，长江三峡水利工程具有防洪、发电、航运、环保等巨大综合利用效益，为世界最大的水电站。

有2%的太阳能变成了风能。全世界一年所耗的能量不及风力1年内提供的1/100。目前，风能所能提供的电量仅占全球总发电量的1%左右。目前主要有两种利用方式：一是采用风力机械设备，把风能转变成机械能，直接为人们所利用。二是采用风力发电设备，把风能转变为机械能，然后再将机械能转变成电能，这就是风力发电。发展风力发电，储能是关键，因为风是间歇性的。另外，巨大的风车，很容易产生破坏性振动，用近年来新崛起的非金属复合材料，可解决桨叶问题。我国的风力资源十分丰富，居世界第一位。

三、节能新技术

节能是指提高能源效率，它包括两个方面：一是提高能源利用效率；二是减少能源消耗。节能已经成为衡量一个国家能源利用好坏的一项综合性指标，也是一个国家科学技术水平高低的重要标志，同时又是解决一个国家能源问题的可靠途径。

经过近些年的努力，节能技术已取得有效的成果，创造了多种节能技术，其中包括：使用新型高技术装备改进能源消耗方式；降低生产过程的能耗，回收生产过程各阶段所释放的热能；开发多种高效实用的新型能源转换形式，以适应高技术发展的需求；采用能效高的新生产程序，尽可能使用耗能低的材料和产品等。

1873 年，世界上第一辆电动汽车在英国诞生，之后，又得到了一定的发展。但是一方面由于内燃机和燃料性能的不断改进，另一方面电动汽车的蓄电池技术一直发展缓慢，致使这种汽车很快被淘汰。20 世纪中叶以来，随着内燃汽车污染环境、消耗能源多等弱点的日益暴露和世界性的矿物能源危机的威胁，电动交通工具具有的节约能源、无污染排放、行驶噪音小、使用方便等优点，又重新引起了人们注意，特别是蓄电高技术的日趋成熟，电动汽车将再次成为汽车工业的发展重点而重新崛起。

火力发电的重要能源是煤和油。要节能就要解决节约燃料的问题。人们利用水煤混合技术已制成高浓度代油燃料水煤浆，其节省煤炭、提高热值的效果很好，已应用于火力发电和工业锅炉。

现代热电联产技术泛指任何两种或两种以上能源物质同时生产的能源新技术，如同时生产热水、蒸汽、冷气、电能、机械能、空调能源等。这种技术是将发电站、配电站、热交换器紧密结合在一起，充分循环使用回收的热水，使能源利用率提高 15%～30%。这种联产技术具有节能、高效、灵活、便利等优点。目前，现代联产技术几乎已在全世界所有工业发达国家不同程度地推广起来，收到了很好的效果。

四、新能源产业

能源市场的需求永远不存在满足。在传统能源日益紧缺，价格不断飙升以及对环境的污染日益严重的情况下，新能源作为一种环保的替代能源渐渐显示出巨大的市场潜力与商机。经过国际科学界几十年的研究与探索，生物柴油、太阳能、风能等制造技术已经成熟。开发新能源和可再生能源是 21 世纪世界经济发展中最具决定性影响的技术之一，开发利用新能源是世界各国政府可持续发展的能源战略决策。人类最终将依靠新能源产业的发展才能解决全球的能源危机和环境污染问题，实现可持续发展。目前，利用较为广泛的新能源有太阳能、风能、生物质能、氢能等。我国于 2017 年 5 月在海南北部海域进行的可燃冰试采获得成功，同年 11 月 3 日国务院正式批准将天然气水合物（可燃冰）列为新矿种。

1998 年公布的欧盟能源战略白皮书宣布，到 2050 年可再生能源在欧盟成员国能源供应结构中将达到 50%。美国和日本也宣布 21 世纪能源的增长主要考虑清洁的可再生能源。实际上，在 20 世纪末的 90 年代，全世界煤炭、火力发电的增长几乎为零，水力发电、核电的发展速度也不到两位数，而风力发电的发展速度为 30%左右，太阳能发电在过去 15 年平均年增长为 15％，到 90 年代末期以 30％以上的速度增长。

目前，大型跨国公司纷纷看好新能源产业。如石油企业壳牌公司坚信再生能源的发展潜力可观，不遗余力投资太阳能、风力及水力发电等，并于 2000 年参与英国首个离岸风力投资项目。福特、丰田等汽车公司正在斥巨资研究开发燃料电池汽车，并已陆续登陆市场。日本三洋将投资 10 亿日元，大规模生产声称是“最有效率”的太阳能板。

第五节　海 洋 技 术

陆地面积仅占地球总面积的 29％，而海洋则占到 71％。海洋是生命的摇篮，这不仅是说地球上最早的生物出现在海洋，而且指目前地球上 80％的生物资源在海洋中。世界渔场大多分布在大陆架。广阔无垠的海洋是自然界赐予人类的一个巨大的资源宝库，海底蕴藏有巨量的多金属结核，海底磷矿、硫化矿、砂矿亦很丰富，海洋的潮汐能、海浪能、海流能、海水热能等可再生能源储量极为丰富。由于海洋具有地球上最雄厚的资源，是一个新兴的、具有战略意义的开发领域。因此，在当今世界范围内出现食物、能源、物质资源短缺的情况下，各国都把希望寄托在海洋开发上。海洋开发在人类生活中的地位和作用，越来越受到重视。人类开发海洋的活动已从海面、海底、海空全面展开，进入了一个综合、立体开发利用海洋的新时代。

一、海洋技术概述

海洋技术是一门以海洋开发为核心的工程技术，包括海洋资源开发技术和装备设施技术两方面。海洋技术是当代新兴的科学技术之一，也是一个涉及许多门类的综合性学科。

现代海洋技术是 20 世纪 50 年代后，围绕着海洋探测技术和海洋资源开发技术两个方面的变革发展起来的。

传统的海洋调查一般是单船进行的小范围的海洋考察，技术水平较低。现代海洋调查一般是多国家、多船只、多项目的立体调查，即建立从空中到海下，从沿岸到大洋的调查体系，以获取全球性多方面的海洋资料。

20 世纪 60 年代深海深潜器和 70 年代资源卫星的应用，标志着现代海洋调查进入了立体调查的新阶段。而后，随着现代新的科学技术革命的兴起，调查技术和手段得到更大的提高，广泛地应用海底探测新技术，如回声探测、红外照相、立体摄影、海底电视等，并正逐步地向自动化、电子化、数字化、综合化方向发展。特别是计算机应用于海洋调查和资料整理后，效率大大提高，往往在调查船完成任务的返航途中，就已经把资料整理出来了。

大型海洋考察船的建造是海洋调查手段的又一重大发展。1964 年，美国几个主要研究海洋的科学机构，共同组成了“地球深部取样联合海洋研究机构”，提出了“深海钻探计划”，其目的是揭示海洋沉积物的性质及其形成的历史，探讨海底构造的演化过程。为此，建造了一艘大型的设备先进的考察船——“环球挑战者”号，并于 1968 年 8 月正式投入使用。该船前后航行了 25 万海里，遍及世界各大洋，共钻井 429 处，海底钻探总长 19 万米，获取了大量的大洋沉积层和岩石样品，此外还进行了回声测深、地震勘探、海底红外照相、古地磁、海底岩石绝对年龄测定等方面的工作，取得了一系列重大成果。目前，海洋调查活动已经遍及包括两极在内的世界各大洋。

海洋调查方法和手段的发展，为大规模开发利用海洋创造了条件。20 世纪 60 年代，海洋的开发利用进入了一个崭新的时代。不仅以海洋运输业、海洋捕捞业为主的传统的海洋产业迅速发展，而且新兴的海洋产业，如海水养殖业、海洋矿业开发、海洋化学资源的开发、海洋能发电、海水淡化工程以及海洋水下工程的开发利用等也迅速地建立起来，其中以海洋油气产业的发展最快。

目前，现代海洋工程已经使用了世界上最先进的技术，包括卫星导航和定位技术、遥感技术、通信技术、电子技术、水声技术、生物工程技术、造船技术、深潜技术、打捞技术等。这些先进技术的使用，使传统海洋开发走上高技术发展轨道，同时出现了许多高新技术领域，使海洋开发向全面利用及纵深方面发展。

二、海洋探测技术

人类用科学方法进行海洋科学考察已有 100 余年的历史，而大规模、系统地对世界海洋进行考察则仅有 30 年左右。现代海洋探测着重于海洋资源的应用和开发，探测石油资源的储量、分布和利用前景，监测海洋环境的变化过程及其规律。在海洋探测技术中，包括在海洋表面进行调查的科学考察船、自动浮标站，在水下进行探测的各种潜水器，以及在空中进行监测的飞机、卫星等。

1. 科学考察船

建造专用科学考察船始于 1872 年的英国“挑战者”号。1888 年—1920 年，美国的“信天翁”号探测船探测东太平洋。1927 年德国的“流星”号探测船首次使用电子探测仪测量海洋深度，校正了“挑战者”号绘制的不够准确的海底地形图。日本海洋科学技术中心最近宣布，它们研制的无人驾驶深海巡航探测器“浦岛”号，在 3000 米的深海中行驶。

中国最大的极地考察船——“雪龙”号，从 1994 年首次执行科学考察任务至今，已先后 21 次赴南极、9 次赴北极执行考察任务，足迹遍布五大洋。2014 年 3 月 6 日，“雪龙”号完成中国第 30 次南极科学考察后顺利返航，并建立了我国第四个科学考察站——泰山站。2018 年 11 月 2 日，“雪龙”号带着建设我国第一个南极永久机场，以及完成泰山站二期的重大任务第 21 次出征南极，本次任务途中虽与冰山相撞，但它依旧载着中国第 35 次南极科考队员顺利完成任务并平安返航。

二维码 7-6
微信扫码，看相关视频

海洋科学考察船担负着调查海洋、研究海洋的责任，是利用和开发海洋资源的先锋。它调查的主要内容有海面与高空气象、海洋水深与地貌、地球磁场、海流与潮汐、海水物理性质与海底矿物资源（石油、天然气、矿藏等）、海水的化学成分、生物资源（水产品等）、海底地震等。其中极地考察和大洋调查等活动，为世界各国科学家所瞩目。大型海洋调查船可对全球海洋进行综合调查，它的稳性性和适航性能好，能够经受住大风大浪的袭击。船上的机电设备、导航设备、通信系统等十分先进，燃料及各种生活用品的装载量大，能够长时间坚持在海上进行调查研究。同时，这类船还具有优良的操纵性能和定位性能，以适应各种海洋调查作业的需要。

2. 海洋卫星

卫星技术在海洋开发中的应用十分广泛。海洋卫星在几百千米高空能对海洋里许多现象进行观测。利用遥感技术就可以帮助我们测量海面的温度及其特征，测量海浪的高度。

目前，海洋地质调查和技术手段主要有：利用人造卫星导航和全球定位系统(GPS)，以及无线电导航系统来确定调查船或观测点在海上的位置；利用回声测深仪，多波束回声测深仪及旁测声呐测量水深和探测海底地形地貌；用拖网、抓斗、箱式采样器、自返式抓斗、柱状采样器和钻探等手段采集海底沉积物、岩石和锰结核等样品；用浅地层剖面仪测海底未固结浅地层的分布、厚度和结构特征。用地震、重力、磁力及地热等地球物理办法，探测海底各种地球物理场特征、地质构造和矿产资源。

自美国 1978 年 6 月发射世界第一颗海洋卫星 Seasat-A 以后，苏联、日本、法国和欧洲空间局等相继发射了一系列大型海洋卫星。此类卫星一般都搭载有光学遥感器（如水色扫描仪、主动区微波遥感器、散射计等）和被动式微波遥感器等多种海洋遥感有效载荷，可提供全天时、全天候的海洋实时资料。

3. 潜水器

即使是核潜艇，一般也只能在 300 米～400 米的海洋深处活动，面对占地表 77%以上面积的深于 3000 米的海洋，潜水器为人类了解深海立下了汗马功劳。1953 年，法国人奥古斯特·皮卡德设计建成“的里雅斯特”号自航式潜水器，1960 年 1 月 23 日闯荡万米深渊——马里亚纳海沟，创下了下潜 10916 米的世界纪录（图 7-2）。现在，人们热衷于把深潜器作科学研究和海洋开发的工具，因而，深潜器的商业和科学应用掀起了一个高潮。

图 7-2　“的里雅斯特”号自航式潜水器

潜水器既是深海探测的工具，又是进行水下工程的重要设备。潜水器可分为载人潜水器和无人潜水器。上海交通大学和水下工程研究所研制的“6000 米海底施曳观察系统”是一种无人驾驶的深潜器，1998 年赴太平洋进行深海多金属结核勘察工作，立下了赫赫战功。

2012 年 6 月 30 日，中国“蛟龙”号载人潜水器结束了 7000 米级海试最后一次下潜试验并返回母船。至此，“蛟龙”号已完成全部海试实验任务，并已成功执行多次深海作业任务。

二维码 7-7

微信扫码，看相关视频

三、海洋资源开发

1. 海洋石油和天然气开发

据 1995 年的估计，世界近海已探明的石油资源储量为 379 亿吨，天然气的储量为 39 万亿立方米。据不完全统计，海底蕴藏的油气资源储量约占全球油气储量的 1/3，世界海洋石油的绝大部分存在于大陆架上。据测算，全世界大陆架面积约为 3000 万平方千米，占世界海洋面积的 8%。法国石油研究机构的一项估计是：全球石油资源的极限储量为 10000 亿吨，可采储量为 3000 亿吨，其中海洋石油储量约占 45%，即可采储量为 1350 亿吨。

在海洋中进行石油和天然气的勘探开采工作要比陆地上困难得多。必须具备一些与陆地不同的特殊技术，如平台技术、钻井技术和油气输送技术等。工作平台有固定式平台和移动式钻井平台。移动式海洋钻井设备包括：座底式平台、自升式平台、半潜式平台和钻井船。其中半潜式平台是目前适合于较深水域作业的先进平台，它既能克服钻井船的不稳定性，又能在较深水域中作业。

2. 海洋生物资源开发

海洋水产生产农牧化、蓝色革命计划和海水农业构成未来海洋农业发展的主要方向。

海洋水产生产农牧化是通过人为干涉，改造海洋环境，以创造经济生物生长发育所需的良好环境条件，同时也对生物本身进行必要的改造，以提高它们的质量和产量。具体就是建立育苗厂、养殖场、增殖站，进行人工育苗、养殖、增殖和放流，使海洋成为鱼、虾、贝、藻的农牧场。中国目前已是世界第一海水养殖大国。

蓝色革命计划是着眼于大洋深处海水的利用。在大洋深处，深层水温只有 8℃～9℃，氮和磷分别是表层海水含量的 200 倍和 15 倍，极富营养。将深层水抽上来，遇到充足的阳光，就会形成一个产量倍增的新的人工生态系统。温差可以用来发电或直接用于农业生产。美国和日本已经在进行这种人工上升流试验，认为将引发一场海水养殖的革命，所以称为蓝色革命。

海水农业是指直接用海水灌溉农作物，开发沿岸带的盐碱地、沙漠和荒地。蓝色革命计划是把海水养殖业由近海向大洋扩展。海水农业则是要迫使陆地植物“下海”，这是与以淡水和土壤为基础的陆地农业的根本区别。

3. 海水资源开发

海水直接利用的方面多，用水量大，在缓解沿海城市缺水中占有重要地位。如海水直流冷却技术，是目前工业应用的主流；还有海水循环冷却技术、海水冲洗等技术。与海水直接利用有关的重要技术还包括耐腐蚀材料、防腐涂层、阴极保护、防生物附着、防漏渗、杀菌、冷却塔技术等。综合开发海水技术发展很快，如提溴新技术、提铀技术；也包括直接从海水提取其他化学物质的研究和开发，以及水、电、热联产与海水综合利用的结合。

4. 海洋能源

海洋能包括温度差能、波浪能、潮汐与潮流能、海流能、盐度差能、岸外风能、海洋生物能和海洋地热能8种。这些能量是蕴藏于海上、海中、海底的可再生能源，蕴藏量巨大。此外，能够发生裂变反应的最佳物质是铀，能够发生聚变反应的最佳物质是氘。这两种物质的绝大部分赋存在海水里。海水提铀的方法很多，目前最为有效的是吸附法。重水是原子能反应堆的减速剂和传热介质，也是制造氢弹的原料，海水中含有 2×10^{14} 吨重水。

四、海洋技术产业

海洋产业是指从事各种海洋资源开发、利用和经营的事业。具体来讲，海洋产业包括直接从海洋获取产品的生产和服务，直接从海洋获取的产品的一次性加工生产和服务，直接应用于海洋和海洋开发活动的产品的生产和服务，利用海水或海洋空间作为生产过程的基本要素所进行的生产和服务，与海洋密切相关的海洋科学研究、教育、社会服务和管理。海洋产业的划分，可分为传统产业、新兴产业、高新技术产业，传统产业包括海洋捕捞业、海盐业、海洋运输业；新兴产业包括海洋油气业、海水增养殖业、海洋旅游业；高新技术产业包括深海矿业、海洋能源业、海水化工业、海洋生物技术、海洋信息业。也有按第一、第二、第三产业划分，海洋第一产业包括海洋渔业；海洋第二产业包括海洋油气业、海滨砂矿业、海洋盐业、海洋化工业、海洋生物医药业、海洋电力和海水利用业、海洋船舶工业、海洋工程建筑业等；海洋第三产业包括海洋交通运输业，滨海旅游业，海洋科学研究、教育、社会服务业等。在世界范围内已发展成熟的海洋产业有：海洋渔业、海水增养殖业、海水制盐及盐化工业、海洋石油工业、海洋娱乐和旅游业、海洋交通运输业和滨海砂矿开采业等。

传统海洋产业包括海洋捕捞业、海水制盐业和海洋运输业等。目前仍然是我国海洋开发的主要产业，我国海洋开发的产值，90%来自这几个产业。

一般认为新兴海洋产业包括海洋油气资源开发业、海水增养殖业、海洋娱乐和旅游业等。人类开发海底油气资源已有100多年的历史。但是，早期的海洋油气资源开发都是在沿岸浅海区，并采用建造人工岛屿等方式钻井，只有个别国家在少数海域作业。20世纪60年代以后，新的海洋油气资源勘探、开采、储运技术逐渐成熟，世界上有100多个国家进行海洋油气资源勘探，有30多个国家在海上开采石油，海洋油气资源开发已经成为收益最高的海洋产业。现代海洋油气资源开发是建立在高新技术基础之上的。虽然海水养殖业已有上千年的历史，但是现代海水增养殖业与传统海水养殖业已有很大区别，海水养殖业单纯指养殖，海水增养殖业把养殖和增殖结合起来，变成一个统一的概念；早期的养殖业是采集天然苗种，由人工护养，现代的增养殖业是利用遗传工程等各种新技术，通过人工培育苗种，利用现代科学技术防治病害等，完全是建立在高新技术基础之上的。海洋娱乐和旅游活动，虽不需要高新技术，但海洋娱乐和旅游确已成为规模巨大的无烟产业，营业收入数额也大得惊人。同时，海洋娱乐和旅游是现代经济发展的产物，所利用的资源，包括海滩、浴场、游钓场、水上运动场等，都可以划为海洋空间资源，利用这些资源的产业也可以称为海洋产业的一种，所以作为新兴产业来看待。

一般将深海矿业、海洋能源业、海水化工业、海洋生物技术、海洋信息业称为海洋高技术产业。海水被称为“液体矿”，可以多重目的地开发利用。包括沿海工业冷却用水和耐盐植物灌溉，这是海水利用的主要方面。海水淡化、苦咸水淡化和污水处理后重复利用，它们也可解决一部分水资源问题。海水中溶存着约 80 种化学元素，其中有许多种具有开发利用价值。除海水制盐之外，海水也可提溴、镁、钾、碘、铀、重水等。海洋能源通常是指海洋中蕴藏的可再生能源，包括潮汐能、波浪能、潮流能、海洋热能以及海洋盐度差能等。海洋能源巨大，可以再生，取之不尽，开发利用不污染环境，也不占用陆地面积，可以综合性地利用等，这些优点正是其他能源所望尘莫及的。在属于国际公海的深海区域，也有丰富的矿物资源，目前调查研究比较多的主要是多金属结核（又称为锰结核）、热液矿床、富钴结核等。

第六节　空 间 技 术

一、空间与空间技术

从历史上看，人类的活动范围经历了从陆地到海洋，从海洋到大气层，再从大气层到外层空间的逐步扩展过程。外层空间是地球稠密大气层之外的空间，简称空间或太空。如果说陆地是人类的第一环境，海洋是人类的第二环境，大气层是人类的第三环境，那么，外层空间就是人类的第四环境，外层空间也简称外太空。通常把离地球表面 100 千米～120 千米以上的区域称为外层空间或人类的第四环境。显而易见，这个第四环境可到达无穷远的宇宙深空，故而又称宇宙空间。在这个第四环境中，蕴藏着极其丰富的空间资源。仅就近地的外空领域来看，可利用的空间资源就有相对地面的高位置资源，微重力环境资源，高真空、高洁净环境资源，超低温资源，太阳能资源，月球及其行星资源等。

进入第四环境需要解决四个问题：克服地球甚至太阳系的万有引力，克服真空，适应剧烈变化的温度环境和防止有害辐射。20 世纪初，苏联科学家齐奥尔科夫斯基首先系统地提出利用液体火箭进行宇宙活动的理论。1957 年 10 月 4 日，人类发射第一颗人造地球卫星进入轨道，标志着航天工程从理论到应用的开端。此后，航天工程大致经历了四个发展阶段：第一阶段，1957 年—1960 年，初期试验阶段；第二阶段，1960 年—1964 年，实际应用试验阶段；第三阶段，1964 年—1979 年，载人飞行基本技术取得显著进步和迅速发展阶段；第四阶段，1980 年到现在，航天飞机阶段。

今后航天工程的发展主要是开发月球，月球蕴藏着丰富的资源，地球上已有的各种元素月球上都有；建立太空城，可以在地球和月球引力平衡的空间建造巨大的太空城；建立空间发电站，若用空间太阳能发电，可获得相当于目前世界发电总量5万倍以上的电力；建立空间工厂，利用外层空间特殊的环境和条件，如高真空、强辐射和航天器产生的零重力，加工生产某些性能优异的新材料、新产品；寻找地外文明。

空间技术又称航天技术，是探索、开发和利用太空以及地球以外天体的综合性工程技术。它是高度综合的技术。一般包括三大组成部分：航天器、运载器和地面测控系统。

航天器是飞向宇宙空间或在宇宙空间飞行的所有装置的统称，如运载火箭、人造卫星、航天飞机、空间站、空间探测器以及其他各类宇宙飞行器。其中有些利用非喷气推进原理，如太阳帆等。航天器一般分两类：① 近地轨道宇宙飞行器。它们在地球引力作用范围内，围绕地球作轨道运动，如人造地球卫星、近地轨道航天飞机等。② 行星际宇宙飞行器。它们飞出地球引力作用范围，进入太阳、其他行星或其天然卫星的引力范围。

运载器主要是把人造天体或宇宙飞船运送到预定轨道上去的火箭。通常为多级运载火箭。但现在已发展到航天飞机、空天飞机。运载火箭的外形像一支削过的铅笔，火箭整体由结构系统、动力系统和控制系统三部分组成。

地面测控系统在地面对航天器进行跟踪、遥控和保持通信联系。卫星在转移轨道上运行时，地面测控站要精确测量它的姿态和轨道参数，并随时调整它的姿态偏差。当卫星在预定的点火圈运行到远地点时，地面测控站发出指令，让卫星上的远地点发动机点火，使卫星提高飞行速度，并改变飞行方向，进入地球同步轨道。

二、运载火箭

使物体绕地球做圆周运动的速度被称为第一宇宙速度（7.9km/s）；摆脱地球引力束缚，飞离地球的速度称为第二宇宙速度（11.2km/s）；而摆脱太阳引力束缚，飞出太阳系的速度称为第三宇宙速度（16.7km/s）。运载火箭要进入第四环境，就必须克服万有引力，达到相应的宇宙速度。按不同飞行任务，运载火箭分三类：① 携带仪器射向高空进行大气测量的运载火箭，称为探空火箭；② 携带各种弹头打击敌方目标的运载火箭，称为弹道式导弹；③ 把卫星或飞船送上轨道的运载火箭，称为卫星（飞船）运载器。

让火箭飞向太空探测宇宙，是“宇宙航行之父”齐奥尔科夫斯基最先提出来的。1903年齐奥尔科夫斯基提出火箭公式 $V=V_p\ln M_0/M$（V 为终速，V_p 为喷气速度，M_0 为原始质量，M 为所剩质量），计算表明，用液氧、煤油等作推进剂的单级火箭是无法达到宇宙速度的。即使用液氢液氧作推进剂，喷气速度也只能达到4.2km/s，因为考虑到空气阻力，从地面起飞的火箭，实际上应达到9.5km/s以上的速度。齐奥尔科夫斯基设想用多级火箭接力的办法来达到宇宙速度，就是在火箭垂直发射时，让最下面一级先工作，完成任务后脱离，接着启动上面一级，进一步提高速度。分级火箭有利于提高火箭的最终速度。当然，级数太多，每级之间的连接和分离机构部分也要相应增多，这也会影响火箭的整体强度，并带来一些复杂的技术问题。同时，由于有效载荷问题，多级火箭一般不超过四级。现代火箭往往用二级或三级来发射运载人造地球卫星；用四级火箭来发射飞向行星际空间的宇宙飞船，宇宙飞船本身成为末级火箭。

现代的火箭是一种拥有极其复杂构造的运载工具（图 7-3）。主要由箭体结构、推进系统、制导系统三大部分组成。它一般包括推进剂及其储箱、动力装置、制导与控制系统、分离系统、电源系统和有效负载（卫星或航天飞船）等部分。

图 7-3　“土星”5 号运载火箭

三、人造卫星

在 1954 年的“国际地球物理年”准备会议上通过了一项决议，要求与会国关注在国际地球物理年（1957 年 7 月—1958 年 12 月）利用人造地球卫星的问题。美国和苏联都积极响应，宣布他们将在国际地球年发射科学卫星。1957 年，苏联发射成功第一颗人造地球卫星。人造卫星分三类，即科学卫星、应用卫星和试验卫星。

人造卫星由星体、电源系统、通信系统和各种仪器设备系统组成。星体是卫星的主体，外壳一般用轻金属材料制成，内部安装各种仪器设备。电源系统为这些仪器设备提供能源，保证仪器正常工作。通信系统一般包括无线电通信、遥测、遥控和跟踪信号系统等，用于确保卫星与地面的通信联系以及遥测数据、控制指令和资料情报的传输。仪器设备系统可根据卫星的不同用途和要求选用，如气象卫星、通信卫星、天文卫星、军用卫星等。

近年来出现在一颗卫星上兼有通信、电视广播、气象观测等多功能的多用途卫星，这种卫星使用一套能源、姿控、遥控等基本设备装置，完成多种使命。不仅可提高载荷利用率，对于同步轨道来说，一星多用还能缓和轨道“拥挤”现象。

空间探测器主要为月球探测器、行星和行星际探测器。研制和发射空间探测器的主要目的是对月球及太阳系内各行星进行系统考察，研究月球、火星、金星、木星、土星、天王星及其卫星等，发射最多的是火星探测器。行星际探测器主要采用三种飞行方法：从目的星旁飞过；绕目的星运转，成为目的星的卫星；穿过目的星周围大气层，在目的星上着陆（分硬着陆和软着陆）。距地球较近的金星是行星探索的第一个目标。美国“先驱者—5”号于1960年3月射入金星轨道，首先获得成功。2004年1月3日登陆火星的美国“勇气”号和1月24日登陆的“机遇”号发回了大量珍贵的照片和资料（图7-4）。

图7-4　2004年1月3日登陆火星的美国“勇气”号空间探测器

2018年5月5日，搭载“洞察”号火星探测器的“宇宙神”V-401火箭发射升空，执行人类首个探究火星“内心”的探测任务。2018年5月21日，我国“嫦娥”四号中继卫星“鹊桥”号成功发射升空，为“嫦娥”四号探月任务提供通信保障。2018年12月8日，“嫦娥”四号成功发射，2019年1月3日于月球背面成功实现软着陆，月球车“玉兔”二号按照既定任务开始一系列探月工作（图7-5）。这是人类探测器首次登陆月球背面。

图7-5　2019年1月11日两器互拍得到的“嫦娥”四号与巡视器成像

四、载人航天

自古以来，人类就向往像乘船在大海中航行一样乘坐宇宙飞船在太空中航行。苏联曾先后研制发射了“东方”系列、“上升”系列和“联盟”系列飞船。而美国用于载人的空间飞行工具有“水星”系列、“双子星座”系列和“阿波罗”系列飞船等。载人航天工具有宇宙飞船、空间站、航天飞机和空天飞机等。

宇宙飞船比卫星大，可以乘人，配备维持生命的系统和返回设备。空间站比宇宙飞船大，可以携带更多的仪器设备。航天飞机像火箭一样垂直起飞，像飞机一样水平着陆。航天飞机和飞机一样水平起落。宇宙飞船和航天飞机主要是为空间站运输物资、人员。

1958年6月5日，苏联科学院院士、火箭飞船总设计师科罗廖夫在为政府起草的《开发宇宙空间的远景工作》中提出1961年—1965年完成研制能乘2人～3人的载人飞船，1962年开始建造空间站。1961年4月12日，苏联第一艘载人飞船“东方”1号进入地球轨道，加加林是第一个进入太空的人。1963年6月16日第一位女宇航员捷列斯科娃乘“东方”6号绕地球48周。1965年3月18日，苏联发射了“上升”2号飞船，列昂诺夫成了第一个在太空行走的人。1969年7月16日，带有“阿波罗”11号飞船的“土星”5号火箭在美国卡纳维拉尔角准时点火拉开了人类登月的伟大历史帷幕。阿姆斯特朗和奥尔德林成了最早登上月球的人（图7-6）。“阿波罗”登月计划历时10年耗资240亿美元，先后动员了120所大学，2万个企业，400万人参加。以后载人空间技术研制规模日益扩大。美国的“水星”、“双子星座”、“阿波罗”和天空实验室，苏联的“东方”号、“上升”号、“联盟”号和“礼炮”号；1995年美国“阿特兰蒂斯”号航天飞机与苏联“和平”号空间站对接，至今已对接多次。

图7-6 “阿波罗”飞船

载人飞船主要用途有：① 试验各种载人航天技术，开展航天医学、生理学、生物学等方面研究和天文观测。② 可用作空间站乘员的救生艇、接送宇航员和运送物资。③ 可实施变轨，降低高度进行军事侦察和地球资源勘测。④ 载人绕地球、月球和登月飞行。⑤ 载人星际飞行，遨游宇宙。

载人飞船的组成，一般由宇航员座舱、轨道舱、服务舱、气闸舱和对接机构等部分组成。登月或其他星球还必须具有特殊功能的舱。各个舱均承担不同的航天任务。其中，座舱是飞船发射和返回过程中宇航员乘坐舱，也是飞船的控制中心；对接机构是用来与空间站等其他航天器实现空中对接和锁紧的装置。

载人研究经过三个阶段：第一，把人送入地球轨道并安全返回；第二，发展载人空间基本技术，如轨道机动飞行、交会、对接以及考察宇航员出舱活动能力等；第三，发展小型实验性空间站，进一步考察人在长期空间条件下的生活和工作能力，利用在空间轨道上失重、真空等条件和空间站无菌、无污染的环境，进行地面上不能进行的科学实验、特殊产品的制造、各种无重力条件下的生物实验等。

2003 年 10 月 15 日 9 时整，“神舟”五号载人飞船发射成功，将中国第一名航天员送上太空。飞船经过绕地球 14 圈以后，于 16 日 6 点 23 分在内蒙古阿木古郎草原安全着陆，航天员自主走出返回舱，状态良好。这次航天飞行任务的顺利完成，标志着我国突破和掌握了载人航天的基本技术，完成和实现了中国载人航天工程第一步的计划和目标，使中国成为世界上第三个，也是发展中国家第一个能够独立开展载人航天活动的国家！2008 年 9 月 27 日，“神舟”七号实现航天员首次出舱活动，对我国突破和掌握出舱活动关键技术，对将来建立空间站、进行太空组装或维修活动具有重要意义。

微信扫码，看相关视频

2013 年 6 月 11 日，“神舟”十号载人飞船在酒泉卫星发射中心成功发射，并于 2013 年 6 月 13 日 13 时 18 分与“天宫”一号目标飞行器成功实现自动交会对接，6 月 26 日成功返回（图 7-7）。

图 7-7　“神舟”十号宇航员在返回舱前

五、空间技术产业

全世界大约有 60 个国家和地区的 1100 多家航天公司参与研发、部署和运营各种卫星系统。20 世纪 90 年代每年发射入轨的各种航天器约 120 个。但在刚刚进入 21 世纪的最近几年，全球卫星产业受美国和全球经济回升乏力的影响，卫星发射数量呈逐年减少的趋势，已从 2000 年发射入轨航天器 117 个减少到 2002 年的 89 个，其中商用卫星明显减少。近些年随着世界经济的回暖、世界各国对于卫星技术的重视以及发展中国家的快速发展，2017 年卫星发射量高达 345 颗，创世界纪录。直至今日，全世界有 200 多个国家和地区正在利用通信、气象、导航和遥感卫星的成果来为各行各业服务。

2018 年 6 月，美国卫星产业协会（SIA）公布了第 16 版卫星产业状况年度报告。报告对截至 2017 年底的全球卫星产业数据进行了统计分析，涵盖了卫星服务业、卫星制造业、发射服务业和地面设备制造业四个领域。

卫星产业同时是电信和航天产业的子集。2017 年全球卫星产业的总收入约为 2690 亿美元，占全球航天产业收入的 79%（剩余 21%的收入主要来自政府航天预算），全球航天产业收入增长率为 2.6%，卫星产业收入增长率为 3.07%。

目前在轨的 1800 余个卫星中，通信卫星占 46%，而其中商业卫星就占了 33.5%，全球有 50 多个国家有至少 1 颗卫星在轨运行（其中一些卫星是多个同地区国家共有的卫星）。2017 年全球卫星产业的总收入为 2690 亿美元，增长率为 3.07%，超过 2016 年 2.35%的增长率。

2017 年全球卫星服务业收入增长 0.78%。卫星服务业仍是目前卫星产业规模最大的领域，同时也是其他各领域增长的主要驱动力。全球卫星制造业收入增长 10%，价值更高的商业 GEO 卫星和政府采购的卫星是促使这部分收入增加的主要原因。

第七节　先进制造技术

一、先进制造技术

面对日益激烈的全球化经济竞争形势，工业发达国家迅速调整其科技政策，将先进制造技术视为提高产业竞争力和增强综合国力的根本保证，纷纷制订各自的制造技术发展计划。一场在制造领域围绕产品创新，以提高产品的知识含量和制造系统敏于响应、捷于重组能力的高科技竞争正在世界范围内展开。其中具有代表性的是美国的先进制造技术计划（AMT）、敏捷制造使能技术计划（TEAM）、下一代制造计划（NGM），日本的智能制造技术国际合作计划（IMS），德国的制造 2000 计划，韩国的高级先进制造技术计划（G-7）等。

制造技术是使原材料成为产品所使用的一系列技术的总称，是制造业赖以生存和发展的主体技术。先进制造技术是制造业不断地吸收机械、电子、信息、材料及现代管理技术的先进成果，并将其综合应用于制造业的全过程，实现优质、高效、低耗、清洁、灵活生产，取得很好经济效果的制造技术的总称。与传统制造技术相比，先进制造技术具有以下特点：① 先进制造技术的基础是优质、高效、低耗、无污染或少污染工艺，并在此基础上实现优化及新的组合，形成新的工艺与技术。② 传统制造技术一般单指加工制造过程的工艺办法，而先进制造技术覆盖了从产品设计、加工制造到产品销售、使用、维修整个过程。③ 传统制造技术一般只能驾驭生产过程中的物质流和能量流，随着信息技术的列入，使先进制造技术成为能驾驭生产过程中的物质流、能量流和信息流的系统工程。④ 传统制造技术的学科、专业单一，界限分明，而先进制造技术的各专业、学科、技术之间不断交叉、融合，形成了综合、集成的新技术。简而言之，先进制造技术的主要特点是系统与集成。

先进制造技术是在传统制造技术的基础上，将计算机、电子、信息、自动化、管理等科学技术综合运用于制造全过程所形成的一个技术体系。基础理论包括从传统的机械设计、机械制造的基本理论，到现代制造业运行管理所涉及的经济学、社会学等，是生成先进制造技术的理论基础，具体包括：机械学、电学、几何图形学、金属切削原理、金属工艺学、材料学、摩擦学、力学、数学、物理学、化学、系统论、控制论、信息论、管理学、经济学、社会学等。核心技术是设计、制造产品的基本技术，它主要包括：概念设计、反向设计、并行设计、可靠性设计、精度设计、质量设计、功能设计、人机工程、面向“X”的设计技术 DF“X”、工艺过程建模与仿真、CAD/CAM、CAPP、少/无切削加工、快速原型制造、微米/纳米技术、高速/超高速加工技术、特种加工技术、工业机器人、自动化存储/取出系统等。数字化制造是先进制造核心技术的核心。辅助技术是使先进制造技术的功能得以发挥的技术支撑，主要包括计算机技术（计算机、计算机网络、企业数据库、工程数据库）、通信（信息港及信息高速公路）、标准及标准化（各种工程标准、产品标准、质量标准、工作标准，以及为实现这些标准所制定的各种规章制度）、环境保护等。在从先进制造技术基础理论研究到核心技术实施的过程中，各种先进管理思想融会贯通，形成了一些适合先进制造技术运行的管理模式，其中主要有：成组技术（GT）、独立制造岛（AMI）、计算机集成制造系统（CIMS）、智能制造系统（IMS）、精益生产（LP）、敏捷制造（AM）、虚拟制造（VM）、制造资源计划（MRPII）、计算机数控（CNC）、计算机辅助设计与制造（CAD/CAM）、柔性制造系统（FMS）等。

二、数控技术

数控技术，简称数控（numerical control），它是利用数字化的信息对机床运动及加工过程进行控制的一种方法。用数控技术实施加工控制的机床，或者说装备了数控系统的机床称为数控（NC）机床（图 7-8）。数控系统包括：数控装置、可编程控制器、主轴驱动器及进给装置等部分。数控机床是机、电、液、气、光高度一体化的产品。要实现对机床的控制，需要用几何信息描述刀具和工件间的相对运动以及用工艺信息来描述机床加工必须具备的一些工艺参数。例如，进给速度、主轴转速、主轴正反转、换刀、冷却液的开关等。这些信息按一定的格式形成加工文件（即常说的数控加工程序）存放在信息载体上（如磁盘、穿孔纸带、磁带等），然后由机床上的数控系统读入（或直接通过数控系统的键盘输入，或通过通信方式输入），通过对其译码，从而使机床动作和加工零件。现代数控机床是机电一体化的典型产品，是新一代生产技术、计算机集成制造系统等的技术基础。

图 7-8　国产 CK6150A 数控车床

现代数控机床的发展趋向是高速化、高精度化、高可靠性、多功能、复合化、智能化和开放式结构。主要发展动向是研制开发软、硬件都具有开放式结构的智能化全功能通用数控装置。数控技术是机械加工自动化的基础，是数控机床的核心技术，其水平高低关系到国家战略地位和体现国家综合实力水平。它随着信息技术、微电子技术、自动化技术和检测技术的发展而发展。数控加工中心是一种带有刀库并能自动更换刀具，对工件能够在一定的范围内进行多种加工操作的数控机床。在加工中心上加工零件的特点是：被加工零件经过一次装夹后，数控系统能控制机床按不同的工序自动选择和更换刀具，自动改变机床主轴转速、进给量和刀具相对工件的运动轨迹及其他辅助功能，连续地对工件各加工面自动地进行钻孔、锪孔、铰孔、镗孔、攻螺纹、铣削等多工序加工。由于加工中心能集中地、自动地完成多种工序，避免了人为的操作误差，减少了工件装夹、测量和机床的调整时间及工件周转、搬运和存放时间，大大提高了加工效率和加工精度，所以具有良好的经济效益。加工中心按主轴在空间的位置可分为立式加工中心与卧式加工中心。

数控编程是目前CAD/CAPP/CAM系统中最能明显发挥效益的环节之一，其在实现设计加工自动化、提高加工精度和加工质量、缩短产品研制周期等方面发挥着重要作用。在诸如航空工业、汽车工业等领域有着大量的应用。数控编程是从零件图纸到获得数控加工程序的全过程。它的主要任务是计算加工走刀中的刀位点（CL点）。刀位点一般取为刀具轴线与刀具表面的交点，多轴加工中还要给出刀轴矢量。为了解决数控加工中的程序编制问题，20世纪50年代，MIT设计了一种专门用于机械零件数控加工程序编制的语言，称为APT（automatically programmed tool）。其后，APT几经发展，形成了诸如APTII、APTIII（立体切削用）、APT（算法改进，增加多坐标曲面加工编程功能）、APTAC（advanced contouring）（增加切削数据库管理系统）和APT/SS（sculptured surface）（增加雕塑曲面加工编程功能）等先进版。

数控仿真就是借助计算机，利用系统模型对实际系统进行实验研究的过程。它随着计算机技术的发展而迅速发展，在仿真中占有越来越重要的地位。计算机仿真的过程由建模活动等三个基本活动组成：建模活动是通过对实际系统的观测或检测，在忽略次要因素及不可检测变量的基础上，用物理或数学的方法进行描述，从而获得实际系统的简化近似模型。这里的模型同实际系统的功能与参数之间应具有相似性和对应性。

三、工业机器人技术

二维码 7-10
微信扫码，看相关视频

机器人可以简单分为工业机器人和智能机器人。工业机器人由操作机（机械本体）、控制器、伺服驱动系统和检测传感装置构成，是一种仿人操作、自动控制、可重复编程、能在三维空间完成各种作业的机电一体自动化生产设备。特别适合于多品种、变批量的柔性生产。它对稳定、提高产品质量，提高生产效率，改善劳动条件和产品的快速更新换代起着十分重要的作用。

机器人技术是综合了计算机、控制论、机构学、信息和传感技术、人工智能、仿生学等多学科而形成的高新技术，是当代研究十分活跃、应用日益广泛的领域。机器人应用状况，是一个国家工业自动化水平的重要标志。

机器人并不是在简单意义上代替人工的劳动，而是综合了人的特长和机器特长的一种拟人的电子机械装置，既有人对环境状态的快速反应和分析判断能力，又有机器可长时间持续工作、精确度高、抗恶劣环境的能力，从某种意义上说它也是机器的进化过程产物，它是工业以及非产业界的重要生产和服务性设备，也是先进制造技术领域不可缺少的自动化设备。

国外机器人领域发展近几年有如下几个趋势：① 工业机器人性能不断提高（高速度、高精度、高可靠性、便于操作和维修），而单机价格不断下降。② 机械结构向模块化、可重构化发展。例如关节模块中的伺服电机、减速机、检测系统三位一体化；由关节模块、连杆模块用重组方式构造机器人整机。③ 工业机器人控制系统向基于PC机的开放型控制器方向发展，便于标准化、网络化；器件集成度提高，控制柜日益小巧，且采用模块化结构；大大提高了系统的可靠性、易操作性和可维修性。④ 机器人中的传感器作用日益重要，除采用传统的位置、速度、加速度等传感器外，装配、焊接机器人还应用了视觉、力觉等传感器，而遥控机器人则采用视觉、声觉、力觉、触觉等多传感器的融合技术来进行环境建模及决策控制；多传感器融合配置技术在产品化系统中已有成熟应用。⑤ 虚拟现实技术在机器人中的作用已从仿真、预演发展到用于过程控制，如使遥控机器人操作者产生置身于远端作业环境中的感觉来操纵机器人。⑥ 当代遥控机器人系统的发展特点不是追求全自治系统，而是致力于操作者与机器人的人机交互控制，即遥控加局部自主系统构成完整的监控遥控操作系统，使智能机器人走出实验室进入实用化阶段。美国发射到火星上的“索杰纳”机器人就是这种系统成功应用的最著名实例。⑦ 机器人化机械开始兴起。从1994年美国开发出“虚拟轴机床”以来，这种新型装置已成为国际研究的热点之一，纷纷探索开拓其实际应用的领域。

四、先进制造技术产业

近十年来，世界各国都投入了巨大的财力和物力，强化作为光机电一体化制造业基础的先进制造业的技术及产业发展的战略研究。先进制造技术已经成为全球制造业争夺的市场焦点。美国、德国、日本等国已经开发出了数控（NC）、计算机数控（CNC）、直接数控（CAM）、计算机集成制造系统（CIMS）、制造资源规则（MRP）、柔性制造单元（TMC）、柔性制造系统（FMS）、机器人、计算机辅助设计制造（CAD/CAM）、精益生产（LP）、智能制造系统（LMS）、并行工程（CE）和敏捷制造（AM）等多项先进制造技术与制造模式。这些技术的推广与应用，不仅使本国企业的国际竞争力得到巩固，也使得世界先进制造业发展迅猛。先进制造技术将对21世纪的制造业及其相关联的其他产业的发展发挥更为重要的作用。一方面，先进制造技术持续不断地融合光电子、计算机、信息等新技术的研究成果，使得这一新兴的产业成为新的经济增长点。数控技术模块化、网络化、多媒体和智能化已是技术发展的热点。CAD/CAM系统将面向产品的整个生命周期；产品数据管理（PDM）与企业资源计划（ERP）趋于融合；先进加工系统和设备发展智能化。另一方面，先进制造技术的应用大幅度提高了光电子、自动化控制系统、传统制造等行业的技术水平和市场竞争力，成为许多高新技术产业和高新技术制造业装备的基础，推动诸多相关行业的效益增长。如先进制造技术装备的加工设备、系统和各类自动化控制系统及仪器仪表等在国民经济各行业的广泛应用，将大大提高航空航天领域飞行器的设计制造效率和可靠性；将推动印刷技术的数字化；推动现场总线的应用，构建现场管理全系统的数字通信网络；电力电子器件将向高压、大容量、抗大破坏力、小型化和智能控制方向发展；医用电子与医学发展将更为紧密结合，影像显示趋于多种手段的融合；医用激光将广泛应用。

1. 发达国家制造业高技术化的国际经验

尽管美国、日本、欧洲等发达国家和地区制造业比重下降，但制造业过去是、现在仍然是国民经济的引擎。在发达国家，制造业创造了约60%的社会财富、45%的国民经济收入，1998年爆发的东南亚经济危机从一个侧面反映了国家发展制造业的重要性，一个国家或地区如果把经济的基础放在股票、旅游、金融、房地产、服务业上，而无自己的制造业，这个国家或地区的经济就容易形成经济泡沫，一有风吹草动就会爆发经济危机，新加坡、台湾地区因为有自己的制造业，因此受经济危机的影响很小。发达国家对制造业在国民经济中的地位和作用有了更深刻的认识，都在采取各种措施加速用高新技术对制造业进行提升和改造，构筑在先进制造技术基础之上的现代制造业仍然是支撑各国综合国力的基础产业。

（1）发达国家从战略高度关注制造业的发展大计

美国拥有强大的制造业。但20世纪80年代，美国曾一度把制造业视为夕阳工业，力图将经济发展的中心由制造业转向以服务业为主的第三产业，结果美国制造业的国际竞争力严重削弱，在汽车、半导体等重要领域迅速被日本超过。经过反思，美国各界认识到那种认为信息革命的来临意味着制造业衰退的看法是不全面的，政府开始把雄心勃勃的“星球大战”计划扭转到研究与应用先进制造技术的务实行动中来，克林顿上台后对制造业大力支持，他把先进制造技术列为六大国防关键技术之首。使美国的经济连续8年取得了2%～3%的增长率，而且保持低通胀率和低失业率。这可能也是克林顿虽发生性丑闻而未被弹劾的主要原因。

日本始终没有放松制造业的发展。日本在振兴本国机械工业之初，专门制定了《机械工业振兴法》，之后又根据进展情况先后三次对其予以修改。在20世纪后期，日本就悄悄把主要精力投入先进制造技术的开发和应用上，从而在国际竞争中后来居上，动摇了美国的技术领先地位。进入21世纪后，日本依然坚信制造业是立国之本，即使在信息社会，制造业也永远是需要加强和促进发展的基础产业。

（2）发达国家制造业高技术化的国际经验

发达国家纷纷调整其产业政策与技术政策，将高新技术的重点和科技发展的热点转向产业技术主要是制造技术领域，使制造技术由传统意义上的单纯机械加工技术，转变为集机械、电子、材料、信息和管理等诸多技术于一体的现代制造技术，并加速用现代制造技术改造和提升传统制造业，实现制造业的高技术化。

① 加强装备工业本身的技术基础。装备工业是一切制造之母。日本特别强调加强制造业的技术基础，1999年日本政府起草了《振兴制造业基础技术基本法》，日本经济产业省2000年制定了“国家产业技术战略”，其核心是研制新材料和开发新的制造工艺。

② 开发先进制造技术，抢占制高点。发达国家根据技术发展趋势和本国的技术基础、支撑条件及目标定位，选择若干具有前瞻性、牵动性和覆盖面的关键共性技术领域，开发先进制造技术。自美国提出智能制造概念以来，智能制造系统一直受到众多国家的重视和关注，被视为 21 世纪的制造技术和尖端科学，是先进制造技术的发展方向。

③ 制订实施“重大专项计划”，政产学研联合攻关。“专项计划”的制订与实施由对产业发展具有宏观调控能力的政府部门牵头负责，集中优势，目标明确，产学研联合攻关。20 世纪 80 年代，美国为了夺回被日本抢走的世界汽车霸主地位，由政府出面组织了著名的“2 mm 工程”，集中了全国汽车界的精英进行攻关，几年时间就又取代日本重登霸主地位。

④ 国家扶持建立工程技术中心，推动高新技术在制造业的应用。发达国家制造业居于世界领先地位，其领先的实质就是领先将高新技术广泛应用到了传统制造业。美国、日本、欧洲等发达国家和地区，一直采取国家扶持建立工程技术中心的有效措施，研究各种先进设计、制造、管理技术，并将研究成果推广、应用到制造业中。

⑤ 制造业信息化，赢得竞争优势。发达国家对制造业信息化普遍给予高度重视，制造业的信息化已经成为用信息技术改造传统制造业、赢得竞争优势的重大战略举措。

⑥ 研究和应用面向 21 世纪的现代制造模式。制造模式是指企业体制、经营、管理、生产组织和技术系统的形态和运作模式。20 世纪 90 年代以来，随着市场环境的变化，世界各国对现代制造模式展开了广泛深入的研究，一系列面向 21 世纪的现代制造模式在制造业中得以发展和应用，其中最具代表性的有：美国人提出的精益思维（LT）、敏捷制造（AM）、知识网络化企业（KNE）和网络联盟企业，日本人提出的全能制造系统（HMS），德国人尝试的改变工业组织结构的分形企业（FC）等。这些现代制造模式的研究和示范，使制造业的运行方式发生了巨大的变化，制造业柔性化、集成化、智能化及网络化获得了前所未有的发展。

本章思考题

1. 科学与技术的关系是怎样的?
2. 现代信息技术包含哪些内容?
3. 简述微电子技术主要发展趋势。
4. 智能材料的主要特点有哪些?
5. 简述利用太阳能发电的主要优点和缺点。
6. 讨论我国航天科技发展的主要成就。
7. 我国海洋监测技术集成为哪几个方面?

参考文献

［1］吴国盛．科学的历程［M］．长沙：湖南科学技术出版社，2018.

［2］袁运开．现代自然科学概论［M］．2 版．上海：华东师范大学出版社，2010.

［3］中国大百科全书总编辑委员会《天文学》编辑委员会中国大百科全书出版社编辑部．中国大百科全书 天文学［M］．北京：中国大百科全书出版社，1980.

［4］叶淑华．简明天文学词典［M］．上海：上海辞书出版社，1986.

［5］G. 伏古勒尔．天文学简史［M］．李珩，译．桂林：广西师范大学出版社，2003.

［6］W. 海森伯．量子论的物理原理［M］．王正行，李绍光，张虞，译．北京：高等教育出版社，2020.

［7］刘克哲，张承琚，刘建强，等．物理学（上卷）［M］．5 版．北京：高等教育出版社，2018.

［8］阿尔伯特·爱因斯坦．相对论的意义［M］．郝建刚，刘道军，译．上海：上海科技教育出版社，2016.

［9］普利高津．确定性的终结：时间、混沌与新自然法则［M］．湛敏，译．上海：上海科技教育出版社，1998.

［10］王永久．空间、时间和引力［M］．长沙：湖南教育出版社，1993.

［11］廖正衡．化学学导论［M］．沈阳：辽宁教育出版社，1992.

［12］R. 布里斯罗．化学的今天和明天［M］．华彤文，等译．北京：科学出版社，1998.

［13］唐有祺，王夔．化学与社会［M］．北京：高等教育出版社，1997.

［14］郭保章．20 世纪化学史［M］．南昌：江西教育出版社，1998.

［15］张志成．大学化学［M］．北京：科学出版社，2018.

［16］蔡苹．化学与社会［M］．2 版．北京：科学出版社，2020.

［17］林肇信，刘天齐，刘逸安．环境保护概论［M］．修订版．北京：高等教育出版社，2021.

［18］王岩，陈宜俍．环境科学概论［M］．北京：化学工业出版社，2003.

［19］钱易，唐孝炎．环境保护与可持续发展［M］．2 版．北京：高等教育出版社，2016.

［20］杨青山，韩杰，丁四保．世界地理［M］．北京：高等教育出版社，2010.

［21］杨志峰，刘静玲．环境科学概论［M］．北京：高等教育出版社，2004.

［22］郦桂芬．环境质量评价［M］．北京：中国环境科学出版社，1989.

［23］杨魁孚，田雪原．人口资源环境可持续发展［M］．杭州：浙江人民出版社，2001.

［24］斯图尔特·布兰德．地球的法则［M］．叶富华，耿新莉，译．北京：中信出版

社，2016.
[25] 北京大学生命科学学院编写组．生命科学导论［M］．北京：高等教育出版社，2000.
[26] 朱玉贤，李毅．现代分子生物学［M］．2 版．北京：高等教育出版社，2002.
[27] 魏道智．普通生物学［M］．2 版．北京：高等教育出版社，2019.
[28] 吴庆余．基础生命科学［M］．北京：高等教育出版社，2002.
[29] 宋思扬，楼仕林．生物技术概论［M］．北京：科学技术出版社，2007.
[30] 赵德刚．生命科学导论［M］．北京：科学技术出版社，2008.
[31] 仝川．环境科学概论［M］．2 版．北京：科学出版社，2020.
[32] 宗占国．现代科学技术导论［M］．5 版．北京：高等教育出版社，2016.
[33] 龚自正，罗绍凯．数学・力学・物理学・高新技术研究进展：2010（13 卷）［M］．北京：科学出版社，2010.
[34] 中国科学院．2019 高技术发展报告［M］．北京：科学出版社，2020.
[35] 赵廷宁，武健伟，王贤，等．我国环境影响评价研究现状、存在的问题及对策［J］．北京林业大学学报，2001，23（2）：67-67.
[36] 杜立群．资源环境与可持续发展［J］．北京大学学报（哲学社会科学版），2003，40（3）：117-123.
[37] 王秦，李伟．区域资源环境承载力评价研究进展及展望［J］．生态环境学报，2020，29（7）：1487-1498.
[38] 朱洪利．区域环境影响评价现状存在问题及对策研究［J］．世界环境，2020（1）：76-77.